한국전기설비규정 (KEC) 제정 반영

단기합격의 완성,
시험에 나오는 빈출 이론 및 문제 만을 엄선!

배울학

7 전기설비기술기준
전기(산업)기사·전기공사(산업)기사

-건축전기설비기술사 **황민욱** 저-

중요한 핵심 **이론**

시험에 나올 **적중실전문제**   이론을 바로 적용한 **예제**

초보자부터 전공자까지 다양한 수험생에게 합격의 방향을 제시해 줄 최적의 수험서
정확한 이론 정립과 이해를 돕는 예제, 출제 가능성이 높은 적중실전문제까지 한 권에 담았습니다

저자 직강 동영상 강의   무료강의 학습자료   교수님과의 1:1 상담

www.baeulhak.com

머리말

　전기설비기술기준은 2021년 출제기준이 변경되어 새롭게 준비하였습니다.
세부항목인 판단기준이 '한국전기설비규정', KEC로 변경되었고, 세세항목에서도 많은 부분에서 새로운 규정이 정의되었습니다.

혹자는 KEC(한국전기설비규정)가 기존과 비교하였을 때, 전압의 기준, 전선 식별, 절연저항기준과 기존의 제1종, 제2종과 같이 종 별로 표시하는 접지 규정만 변경되었다고 말하지만, 규정 몇 개가 삭제되거나 추가되는 개념이 아닙니다.
시험 목적 뿐만 아니라 실무 관점에서 보더라도 접지규정의 새로운 정의는 모든 전력사용시설물의 계통과 안전에 대한 보호 개념에서 전환이 필요하게 되었습니다.

배울학의 KEC(한국전기설비규정)는 기존의 규정에 대한 올바른 해석과 개념의 정의, 설명을 통해 반드시 알아야 하는 중요한 포인트를 기준으로 새롭게 제작되었습니다.
KEC 만으로는 부족하기에 꼭 참고해야 할 기술지침서 피뢰시스템 가이드, 접지시스템 설계방법에 관한 기술지침, 등전위본딩에 관한 기술지침, 저압 전기설비의 SPD설치에 관한 기술지침, 감전 및 과전류 보호 설계방법에 관한 기술지침 등의 내용을 함께 정리하여 전체 규정에 대한 내용을 수록하였습니다.
또한, 어려운 용어와 내용은 쉽게 표현하였고, 시험을 위해 꼭 암기해야 하는 Check Point, 출제예감을 담았으며, 중요한 용어의 식별성이 좋도록 [표], [그림]으로 보다 쉽게 이해하고 암기할 수 있도록 정리하였습니다.

2021년 새로운 출제 기준의 문제를 풀게 될 때에 여러분들께서 헤매지 않도록 본 교재가 여러분의 길잡이가 되어드리겠습니다.
새롭게 변경되는 이론 중에서 출제 확률이 높은 부분을 체크한 '출제예감'을 잘 활용하여 학습효과를 향상시킨다면 좋은 결실을 맺을 수 있을 것입니다.
자격증 취득과 함께 끝없는 발전이 여러분과 함께 하기를 기원하겠습니다.

편저자 황민욱

책의 특징

배울학 전기(산업)기사·전기공사(산업)기사

01 전기(산업)기사·전기공사(산업)기사 변경된 출제기준을 반영한 필기 필수 기본서

- 전기(산업)기사·전기공사(산업)기사 필기 시험을 대비하기 위한 필수 기본서로 모든 내용을 새로운 규정에 맞추어 출제기준에 꼭 필요한 핵심이론으로 구성하였다.
- 학습에 필요한 관련 기술지침의 내용을 함께 수록함으로써 보다 효율적인 학습을 할 수 있도록 제작하였다.

02 최신 경향을 완벽 반영한 학습구성

최신 경향을 반영하여 단기적으로 학습할 수 있도록 체계적으로 구성하였다.

① 핵심이론 학습 후 바로 예제문제를 통하여 이론을 파악할 수 있다.

② Check Point, 출제예감으로 혼돈하기 쉬운 이론과 필수적 암기이론을 정리할 수 있다.

③ 각 Chapter별 적중실전문제를 통해 빈출문제부터 최근 출제경향문제까지 다양한 유형의 문제를 파악할 수 있다.

④ 과목별로 필요한 핵심이론 및 문제를 한 권으로 집필하여 실전을 완벽하게 대비할 수 있다.

03 엄선된 문제 & 상세한 해설 수록

- 각 문제의 출제 빈도수에 따라 별 개수를 다르게 표시하여 그 문제의 중요도를 파악하고 효율적인 학습이 가능하도록 하였다.
- 모든 문제에 대한 상세한 해설을 수록하여 이해를 높일 수 있도록 하였다.

04 효율적인 암기가 가능하도록 구성

암기위주 과목에 맞춰 효율적으로 암기할 수 있도록 구성하였다.

① Check Point를 통해 핵심이론 학습 후 꼭 암기해야 되는 이론을 파악할 수 있다.

② 출제예감을 통해 변경되는 출제기준에 따라 새롭게 추가되는 내용 중에서 출제확률이 높은 부분만 파악할 수 있어 학습에 용이하다.

배울학 전기(산업)기사·전기공사(산업)기사
책의 구성

01 핵심이론

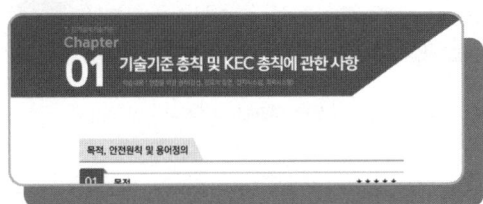

- 시험에 반드시 나오는 기본이론을 정리하여 체계적으로 학습한다.
- 기본핵심원리와 필수공식으로 이론을 확실하게 정립한다.

02 예제

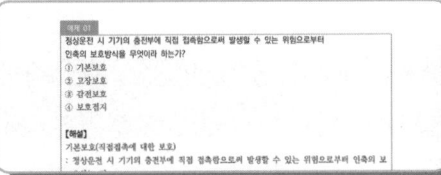

- 이론 학습 후 예제문제 풀이를 통해 취약점을 보완할 수 있다.
- 기본이론과 필수공식을 문제에 바로 적용하여 이론에 대한 이해와 암기 지속시간을 높이고 실전능력을 기른다.

03 Check Point

Check Point!
한국전기설비규정(KEC) 전선의 종류
1) 절연전선, 코드, 캡타이어케이블, 저압케이블, 고압 및
2) 관련 규정에 따라 [전기용품 및 생활용품 안전관리법]
  을 선정 적용

- 꼭 암기해야 되는 공식 또는 이론을 파악한다.
- 혼돈하기 쉬운 내용을 정리한다.

04 출제예감

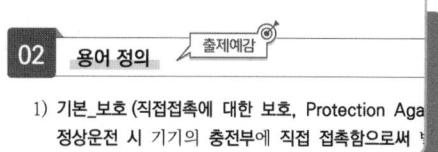

- 전기설비 과목의 출제기준이 변경됨에 따라 새롭게 추가되는 내용 중에서 시험에 출제될 확률이 높은 부분을 파악한다.
- 시험보기 전 출제확률이 높은 부분만 캐치하여 중요 이론을 빠르게 정리한다.

05 적중실전문제

- 30여년 간의 과년도 기출문제를 완벽하게 분석하여 정리한 빈출문제 및 최근출제경향문제를 각 Chapter별로 수록하여 실전 적응력을 높일 수 있도록 한다.
- 문제의 중요도를 파악할 수 있도록 출제 빈도수를 표시하여 학습 효율성이 증대되도록 한다

전기기사 · 산업기사 안내

배울학 전기(산업)기사·전기공사(산업)기사

개요

전기를 합리적으로 사용하는 것은 전력부문의 투자효율성을 높이는 것뿐만 아니라 국가 경제의 효율성 측면에도 중요하다. 하지만 자칫 전기를 소홀하게 다룰 경우 큰 사고로 이어질 수 있기 때문에 안전에 주의해야 한다.
그러므로 전기 설비의 운전 및 조작, 유지·보수에 관한 전문 자격제도를 실시해 전기로 인한 재해를 방지하여 안전성을 높이고자 자격제도를 제정한다.

전기기사 · 산업기사의 역할

· 전기기계기구의 설계, 제작, 관리 등과 전기설비를 구성하는 모든 기자재의 규격, 크기, 용량 등을 산정하기 위한 계산 및 자료의 활용과 전기설비의 설계, 도면 및 시방서 작성, 점검 및 유지, 시험작동, 운용관리 등에 전문적인 역할과 전기안전 관리를 담당한다.

· 한 공사현장에서 공사를 시공, 감독하거나 제조공정의 관리, 발전, 소전 및 변전시설의 유지관리, 기타 전기시설에 관한 보안관리업무를 수행한다.

전기기사 · 산업기사의 전망

· 발전, 변전설비가 대형화되고 초고속·초저속 전기기기의 개발과 에너지 절약형, 저 손실 변압기, 전동력 속도제어기, 프로그래머블콘트럴러 등 신소재 발달로 인해 에너지 절약형 자동화기기의 개발, 또 내선설비의 고급화, 초고속 송전, 자연에너지 이용확대 등 신기술이 급격히 개발되고 있다. 이에 따라 안전하게 전기를 관리할 수 있는 전문인의 수요는 꾸준할 것으로 예상된다.

· 「전기사업법」 등 여러 법에서 전기의 이용과 설비 시공 등에서 안전관리를 위해 자격증 소지자를 고용하도록 하고 있어 자격증 취득시 취업이 유리한 편이다.

전기기사 · 산업기사 자격증의 다양한 활용

취업

- 한국전력공사를 비롯한 전기기기제조업체, 전기공사업체, 전기설계전문업체, 전기기기설비업체, 전기안전관리 대행업체, 환경시설업체 등에 취업
- 전기부품·장비·장치의 디자인 및 제조, 실험과 관련된 연구를 담당하기 위해 생산업체의 연구실 및 개발실에 종사하기도 함

가산점 제도

- 6급 이하 및 기술공무원 채용 시험 시 가산
- 공업직렬의 항공우주, 전기 직류와 해양교통시설 직류에서 8·9급 기능직, 기능 8급 이하일 경우 5%(6·7급 기능직, 기능 7급 이상일 경우 3 ~ 5%의 가산점 부여)
- 시설직렬의 도시계획, 일반토목, 농업토목, 교통시설, 도시교통설계직류에서 8·9급, 기능직 기능 8급 이하(6·7급, 기능직, 기능 7급 이상일 경우 5% 가산점 부여) ⇒ 기사만 해당
- 한국산업인력공단 일반직 5급 채용 시 필기시험 만점의 6% 가산
- 경찰공무원 채용 시험 시 가산점 부여

우대

- 국가기술자격법에 의해 공공기관 및 일반기업 채용 시 그리고 보수, 승진, 전보, 신분보장 등에 있어서 우대

전기공사기사 · 공사산업기사 안내

배울학 전기(산업)기사 · 전기공사(산업)기사

| 개요

전기는 우리의 일상생활에서뿐만 아니라 전 산업분야에서 필수불가결한 기본 에너지이지만 전력시설물의 시공을 포함한 전기공사에는 각별한 주의와 함께 전문성이 요구된다.
이에 따라 전기공사시 그리고 시공된 시설물의 유지 및 보수에 안전성을 확보하고 전문인력을 확보하고자 자격제도를 제정한다.

| 전기공사기사 · 공사산업기사의 역할

· 전기공사비의 적산, 공사공정계획의 수립, 시공과정에서 전기의 적정여부 관리 등 주로 기술적인 직무를 수행한다.
· 공사현장 대리인으로서 시공자를 대리하여 전기공사를 현장관리를 하는 동시에 발주자에 대해서는 시공자를 대신하여 업무를 수행한다.

| 전기공사기사 · 공사산업기사의 전망

· 전기가 전 산업에서의 기본 에너지임을 감안할 때 전기시설물의 시공과 점검 및 유지·보수에 대한 관심이 지속되어 관련 전문가의 수요는 계속될 것이다.
· 전기는 현대사회와 산업발전에 필수적인 에너지로써 전력수요량과 전기공사량은 경제 성장과 함께 한다고 할 수 있는데, 현재는 통신설비와 기기의 기술이 크게 발전하여 이와 관련된 전문가라고 하더라도 지속적인 첨단장비의 설치 기술능력이 요구된다.
· 「전기공사업법」에서도 전기공사의 규모별 전기기술자의 시공관리 구분을 규정함으로써 전기기술자 이외에는 자가로 전기공사업무를 수행할 수 없도록 규정하고 있기 때문에 자격증 취득 시 진출범위가 넓고 취업이 유리하여 매년 많은 인원이 응시하고 있다.

전기공사기사 · 공사산업기사 자격증의 다양한 활용

취업

- 한국전력공사를 비롯한 여러 공기업체, 전기공사업체, 발전소, 변전소, 설계회사, 감리회사, 조명공사업체, 변압기, 발전기, 전동기 수리업체 등 전기가 쓰이는 모든 전기공사시공업체에 취업가능
- 일부는 전기공사업체를 자영하거나 전기직 공무원으로 진출하기도 함

가산점 제도

- 6급 이하 및 기술공무원 채용 시험 시 가산
- 공업직렬의 항공우주, 전기 직류와 해양교통시설 직류에서 8·9급 기능직, 기능 8급 이하일 경우 5%(6·7급 기능직, 기능 7급 이상일 경우 3~5%의 가산점 부여)
- 시설직렬의 도시계획, 일반토목, 농업토목, 교통시설, 도시교통설계직류에서 8·9급, 기능직 기능 8급 이하(6·7급, 기능직, 기능 7급 이상일 경우 5% 가산점 부여) ⇒ 기사만 해당
- 한국산업인력공단 일반직 5급 채용 시 필기시험 만점의 6% 가산
- 경찰공무원 채용 시험 시 가산점 부여

우대

- 국가기술자격법에 의해 공공기관 및 일반기업 채용 시 그리고 보수, 승진, 전보, 신분보장 등에 있어서 우대

시험 안내

원서접수 안내

· 접수기간 내 큐넷(http://www.q-net.or.kr) 사이트를 통해 원서접수
(원서접수 시작일 10:00 ~ 마감일 18:00)

· 시험수수료
필기 : 19,400원
실기 : 22,600원(기사) / 20,800원(산업기사)

응시자격

기사	· 동일(유사)분야 기사 · 산업기사 + 1년 · 기능사 + 3년 · 동일종목외 외국자격취득자	· 대졸(졸업예정자) · 3년제 전문대졸 + 1년 · 2년제 전문대졸 + 2년 · 기사수준의 훈련과정 이수자 · 산업기사수준 훈련과정 이수 + 2년
산업기사	· 동일(유사)분야 산업기사 · 기능사 + 1년 · 동일종목외 외국자격취득자 · 기능경기대회 입상	· 전문대졸(졸업예정자) · 산업기사수준의 훈련과정 이수자

시험과목

구분	전기기사	전기공사기사
기사	① 전기자기학 ② 전력공학 ③ 전기기기 ④ 회로이론 및 제어공학 ⑤ **전기설비기술기준**	① 전기응용 및 공사재료 ② 전력공학 ③ 전기기기 ④ 회로이론 및 제어공학 ⑤ **전기설비기술기준**

구분	전기산업기사	전기공사산업기사
산업기사	① 전기자기학 ② 전력공학 ③ 전기기기 ④ 회로이론 ⑤ **전기설비기술기준**	① 전기응용 ② 전력공학 ③ 전기기기 ④ 회로이론 ⑤ **전기설비기술기준**

| 검정방법 및 시험시간

구분	필기		실기	
	검정방법	시험시간	검정방법	시험시간
전기(공사)기사	객관식 4지 택일	과목당 20문항 (과목당 30분)	필답형	필답형 (2시간 30분)
전기(공사) 산업기사	객관식 4지 택일	과목당 20문항 (과목당 30분)	필답형	필답형 (2시간)

| 시험방법

· 1년에 3회 시험을 치르며, 필기와 실기는 다른날에 구분하여 시행

| 합격자 기준

· 필기 : 100점을 만점으로 하여 과목당 40점 이상, 전과목 평균 60점 이상
· 실기 : 100점을 만점으로 하여 60점 이상
· 필기시험에 합격한 자에 대하여는 필기시험 합격자 발표일로부터 2년간 필기시험을 면제

| 합격자 발표

· 최종 정답 발표는 인터넷(http://www.q-net.or.kr)을 통해 확인 가능
· 최종 합격자 발표는 발표일에 인터넷(http://www.q-net.or.kr) 또는 ARS(1666-0100)로 확인 가능

필기 출제 경향 분석

배울학 전기(산업)기사·전기공사(산업)기사

전기(공사)기사 (최근 8개년도 기준)

분류	출제빈도(%)
총칙	15.7%
발전소·변전소·개폐소 또는 이에 준하는 곳의 시설	6.4%
전선로	33.2%
전력보안 통신설비	5.0%
전기사용장소의 시설	30.9%
전기철도 등	8.2%
국제표준도입	0.0%
지능형전력망	0.6%
총계	100%

전기(공사)산업기사 (최근 8개년도 기준)

분류	출제빈도(%)
총칙	17.0%
발전소·변전소·개폐소 또는 이에 준하는 곳의 시설	6.0%
전선로	37.3%
전력보안 통신설비	6.4%
전기사용장소의 시설	26.4%
전기철도 등	6.4%
국제표준도입	0.0%
지능형전력망	0.5%
총계	**100%**

목차

전기설비기술기준

00장. 전기설비기술기준 · 1
- Chapter 01. 일반 · 2

01장. 공통사항 · 9
- Chapter 01. 기술기준 총칙 및 KEC 총칙에 관한 사항 · 10
- Chapter 02. 일반사항 · 22
- Chapter 03. 전선 · 29
- Chapter 04. 전로의 절연 · 37
- Chapter 05. 접지시스템 · 51
- Chapter 06. 피뢰시스템 · 105
- 적중실전문제 · 122

02장. 저압전기설비 · 143
- Chapter 01. 통칙 · 144
- Chapter 02. 안전을 위한 보호 · 153
- 적중실전문제 · 221

03장. 고압, 특고압 전기설비 · 227
- Chapter 01. 통칙 · 228
- Chapter 02. 안전을 위한 보호 · 230
- Chapter 03. 접지설비 · 232
- 적중실전문제 · 243

04장. 전선로 · 247
- Chapter 01. 전선로 · 248
- Chapter 02. 특수장소의 전선로 · 325
- 적중실전문제 · 329

05장. 전력보안통신설비 · 349
- Chapter 01. 일반사항 · 350
- 적중실전문제 · 357

06장. 배선 및 조명설비 · 361
- Chapter 01. 배전설비 · 362
- Chapter 02. 허용전류 및 도체의 단면적 · 392
- Chapter 03. 전기기기 · 402
- 적중실전문제 · 408

07장. 특수설비 · 419
- Chapter 01. 특수시설 · 420
- Chapter 02. 특수장소 · 426
- 적중실전문제 · 437

08장. 기계·기구 시설 및 옥내배선 · 443
- Chapter 01. 기계 및 기구 · 444
- Chapter 02. 발전소, 변전소, 개폐소 등의 전기설비 · 456
- 적중실전문제 · 465

09장. 전기철도설비 · 475
- Chapter 01. 통칙 · 476
- Chapter 02. 전기철도의 전기방식 및 변전방식 · 480
- Chapter 03. 전기철도의 전차선로 · 483
- Chapter 04. 전기철도의 전기철도차량 설비 · 485
- Chapter 05. 전기철도의 설비를 위한 보호 · 486
- Chapter 06. 전기철도의 안전을 위한 보호 · 488
- 적중실전문제 · 494

10장. 분산형전원 설비 · 497
- Chapter 01. 통칙 · 498
- Chapter 02. 전기저장 장치 · 503
- Chapter 03. 태양광발전설비 · 508
- Chapter 04. 풍력발전설비 · 513
- Chapter 05. 연료전지설비 · 517
- 적중실전문제 · 526

00장

전기설비기술기준

Chapter 01. 일반

Chapter 01 일반

학습내용 : 전기설비 기술기준의 목적·용어의 정의

전기설비 기술기준 목적

01 목적 (전기설비 기술기준 제1조) ★★★

1) 전기설비기술기준 전기사업법 제67조 및 같은 법 시행령 제43조에 따른다.
2) 발전, 송전, 변전, 배전 또는 전기사용을 위하여 시설하는 기계, 기구, 댐, 수로, 저수지, 전선로, 보안통신선로 그 외 시설물의 안전에 필요한 성능과 기술적 요건 규정을 목적으로 한다.

02 안전원칙 (전기설비 기술기준 제2조) ★★★★★

1) **전기설비는 감전, 화재** 그 밖에 **사람에게 위해를 주거나 물건에 손상을 줄 우려가 없도록 시설**할 것
2) 전기설비는 사용목적에 적절하고 **안전하게 작동**하여야 하며, 그 손상으로 인하여 **전기 공급에 지장을 주지 않도록 시설**할 것
3) 전기설비는 **다른 전기설비, 그 외 물건의 기능에 전기적 또는 자기적인 장해를 주지 않도록 시설**할 것

전기설비 기술기준의 용어 정의

03 정의 (전기설비 기술기준 제3조) ★★★

1) **발전소**
   발전기 · 원동기 · 연료전지 · 태양전지 · 해양에너지발전설비 · 전기저장장치 그 밖의 기계기구를 시설하여 **전기를 생산하는 곳**

2) **변전소**
   변전소의 밖으로부터 전송받은 전기를 변전소 안에 시설한 변압기 · 전동발전기 · 회전변류기 · 정류기 그 밖의 기계기구에 의하여 **변성하는 곳**으로 **변성한 전기를 다시 변전소 밖으로 전송하는 곳**

3) **개폐소**
   개폐소 안에 시설한 개폐기 및 기타 장치에 의하여 **전로를 개폐하는 곳**으로 발전소, 변전소 및 수용장소 이외의 곳

4) **급전소**
   전력계통의 **운용에 관한 지시** 및 **급전조작을 하는 곳**

5) **전선**
   강전류 전기의 전송에 사용하는 **전기 도체(나전선), 절연물로 피복한 전기 도체(절연전선)** 또는 **절연물로 피복한 전기 도체를 다시 보호 피복한 전기 도체(케이블)**

6) **전로**
   통상의 사용 상태에서 **전기가 통하고 있는 곳**

7) **전선로**
   발전소 · 변전소 · 개폐소 이에 준하는 곳, 전기사용장소 상호간의 전선 및 이를 지지하거나 수용하는 시설물

8) **전기기계기구**
   전로를 구성하는 기계기구

9) 연접 인입선

한 수용장소의 **인입선에서 분기**하여 **지지물을 거치지 아니**하고 **다른 수용장소의 인입구에 이르는 부분의 전선**

① 100[m] 이하, 폭 5[m]를 넘는 도로 횡단 금지, 옥내통과 금지
② **인입선** : 가공인입선 및 수용장소의 조영물 옆면 등에 시설하는 전선으로 그 수용장소의 인입구에 이르는 부분의 전선
③ **가공 인입선** : 가공전선로의 지지물로부터 다른 지지물을 거치지 아니하고 수용장소의 붙임점에 이르는 가공전선의 전선

10) 전차선

전차의 집전장치와 접촉하여 동력을 공급하기 위한 전선

11) 전차선로

전차선 및 이를 지지하는 시설물

12) 배선

전기사용 장소에 시설하는 전선
(전기기계기구 내의 전선 및 전선로의 전선 제외)

13) 약전류 전선

약전류 전기의 전송에 사용하는 전기 도체(나전선), 절연물로 피복한 전기 도체(절연전선) 또는 절연물로 피복한 전기 도체를 다시 보호 피복한 전기 도체(케이블)

① 인터폰, 확성기 등 음성의 전송회로
② 고주파 또는 펄스에 의한 신호의 전송회로
③ **최대 사용전압 15[V] 이하, 최대 사용전류 5[A] 이하 전기회로**
④ 전압의 최대값이 60[V] 이하 직류전기회로

14) 약전류 전선로

약전류전선 및 이를 지지하거나 수용하는 시설물
(조영물의 옥내 또는 옥측에 시설하는 것 제외)

15) 광섬유 케이블

광신호의 전송에 사용하는 보호 피복으로 보호한 전송매체

16) 광섬유 케이블선로

광섬유케이블 및 이를 지지하거나 수용하는 시설물
(조영물의 옥내 또는 옥측에 시설하는 것 제외)

17) 지지물

목주, 철주, 철근 콘크리트주 및 철탑과 이와 유사한 시설물로 전선, 약전류전선 또는 광섬유케이블을 **지지하는 것을 주된 목적으로 하는 것**

18) 조상설비

무효전력을 조정하는 전기기계기구

19) 전력보안 통신설비

전력의 수급에 필요한 급전·운전·보수 등의 업무에 사용되는 전화 및 원격지에 있는 설비의 감시, 제어, 계측, 계통보호를 위해 전기적, 광학적으로 신호를 송·수신하는 제장치, 전송로 설비 및 전원 설비 등

20) 전기철도

전기를 공급받아 열차를 운행하여 여객이나 화물을 운송하는 철도

21) 전기저장장치

전기를 저장하고 공급하는 시스템

22) 대지 전압

① 접지식 전로 : 전선과 대지 사이의 전압
② 비접지식 전로 : 전선과 같은 전로의 다른 전선 사이의 전압

전기설비 기술기준의 전기공급설비 및 전기사용설비

04. 전로의 절연 (전기설비 기술기준 제5조) ★★★★★

1) 전로는 대지로부터 절연시켜야 한다.
2) 절연성능은 기준에 따른 절연저항 외에도 사고 시 예상되는 이상전압을 고려하여 절연파괴에 의한 위험의 우려가 없는 것이어야 한다.
3) 전로의 절연 예외 경우
   ① 구조상 부득이한 경우로 통상 예견되는 사용형태로 보아 위험이 없는 경우
   ② 혼촉에 의한 고전압의 침입 등 이상이 발생하였을 때 위험을 방지하기 위한 접지 접속점 그 밖의 안전에 필요한 조치를 하는 경우
4) 변성기 안의 권선과 그 변성기 안의 다른 권선 사이 절연성능은 사고 시에 예상되는 이상전압을 고려하여 절연파괴에 의한 위험의 우려가 없는 것이어야 한다.

05. 전기설비의 접지 (전기설비 기술기준 제6조) ★★★★★

1) 전기설비의 필요한 곳에 이상 시 전위상승, 고전압의 침입 등에 의한 감전, 화재 그 외 사람에 위해를 주거나 물건에 손상을 줄 우려가 없도록 접지하고 그 밖에 적절히 조치할 것
2) 전기설비를 접지하는 경우 **전류가 안전하고 확실하게 대지로 흐를 수 있도록 할 것**

06. 전기설비의 피뢰 (전기설비 기술기준 제6-2조) ★★★★★

1) **뇌방전으로 인한 과전압**으로부터 전기설비의 손상, 감전 또는 화재의 우려가 없도록 **피뢰설비를 시설**하고 그 밖에 적절한 조치할 것

전기설비 기술기준의 전기사용설비의 시설

07 배선의 시설 (전기설비 기술기준 제50조) ★

1) 배선은 시설장소의 환경 및 전압에 따라 감전 또는 화재의 우려가 없도록 시설한다.
2) 이동전선을 전기기계기구와 접속하는 경우 접속불량에 의한 감전 또는 화재의 우려가 없도록 시설하여야 한다.
3) 특고압 이동전선은 시설하지 않는다.

08 배선의 사용전선 (전기설비 기술기준 제51조) ★★★

1) 배선에 사용하는 전선(나전선 및 특고압에 사용하는 접촉전선 제외)은 **감전 또는 화재의 우려가 없도록 시설장소의 환경 및 전압에 따라 사용상 충분한 강도 및 절연성능일 것**
2) 배선에는 나전선을 사용하지 않는다.
   다만, 시설장소의 환경 및 전압에 따라 사용상 충분한 강도를 갖고 있고 또한 절연성이 없음을 고려하여 감전 또는 화재의 우려가 없도록 시설하는 경우 예외
3) 특고압 배선에는 접촉전선을 사용하여서는 아니 된다.

09 저압전로의 절연성능 (전기설비 기술기준 제52조) ★★★★★

1) 전기사용 장소의 사용전압이 **저압인 전로의 전선 상호간** 및 **전로와 대지 사이의 절연저항**은 개폐기 또는 과전류차단기로 구분할 수 있는 전로마다 다음 [표1.1]에서 정한 값 이상일 것

[표1.1] 저압전로의 절연저항 값

전로의 사용전압[V]	DC 시험전압[V]	절연저항[MΩ]
SELV 및 PELV	250	0.5
FELV, 500[V] 이하	500	1.0
500[V] 초과	1,000	1.0

특별저압(ELV ; Extra Low Voltage)
1) 2차 전압이 AC 50[V], DC 120[V] 이하
2) SELV(Safety Extra Low Voltage) - 비접지회로 구성
3) PELV(Protective Extra Low Voltage) - 접지회로 구성
4) FELV(Functional Extra Low Voltage) - 1차와 2차가 전기적으로 절연되지 않은 회로

2) **전선 상호간의 절연저항**은 기계기구의 분리가 쉽지 않은 분기회로의 경우 기기 접속 전에 측정할 것
3) 측정 시 영향을 주거나 손상을 받을 수 있는 SPD 또는 기타 기기 등은 측정 전에 **분리**시켜야 하고, 부득이하게 분리가 어려운 경우 시험전압을 250[V] 직류(DC)로 낮추어 측정할 수 있지만 절연저항 값은 1[MΩ] 이상일 것

01장

공통사항

Chapter 01. 기술기준 총칙 및 KEC 총칙에 관한 사항
Chapter 02. 일반사항
Chapter 03. 전선
Chapter 04. 전로의 절연
Chapter 05. 접지시스템
Chapter 06. 피뢰시스템
적중실전문제

Chapter 01 기술기준 총칙 및 KEC 총칙에 관한 사항

학습내용 : 안전을 위한 원칙(전선, 전로의 절연, 접지시스템, 피뢰시스템)

목적, 안전원칙 및 용어정의

01 목적 ★★★★★

1) **한국전기설비규정**(Korea Electro-technical Code, KEC)은 전기설비기술기준 고시에서 정하는 **전기설비의 안전성능**과 **기술적 요구사항**을 구체적으로 **정하는 것을 목적**으로 한다.

2) **전기설비** : 발전, 송전, 변전, 배전 또는 전기사용을 위하여 설치하는 기계, 기구, 댐, 수로, 저수지, 전선로, 보안통신선로 및 그 밖의 설비

3) **적용범위**
   ① **공통사항**
   ② **저압전기설비**
   ③ **고압·특고압전기설비**
   ④ 전기철도설비
   ⑤ **분산형 전원설비**
   ⑥ 발전용 화력설비
   ⑦ 발전용 수력설비
   ⑧ 그 밖에 기술기준에서 정하는 전기설비

02 용어 정의 ★★★★★

1) **기본_보호** (직접접촉에 대한 보호, Protection Against Direct Contact)
   정상운전 시 기기의 **충전부**에 **직접 접촉함으로써** 발생할 수 있는 위험으로부터 **인축을 보호**하는 것

2) **고장_보호** (간접접촉에 대한 보호, Protection Against Indirect Contact)
   고장 시 기기의 **노출도전부**에 **간접 접촉함으로써** 발생할 수 있는 위험으로부터 **인축을 보호**하는 것

3) **지락_고장_전류** (Earth Fault Current)
   충전부에서 **대지** 또는 고장점(지락점)의 **접지된 부분으로 흐르는 전류**를 말하며, 지락에 의하여 전로 외부 유출로 인한 **화재, 전로나 기기의 손상** 및 사람과 동물의 **감전** 등 사고를 일으킬 우려가 있는 전류

4) **접지_시스템** (Earthing System)
   기기나 계통을 **개별적** 또는 **공통**으로 **접지**하기 위하여 **필요한 접속** 및 **장치로 구성된 설비**

5) **접지_전위_상승** (EPR, Earth Potential Rise)
   접지계통과 **기준대지 사이의 전위차**

6) **계통_접지** (System Earthing, 중성점을 대지에 접속)
   전력계통에서 돌발적 **이상 현상**에 대비하여 **대지와 계통을 연결**하는 것

7) **보호_접지** (Protective Earthing)
   고장 시 감전에 대한 **보호**를 목적으로 기기의 한 점 또는 여러 점을 **접지하는 것**

8) **스트레스_전압** (Stress Voltage)
   지락고장 중 접지부분, 기기나 장치의 외함과 다른 부분 사이에 나타나는 전압

9) 충전부 (Live Part)
통상적인 운전 상태에서 전압이 걸리도록 되어 있는 도체 또는 도전부,
중성선을 포함(PEN 도체, PEM 도체 및 PEL 도체는 제외)

10) PEN_도체 (Combined Protective (Earthing) and Neutral (PEN) Conductor)
상선 겸용 보호도체(상선 + 보호도체)

11) 노출_도전부 (Exposed Conductive Part)
충전부는 아니지만 고장 시 충전될 위험이 있고, 쉽게 접촉할 수 있는
기기의 도전성 부분

12) 계통외_도전부 (Extraneous Conductive Part)
전기설비의 일부는 아니지만 지면에 전위를 전해줄 위험이 있는 도전성 부분
(수도관, 배수관, 공조설비, 난방설비 등)

13) 등전위_본딩 (Equipotential Bonding)
등전위를 형성하기 위해 도전부 상호간을 전기적으로 연결하는 것

14) 보호_등전위본딩 (Protective Equipotential Bonding)
감전에 대한 보호 등과 같은 안전을 목적으로 하는 등전위본딩

15) 보호_본딩도체 (Protective Bonding Conductor)
등전위본딩을 확실하게 하기 위한 보호도체

16) 등전위_본딩_망 (Equipotential Bonding Network)
구조물의 모든 도전부와 충전도체를 제외한 내부설비를 접지극에 상호 접속하는 망

17) 접촉_범위 (Arm's Reach)
사람이 통상적으로 서있거나 움직일 수 있는 바닥면 어떤 점에서도
보조장치 도움 없이 손을 뻗어 접촉이 가능한 접근구역

18) **특별_저압** (ELV, Extra Low Voltage)
   인체에 위험을 초래하지 않을 정도의 저압,
   여기서 SELV(Safety Extra Low Voltage)는 비접지회로,
   PELV(Protective Extra Low Voltage)는 접지회로에 해당

19) **임펄스_내 (耐 ; 견디다)_전압** (Impulse Withstand Voltage)
   지정된 조건하에서 **절연파괴**를 일으키지 않는
   규정된 파형 및 극성의 임펄스전압의 최대 피크 값 또는 충격내전압

20) **뇌전_자기_임펄스** (LEMP, Lightning Electromagnetic Impulse)
   서지 및 방사상 전자계를 발생시키는 저항성, 유도성 및 용량성 결합을 통한
   뇌전류에 의한 모든 전자기 영향

21) **피뢰_시스템** (LPS, lightning protection system)
   구조물 뇌격으로 인한 물리적 손상을 줄이기 위해 사용되는 전체시스템을 말하며,
   외부피뢰시스템과 내부피뢰시스템으로 구성

22) **피뢰_레벨** (LPL, Lightning Protection Level)
   자연적으로 발생하는 뇌방전을 초과하지 않는 최대치 최소 설계 값에 대한 확률
   과 관련된 일련의 뇌격전류 매개변수(파라미터)로 정해지는 레벨

23) **외부_피뢰시스템** (External Lightning Protection System)
   수뢰부시스템, 인하도선시스템, 접지극시스템으로 구성된 피뢰시스템 일종

24) **수뢰부_시스템** (Air-termination System)
   낙뢰를 포착할 목적으로 피뢰침, 망상도체(Mesh), 피뢰선(수평도체) 금속체를 이용
   한 외부 피뢰시스템의 일부

25) **인하_도선_시스템** (Down-conductor System)
   뇌전류를 수뢰시스템에서 접지극으로 흘리기 위한 외부피뢰시스템의 일부

26) **내부_피뢰시스템** (Internal Lightning Protection System)
   등전위본딩 또는 외부피뢰시스템의 전기적 절연으로 구성된 피뢰시스템의 일부

27) 피뢰_등전위본딩 (Lightning Equipotential Bonding)
   뇌전류에 의한 **전위차를 줄이기 위해** 직접적인 도전접속 또는 서지보호장치를 통해 분리된 **금속부를 피뢰시스템에 본딩하는 것**

28) 서지_보호장치 (SPD, Surge Protective Device)
   과도 과전압을 제한하고 **서지전류를 분류**시키기 위한 **장치**

29) 계통_연계 (계통_연락)
   둘 이상의 전력계통 사이를 전력이 상호 융통되도록 선로를 연결하는 것으로 **전력계통 사이간**을 송전선, 변압기 또는 직류-교류변환설비 등에 **연결하는 것**

30) 분산형_전원
   중앙급전 전원과 구분되며 **전력소비지역 부근에 분산**하여 **배치 가능한 전원**. 상용전원 정전시 사용되는 비상용 예비전원은 제외하며,
   신·재생에너지 발전설비(태양광, 풍력 등) 및 전기저장장치(ESS) 등을 포함

31) 단독_운전
   전력계통 일부가 전력계통의 전원과 전기적으로 분리된 상태에서 **분산형전원에 의해서만 가압되는 상태**

32) 단순_병렬운전
   자가용 발전설비 또는 저압소용량 일반용 발전설비를 배전계통에 연계하여 운전하되, 생산한 전력의 전부를 자체적으로 소비하기 위해 **생산된 전력이 연계계통으로 송전되지 않는 병렬 형태**

33) 리플프리_직류

교류를 직류로 **변환**할 때 **리플성분**의 **실효값이 10[%] 이하**로 **포함된 직류**

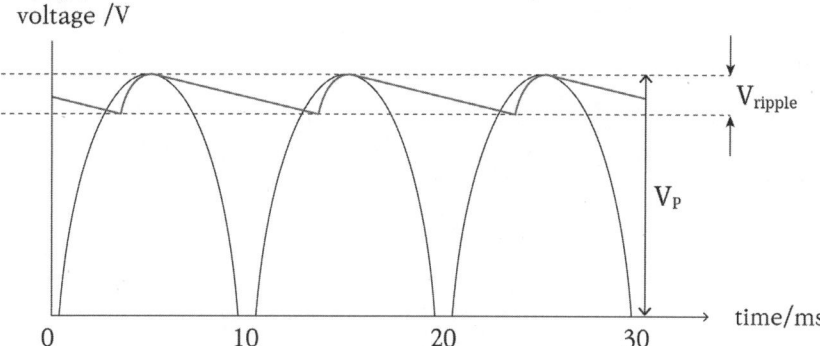

$\% V_{ripple} = (리플성분 실효값 / 직류성분 절대값) \times 100\,[\%]$
$= (V_{ripple\,s} / V_p) \times 100\,[\%]$

34) 관등회로

방전등용 안정기 또는 방전등용 변압기로부터 방전관까지의 전로

35) 옥내_배선

건축물 내부 전기사용장소에 **고정**시켜 시설하는 **전선**

36) 옥외_배선

건축물 외부 전기사용장소에서 그 전기사용을 목적으로 **고정**시켜 시설하는 **전선**

37) 옥측_배선

건축물 외부 전기사용장소에서 전기사용을 목적으로 **조영물**에 **고정**시켜 시설하는 **전선**

38) 지중_관로

지중 전선로 · 지중 약전류 전선로 · 지중 광섬유 케이블 선로 · 지중에 시설하는 수관 및 가스관과 **이와 유사한 것** 및 **이들에 부속하는 지중함 등**

39) 가공_인입선
가공전선로의 지지물에서 **다른 지지물을 거치지 않고 수용장소의 붙임점**에 이르는 가공전선

40) 접근상태
제1차 접근상태 및 **제2차 접근상태**

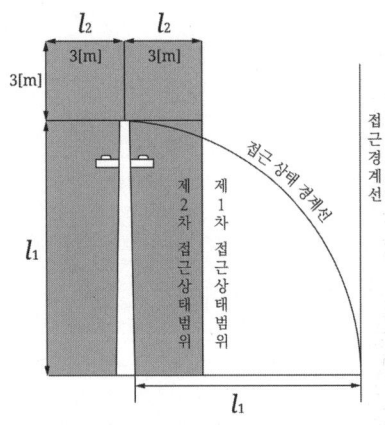

41) **제1차 접근 상태**
가공 전선로 **전선의 절단, 지지물의 도괴** 등 그 전선이 **다른 시설물에 접촉할 우려가 있는 상태**(수평 거리로 3[m] 미만인 곳 시설 시 제외)

42) **제2차 접근상태**
가공 전선이 다른 시설물과 접근하는 경우 가공 전선이 다른 시설물의 **위쪽 또는 옆쪽**에서 **수평 거리로 3[m] 미만**인 곳에 **시설되는 상태**

43) **전기철도용 급전선**
전기철도용 변전소로부터 다른 전기철도용 변전소 또는 전차선에 이르는 전선

44) **전기철도용 급전선로**
전기철도용 급전선 및 이를 지지하거나 수용하는 시설물

45) **접속설비**
공용 전력계통으로부터 특정 분산형전원 전기설비에 이르기까지 전선로와 이에 부속하는 개폐장치, 모선 및 기타 관련 설비

예제 01

정상운전 시 기기의 충전부에 직접 접촉함으로써 발생할 수 있는 위험으로부터
인축의 보호방식을 무엇이라 하는가?
① 기본보호
② 고장보호
③ 감전보호
④ 보호접지

【해설】
기본보호(직접접촉에 대한 보호)
: 정상운전 시 기기의 충전부에 직접 접촉함으로써 발생할 수 있는 위험으로부터 인축의 보호하는 것

[답] ①

예제 02

고장 시 기기의 노출도전부에 간접 접촉함으로써 발생할 수 있는 위험으로부터
인축을 보호하는 방식을 무엇이라 하는가?
① 기본보호
② 고장보호
③ 감전보호
④ 보호접지

【해설】
고장보호(간접접촉에 대한 보호)
: 고장 시 기기의 노출도전부에 간접 접촉함으로써 발생할 수 있는 위험으로부터 인축을 보호하는 것

[답] ②

예제 03

통상적인 운전 상태에서 전압이 걸리도록 되어있는 도체 또는 도전부, 중성선을 무엇이라 하는가?(PEN 도체, PEM 도체 및 PEL 도체는 포함하지 않음)
① 계통외도전부
② 노출도전부
③ 등전위본딩도체
④ 충전부

【해설】
충전부(Live Part)
: 통상적인 운전 상태에서 전압이 걸리도록 되어있는 도체 또는 도전부, 중성선을 포함 (PEN 도체, PEM 도체 및 PEL 도체는 포함하지 않음)

[답] ④

예제 04

자연적으로 발생하는 뇌방전을 초과하지 않는 최대·최소 설계 값에 대한 확률과 관련된 일련의 뇌격 전류 매개변수(파라미터)로 정의하는 것을 무엇이라 하는가?
① 외부피뢰시스템
② 내부피뢰시스템
③ 피뢰레벨
④ 피뢰보호범위

【해설】
피뢰레벨(LPL)
: 자연적으로 발생하는 뇌방전을 초과하지 않는 최대 그리고 최소 설계 값에 대한 확률과 관련된 일련의 뇌격전류 매개변수(파라미터)로 정해지는 레벨

[답] ③

예제 05

피뢰시스템(LPS)은 구조물 뇌격으로 인한 물리적 손상을 줄이기 위해 사용되는 전체시스템을 말하며, 이 중 외부피뢰시스템이 아닌 것은?
① 수뢰부시스템
② 인하도선시스템
③ 접지극시스템
④ 내부피뢰시스템

【해설】
외부피뢰시스템
: 수뢰부시스템, 인하도선시스템, 접지극시스템으로 구성된 피뢰시스템

[답] ④

예제 06

수뢰부시스템은 낙뢰를 포착할 목적으로 시설하는 시스템으로 금속 물체를 이용한 설비를 말한다. 다음 중 해당하지 않는 설비는 무엇인가?
① 피뢰침
② 수평도체
③ 인하도선
④ 망상도체

【해설】
수뢰부시스템
: 낙뢰를 포착할 목적으로 피뢰침, 망상도체(Mesh), 피뢰선(수평도체) 등과 같은 금속 물체를 이용한 외부피뢰시스템

[답] ③

예제 07

중앙급전 전원과 구분되는 것으로서 전력소비지역 부근에 분산하여 배치 가능한 전원으로, 신·재생에너지 발전설비(태양광, 풍력 등), 전기저장장치(ESS) 등을 무엇이라 하는가?
① 비상용 자가발전전원
② 집중형 발전전원
③ 분산형 전원
④ 비상용 축전지전원

【해설】
분산형전원
: 중앙급전 전원과 구분되는 것으로서 전력소비지역 부근에 분산하여 배치 가능한 전원. 상용전원의 정전 시에만 사용하는 비상용 예비전원은 제외하며, 신·재생에너지 발전설비(태양광, 풍력 등), 전기저장장치(ESS) 등을 포함

[답] ③

예제 08

자가용 발전설비 또는 저압 소용량 일반용 발전설비를 배전계통에 연계하여 운전하되, 생산한 전력의 전부를 자체적으로 소비하는 것으로, 생산한 전력이 연계계통으로 송전되지 않는 운전방식을 무엇이라 하는가?
① 단독운전
② 단순병렬운전
③ 계통연계운전
④ 하이브리드운전

【해설】
단순_병렬운전
: 자가용 발전설비 또는 저압 소용량 일반용 발전설비를 배전계통에 연계하여 운전하되, 생산한 전력의 전부를 자체적으로 소비하기 위한 것으로서 생산한 전력이 연계계통으로 송전되지 않는 병렬 형태

[답] ②

예제 09

다음 중 "지중관로"에 대한 정의로 옳은 것은?
① 지중 전선로, 지중 약전류 전선로와 지중 매설지선 등을 말한다.
② 지중 전선로, 지중 약전류 전선로와 복합 케이블선로, 기타 이와 유사한 것 및 이들에 부속하는 지중함을 말한다.
③ 지중 전선로, 지중 약전류 전선로, 지중에 시설하는 수관 및 가스관과 지중 매설지선을 말한다.
④ 지중 전선로, 지중 약전류 전선로, 지중 광섬유케이블선로, 지중에 시설하는 수관 및 가스관과 이와 유사한 것 및 이들에 부속하는 지중함 등을 말한다.

【해설】
지중 관로
: 지중 전선로 · 지중 약전류 전선로 · 지중 광섬유 케이블 선로 · 지중에 시설하는 수관 및 가스관과 이와 유사한 것 및 이들에 부속하는 지중함 등

[답] ④

예제 10

제2차 접근상태를 바르게 설명한 것은?
① 가공전선이 전선의 절단 또는 지지물의 도괴 등이 되는 경우에 당해전선이 다른 시설물에 접속될 우려가 있는 상태
② 가공전선이 다른 시설물과 접근하는 경우에 당해 가공전선이 다른 시설물의 위쪽 또는 옆쪽에서 수평 거리로 3[m] 미만인 곳에 시설되는 상태
③ 가공전선이 다른 시설물과 접근하는 경우에 가공전선을 다른 시설물과 수평되게 시설되는 상태
④ 가공선로에 제2종 접지공사를 하고 보호망으로 보호하여 인축의 감전 상태를 방지하도록 조치하는 상태

【해설】
제2차 접근상태
: 가공전선이 다른 시설물과 접근하는 경우에 그 가공전선이 다른 시설물의 위쪽 또는 옆쪽에서 수평 거리로 3[m] 미만인 곳에 시설되는 상태

[답] ②

Chapter 02 일반사항

학습내용 : 안전을 위한 보호

통칙 및 안전을 위한 보호

03 통칙 ★★★★★

1) 이 규정은 **인축의 감전에 대한 보호**와
   전기설비 계통, 시설물, 발전용 수력설비, 발전용 화력설비, 발전설비 용접 등의
   안전에 필요한 성능과 **기술적인 요구사항**에 **적용**

2) **저압, 고압 및 특고압의 범위**

분류	전압의 범위
저압	직류 : 1,500[V] 이하 교류 : 1,000[V] 이하
고압	직류 : 1,500[V] 초과, 7[kV] 이하 교류 : 1,000[V] 초과, 7[kV] 이하
특고압	7[kV] 초과

04 안전을 위한 보호

1) 요구 사항
   ① 안전을 위한 보호의 **기본 요구사항**은 **전기설비** 사용 시 **발생**할 수 있는 **위험과 장애로부터 인축과 재산**을 안전하게 지키는 것
   ② 가축의 안전을 제공하기 위한 요구사항은 가축을 사육하는 장소에 적용

2) **안전을 위한 보호 방식**
   ① 감전에 대한 보호
   ② 열 영향에 대한 보호
   ③ 과전류에 대한 보호
   ④ 고장전류에 대한 보호
   ⑤ 과전압 및 전자기 장애에 대한 대책
   ⑥ 전원공급 중단에 대한 보호

05 감전에 대한 보호 (기본보호 + 고장보호)  ★★★★★

1) 기본보호 (직접접촉에 대한 보호)
   ① 일반적으로 **직접접촉을 방지**하는 것, 전기설비의 **충전부**에 **인축**이 **접촉**하여 일어날 수 있는 위험으로부터의 보호
   ② **인축의 몸을 통해 전류가 흐르는 것을 방지**
   ③ **인축의 몸에 흐르는 전류를 안전한 값 이하로 제한**

2) 고장보호 (간접접촉에 대한 보호)
   ① 일반적으로 **기본절연의 고장**에 의한 **간접접촉을 방지**하는 것, **노출도전부에 인축이 접촉**하여 일어날 수 있는 위험으로부터 보호
   ② **인축의 몸을 통해 고장전류가 흐르는 것을 방지**
   ③ **인축의 몸에 흐르는 고장전류를 안전한 값 이하로 제한**
   ④ **인축의 몸에 흐르는 고장전류의 지속시간을 안전한 시간까지로 제한**

06 열 영향에 대한 보호

1) **고온** 또는 **전기 아크**로 인한 **가연물**이 **발화, 손상되지 않도록 전기설비 설치**
2) 정상적으로 전기기기가 작동할 때 **인축의 화상 방지**

07 과전류에 대한 보호

1) 도체에서 발생할 수 있는 **과전류에 의한 과열** 또는 **전기·기계적 응력**에 의한 **위험**으로부터 **인축의 상해를 방지**하고 **재산을 보호**
2) 과전류에 대한 보호는 **과전류가 흐르는 것을 방지**하거나 **과전류의 지속시간을 안전한 시간까지로 제한**하여 보호

08 고장전류에 대한 보호

1) 고장전류가 흐르는 도체 및 이외의 부분은 **고장전류로 인해 허용온도 한계에 도달하지 않도록** 하며, 도체를 포함한 전기설비는 **인축**의 상해 또는 **재산** 손실 방지를 위한 **보호장치 구비**
2) **도체**는 고장으로 인해 발생하는 **과전류**에 대하여 **보호**되어야 한다.

09 과전압 및 전자기 장애에 대한 대책

1) 회로의 **충전부 사이 결함**으로 발생한 전압에 의한 고장으로 **인축의 상해**가 없도록 **보호**하여야 하며, **유해한 영향**으로부터 **재산 보호**
2) **저전압**과 뒤이은 **전압 회복의 영향**으로 발생하는 상해로부터 인축을 보호하여야 하며, 손상에 대해 재산 보호
3) 설비는 규정된 환경에서 그 기능을 제대로 수행하기 위해 **전자기 장애**로부터 **적절한 수준의 내성**을 가져야 함. 설비를 설계할 때 설비 또는 설치 기기에서 발생하는 전자기 방사량이 설비 내의 전기사용기기와 연결된 기기들이 함께 사용되는 데에 적합한지 고려

10 전원공급 중단에 대한 보호

1) **전원공급 중단**으로 인해 **위험**과 **피해가 예상되면**, 설비 또는 설치기기에 적절한 **보호장치 구비**

예제 01

한국전기설비규정(KEC)에서 규정하는 전압의 구분에서 직류 저압 범위는 몇 [V] 이하인가?

① 600[V] 이하
② 750[V] 이하
③ 1,000[V] 이하
④ 1,500[V] 이하

【해설】
저압, 고압 및 특고압의 범위
1) 저압 : 교류 1[kV] 이하, 직류 1.5[kV] 이하
2) 고압 : 교류 1[kV], 직류 1.5[kV] 초과 7[kV] 이하
3) 특고압 : 7[kV] 초과

[답] ④

예제 02

한국전기설비규정(KEC)에서 규정하는 전압의 구분에서 교류 저압 범위는 몇 [V] 이하인가?

① 600[V] 이하
② 750[V] 이하
③ 1,000[V] 이하
④ 1,500[V] 이하

【해설】
저압, 고압 및 특고압의 범위
1) 저압 : 교류 1[kV] 이하, 직류 1.5[kV] 이하
2) 고압 : 교류 1[kV], 직류 1.5[kV] 초과 7[kV] 이하
3) 특고압 : 7[kV] 초과

[답] ③

예제 03

다음 중 안전을 위한 보호방식이 아닌 것은 무엇인가?
① 감전에 대한 보호
② 전원공급 연속성에 대한 확보
③ 과전류에 대한 보호
④ 과전압 및 전자기 장애에 대한 보호

【해설】
안전을 위한 보호 방식
1) 감전에 대한 보호
2) 열 영향에 대한 보호
3) 과전류에 대한 보호
4) 고장전류에 대한 보호
5) 과전압 및 전자기 장애에 대한 대책
6) 전원공급 중단에 대한 보호

[답] ②

예제 04

감전에 대한 보호방식에서 기본보호 방식 중 해당하지 않는 것은 어떤 것인가?
① 일반적으로 직접접촉을 방지하는 것, 전기설비의 충전부에 인축이 접촉하여 일어날 수 있는 위험으로부터 보호
② 인축의 몸을 통해 전류가 흐르는 것을 방지
③ 인축의 몸에 흐르는 전류를 위험하지 않는 값 이하로 제한
④ 인축의 몸에 흐르는 고장전류의 지속시간을 위험하지 않은 시간까지로 제한

【해설】
기본보호(직접접촉에 대한 보호)
1) 일반적으로 직접접촉을 방지하는 것, 전기설비의 충전부에 인축이 접촉하여 일어날 수 있는 위험으로부터 보호
2) 인축의 몸을 통해 전류가 흐르는 것을 방지
3) 인축의 몸에 흐르는 전류를 위험하지 않는 값 이하로 제한

[답] ④

예제 05

감전에 대한 보호방식에서 고장보호 방식 중 해당하지 않는 것은 어떤 것인가?
① 일반적으로 기본절연의 고장에 의한 간접접촉을 방지하는 것, 노출도전부에 인축이 접촉하여 일어날 수 있는 위험으로부터 보호
② 인축의 몸을 통해 고장전류가 흐르는 것을 방지
③ 인축의 몸에 흐르는 전류를 위험하지 않는 값 이상으로 제한
④ 인축의 몸에 흐르는 고장전류의 지속시간을 위험하지 않은 시간까지로 제한

【해설】
고장보호(간접접촉에 대한 보호)
1) 일반적으로 기본절연의 고장에 의한 간접접촉을 방지하는 것, 노출도전부에 인축이 접촉하여 일어날 수 있는 위험으로부터 보호
2) 인축의 몸을 통해 고장전류가 흐르는 것을 방지
3) 인축의 몸에 흐르는 고장전류를 위험하지 않는 값 이하로 제한
4) 인축의 몸에 흐르는 고장전류의 지속시간을 위험하지 않은 시간까지로 제한

[답] ③

예제 06

도체에서 발생할 수 있는 과전류에 의한 과열 또는 전기·기계적 응력에 의한 위험으로부터 인축의 상해를 방지하는 보호방식은 무엇인가?
① 열 영향에 대한 보호
② 과전류에 대한 보호
③ 고장전류에 대한 보호
④ 과전압 및 전자기 장애에 대한 보호

【해설】
과전류에 대한 보호
1) 도체에서 발생할 수 있는 과전류에 의한 과열 또는 전기·기계적 응력에 의한 위험으로부터 인축의 상해를 방지하고 재산을 보호
2) 과전류에 대한 보호는 과전류가 흐르는 것을 방지하거나 과전류의 지속시간을 위험하지 않는 시간까지로 제한함으로써 보호

[답] ②

예제 07

고장전류가 흐르는 도체 및 다른 부분은 고장전류로 인해 허용온도 상승 한계에 도달하지 않도록 하며, 도체를 포함한 전기설비는 인축의 상해 보호 방식은 무엇인가?
① 열 영향에 대한 보호
② 과전류에 대한 보호
③ 고장전류에 대한 보호
④ 과전압 및 전자기 장애에 대한 보호

【해설】
고장전류에 대한 보호
1) 고장전류가 흐르는 도체 및 다른 부분은 고장전류로 인해 허용온도 상승 한계에 도달하지 않도록 하며, 도체를 포함한 전기설비는 인축의 상해 또는 재산의 손실을 방지하기 위하여 보호 장치 구비
2) 도체는 고장으로 인해 발생하는 과전류에 대하여 보호되어야 한다.

[답] ③

Chapter 03 전선

학습내용 : 전선의 선정, 식별, 종류 및 접속

전선 일반 요구사항

11 전선의 선정 및 식별

1) **요구 사항 및 선정**
   ① 전선은 일반적으로 **사용상태**에서의 **온도에 견디는 것을 선정**
   ② 전선은 **설치장소의 환경조건**에 적절하고 발생할 수 있는 **전기·기계 적응력에 견디는 능력이 있는 것을 선정**
   ③ **전선**은 「전기용품 및 생활용품 안전관리법」의 적용을 받는 것 이외 **한국산업표준(이하 "KS"라 한다)에 적합**한 것을 **선정**

2) **전선의 식별**
   ① **전선의 색상**

[표3.1] 전선 식별

교류(AC) 도체		직류(DC) 도체	
상(문자)	색상	극	색상
L1 (기존 R 또는 U)	갈색	L+	적색
L2 (기존 S 또는 V)	흑색	L-	백색
L3 (기존 T 또는 W)	회색	중점선	청색
N (기존 N)	청색	N	
PE (보호도체)	녹색-노랑색	PE (보호도체)	녹색-노랑색

   ② **색상 식별이 종단 및 연결 지점**에서만 이루어지는 나도체 등은 전선 종단부에 색상이 반영구적으로 유지될 수 있는 **도색, 밴드, 색 테이프 등의 방법으로 표시**
   ③ 전선의 식별은 KS C IEC 60445(인간과 기계 간 인터페이스, 표시 식별의 기본 및 안전원칙 - 장비단자, 도체단자 및 도체의 식별)에 적합

12 전선의 종류

1) **절연전선**
   ① 저압 절연전선은 「전기용품 및 생활용품 안전관리법」의 적용을 받는 것, 이외 KS에 적합 또는 동등 이상의 전선 선정
   ② 고압·특고압 절연전선은 KS에 적합 또는 동등 이상의 전선 선정
   ③ 주요제품
   - 300/500[V] 내열 비닐절연전선(HIV)
   - 450/750[V] 비닐절연전선(IV)
   - 450/750[V] 저독성 난연 (가교)폴리올레핀 절연전선(HFIO, HFIX)
   - 접지용 난연 비닐절연전선(GV)

2) **코드**
   ① 코드는 「전기용품 및 생활용품 안전관리법」에 의한 안전인증을 취득한 것을 사용
   ② 코드는 이 규정에서 허용된 경우에 한하여 사용

3) **캡타이어케이블**
   ① 캡타이어케이블은 「전기용품 및 생활용품 안전관리법」의 적용을 받는다. 이외는 KS C IEC 60502-1(정격 전압 1[kV]~30[kV] 압출 성형 절연전력케이블 및 그 부속품-제1부 : 케이블(1[kV] - 3[kV]))에 적합한 것을 선정

4) **저압케이블**
   ① 저압인 전로(전기기계기구 안의 전로를 제외한다)의 전선으로 사용하는 케이블은 「전기용품 및 생활용품 안전관리법」의 적용을 받는 것, 이외에는 KS 표준에 적합한 것 선정
   ② 주요제품
   - 0.6/1[kV] 연피케이블
   - 클로로프렌 외장케이블
   - 비닐 외장케이블
   - 폴리에틸렌 외장케이블
   - 무기물 절연케이블
   - 금속 외장케이블
   - 유선 텔레비전용 급전겸용 동축 케이블

5) 고압 및 특고압케이블
    ① **고압인 전로**(전기기계기구 안의 전로 제외)에 사용하는 케이블
        - 클로로프렌 외장케이블
        - 비닐 외장케이블
        - 폴리에틸렌 외장케이블
        - 콤바인덕트 케이블
        - 또는 이들에 보호 피복을 한 것
    ② **특고압인 전로**(전기기계기구 안의 전로 제외)에 사용하는 케이블
        - 절연체가 에틸렌 프로필렌 고무혼합물
        - 가교폴리에틸렌 혼합물인 케이블로서 선심 위에 금속제의 전기적 차폐층을 설치한 것
        - 파이프형 압력케이블 그 밖의 금속피복을 한 케이블
    ③ **특고압 전로의 다중접지 지중 배전계통에 사용하는 동심중성선 전력케이블**
        (최고전압은 25.8[kV] 이하)
        - 충실외피를 적용한 충실 케이블
        - 충실외피를 적용하지 않은 케이블

6) **나전선**
    ① 나전선(버스덕트의 도체 기타 구부리기 어려운 전선, 라이팅덕트의 도체 및 절연트롤리선의 도체를 제외) 및 지선·가공지선·보호도체·보호망·전력보안통신용 약전류전선 기타의 금속선(절연전선·캡타이어케이블 및 소세력 회로의 배선에 따라 사용하는 피복선을 제외)은 KS에 적합한 것을 선정

Check Point!

한국전기설비규정(KEC) 전선의 종류
1) 절연전선, 코드, 캡타이어케이블, 저압케이블, 고압 및 특고압케이블, 나전선 등
2) 관련 규정에 따라 [전기용품 및 생활용품 안전관리법] 및 KS 표준에 적합한 전선을 선정 적용
3) 관련 규정에 따라 예외, 단서 조항은 해당 규정에 준함

13. 전선의 접속 ★★★

1) **전선을 접속하는 경우 전선의 전기저항을 증가시키지 않도록 접속**
   옥외등 또는 소세력 회로의 규정에 의하여 시설하는 경우

2) **전선의 세기[인장하중]를 20[%] 이상 감소시키지 않는다.**
   점퍼선을 접속하는 경우와 기타 전선에 가해지는 장력이 전선의 세기에 비하여 현저히 적을 경우 적용하지 않음

3) **접속부분은 접속관 기타의 기구를 사용할 것**
   가공전선 상호, 전차선 상호 또는 광산의 갱도 안에서 전선 상호를 접속하는 경우 기술상 곤란할 경우 적용하지 않음

4) **접속부분을 그 부분의 절연전선의 절연물과 동등 이상의 절연효력이 있는 것으로 충분히 피복할 것**
   접속부분의 절연물과 동등 이상의 절연효력이 있는 접속기를 사용하는 경우 예외

5) **코드 상호, 캡타이어 케이블 상호 또는 이들 상호를 접속하는 경우, 코드 접속기·접속함 외의 기구를 사용할 것**

6) 도체에 알루미늄(알루미늄 합금을 포함)을 사용하는 전선과 동(동합금을 포함)을 사용하는 전선에 접속하는 등 **전기 화학적 성질이 다른 도체를 접속하는 경우 접속부분에 전기적 부식이 생기지 않도록 할 것**

7) 도체에 알루미늄을 사용하는 절연전선 또는 케이블을 옥내배선·옥측배선 또는 옥외배선에 사용하는 경우 그 **전선을 접속할 때** KS C IEC 60998-1(가정용 및 이와 유사한 용도의 저전압용 접속기구)에 **적합(구조, 절연저항 및 내전압, 기계적 강도, 온도 상승, 내열성)한 접속기구를 사용할 것**

8) **밀폐된 공간**에서 전선의 접속부에 사용하는 **테이프 및 튜브** 등 도체의 절연에 사용되는 **절연 피복**은 KS C IEC 60454(전기용 점착 테이프)에 **적합한 것**

14. 두 개 이상의 전선을 병렬로 사용하는 경우 (병렬도체) ★★★★★

1) 병렬로 사용하는 각 전선의 굵기는 동선 50[mm^2] 이상 또는 알루미늄 70[mm^2] 이상으로 하고, 전선은 같은 도체, 같은 재료, 같은 길이 및 같은 굵기 사용
2) 같은 극의 각 전선은 동일한 터미널러그에 완전히 접속한다.
3) 같은 극인 각 전선의 터미널러그는 동일한 도체에 2개 이상의 리벳 또는 2개 이상의 나사로 접속한다.
4) 병렬로 사용하는 전선에 각각의 퓨즈를 설치하지 않는다.
5) 교류회로에서 병렬로 사용하는 전선은 금속관 안에 전자적 불평형이 생기지 않도록 시설한다.

Check Point!

전선의 접속법
1) 전선의 전기저항을 증가시키지 않도록 접속
2) 전선의 세기(인장하중)를 20[%] 이상 감소시키지 않을 것
3) 접속부분은 접속관 이외의 기구를 사용할 것
4) 접속부분을 그 부분의 절연전선의 절연물과 동등 이상의 절연효력이 있는 것으로 충분히 피복할 것
5) 코드를 접속하는 경우 코드 접속기, 접속함 이외의 기구를 사용할 것
6) 전기 화학적 성질이 다른 도체를 접속하는 경우 접속부분에 전기적 부식이 생기지 않도록 할 것
7) 전선을 접속할 때 KS 표준에 적합한 구조, 절연저항 및 내전압, 기계적 강도, 온도 상승, 내열성의 접속기구를 사용할 것

예제 01

한국전기설비규정(KEC)에서 정하는 전선의 식별, 전선의 색상으로 잘못 선정한 것은?

① L1 - 갈색
② L2 - 흑색
③ L3 - 회색
④ N - 녹색/노랑색

【해설】
전선의 식별, 전선의 색상
1) L1 (기존 R 또는 U) : 갈색
2) L2 (기존 S 또는 V) : 흑색
3) L3 (기존 T 또는 W) : 회색
4) N (기존 N) : 청색
5) PE (보호도체) : 녹색-노랑색

[답] ④

예제 02

한국전기설비규정(KEC)에서 정하는 전선의 식별, 전선의 색상으로 잘못 선정한 것은?

① L1 - 갈색
② L2 - 흑색
③ L3 - 회색
④ PE - 청색

【해설】
전선의 식별, 전선의 색상
1) L1 (기존 R 또는 U) : 갈색
2) L2 (기존 S 또는 V) : 흑색
3) L3 (기존 T 또는 W) : 회색
4) N (기존 N) : 청색
5) PE (보호도체) : 녹색-노랑색

[답] ④

예제 03

전선의 접속법을 열거한 것 중 잘못된 것은?
① 전선의 전기저항을 증가시키지 아니하도록 접속
② 전선의 세기(인장하중)를 30[%] 이상 감소시키지 않을 것
③ 접속부분은 접속관 기타의 기구를 사용할 것
④ 접속부분을 그 부분의 절연전선의 절연물과 동등 이상의 절연효력이 있는 것으로 충분히 피복할 것

【해설】
전선의 접속법
1) 전선의 전기저항을 증가시키지 아니하도록 접속
2) 전선의 세기(인장하중)를 20[%] 이상 감소시키지 않을 것
3) 접속부분은 접속관 기타의 기구를 사용할 것
4) 접속부분을 그 부분의 절연전선의 절연물과 동등 이상의 절연효력이 있는 것으로 충분히 피복할 것

[답] ②

예제 04

두 개 이상의 전선을 병렬로 사용하는 경우 설명이 잘못된 것은?
① 전선의 굵기는 동선 70[mm^2] 이상 또는 알루미늄 95[mm^2] 이상으로 하고, 전선은 같은 도체, 같은 재료, 같은 길이 및 같은 굵기의 것
② 같은 극의 각 전선은 동일한 터미널러그에 완전히 접속할 것
③ 같은 극인 각 전선의 터미널러그는 동일한 도체에 2개 이상의 리벳 또는 2개 이상의 나사로 접속할 것
④ 병렬로 사용하는 전선에는 각각에 퓨즈를 설치하지 말 것

【해설】
두 개 이상의 전선을 병렬로 사용하는 경우
1) 병렬로 사용하는 각 전선의 굵기는 동선 50[mm^2] 이상 또는 알루미늄 70[mm^2] 이상으로 하고, 전선은 같은 도체, 같은 재료, 같은 길이 및 같은 굵기의 것
2) 같은 극의 각 전선은 동일한 터미널러그에 완전히 접속할 것
3) 같은 극인 각 전선의 터미널러그는 동일한 도체에 2개 이상의 리벳 또는 2개 이상의 나사로 접속할 것
4) 병렬로 사용하는 전선에는 각각에 퓨즈를 설치하지 말 것
5) 교류회로에서 병렬로 사용하는 전선은 금속관 안에 전자적 불평형이 생기지 않도록 시설할 것

[답] ①

예제 05

두 개 이상의 전선을 병렬로 사용하는 경우 설명이 잘못된 것은?

① 전선의 굵기는 동선 50[mm^2] 이상 또는 알루미늄 70[mm^2] 이상으로 하고, 전선은 같은 도체, 같은 재료, 같은 길이 및 같은 굵기의 것
② 같은 극의 각 전선은 동일한 터미널러그에 완전히 접속할 것
③ 같은 극인 각 전선의 터미널러그는 동일한 도체에 2개 이상의 리벳 또는 2개 이상의 나사로 접속할 것
④ 병렬로 사용하는 전선에는 각각에 퓨즈를 설치할 것

【해설】
두 개 이상의 전선을 병렬로 사용하는 경우
1) 병렬로 사용하는 각 전선의 굵기는 동선 50[mm^2] 이상 또는 알루미늄 70[mm^2] 이상으로 하고, 전선은 같은 도체, 같은 재료, 같은 길이 및 같은 굵기의 것
2) 같은 극의 각 전선은 동일한 터미널러그에 완전히 접속할 것
3) 같은 극인 각 전선의 터미널러그는 동일한 도체에 2개 이상의 리벳 또는 2개 이상의 나사로 접속할 것
4) 병렬로 사용하는 전선에는 각각에 퓨즈를 설치하지 말 것
5) 교류회로에서 병렬로 사용하는 전선은 금속관 안에 전자적 불평 형이 생기지 않도록 시설할 것

[답] ④

Chapter 04 전로의 절연

학습내용 : 전로의 절연저항 및 절연내역(전로, 변압기, 회전기 및 기구 등)

전로, 변압기, 회전기, 연료전지, 태양전지 모듈의 절연내력

15 전로의 절연 원칙 ★★★★★

1) 전로는 대지로부터 절연해야 한다.

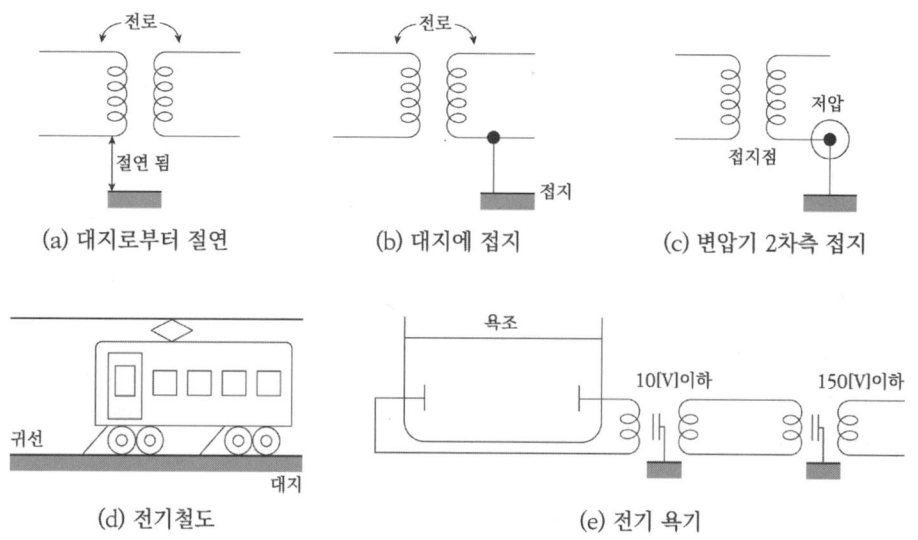

(a) 대지로부터 절연 (b) 대지에 접지 (c) 변압기 2차측 접지

(d) 전기철도 (e) 전기 욕기

2) 전로 절연 제외 대상
   ① 수용장소 인입구의 접지, 고·특고압과 저압의 혼촉에 의한 위험방지 시설, 피뢰기의 접지, 특고압 가공전선로의 지지물에 시설하는 저압 기계기구 등의 시설, 옥내에 시설하는 저압 접촉전선 공사 또는 아크 용접장치의 시설에 따라 **저압전로에 접지공사를 하는 경우의 접지점**
   ② 고·특고압과 저압의 혼촉에 의한 위험방지 시설, 전로의 중성점의 접지 또는 옥내의 네온 방전등 공사에 따라 **전로의 중성점에 접지공사를 하는 경우의 접지점**
   ③ 계기용변성기의 2차측 전로의 접지에 따라
   계기용변성기의 2차측 전로에 접지공사를 하는 경우의 접지점
   ④ 특고압 가공전선과 저고압 가공전선의 **병행(병가)**에 따라 저압 가공 전선의 특고압 가공전선과 **동일 지지물에 시설되는 부분에 접지공사를 하는 경우의 접지점**

⑤ 중성점이 접지된 특고압 가공선로의 중성선에
  25[kV] 이하인 특고압 가공전선로의 시설에 따라 다중 접지를 하는 경우의 접지점
⑥ 파이프라인 등의 **전열장치의 시설**에 따라 시설하는
  소구경관(박스 포함)에 접지공사를 하는 경우의 접지점
⑦ 저압전로와 사용전압이 **300[V] 이하의 저압전로를 결합하는 변압기의 2차측 전로에 접지공사를 하는 경우의 접지점**
⑧ 시험용 변압기, 결합 리액터, 전기울타리, 엑스선발생장치, 전기부식방지 시설, 전기철도의 귀선 등 전로의 일부를 대지로부터 절연하지 아니하고 전기를 사용하는 것이 부득이한 것
⑨ 전기욕기, 전기로, 전기보일러, 전해조 등 **대지로부터 절연하는 것이 기술상 곤란한 곳**
⑩ 저압 옥내직류 전기설비의 접지에 의하여 **직류계통에 접지공사를 하는 경우의 접지점**

Check Point!

전로 절연 제외 대상
1) 저압전로에 접지공사를 하는 경우의 접지점
2) 전로의 중성점에 접지공사를 하는 경우의 접지점
3) 계기용변성기의 2차측 전로에 접지공사를 하는 경우의 접지점
4) 동일 지지물에 시설되는 부분에 접지공사를 하는 경우의 접지점(병가)
5) 25[kV] 이하인 특고압 가공전선로의 시설에 따라 다중 접지를 하는 경우의 접지점
6) 전열장치의 시설에 따라 시설하는 소구경관(박스 포함)에 접지공사를 하는 경우의 접지점
7) 300[V] 이하의 저압전로를 결합하는 변압기의 2차측 전로에 접지공사를 하는 경우의 접지점
8) 대지로부터 절연하는 것이 기술상 곤란한 곳
9) 직류계통에 접지공사를 하는 경우의 접지점

16 전로의 절연저항 및 절연내력 ★★★★★

1) **저압인 전로**에서 정전이 어려운 경우 등 절연저항 측정이 곤란한 경우에는
   누설전류를 1[mA] 이하로 유지할 것
2) **고압 및 특고압의 전로**는 [표4.1]에서 정한 시험전압을
   전로와 대지 사이(다심케이블은 심선 상호 간 및 심선과 대지 사이)에
   연속하여 10분간 가하여 절연내력을 시험하였을 경우 이에 견디어야 한다.
   : 회전기, 정류기, 연료전지 및 태양전지 모듈의 전로, 변압기의 전로, 기구 등의 전로 및 직류식 전기철도용 전차선을 예외

[표4.1] 고압 및 특고압 전로의 종류 및 시험전압

전로의 종류 (최대사용전압)	접지방식	시험전압 (최대사용전압 × 배)	최저시험전압
7[kV] 이하 전로	-	1.5배	-
7[kV] 초과 25[kV] 이하	다중접지	0.92배	-
7[kV] 초과 60[kV] 이하	다중접지 이외	1.25배	10,500[V]
60[kV] 초과	비접지	1.25배	-
60[kV] 초과	접지식	1.1배	75[kV]
60[kV] 초과	직접접지	0.72배	-
170[kV] 초과	직접접지	0.64배	-
60[kV] 초과 정류기 전로	교류측 1.1배 직류전압 (교류측, 직류 고전압측 접속 전로)		
60[kV] 초과 정류기 전로	계산방법 (직류측 중성선, 귀선)		

* 전로에 케이블을 사용하는 경우 직류로 시험할 수 있으며, 시험 전압은 교류의 경우 2배가 된다.
* 직류 저압측 전로의 절연내력시험 전압의 계산방법

$$E = V \times \frac{1}{\sqrt{2}} \times 0.5 \times 1.2 \, [V]$$

여기서,
E : 교류 시험 전압[V]
V : 역변환기의 전류 실패 시 중성선 또는 귀선이 되는 전로에 나타나는 교류성 이상전압의 파고값[V]
다만, 전선에 케이블을 사용하는 경우 시험전압은 E의 2배의 직류전압으로 한다.

3) 절연내력 시험전압 [표4.1]의 규정을 적용하지 않는 경우 (적용 예외)
   ① 최대사용전압이 60[kV]를 초과하는 **중성점 직접접지식** 전로에 사용되는 전력케이블은 **정격전압을 24시간 가하여 절연내력을 시험**하였을 때 **견디는 경우**
   ② 최대사용전압이 170[kV]를 초과하고 양단이 중성점 직접접지 되어 있는 **지중전선로**는, **최대사용전압의 0.64배**의 전압을 전로와 대지 사이(다심케이블에 있어서는, 심선상호 간 및 심선과 대지 사이)에 **연속 60분간 절연내력시험**을 했을 때 **견디는 경우**
   ③ **특고압전로**와 관련되는 절연내력은 설치하는 **기기의 종류별 시험성적서 확인** 또는 **절연내력 확인방법**에 적합한 **시험 및 측정을 하여 결과가 적합한 경우** (최대사용전압 7[kV] 이하인 전로 제외)
   ④ 고압 및 특고압의 전로에 전선으로 사용하는 **케이블의 절연체가 XLPE 등 고분자 재료인 경우 0.1[Hz] 정현파 전압**을 상전압의 3배 크기로 전로와 대지 사이에 **연속 60분간 가하여 절연내력을 시험**하였을 때 **견디는 경우**

17. 회전기 및 정류기의 절연저항 및 절연내력　★★★

1) 회전기 및 정류기는 [표4.2]에서 정한 시험방법으로 절연내력을 시험하였을 경우 이에 견디어야 한다.
2) 회전변류기 이외의 교류의 회전기로 [표4.2]에서 정한 시험전압의 1.6배의 직류전압으로 절연내력을 시험하였을 때 견디는 것은 예외

[표4.2] 회전기 및 정류기 시험전압

회전기 및 정류기의 종류 (최대사용전압)		시험전압 (최대사용전압 × 배)	최저시험전압	시험방법
회전기	발전기·전동기· 조상기· 기타 회전기 7[kV] 이하	1.5배	500[V]	권선과 대지 (연속 10분간)
	발전기·전동기· 조상기· 기타 회전기 7[kV] 초과	1.25배	10.5[kV]	
	회전변류기	직류측 1배 교류	500[V]	
정류기	60[kV] 이하	직류측 1배 교류	500[V]	충전부분과 외함 (연속 10분간)
	60[kV] 초과	교류측 1.1배 교류	-	교류측 및 직류고전압단자와 대지 (연속 10분간)
		직류측 1.1배 직류		

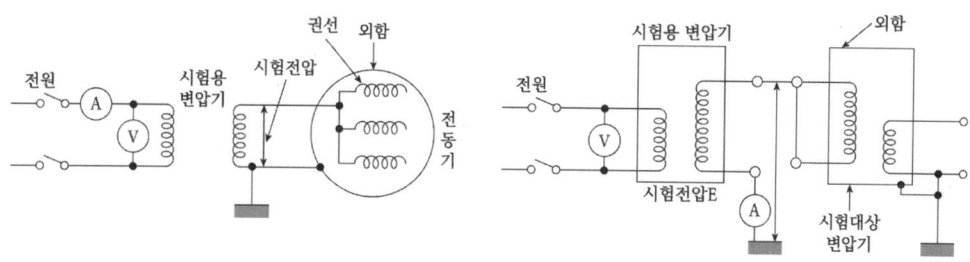

(a) 전동기의 경우　　　　　(b) 변압기의 경우

18 연료전지 및 태양전지 모듈의 절연내력 ★★★★★

1) 연료전지 및 태양전지 모듈은 **최대사용전압의 1.5배 직류전압** 또는 **1배의 교류전압**을 충전부분과 대지사이에 연속하여 10분간 가하여 절연내력을 시험하였을 때에 견디는 것
2) 1배의 교류전압(시험전압)이 **500[V]** 미만으로 되는 경우 최저시험전압 **500[V]** 적용

19 변압기 전로의 절연내력 ★★★

1) 변압기의 전로는 [표4.3]에서 정한 시험전압 및 시험방법으로 절연내력을 시험하였을 때 이에 견디어야 한다.
   (방전등용 변압기·엑스선관용 변압기·흡상 변압기·시험용 변압기·계기용변성기와 전기 집진장치에 규정하는 전기집진 응용 장치용 변압기 기타 특수용도에 사용되는 것 제외)
2) **특고압전로**와 관련되는 절연내력은 설치하는 **기기의 종류별 시험성적서 확인** 또는 **절연내력 확인방법**에 적합한 시험 및 측정을 하고 결과가 적합한 경우 적용하지 않는다.

[표4.3] 변압기 전로의 시험전압

권선의 종류 (최대사용전압)	접지방식	시험전압 (최대사용전압의 배수)	최저시험전압
7[kV] 이하	-	1.5배	500[V]
7[kV] 초과 25[kV] 이하	다중접지	0.92배	500[V]
7[kV] 초과 60[kV] 이하	다중접지 이외	1.25배	10,500[V]
60[kV] 초과	비접지	1.25배	-
60[kV] 초과	접지식	1.1배	75[kV]
60[kV] 초과	직접접지	0.72배	-
170[kV] 초과	직접접지	0.64배	-
60[kV] 초과 정류기 권선	-	1.1배 교류/직류전압	-
기타 권선	-	1.1배	75[kV]

* 시험 방법
1) 25[kV] 이하 : 시험되는 권선과 다른 권선, 철심 및 외함 간 시험전압을 연속하여 10분간 가한다. (60[kV] 초과 정류기 권선, 기타 권선 포함)
2) 60[kV] 초과 : 시험되는 권선의 중성점단자 이외의 임의의 1단자, 다른 권선의 임의 1단자, 철심 및 외함을 접지하고 시험되는 권선의 중성점 단자 이외의 각 단자에 3상 교류의 시험전압을 연속하여 10분간 가한다.

20 기구 등 전로의 절연내력 ★★★

1) 개폐기·차단기·전력용 커패시터·유도전압조정기·계기용변성기 기타의 기구 전로 및 발전소·변전소·개폐소 또는 이에 준하는 곳에 시설하는 기계기구의 접속선 및 모선 (전로를 구성하는 것)은 **[표4.4]**에서 정한 시험전압을 **충전 부분과 대지 사이**(다심 케이블은 심선 상호 간 및 심선과 대지 사이)에 **연속하여 10분간 가하여 절연내력을 시험하였을 경우 이에 견디어야** 한다.

2) 접지형계기용변압기·전력선 반송용 결합커패시터·뇌서지 흡수용 커패시터·지락검출용 커패시터·재기전압 억제용 커패시터·피뢰기 또는 전력선반송용 결합리액터로서 표준에 적합한 것 혹은 전선에 케이블을 사용하는 기계기구 교류의 접속선 또는 모선으로서 **[표4.4]**에서 정한 시험전압의 2배의 직류전압을 충전부분과 대지 사이(다심케이블에서는 심선 상호 간 및 심선과 대지 사이)에 **연속하여 10분간 가하여 절연내력을 시험하였을 때에 이에 견디도록 시설할 경우는 제외**한다.

[표4.4] 기구 등의 전로의 시험전압

전로의 종류	접지방식	시험전압 (최대사용전압의 배수)	최저시험전압
7[kV] 이하의 기구의 전로	-	1.5배	500[V]
7[kV] 초과 25[kV] 이하	다중접지	0.92배	-
7[kV] 초과 60[kV] 이하	다중접지 이외	1.25배	10,500[V]
60[kV] 초과	비접지	1.25배	-
	접지식	1.1배	75[kV]
170[kV] 초과	직접접지	0.72배	-
170[kV] 초과 발변전소	직접접지	0.64배	-
60[kV] 초과 정류기 전로	-	1.1배 교류/직류전압	[계산방법]

* 직류 저압측 전로의 절연내력시험 전압의 계산방법

$$E = V \times \frac{1}{\sqrt{2}} \times 0.5 \times 1.2 \, [V]$$

여기서,
E : 교류 시험 전압[V]
V : 역변환기의 전류 실패 시 중성선 또는 귀선이 되는 전로에 나타나는 교류성 이상전압의 파고값[V]
다만, 전선에 케이블을 사용하는 경우 시험전압은 E의 2배의 직류전압으로 한다.

예제 01

전로를 대지로부터 반드시 절연해야 하는 대상은 다음 중 어떤 것인가?
① 저압 가공전선로의 접지측 전선
② 전로의 중성점에 접지공사를 하는 경우의 접지점
③ 계기용변성기의 2차측 전로에 접지공사를 하는 경우의 접지점
④ 동일 지지물에 시설되는 부분에 접지공사를 하는 경우의 접지점(병가)

【해설】
전로 절연 제외 대상
1) 저압전로에 접지공사를 하는 경우의 접지점
2) 전로의 중성점에 접지공사를 하는 경우의 접지점
3) 계기용변성기의 2차측 전로에 접지공사를 하는 경우의 접지점
4) 동일 지지물에 시설되는 부분에 접지공사를 하는 경우의 접지점(병가)
5) 대지로부터 절연하는 것이 기술상 곤란한 곳
6) 직류계통에 접지공사를 하는 경우의 접지점

[답] ①

예제 02

전로를 대지로부터 반드시 절연해야 하는 대상은 다음 중 어떤 것인가?
① 계기용변성기의 2차측 전로에 접지공사를 하는 경우의 전선로
② 동일 지지물에 시설되는 부분에 접지공사를 하는 경우의 접지점(병가)
③ 대지로부터 절연하는 것이 기술상 곤란한 곳
④ 직류계통에 접지공사를 하는 경우의 접지점

【해설】
전로 절연 제외 대상
1) 저압전로에 접지공사를 하는 경우의 접지점
2) 전로의 중성점에 접지공사를 하는 경우의 접지점
3) 계기용변성기의 2차측 전로에 접지공사를 하는 경우의 접지점
4) 동일 지지물에 시설되는 부분에 접지공사를 하는 경우의 접지점(병가)
5) 대지로부터 절연하는 것이 기술상 곤란한 곳
6) 직류계통에 접지공사를 하는 경우의 접지점

[답] ①

예제 03

저압인 전로에서 정전이 어려운 경우 등 절연저항 측정이 곤란한 경우에는 누설전류를 기준으로 몇 [mA] 이하를 유지해야 하는가?
① 0.1[mA] 이하
② 1.0[mA] 이하
③ 10[mA] 이하
④ 100[mA] 이하

【해설】
전로의 절연저항 및 절연내력
: 저압인 전로에서 정전이 어려운 경우 등 절연저항 측정이 곤란한 경우에는 누설전류를 1[mA] 이하로 유지하여야 한다.

[답] ②

예제 04

전로의 최대사용전압이 7[kV] 이하의 전로의 절연내력 시험전압은 최대사용전압의 몇 [배]에 시험전압을 전로와 대지 사이에 연속하여 10분간 인가하여 시험하였을 때에 견디어야 하는가?
① 0.92배
② 1.1배
③ 1.25배
④ 1.5배

【해설】
전로의 절연저항 및 절연내력
: 최대사용전압 7[kV] 이하 전로의 절연내력 시험전압은 최대사용전압의 1.5배로 할 것

[답] ④

예제 05

중성점 다중접지방식 전로에 연결되는 최대사용전압이 22.9[kV]인 전로의 절연내력시험전압은 최대사용전압의 몇 [배]인가?

① 0.92배
② 1.1배
③ 1.25배
④ 1.5배

【해설】
전로의 절연저항 및 절연내력
: 최대사용전압 7[kV] 초과 25[kV] 이하 다중접지방식의 경우 전로의 절연내력 시험전압은 최대사용전압의 0.92배로 할 것

[답] ①

예제 06

중성점 비접지방식 전로에 연결되는 최대사용전압이 66[kV]인 전로의 절연내력시험전압은 최대사용전압의 몇 [배]인가?

① 0.72배
② 1.1배
③ 1.25배
④ 1.5배

【해설】
전로의 절연저항 및 절연내력
: 최대사용전압 60[kV] 초과 비접지방식의 경우 전로의 절연내력 시험전압은 최대사용전압의 1.25배로 할 것

[답] ③

예제 07

중성점 직접접지방식 전로에 연결되는 최대사용전압이 154[kV]인 전로의 절연내력시험전압은 최대사용전압의 몇 [배]인가?

① 0.72배
② 1.1배
③ 1.25배
④ 1.5배

【해설】
전로의 절연저항 및 절연내력
: 최대사용전압 60[kV] 초과 직접접지방식의 경우 전로의 절연내력 시험전압은 최대사용전압의 0.72배로 할 것

[답] ①

예제 08

중성점 직접접지방식 전로에 연결되는 최대사용전압이 345[kV]인 전로의 절연내력시험전압은 최대사용전압의 몇 [배]인가?

① 0.64배
② 1.1배
③ 1.25배
④ 1.5배

【해설】
전로의 절연저항 및 절연내력
: 최대사용전압 170[kV] 초과 직접접지방식의 경우 전로의 절연내력 시험전압은 최대사용전압의 0.64배로 할 것

[답] ①

예제 09

중성점 비접지방식 전로에 연결되는 최대사용전압이 66[kV]인 유도 전압 조정기의 절연내력시험 전압은 최대사용전압의 몇 [배]인가?

① 0.72배
② 1.1배
③ 1.25배
④ 1.5배

【해설】
전로의 절연저항 및 절연내력
: 최대사용전압 7[kV] 초과 비접지방식의 경우 유도 전압 조정기의 절연내력 시험전압은 최대사용전압의 1.25배로 할 것

[답] ③

예제 10

연료전지 및 태양전지 모듈은 최대사용전압의 몇 [배]의 직류전압 또는 1배의 교류전압을 충전부분과 대지사이에 연속하여 10분간 가하여 절연내력을 시험하였을 때에 견디어야 하는가?

① 1.0배
② 1.1배
③ 1.25배
④ 1.5배

【해설】
연료전지 및 태양전지 모듈의 절연내력
1) 연료전지 및 태양전지 모듈은 최대사용전압의 1.5배의 직류전압 또는 1배의 교류전압을 충전부분과 대지사이에 연속하여 10분간 가하여 절연내력을 시험하였을 때에 견디는 것
2) 1배의 교류전압(시험전압)이 500[V] 미만으로 되는 경우 최저시험전압 500[V] 적용

[답] ④

예제 11

중성점 다중접지방식 전로에 연결되는 최대사용전압이 22.9[kV]인 변압기 전로의 절연내력시험전압은 최대사용전압의 몇 [배]인가?

① 0.92배
② 1.1배
③ 1.25배
④ 1.5배

【해설】
전로의 절연저항 및 절연내력
: 최대사용 전압 7[kV] 초과 25[kV] 이하 다중접지방식의 경우 변압기 전로의 절연내력 시험전압은 최대사용 전압의 0.92배로 할 것

[답] ①

예제 12

전동기의 절연내력시험은 권선과 대지 간에 계속하여 시험전압을 가할 경우, 최소 몇 분간은 견디어야 하는가?

① 5
② 10
③ 20
④ 30

【해설】
회전기 및 정류기의 절연내력
1) 회전기 시험 방법 : 권선과 대지 사이에 연속하여 10분간 인가
2) 정류기 시험 방법 : 충전부분과 외함 간에 연속하여 10분간 인가

[답] ②

예제 13

220[V]용 전동기의 절연내력 시험 시 시험전압은 몇 [V]로 하여야 하는가?

① 300
② 330
③ 450
④ 500

【해설】
회전기 및 정류기의 절연내력
: 시험전압의 배수를 적용한 값이 500[V] 미만인 경우 500[V]를 시험전압으로 선정

[답] ④

Chapter 05 접지시스템

학습내용 : 접지시스템의 시설 및 감전보호용 등전위본딩

접지시스템의 구분, 종류

21 접지시스템의 구분 및 종류 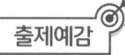 ★★★★★

1) 접지시스템 구분 : 계통접지, 보호접지, 피뢰시스템 접지
2) 접지시스템 시설 종류 : 단독접지, 공통접지, 통합접지

22 접지시스템의 요구사항 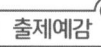 ★★★★★

1) 접지시스템은 전기설비의 보호 요구사항을 충족
2) 접지시스템은 **지락전류와 보호도체 전류를 대지에 전달(방류)할 것**,
   다만, 열적, 열·기계적, 전기·기계적 응력 및 이러한 전류로 인한 **감전 위험이 없을 것**
3) 접지시스템은 **전기설비의 기능적 요구사항을 충족**
4) **접지저항 값은 부식, 건조 및 동결 등 대지환경 변화에 충족**해야 하며,
   인체감전보호를 위한 값과 전기설비의 기계적 요구에 의한 값을 만족

> **Check Point!**
>
> 접지공사의 목적
> 1) 인축의 감전사고 및 화재사고 방지
> 2) 고압 및 특고압의 기계기구류 보호
> 3) 변압기 1, 2차 혼촉 시 2차측 전위상승 억제
> 4) 계통의 중성점 접지, 통신용 접지

23 계통접지 ★★★★★

1) **전력계통**에서 **돌발적**으로 발생하는 **이상현상**에 **대비**하여 대지와 계통을 연결하는 것으로 변압기의 중성점(저압측의 1단자 시행 접지계통 포함)을 대지에 접속하는 것

2) 저압전로의 보호도체 및 중성선의 접속 방식에 따라 분류
   ① TN 계통(TN System) 방식
   ② TT 계통(TT System) 방식
   ③ IT 계통(IT System) 방식

3) 계통접지에서 사용되는 문자의 정의
   ① **제1문자 : 전원계통과 대지의 관계**
      ㉠ T (Terra, 대지) : 전력계통의 1점을 대지에 직접 접속
      ㉡ I (Insulation, 절연) : 모든 충전부를 대지와 절연시키거나 높은 임피던스를 통하여 한 점을 대지에 직접 접속
   ② **제2문자 : 전기설비의 노출도전부와 대지의 관계**
      ㉠ T (Terra, 대지) : 노출도전부를 대지로 직접 접속. 전원계통의 접지와는 무관
      ㉡ N (Neutral) : 노출도전부를 전원계통의 접지점(교류 계통에서는 통상적으로 중성점, 중성점이 없을 경우 선도체)에 직접 접속
   ③ **다음 문자가 있을 경우 : 중성선과 보호도체의 배치**
      ㉠ S (Separated) : 중성선 또는 접지된 선도체 외에 별도의 도체에 의해 제공되는 보호 기능
      ㉡ C (Combined) : 중성선과 보호 기능을 한 개의 도체로 겸용(PEN 도체)
      ㉢ PE (Protective Earthing) : 보호도체(PEN = 보호도체(PE) + 중성선(N) 조합)

[표5.1] 기호 설명

기호	설명
	중성선(N), 중간도체(M)
	보호도체(PE)
	중성선과 보호도체 겸용(PEN)

Check Point!

[표5.2] 계통접지 방식

계통접지 방식	제 1문자	제 2문자	그 다음 문자(문자가 있을 경우)	
	전원계통과 대지	노출도전부와 대지	중성선과 보호도체의 배치	
TN - C	T	N	C	
TN - C - S	T	N	C	S
TN - S	T	N	S	
TT	T	T		
IT	I	T		

T : 한 점을 대지에 직접 접속
I : 모든 충전부를 대지와 절연시키거나 높은 임피던스를 통하여 한 점을 대지에 직접 접속
N : 노출도전부를 전원계통의 접지점(교류 계통에서는 통상적으로 중성점, 중성점이 없을 경우 선도체)에 직접 접속
S : 중성선 또는 접지된 선도체 외에 별도의 도체에 의해 제공되는 보호 기능
C : 중성선과 보호 기능을 한 개의 도체로 겸용(PEN 도체)

4) TN 계통 방식
   ① 전원측의 한 점을 직접 접지하고 설비의 노출도전부를 보호도체로 접속시키는 방식
   ② 중성선 및 보호도체(PE 도체)의 배치 및 접속방식에 따라 분류
      (TN-S, TN-C, TN-C-S)
   ③ TN-S 계통
      ㉮ 계통 전체에 대해 별도의 중성선 또는 PE 도체를 사용
      ㉯ 배전계통에서 PE 도체를 추가로 접지할 수 있음

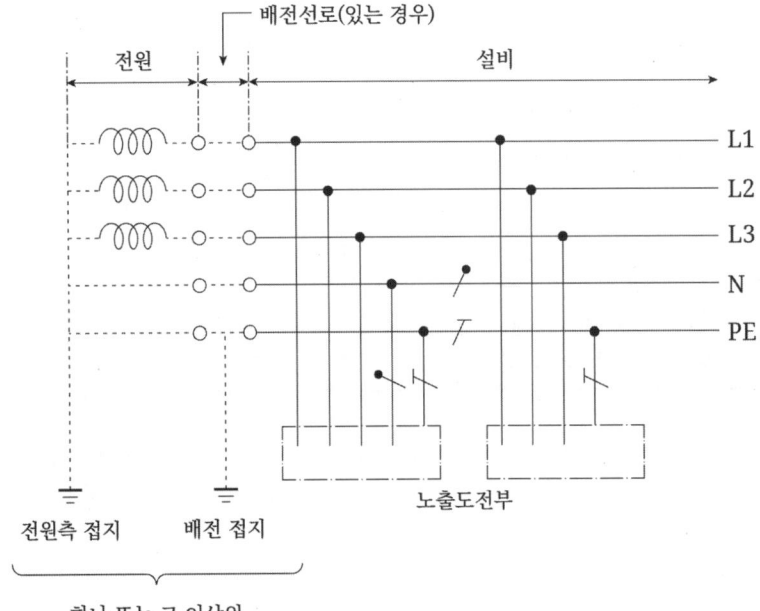

[그림] 계통 내에서 별도의 중성선과 보호도체가 있는 TN-S 계통

④ TN-C 계통
  ㉮ 계통 전체에 대해 중성선과 보호도체의 기능을 동일도체로 겸용한 PEN 도체를 사용
  ㉯ 배전계통에서 PEN 도체를 추가로 접지할 수 있음

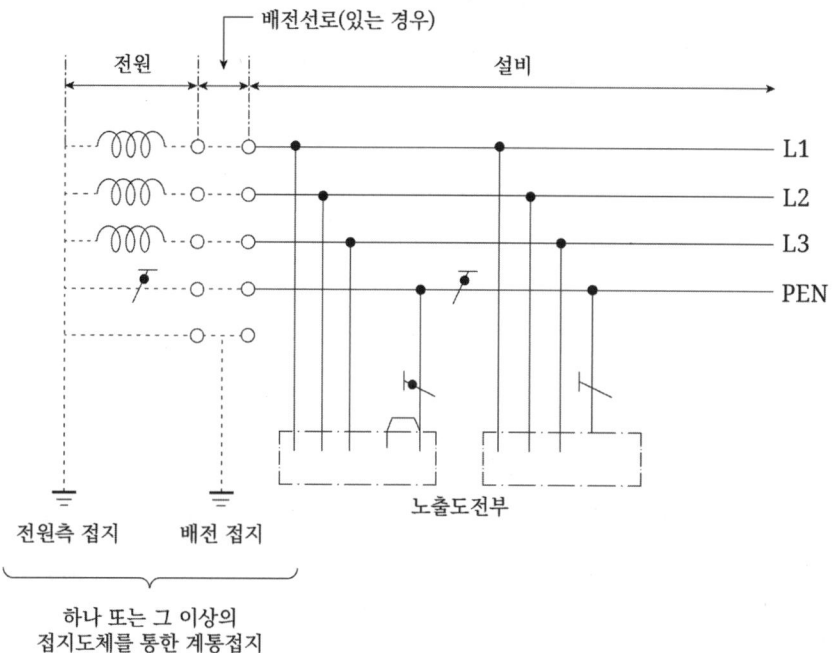

[그림] TN-C 계통

⑤ TN-C-S 계통
㉮ 계통의 일부분에서 PEN 도체를 사용하거나, 중성선과 별도의 PE 도체를 사용하는 방식
㉯ 배전계통에서 PEN 도체와 PE 도체를 추가로 접지할 수 있음

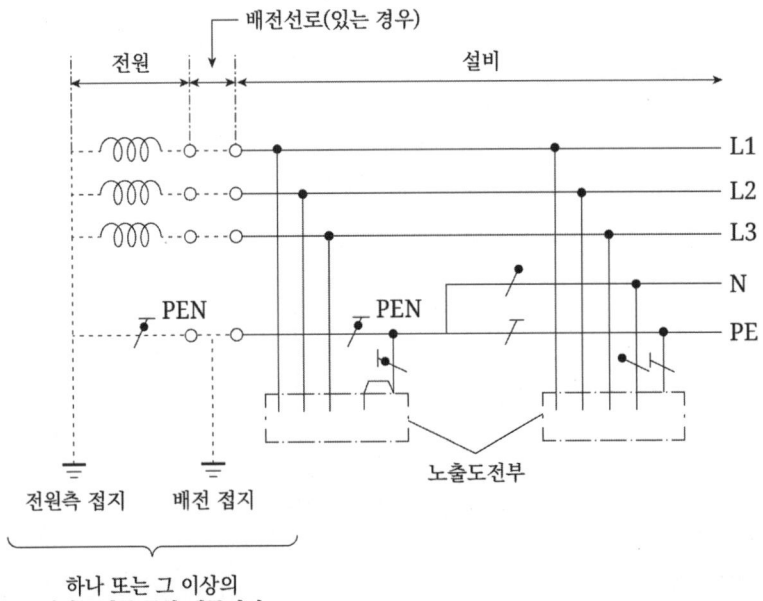

[그림] 설비의 어느 곳에서 PEN이 PE와 N으로 분리된 3상 4선식 TN-C-S 계통

5) TT 계통

① **전원의 한 점을 직접 접지하고 설비의 노출도전부는 전원의 접지전극과 전기적으로 독립적인 접지극에 접속**

② 배전계통에서 PE 도체를 추가로 접지할 수 있음

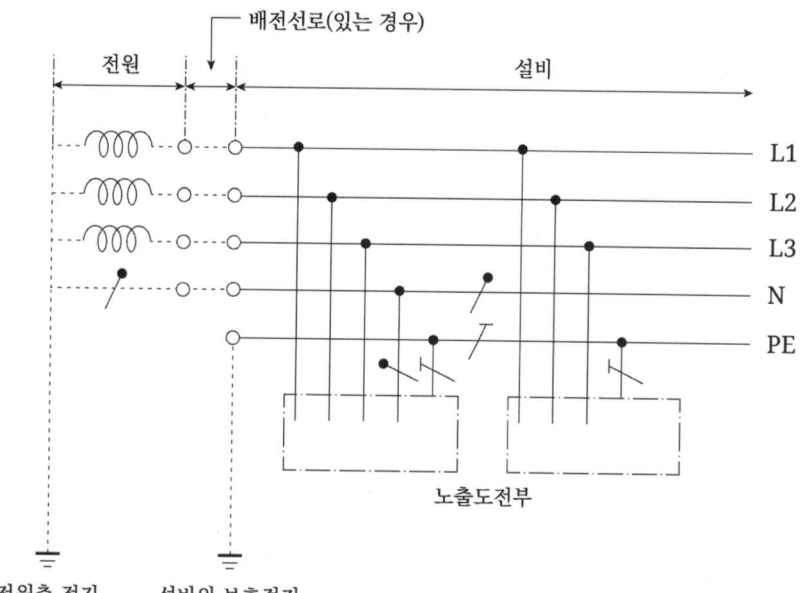

[그림] 설비 전체에서 별도의 중성선과 보호도체가 있는 TT 계통

6) IT 계통
① 충전부 전체를 대지로부터 절연시키거나, 한 점을 임피던스를 통해 대지에 접속
② 전기설비의 노출도전부를 단독 또는 일괄적으로 계통의 PE 도체에 접속
③ 배전계통에서 PE 도체를 추가로 접지할 수 있음
④ 계통은 충분히 높은 임피던스를 통하여 접지할 수 있으며, 이 접속은 중성점, 인위적 중성점, 선도체 등에서 할 수 있음
⑤ 중성선은 배선할 수도 있고, 배선하지 않을 수도 있음

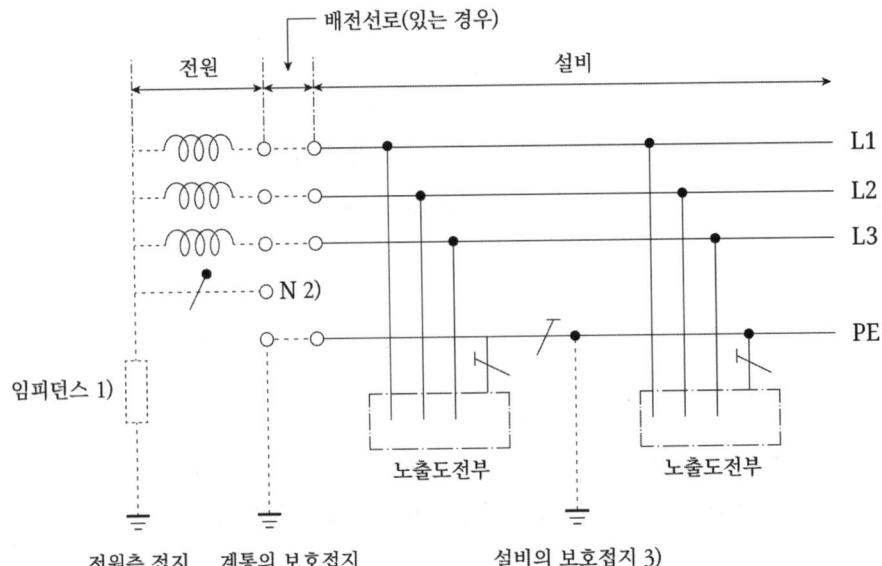

[그림] 계통 내의 모든 노출도전부가 보호도체에 의해 접속되어 일괄 접지된 IT 계통

24 보호접지 ★★★★★

1) **보호접지** : 고장 시 감전에 대한 보호를 목적으로 기기의 한 점 또는 여러 점을 접지하는 것

2) **보호접지**는 계통접지 방식인 TN, TT 및 IT 접지계통에 따라 사고 시 **고장전류 차단시간** 및 **인체의 허용접촉전압**에 따른 기준 적용

[표5.3] 32[A] 이하 분기회로의 최대 차단시간

공칭대지전압의 범위	고장 시 최대 차단시간[s]				32[A] 초과 분기회로 배전회로	
	32[A] 이하 분기회로					
	교류		직류			
	TN	TT	TN	TT	TN	TT
$50[V] < U_0 \leq 120[V]$	0.8	0.3	-	-	5	1
$120[V] < U_0 \leq 230[V]$	0.4	0.2	5	0.4		
$230[V] < U_0 \leq 400[V]$	0.2	0.07	0.4	0.2		
$400[V] < U_0$	0.1	0.04	0.1	0.1		

25 피뢰시스템 접지 (출제예감) ★★★★★

1) **피뢰시스템** : 보호하고자 하는 대상물에 근접하는 뇌격을 확실하게 흡인해서 뇌격전류를 대지로 안전하게 방류함으로써 건축물 등을 보호하는 것

2) 피뢰시스템 접지는 그러한 피뢰설비에 흐르는 뇌격전류를 안전하게 대지로 흘려보내기 위해 접지극을 대지에 접속하는 설비

3) 피뢰시스템의 접지는 「**접지극시스템**」, 「**전기전자설비의 접지·본딩으로 보호**」, 「**피뢰시스템 등전위본딩**」 등을 규정 적용

26 단독, 공통 및 통합접지 ★★★★★

1) **단독접지 방식**
   ① **단독접지 방식이란**
      고압, 특고압 계통의 접지극과 저압 계통의 접지극이 독립적으로 설치된 경우
   ② **TN 또는 TT 계통**의 적용 시 **지락전류**의 **최대 차단시간**([표5.3] 참조) **이내**에 **전원을 차단**
   ③ TN 계통의 경우 사고 시 지락전류가 TT 계통보다 상대적으로 커서 **과전류차단기**에 의한 **고장전류 차단이 가능**하며
      만약 **고장전류가** 적어 과전류 보호장치가 동작하지 않아 **차단이 불가능한 경우**
      누전차단기를 추가로 설치
   ④ TT 계통의 경우 TN 계통에 비해 사고 시 지락전류가 작아 과전류차단기에 의한 고장전류차단이 불가능하며, 이런 경우 TT 계통의 과전류 차단기는 일반적으로 누전차단기를 사용
      ㉮ **자동차단조건** : $R_a \times I_a \leq 50[V]$
      ㉯ R_a : 접지저항[ohm]
      ㉰ I_a : 누전차단기의 정격 감도전류(보통 30[mA])

2) **공통접지 방식**
   ① **공통접지란 등전위가 형성되도록**
      고압 · 특고압 접지계통과 저압 접지계통을 공통으로 접지하는 방식
   ② 국내의 경우 전기사업자로부터 고압 이상의 전압을 수전 받는 수용가는 단독접지 및 공통접지 모두 적용할 수 있음. 다만, 단독접지는 타 접지계통의 영향을 받지 않도록 접지극간에 충분한 이격거리를 유지
   ③ 이러한 이유로 해외의 경우 고압 · 특고압 접지계통과 저압 접지계통을 공통으로 접지하는 공통접지 방식을 추천
   ④ 공통접지에 관한 표준은 KS C IEC 61936-1(교류 1[kV] 초과 전력설비-제1부 : 공통규정)의 10. 접지시스템 준용

3) **통합접지 방식**
   ① **통합접지란**
      전기설비의 접지계통, 건축물의 피뢰설비, 전자통신설비 등의 접지극을 통합하여 접지하는 방식

② 즉, **통합접지는** 모든 접지시스템을 **통합**하여 접지시스템을 구성하는 것을 말하며 설비 간의 전위차를 해소하여 **등전위를 형성하는 접지방식**

4) 접지 방식 비교 (접지극은 추가 설치할 수 있다.)

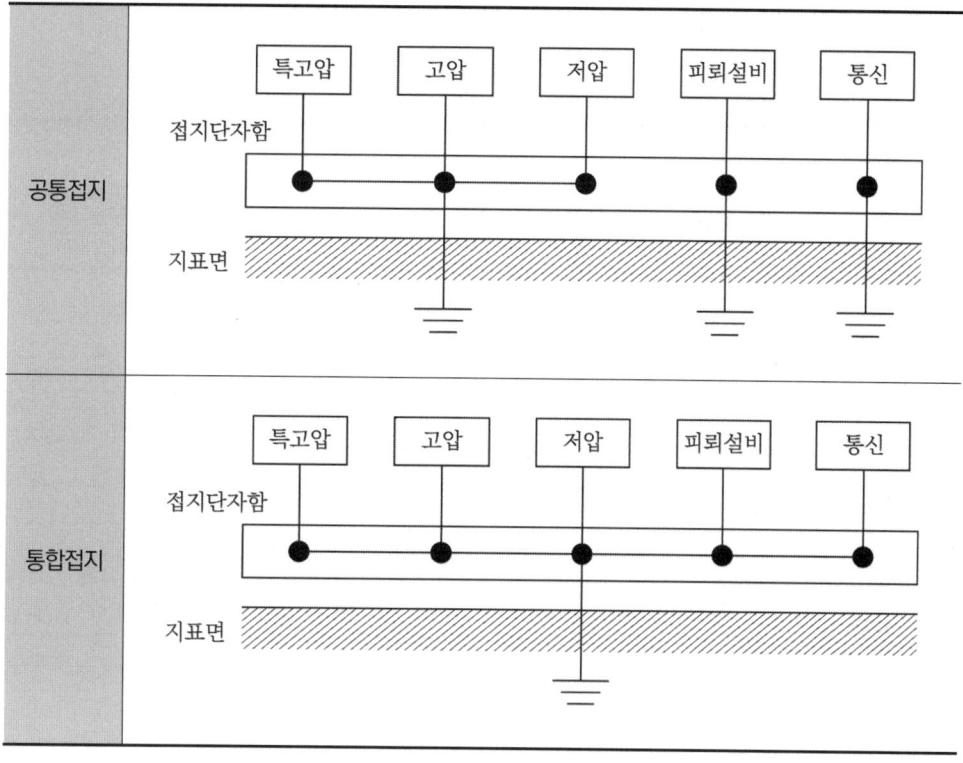

27 접지시스템의 구성요소 ★★★★★

1) **접지시스템 구성요소** : 접지극, 접지도체, 보호도체 및 기타 설비로 구성
2) **접지극**은 **접지도체**를 사용하여 주 접지단자에 연결
3) 접지시스템의 구성요소 예

[표5.4] 접지시스템의 구성요소 (예) ([참조] KS C IEC 60364-5-54)

기호	명칭	비고
C	계통외도전부	
C1	수도관, 외부로부터의 금속부	또는 지역난방용 배관
C2	배수관, 외부로부터의 금속부	
C3	절연이음새를 삽입한 가스관, 외부로부터의 금속부	
C4	공조설비	
C5	난방설비	
C6	수도관, 예를 들어 욕실 안의 금속부	KS C IEC 60364-7-701-2008의 701.415.2 참조
C7	배수관	
D	절연이음새	
MDB	주배전반	주배전반으로부터 전력공급
DB	분전반	
MET	주접지단자	
SEBT	보조등전위본딩 단자	
T1	콘크리트매입 기초접지극 또는 토양매설 기초접지극	
T2	필요한 경우 피뢰시스템(LPS)용 접지극	
LPS	피뢰시스템(있는 경우)	
PE	분전반 안의 PE 단자	
PE/PEN	주배전반 안의 PE/PEN 단자	
M	노출도전부	
1	보호도체(PE)	
1a	필요하다면 전력공급망으로부터의 부호도체 또는 PEN 도체	
2	주접지단자 접속용 보호본딩도체	
3	보조본딩용 보호본딩도체	
4	있는 경우 피뢰시스템의 인하도선	
5	접지도체	

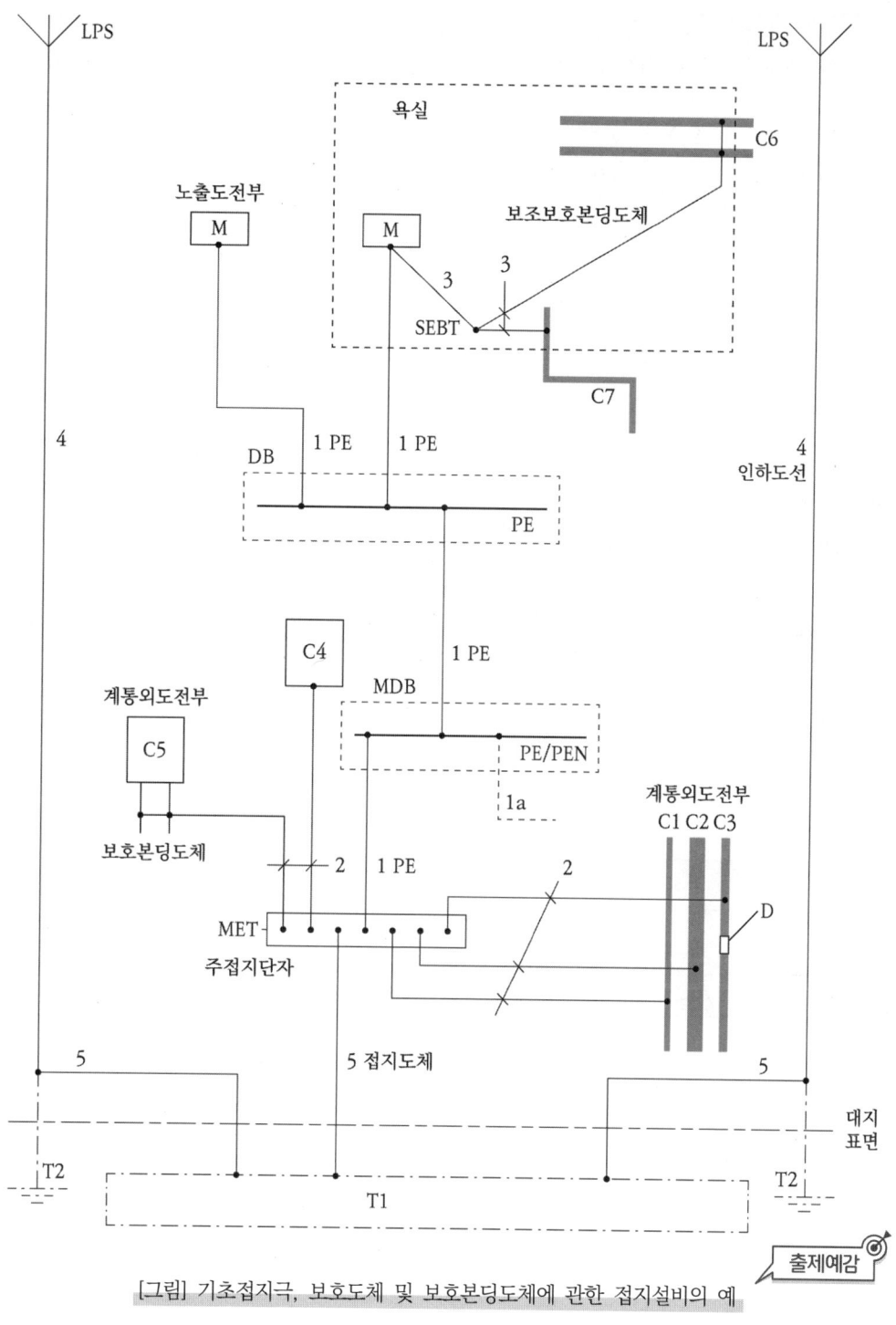

[그림] 기초접지극, 보호도체 및 보호본딩도체에 관한 접지설비의 예

예제 01

전력계통 전로에 시행하는 접지공사의 목적이라 할 수 없는 것은?
① 인축의 감전사고 및 화재사고 방지
② 고압 및 특고압의 기계기구류 보호
③ 변압기 1, 2차 혼촉 시 2차측 전위상승
④ 계통의 중성점 접지, 통신용 접지

【해설】
접지공사의 목적
1) 인축의 감전사고 및 화재사고 방지
2) 고압 및 특고압의 기계기구류 보호
3) 변압기 1, 2차 혼촉시 2차측 전위상승 억제
4) 계통의 중성점 접지, 통신용 접지

[답] ③

예제 02

각 전력계통에서 나타내는 기호 설명 중 중성선(N) 또는 중간도체(M)를 표시한 심벌은?
① ─/─
② ─┼─
③ ─┼/─
④ ─●─

【해설】
전력계통의 기호 설명

기호	설명
─/─	중성선(N), 중간도체(M)
─┼─	보호도체(PE)
─┼/─	중성선과 보호도체 겸용(PEN)

[답] ①

예제 03

전력계통 전원측의 한 점을 직접접지하고 설비의 노출도전부를 보호도체를 통해 접속하며, 계통 전체에 대해 별도의 중성선 또는 PE 도체를 사용하는 계통 방식은?

① TN-S 계통
② TN-C 계통
③ TT 계통
④ IT 계통

【해설】

TN-S 계통 방식
: 전력계통 전원측의 한 점을 직접접지하고 설비의 노출도전부를 보호도체를 통해 접속하며, 계통 전체에 대해 별도의 중성선 또는 PE 도체를 사용 계통 방식

[답] ①

예제 04

전력계통 전원측의 한 점을 직접접지하고 설비의 노출도전부를 보호도체를 통해 접속하며, 계통 전체에 대해 중성선과 보호도체의 기능을 동일 도체로 겸용한 PEN 도체를 사용하는 계통 방식은?

① TN-S 계통
② TN-C 계통
③ TT 계통
④ IT 계통

【해설】

TN-C 계통 방식
: 전력계통 전원측의 한 점을 직접접지하고 설비의 노출도전부를 보호도체를 통해 접속하며, 계통 전체에 대해 중성선과 보호도체의 기능을 동일 도체로 겸용한 PEN 도체를 사용 계통 방식

[답] ②

예제 05

전력계통 전원측의 한 점을 직접접지하고 설비의 노출도전부는 전원의 접지전극과 전기적으로 독립적인 접지극에 접속 계통 방식은?

① TN-S 계통
② TN-C 계통
③ TT 계통
④ IT 계통

【해설】

TT 계통 방식
: 전력계통 전원측의 한 점을 직접접지하고 설비의 노출도전부는 전원의 접지전극과 전기적으로 독립적인 접지극에 접속 계통 방식

[답] ③

예제 06

전력계통 충전부 전체를 대지로부터 절연시키거나, 한 점을 임피던스를 통해 대지에 접속하고 전기설비의 노출도전부를 단독 또는 일괄적으로 계통의 PE 도체에 접속하는 계통 방식은?

① TN-S 계통
② TN-C 계통
③ TT 계통
④ IT 계통

【해설】

IT 계통 방식
: 전력계통 충전부 전체를 대지로부터 절연시키거나, 한 점을 임피던스를 통해 대지에 접속하고 전기설비의 노출도전부를 단독 또는 일괄적으로 계통의 PE 도체에 접속하는 계통 방식

[답] ④

예제 07

다음 도면의 계통방식은?

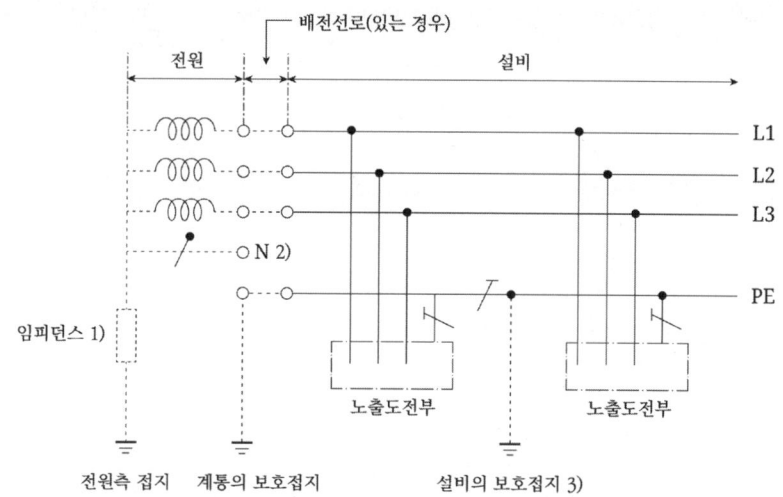

① TN-S 계통 ② TN-C 계통
③ TT 계통   ④ IT 계통

【해설】
IT 계통 방식
: 전력계통 충전부 전체를 대지로부터 절연시키거나, 한 점을 임피던스를 통해 대지에 접속하고 전기설비의 노출도전부를 단독 또는 일괄적으로 계통의 PE 도체에 접속하는 계통 방식

[답] ④

예제 08

공칭전압 220[V]의 TN 접지계통의 32[A] 이하의 분기회로에서 전원의 자동차단에 의한 고장보호대책으로 고장전류는 몇 [초] 이내에 차단하여야 하는가?
① 0.1초
② 0.2초
③ 0.4초
④ 0.8초

【해설】
32[A] 이하 분기회로의 최대 차단시간
: 120[V] 초과 230[V] 이하, TN 계통 분기회로의 고장 시 최대 차단시간은 0.4[초] 이내일 것

[답] ③

예제 09

공칭전압 380[V]의 TN 접지계통의 32[A] 이하의 분기회로에서 전원의 자동차단에 의한 고장보호대책으로 고장전류는 몇 [초] 이내에 차단하여야 하는가?

① 0.1초
② 0.2초
③ 0.4초
④ 0.8초

【해설】
32[A] 이하 분기회로의 최대 차단시간
: 230[V] 초과 400[V] 이하, TN 계통 분기회로의 고장 시 최대 차단시간은 0.2[초] 이내일 것

[답] ②

예제 09

단독접지방식에 대한 설명 중 옳은 것은?
① 고압, 특고압 계통의 접지극과 저압 계통의 접지극이 독립적으로 설치하는 방식
② 등전위가 형성되도록 고압·특고압 접지계통과 저압 접지계통을 공통으로 접지하는 방식
③ 모든 접지시스템을 통합하여 접지시스템을 구성하는 것을 말하며 설비 간의 전위차를 해소하여 등전위를 형성하는 접지방식
④ 전기설비의 접지계통, 건축물의 피뢰설비, 전자통신설비 등의 접지극을 통합하여 접지하는 방식

【해설】
단독접지
: 고압, 특고압 계통의 접지극과 저압 계통의 접지극이 독립적으로 설치하는 방식

[답] ①

예제 10

공통접지방식에 대한 설명 중 옳은 것은?
① 고압, 특고압 계통의 접지극과 저압 계통의 접지극이 독립적으로 설치
② 등전위가 형성되도록 고압·특고압 접지계통과 저압 접지계통을 공통으로 접지하는 방식
③ 모든 접지시스템을 통합하여 접지시스템을 구성하는 것을 말하며 설비 간의 전위차를 해소하여 등전위를 형성하는 접지방식
④ 전기설비의 접지계통, 건축물의 피뢰설비, 전자통신설비 등의 접지극을 통합하여 접지하는 방식

【해설】
공통접지
: 등전위가 형성되도록 고압·특고압 접지계통과 저압 접지계통을 공통으로 접지하는 방식

[답] ②

예제 11

통합접지방식에 대한 설명 중 옳은 것은?
① 고압, 특고압 계통의 접지극과 저압 계통의 접지극이 독립적으로 설치
② 등전위가 형성되도록 고압·특고압 접지계통과 저압 접지계통을 공통으로 접지하는 방식
③ 모든 접지시스템을 통합하여 접지시스템을 구성하는 것을 말하며 설비 간의 전위차를 해소하여 등전위를 형성하는 접지방식
④ 전기설비의 접지계통, 건축물의 피뢰설비 등의 접지극을 통합하여 접지하며, 전자통신설비는 별도로 접지하는 방식

【해설】
통합접지
: 등전위가 형성되도록 고압·특고압 접지계통과 저압 접지계통을 공통으로 접지하는 방식

[답] ③

접지극시스템의 시설

28. 접지극의 재료 및 굵기 ★★★★★

1) **전기설비 접지시스템의 접지극의 재료 및 최소 굵기** (핵심 Point : 음영부분)

[표5.5] 토양 또는 콘크리트에 매설되는 접지극으로 부식방지 및 기계적 강도를 대비하여 일반적으로 사용되는 재질의 최소 굵기(KS C IEC 60364-5-54, [표51.1])

재질 및 표현	모양	최소 크기				
		지름 [mm]	단면적 [mm²]	두께 [mm]	코팅무게 [g/m²]	코팅/외장 두께[μm]
콘크리트매입 강철 (나강, 아연도금 또는 스테인리스)	원형강선	10				
	강테이프 또는 강대		75	3		
용융 아연도금	강대 또는 성형 강대		90	3	500	63
강철	강판-경질 강판/격자형 강판					
	수직부설 원형 강봉	16			350	45
	수평부설 원형 강선	10			350	45
	강관	25		2	350	45
	강연선(콘크리트매입)		70			
	수직부설 십자형 강철		(290)	3		
구리외장 강철	수직부설 원형 강봉	(15)				2000
전착된 구리도금 강철	수직부설 원형 강봉	14				250
	수평부설 원형 강선	(8)				70
	수평부설 강대		90	3		70
스테인리스 강철	강대 또는 성형 강대/강판		90	3		
	수직부설 원형 강봉	16				
	수평부설 원형 강선	10				
	관	25		2		
구리	구리대		50	2		
	수평부설 원형 강선		(25)50			
	수직부설 원형 강봉	(12)15				
	연선	1.7연선의 소선	(25)50			
	관	20		2		
	강판			(1.5)2		
	격자형강판			2		

[비고] : 괄호 안의 값은 감전에 대한 보호를 위해서만 적용하고, 괄호가 없는 값은 피뢰 및 감전에 대한 보호를 위해 적용한다.

2) 피뢰시스템의 접지는 접지극시스템을 우선 적용

   ① 피뢰시스템을 위한 접지극시스템의 접지극은
      수직접지극(A형) 또는 기초접지극(B형) 중 하나 또는 조합하여 시설
   ② **A형 접지전극** : 방사상 접지전극, 판상 접지전극, **수직 접지전극**(일반적으로
      폐루프를 형성하지 않음)
   ③ **B형 접지전극** : **환상 접지전극, 메시접지전극**, 건축물 등의 **기초구조체** 대용 접
      지전극(일반적으로 폐루프 형성함)

3) **피뢰시스템의 접지극의 재료, 형상과 최소치수** (핵심 Point : 음영부분)

[표5.6] 피뢰시스템의 접지극 재료, 형상과 최소 치수(KS C IEC 62305-3)

재료	형상	치수		
		접지봉 지름[mm]	접지도체[mm^2]	접지판[mm]
구리, 주석도금한 구리	연선		50	
	원형 단선	15	50	
	테이프형 단선		50	
	파이프	20		
	판상 단선			500×500
	격자판			600×600
나강	연선		70	
	원형 단선		78	
	테이프형 단선		75	
구리피복강	원형 단선	14	50	
	테이프형 단선		90	
스테인리스강	원형 단선	15	78	
	테이프형 단선		100	

29 접지극의 시설 ★★★★★

1) **접지극**은 다음의 방법 중 **하나 또는 복합하여 시설**
   ① **콘크리트에 매입된 기초접지극**
      ㉮ 구조물 등의 철골 혹은 철근콘크리트로 구성된 접지극으로 소형 구조물(건축물)의 경우 기초콘크리트 내에 아연도금 철판 혹은 철봉을 환상으로 포설하여 구성하는 접지극
      ㉯ 즉, 기초콘크리트 내에 접지도체를 환상으로 포설하는 접지극
      ㉰ 기초접지극은 콘크리트 안에 매설되어 기계적인 파손에 의한 손상과 부시성 토양, 물, 공기 중의 산소에 의한 부식의 영향으로부터 전극을 보호할 수 있음

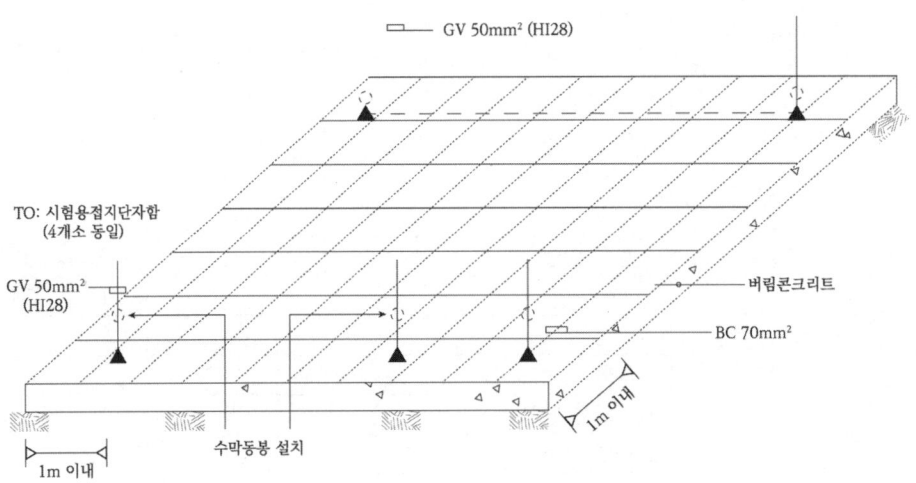

[그림] 건물 기초접지시스템의 설계와 시공

   ② **토양에 매설된 기초접지극**
   ③ **토양에 수직/수평으로 직접 매설된 금속전극**(봉, 전선, 테이프, 배관, 판 등)
   ④ **케이블의 금속외장 및 그 밖에 금속피복**
   ⑤ **지중 금속구조물**(배관 등)
   ⑥ **대지에 매설된 철근콘크리트의 용접된 금속 보강재**(강화콘크리트는 제외)

2) 접지극의 매설
　　① 접지극은 **동결 깊이**를 고려 지하 **0.75[m] 이상** 매설
　　② 접지극을 **철주의 밑면 0.3[m] 이상** 매설,
　　　 지중에서 **금속체로부터 1[m] 이상 이격** 매설
　　③ **접지선**은 **절연전선, 캡타이어 케이블 및 케이블** 사용
　　④ 접지선은 **지하 0.75~지상 2[m]까지 합성수지관으로 보호**
　　　 (두께 2[mm] 이상 합성수지제 및 난연성관)

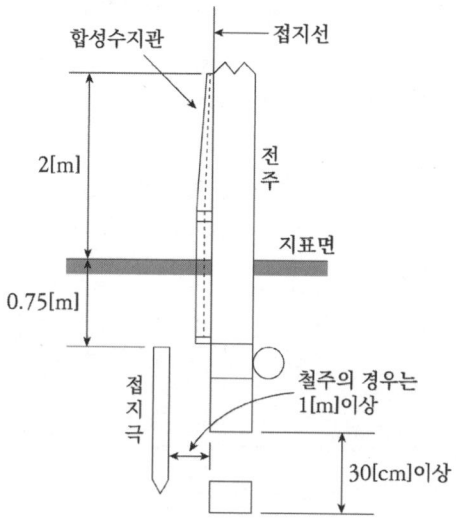

3) 접지시스템 부식 방지
　　① 부식 방지를 위해 **폐기물 집하장** 및 **번화한 장소**에 접지극 설치는 피함
　　② 서로 다른 재질의 접지극을 연결할 경우 **전식**을 고려
　　③ 콘크리트 기초접지극에 접속하는 **접지도체**가 **용융아연도금강제**인 경우 접속부를 토양에 직접 매설해서는 안 됨

4) 접지극 접속
　　발열성 용접, 압착접속, 클램프 또는 그 밖의 적절한 기계적 접속장치로 접속

5) **가연성 액체**나 **가스**를 운반하는 **금속제 배관**은 접지설비의 **접지극으로 사용할 수 없음**(보호등전위본딩은 가능)

6) 수도관 등 기타 금속제 접지극으로 적용
   ① 지중에 매설되어 있고 대지와의 전기저항 값이 3[Ω] 이하의 값을 유지하고 있는 금속제 수도관로는 접지극으로 사용 가능
   ② 접지극 대용 금속제 수도관 조건
      - 금속제 수도관 : **안지름 75[mm] 이상**
      - 분기 금속제 수도관 : **안지름 75[mm] 미만, 분기점부터 5[m] 이내**
         (대지 사이의 전기저항 값이 2[Ω] 이하인 경우 분기점으로부터의 거리는 5[m]을 넘을 수 있음)
      - 접지도체와 금속제 수도관로의 접속부를 수도계량기로부터 수도 수용가 측에 설치하는 경우, **수도계량기를 사이에 두고 양측 수도관로를 등전위 본딩**
      - 접지도체와 금속제 수도관로의 접속부를 **사람이 접촉할 우려가 있는 곳에 설치하는 경우** 손상을 방지하도록 **방호장치 설치**
      - 접지도체와 금속제 수도관로의 접속에 사용하는 금속제는 접속부에 **전기적 부식 방지 대책 필요**

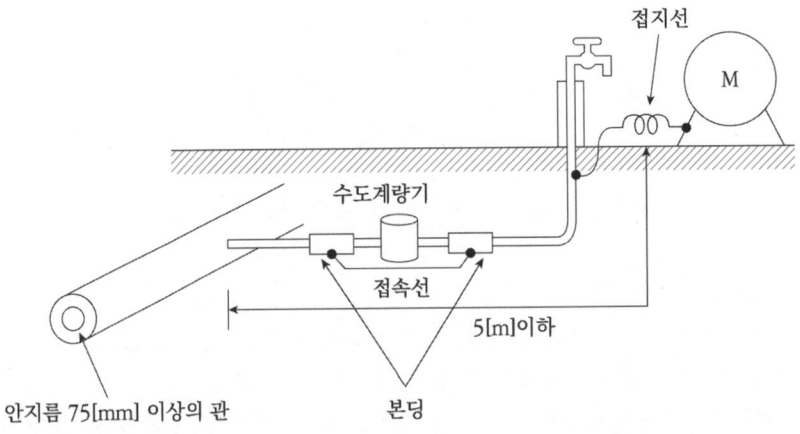

7) 건축물·구조물의 철골 기타의 금속제 접지극 적용
   ① 대지와의 사이에 전기저항 값이 2[Ω] 이하인 값을 유지하는 경우
   ② 비접지식 고압전로에 시설하는 기계기구의 철대 또는 금속제 외함의 접지공사 또는 비접지식 고압전로와 저압전로를 결합하는 변압기의 저압전로의 접지공사의 접지극으로 사용

예제 01

전기설비 접지시스템의 콘크리트 매입 강철 접지극 중 원형 강선의 지름은 몇 [mm] 이상으로 시설해야 하는가?

① 10
② 12
③ 15
④ 16

【해설】
접지극의 재료 및 최소 굵기
: 콘크리트 매입 강철 접지극의 원형 강선의 지름은 10[mm] 이상일 것

[답] ①

예제 02

전기설비 접지시스템 중 구리 수평 원형 강선 접지극의 단면적은 몇 [mm^2] 이상으로 시설해야 하는가?

① 25
② 50
③ 70
④ 90

【해설】
접지극의 재료 및 최소 굵기
: 구리 수평 원형 강선 접지극의 단면적은 50[mm^2] 이상일 것

[답] ②

예제 03

피뢰시스템을 위한 접지극시스템 중 A형 접지전극의 구성요소가 아닌 것은?

① 방사상 접지전극
② 판상 접지전극
③ 기초 구조체
④ 수직 접지전극

【해설】
B형 접지전극 시스템
: 환상 접지전극, 메시 접지전극, 건축물 등의 기초 구조체 대용 접지전극으로 구성 (일반적으로 폐루프 형성함)

[답] ③

예제 04

피뢰시스템을 위한 접지극시스템 중 B형 접지전극의 구성요소가 아닌 것은?
① 환상 접지전극
② 메시 접지전극
③ 기초 구조체
④ 수직 접지전극

【해설】
B형 접지전극 시스템
: 환상 접지전극, 메시 접지전극, 건축물 등의 기초 구조체 대용 접지전극으로 구성
  (일반적으로 폐루프 형성함)

[답] ④

예제 05

지중에 매설되어 있는 금속체 수도관로를 각종 접지공사의 접지극으로 사용하려면 대지와의 전기저항 값이 몇 [Ω] 이하의 값을 유지하여야 하는가?
① 1
② 2
③ 3
④ 5

【해설】
수도관 등 기타 금속제 접지극으로 적용
: 지중에 매설되어 있고 대지와의 전기저항 값이 3[Ω] 이하의 값을 유지하고 있는 금속제 수도관로는 접지극으로 사용 가능

[답] ③

예제 06

대지와의 사이에 건축물, 구조물의 철골 기타 금속체를 접지극으로 사용하려면 대지와의 전기저항 값이 몇 [Ω] 이하의 값을 유지하여야 하는가?
① 1
② 2
③ 3
④ 5

【해설】
수도관 등 기타 금속제 접지극으로 적용
: 대지와의 사이에 전기저항 값이 2[Ω] 이하인 값을 유지하는 경우

[답] ②

접지도체 및 보호도체의 시설

30. 접지도체 [출제예감] ★★★★★

1) 접지도체란 계통이나 설비 또는 기기의 주어진 점과 접지극 또는 접지극 망 간의 도전경로 또는 그 일부분을 제공하는 도체

2) 접지도체의 구비조건
   ① 예상되는 최대고장전류가 고장지속시간 동안 계속 흘러도 용단이나 열화가 되지 않을 것
   ② 기계적으로 충분한 강도를 가질 것
   ③ 국부적으로 위험한 전위차가 발생하지 않는 도전률을 가질 것

3) TN 및 IT 계통의 접지방식의 큰 고장전류가 접지도체를 통해 흐르지 않으므로 접지도체는 최소 단면적을 충족할 것

4) 피뢰시스템은 피뢰침을 거쳐 인하도선(접지도체)을 통해 대지로 뇌전류를 흘려보내는 역할을 한다. 수십[kA]의 전류가 흐를 수 있으며 지속 시간이 길 경우 접지도체가 손상될 수 있음

5) **접지도체의 선정** [출제예감]
   ① 연동선 또는 이와 동등 이상의 세기 및 굵기의 부식하지 않는 금속선
   ② 고장 시 흐르는 전류를 안전하게 통할 수 있는 금속선
   ③ 접지도체의 단면적은 [표5.7] 및 [표5.14] 적용 (선정방법_1)

[표5.7] 접지도체의 최소 단면적

접지시스템	도체 재료	최소 단면적
큰 고장전류가 통하지 않는 접지도체	구리(Cu)	6[mm^2]
	철(Fe)	50[mm^2]
피뢰시스템에 접속된 접지도체	구리(Cu)	16[mm^2]
	철(Fe)	50[mm^2]

* 접지도체의 단면적에 대한 규정은 보호도체의 단면적에 대한 규정과 동일
* 접지선은 절연전선, 캡타이어 케이블 및 케이블 사용

④ 접지도체의 단면적은 계산식 적용 (선정방법_2)

$$S = \frac{\sqrt{I^2 t}}{k} \, [\text{mm}^2]$$

여기서,
S : 단면적[mm²]
I : 보호장치를 통해 흐를 수 있는 예상 고장전류 실효값[A]
t : 자동차단을 위한 보호장치의 동작시간[s]
k : KS C IEC 60364-5-54 부속서 A 참조

$$k = \sqrt{\frac{Q_c(\beta+20)}{\rho_{20}} \ln\left(\frac{\beta+\theta_f}{\beta+\theta_i}\right)}$$

Q_c : 20[℃]에서 도체 재료의 용적 열용량[J/℃ mm³]
β : 해당 도체에 대한 0[℃]에서 저항률의 온도도체의 역수[℃]
ρ_{20} : 20[℃]에서 도체 재료의 전기적 저항률[Ω mm²]
θ_f : 도체의 최종온도[℃]
θ_i : 도체의 초기온도[℃]

[표5.8] 여러 가지 재료의 변수(KS C IEC 60364-5-54 참조)

재 질	β[℃]	Q_c[J/℃ mm³]	ρ_{20}[Ω mm²]	$\sqrt{\dfrac{Q_c(\beta+20)}{\rho_{20}}}$
구리	234.5	3.45×10^{-3}	17.241×10^{-6}	226
알루미늄	228	2.5×10^{-3}	28.264×10^{-6}	148

[표5.9] 케이블이 병합되었거나 다른 케이블과 묶여 있는 심선 또는 절연도체로서 보호도체 k값(KS C IEC 60364-5-54 참조)

도체절연	온도 [℃]		도체의 재질		
	초기	최종	구리	알루미늄	강철
			k		
90[℃] 열경화성 물질 (XLPE, EPR)	90	250	143	94	52

6) 고압·특고압 전기설비/변압기 중성점 접지시스템의
   접지도체가 사람이 **접촉할 우려가 있는 곳**에 시설되는 **고정설비인 경우**
   ① 접지도체는 절연전선(옥외용 비닐절연전선 제외) 또는 케이블(통신용 케이블은 제외) 사용
   ② 접지도체를 철주 기타의 금속체를 따라서 시설하지 않는 경우 접지도체의 지표상 0.6[m]를 초과하는 부분에 대하여 절연전선을 사용하지 않을 수 있음
   ③ 접지선의 단면적(고장 시 흐르는 전류를 안전하게 통할 수 있을 것)

[고정 전기기계기구의 접지용 접지도체]

[표5.10] 고정 전기기계기구의 접지용 접지도체

접지시스템		최소 단면적
고압·특고압 전기설비용	접지도체	6[mm²]
중성점 접지용	접지도체	16[mm²]
	7[kV] 이하 전로 또는 25[kV] 이하 특고압 가공전선로의 전로 (중성선 다중 접지식)에 지락이 생겼을 때 2초 이내에 자동적으로 이를 전로로부터 차단하는 장치가 되어있는 것	6[mm²]

[이동용 전기기계기구의 접지용 접지도체]

[표5.11] 이동용 전기기계기구의 접지용 접지도체

접지시스템		최소 단면적
저압 전기설비용	다심 코드 또는 다심 캡타이어케이블의 일심	0.75[mm²]
	다심 코드 또는 다심 캡타이어케이블의 일심 이외의 가요성이 있는 연동선	1.5[mm²]
고압·특고압 전기설비용	3종 및 4종 클로로프렌 캡타이어케이블, 3종 및 4종 로로셀포네이트폴리에틸렌캡타이어케이블 다심 캡타이어케이블의 차폐 또는 기타의 금속체	10[mm²]

[변압기의 중성점 접지 저항 값]

[표5.12] 변압기 중성점 접지 저항 값

변압기 중성점 접지		접지저항 값
기준 접지		$R = \dfrac{150}{I_g} [\Omega]$
35[kV] 이하의 특고압 측 전로가 저압측 전로와 혼촉하는 경우 자동적으로 이를 차단하는 장치가 있는 경우	1초를 초과하고 2초 이내에 차단	$R = \dfrac{300}{I_g} [\Omega]$
	1초 이내에 차단	$R = \dfrac{600}{I_g} [\Omega]$

* I_g : 변압기의 고압측 또는 특고압측의 1선 지락전류
* 전로의 1선 지락전류는 실측값, 실측이 곤란한 경우 선로정수 등으로 계산한 값

7) **공통접지 및 통합접지**
  ① 고압 및 특고압과 저압 전기설비의 **접지극이 서로 근접**하여 시설되어 있는 변전소 또는 이와 유사한 곳에서 **공통접지시스템을 적용**할 수 있음
  ② 저압 전기설비의 접지극이 고압 및 특고압 **접지극의 접지저항 형성영역**에 완전히 포함되어 있다면 **위험전압이 발생하지 않도록** 이들 접지극을 **상호 접속할 것**
  ③ 접지시스템에서 고압 및 특고압 계통의 지락사고 시 **저압계통에 가해지는 상용주파 과전압**은 [표5.13]에서 정한 값을 초과해서는 안 됨

[표5.13] 저압설비 허용 상용주파 과전압(스트레스 전압, KS C IEC 60364-4-4 참조)

고압계통에서 지락고장시간[초]	저압설비 허용 상용주파 과전압[V]	비 고
> 5	$U_0 + 250$	중성선 도체가 없는 계통에서 U_0는 선간전압
≤ 5	$U_0 + 1,200$	

1. 순시 상용주파 과전압에 대한 저압기기의 절연 설계기준과 관련된다.
2. 중성선이 변전소 변압기의 접지계통에 접속된 계통에서, 건축물 외부에 설치한 외함이 접지되지 않은 기기의 절연에는 일시적 상용주파 과전압이 나타날 수 있다.

  ④ 기타 공통접지와 관련한 사항은 KS C IEC 61936-1(교류 1[kV] 초과 전력설비 - 제1부 : 공통규정)의 "10 접지시스템"에 의한다.
  ⑤ 전기설비의 접지계통·건축물의 피뢰설비·전자통신설비 등의 접지극을 공용하는 **통합접지시스템**으로 하는 경우
    ㉮ 통합접지시스템은 접지시스템 규정에 의함
    ㉯ **낙뢰에 의한 과전압** 등으로부터 **전기전자기기** 등을 보호하기 위해 전기전자설비 보호용 피뢰시스템 규정에 따라 **서지보호장치를 설치**

8) 접지도체와 접지극의 접속
   ① 접속은 견고하고 전기적인 연속성 보장
   ② 접속부는 **발열성 용접, 압착접속, 클램프** 또는 그 밖에 **적절한 기계적 접속장치**에 의해야 하며, 기계적인 접속장치는 제작자의 지침에 따라 설치
   ③ **클램프**를 사용하는 경우, **접지극** 또는 **접지도체를 손상 방지**
   ④ **납땜**에만 의존하는 접속은 사용해서는 안됨

9) 접지도체를 접지극이나 접지의 다른 수단과 연결
   ① **견고하게 접속**하고, **전기적, 기계적으로 적합**
   ② **부식**에 대해 **적절하게 보호**
   ③ 다음과 같이 **매입되는 지점**에는 "**안전 전기 연결**" 라벨이 **영구적**으로 **고정**되도록 시설
      - 접지극의 모든 접지도체 연결지점
      - 외부도전성 부분의 모든 본딩도체 연결지점
      - 주 개폐기에서 분리된 주 접지단자

10) 접지도체의 보호
    지하 0.75[m]부터 지표상 2[m]까지 부분은
    합성수지관(두께 2[mm] 미만의 합성수지제 전선관 및 가연성 콤바인덕트관은 제외) 또는 이와 동등 이상의 **절연효과와 강도**를 가지는 **몰드 등으로 보호**

Check Point!

접지공사의 시설(접지선을 사람이 접촉할 우려가 있는 곳)
1) 접지극은 동결 깊이를 고려 지하 0.75[m] 이상 매설
2) 접지극을 철주의 밑면으로부터 0.3[m] 이상 매설
   (접지극을 지중에서 금속체로부터 1[m] 이상 이격 매설)
3) 접지선은 절연전선, 캡타이어케이블 및 케이블 사용
4) 접지선은 지하 0.75[m]~지상 2[m]까지 합성수지관 또는 이와 동등 이상의 절연효력 및 강도를 가지는 몰드 등으로 보호(두께 2[mm] 이상 합성수지제 및 난연성관)

31 보호도체 ★★★★★

1) 보호도체의 최소 단면적

① 보호도체의 최소 단면적은 **[표5.14]**에 따라 **선정**해야 하며, **보호도체용 단자도 이 도체의 크기에 적합** (핵심 Point : 음영)

[표5.14] 보호도체의 최소 단면적

상도체의 단면적 $S[mm^2]$	대응하는 보호도체의 최소 단면적$[mm^2]$	
	보호도체의 재질이 상도체와 같은 경우	보호도체의 재질이 상도체와 다른 경우
$S \leq 16$	S	$\dfrac{k_1}{k_2} \times S$
$16 < S \leq 35$	16	$\dfrac{k_1}{k_2} \times 16$
$S > 35$	$\dfrac{S}{2}$	$\dfrac{k_1}{k_2} \times \dfrac{S}{2}$

k_1 : 도체 및 절연의 재질에 따라 KS C IEC 60364-5-54 부속서 A(규정)의 표 A54.1 또는 IEC 60364-4-43의 표 43A에서 선정된 상도체에 대한 k값

k_2 : KS C IEC 60364-5-54 부속서 A(규정)의 표 A54.2 ~ A54.6에서 선정된 보호도체에 대한 k값

② 계산식을 이용하여 최소 단면적을 산출

$$S = \frac{\sqrt{t}}{K} I_g \ (0 \leq t \leq 5.0)$$

여기서,
S : 도체의 단면적$[mm^2]$
I_g : 접지선에 흐르는 지락고장전류[A]
t : 차단기의 동작시간[초]
K : 보호도체의 절연재료와 초기온도 및 최종온도로 정해지는 계수
(도체의 초기온도가 30[℃]이고, 도체의 재료가 구리인 경우
PVC : 143, CV : 176, 부틸고무 : 166)

③ **보호도체가 케이블의 일부가 아니거나 상도체와 동일 외함에 설치되지 않는 경우**
(핵심 Point : 음영)

[표5.15] 상도체와 별도로 설치되는 보호도체의 최소 단면적

보호도체 보호	도체 재료	최소 단면적
기계적 손상에 대해 보호가 되는 경우 (전선관 및 트렁킹 내부 설치 및 이와 유사 방법)	구리(Cu)	2.5[mm^2]
	알루미늄(Al)	16[mm^2]
기계적 손상에 대해 보호가 되지 않는 경우	구리(Cu)	4[mm^2]
	알루미늄(Al)	16[mm^2]

④ **보호도체가 두 개 이상의 회로에 공통으로 사용하는 경우**
회로 중 가장 부담이 큰 것으로 예상되는 고장전류 및 동작시간을 고려하여 [표5.14] 또는 [계산방법]에 따라 선정 또는 회로 중 가장 큰 상도체의 단면적을 기준으로 [표5.14]에 따라 선정

2) **보호도체의 종류** 〔출제예감〕

[표5.16] 보호도체는 하나 또는 복수로 구성

종류	비고
도체	고정된 절연도체 또는 나도체, 충전도체와 같은 트렁킹에 수납된 절연도체 또는 나도체, 다심케이블의 도체
금속함 프레임	금속케이블 외장, 케이블 차폐, 케이블 외장, 편조전선, 동심도체, 금속관 전기설비에 저압개폐기, 제어반 또는 버스덕트와 같은 금속제 외함을 가진 기기가 포함된 금속함이나 프레임 (구조·접속이 기계적, 화학적 또는 전기화학적 열화 보호, 전기적 연속성을 유지하는 경우)
보호도체 보호본딩도체 사용금지	금속 수도관, 잠재적인 인화성 물질(가스, 액체, 분말 등)을 포함하는 금속관, 상시 기계적 응력을 받는지 구조물 일부, 가요성 금속배관, 가요성 금속전선관, 지지선, 케이블트레이 및 이와 비슷한 것

3) 보호도체의 전기적 연속성의 보장
   ① 기계적인 손상, 화학적·전기화학적 열화, 전기역학적·열역학적 힘에 대해 보호
   ② 나사접속·클램프접속 등 보호도체 사이 또는 보호도체와 타 기기 사이의 접속은 전기적연속성 보장 및 충분한 기계적강도와 보호를 구비
   ③ 보호도체를 접속하는 나사는 다른 목적으로 겸용해서는 안 됨
   ④ 접속부는 납땜(soldering)으로 접속해서는 안 됨
   ⑤ 보호도체의 접속부는 검사와 시험이 가능하여야 함
      (다만, 다음의 경우는 예외)
      - 화합물로 충전된 접속부
      - 캡슐로 보호되는 접속부
      - 금속관, 덕트 및 버스덕트에서의 접속부
      - 기기의 한 부분으로서 규정에 부합하는 접속부
      - 용접(welding)이나 경납땜(brazing)에 의한 접속부
      - 압착 공구에 의한 접속부
   ⑥ **보호도체에는 어떠한 개폐장치를 연결해서는 안 됨**
      (다만, 시험목적으로 공구를 이용하여 보호도체를 분리할 수 있는 접속점을 만들 수 있음)
   ⑦ 접지에 대한 전기적 감시를 위한 전용장치(동작센서, 코일, 변류기 등)를 설치하는 경우, 보호도체 경로에 직렬로 접속하면 안 됨
   ⑧ 기기·장비의 노출도전부는 다른 기기를 위한 보호도체의 부분을 구성하는데 사용할 수 없음

4) **보호도체의 단면적 보강**
   ① **보호도체**는 **정상 운전상태**에서 **전류의 전도성 경로**(전기자기간섭 보호용 필터의 접속 등으로 인한)로 **사용되지 않아야 함**
   ② 전기설비의 **정상 운전상태**에서 **보호도체에 10[mA] 초과**하는 **전류 통전 시**
      ㉮ 보호도체 단면적은 전 구간에 **구리 10[mm^2] 이상, 알루미늄 16[mm^2] 이상**
      ㉯ 추가로 보호도체를 위한 **별도의 단자가 구비된 경우, 최소한 고장 보호에 요구**되는 보호도체의 단면적은 **구리 10[mm^2] 이상, 알루미늄 16[mm^2] 이상**

5) 보호도체와 계통도체 겸용
   ① 보호도체와 계통도체를 겸용하는 겸용도체(중성선과 겸용, 상도체와 겸용, 중간도체와 겸용 등)는 해당하는 계통의 기능에 대한 조건을 충족
   ② 겸용도체는 고정된 전기설비에서만 사용
      ㉮ 단면적 구리 10[mm^2] 이상, 알루미늄 16[mm^2] 이상
      ㉯ 중성선과 보호도체의 겸용도체는 전기설비의 부하 측으로 시설하여서는 안 됨
      ㉰ 폭발성 분위기 장소는 전용의 보호도체 사용
   ③ 겸용도체의 성능
      ㉮ 공칭전압과 같거나 높은 절연성능
      ㉯ 배선설비의 금속 외함은 겸용도체로 사용해서는 안 됨
   ④ 겸용도체의 준수 사항
      ㉮ 전기설비의 일부에서 중성선·중간도체·상 도체 및 보호도체가 별도로 배선되는 경우, 중성선·중간도체·상 도체를 전기설비의 다른 접지된 부분에 접속해서는 안 됨
      (다만, 겸용도체에서 각각의 중성선·중간도체·상 도체와 보호도체를 구성하는 것은 허용)
      ㉯ 겸용도체는 보호도체용 단자 또는 바에 접속
      ㉰ 계통외도전부는 겸용도체로 사용해서는 안 됨

6) 보호접지 및 기능접지의 겸용도체
   ① 보호접지와 기능접지 도체를 겸용하여 사용할 경우 보호도체에 대한 조건과 감전보호용 등전위본딩 및 피뢰시스템 등전위본딩의 조건에도 적합
   ② 전자통신기기에 전원공급을 위한 직류귀환 도체는 겸용도체(PEL 또는 PEM)로 사용 가능하고, 기능접지도체와 보호도체를 겸용할 수 있음

7) 감전보호에 따른 보호도체
    ① **과전류보호장치**를 감전에 대한 **보호용**으로 사용하는 경우, **보호도체**는 충전도체와 같은 배선설비에 **병합**시키거나 **근접한 경로로 설치**
    ② **주 접지단자**
        ㉮ 접지시스템은 주 접지단자는 다음과 같은 도체와 접속
            - 등전위본딩 도체
            - 접지도체
            - 보호도체
            - 기능용 접지도체
        ㉯ 여러 개의 접지단자가 있는 장소는 접지단자를 상호 접속
        ㉰ 주 접지단자에 접속하는 각 접지도체는 개별적으로 분리할 수 있으며, 접지저항을 편리하게 측정할 수 있음
            (다만, 접속은 견고해야 하며 공구에 의해서만 분리되는 방법으로 하여야 함)

예제 01

계통이나 설비 또는 기기의 주어진 점과 접지극 또는 접지극 망 간의 도전경로 또는 그 일부분을 제공하는 접지도체 중 큰 고장전류가 통하지 않는 구리 도체를 사용한 접지도체 최소 단면적은 몇 [mm²] 이상으로 시설해야 하는가?

① 6
② 16
③ 25
④ 50

【해설】
접지도체의 선정
: 큰 고장전류가 통하지 않는 구리 접지도체는 최소 단면적은 6[mm²] 이상일 것

[답] ①

예제 02

피뢰시스템에 접속된 구리도체를 사용한 접지도체 최소 단면적은 몇 [mm²] 이상으로 시설해야 하는가?

① 6
② 16
③ 25
④ 50

【해설】
접지도체의 선정
: 피뢰시스템에 접속된 구리 접지도체 최소 단면적은 16[mm²] 이상일 것

[답] ②

예제 03

공통접지, 통합접지 공사를 하는 경우 접지도체의 단면적 계산식은?
(단, 차단시간은 5초 이하이다.)

① $S = \dfrac{\sqrt{I \cdot K}}{t}$ ② $S = \dfrac{\sqrt{I^2 \cdot t}}{K}$

③ $S = \dfrac{\sqrt{I^2 \cdot K}}{t}$ ④ $S = \dfrac{\sqrt{I \cdot t}}{K}$

【해설】
접지도체의 선정
: 계산식에 정한 값 이상의 단면적 적용 시(단, 차단시간이 5초 이하인 경우에만 적용)

$$S = \dfrac{\sqrt{I^2 t}}{k}$$

S : 단면적[mm²]
I : 보호장치를 통해 흐를 수 있는 예상 고장전류[A]
t : 자동차단을 위한 보호장치 동작시간[s]
k : 보호도체, 절연, 기타 부위의 재질 및 초기온도와 최종온도에 따라 정해지는 계수(k값의 계산은 KS C IEC 60364-5-54 부속서 A 참조)

[답] ②

예제 04

고압·특고압 전기설비의 접지도체가 사람이 접촉할 우려가 있는 곳에 시설되는 경우 접지도체의 최소 단면적은 몇 [mm²] 이상이어야 하는가?
① 6
② 16
③ 25
④ 50

【해설】
접지도체의 선정
: 고압·특고압 전기설비 접지도체 최소 단면적은 6[mm²] 이상일 것

[답] ①

예제 05

25[kV] 이하 특고압 가공전선로의 전로에 지락이 생겼을 때 2초 이내에 자동적으로 전로를 차단하는 장치가 있는 변압기 중성점 접지시스템 접지도체의 최소 단면적은 몇 [mm²] 이상이어야 하는가?

① 6
② 16
③ 25
④ 50

【해설】
접지도체의 선정
: 25[kV] 이하 특고압 가공전선로의 전로에 지락이 생겼을 때 2초 이내에 자동적으로 전로를 차단하는 장치가 있는 변압기 중성점 접지시스템 접지도체의 최소 단면적은 6[mm²] 이상일 것

[답] ①

예제 06

25[kV] 이하 특고압 측 전선가 저압측 전로와 혼촉하는 경우 자동적으로 이를 1초 초과 2초 이내에 차단하는 장치가 있는 변압기 중성점 접지저항 값은 몇 [Ω] 이하이어야 하는가?

① $R = 100/I_g\ [\Omega]$
② $R = 150/I_g\ [\Omega]$
③ $R = 300/I_g\ [\Omega]$
④ $R = 600/I_g\ [\Omega]$

【해설】
변압기 중성점 접지저항 값 산정
: 25[kV] 이하 특고압 측 전선가 저압측 전로와 혼촉하는 경우 자동적으로 이를 1초 초과 2초 이내에 차단하는 장치가 있는 변압기 중성점 접지저항 값은 $R = 300/I_g\ [\Omega]$ 이하일 것

[답] ③

예제 07

25[kV] 이하 특고압 측 전선과 저압측 전로와 혼촉하는 경우 자동적으로 이를 1초 이내에 차단하는 장치가 있는 변압기 중성점 접지저항 값은 몇 [Ω] 이하이어야 하는가?

① $R = 100/I_g \, [\Omega]$
② $R = 150/I_g \, [\Omega]$
③ $R = 300/I_g \, [\Omega]$
④ $R = 600/I_g \, [\Omega]$

【해설】
변압기 중성점 접지저항 값 산정
: 25[kV] 이하 특고압 측 전선가 저압측 전로와 혼촉하는 경우 자동적으로 이를 1초 이내에 차단하는 장치가 있는 변압기 중성점 접지저항 값은 $R = 600/I_g \, [\Omega]$ 이하일 것

[답] ④

예제 08

공통접지공사 적용 시 상도체의 단면적이 16[mm²]인 경우 보호도체(PE)에 최소 단면적은 몇 [mm²] 이상이어야 하는가?

① 4[mm²]
② 6[mm²]
③ 10[mm²]
④ 16[mm²]

【해설】
보호도체의 최소 단면적
: 상 도체의 단면적 기준 16[mm²] 이하인 경우 보호도체의 단면적은 상 도체 단면적과 동일하게 적용할 것

[답] ④

예제 09

통합접지공사 적용 시 상도체의 단면적이 35[mm²]인 경우
보호도체(PE)에 최소 단면적은 몇 [mm²] 이상이어야 하는가?

① 4[mm²]
② 6[mm²]
③ 10[mm²]
④ 16[mm²]

【해설】
보호도체의 최소 단면적
: 상도체의 단면적 기준 16[mm²] 초과 35[mm²] 이하인 경우 보호도체의 단면적은 16[mm²]일 것

[답] ④

예제 10

보호도체가 케이블의 일부가 아니거나 상도체와 동일 외함에 설치되지 않는 경우 기계적 손상에 대해 보호가 되는 보호도체의 최소 단면적은 몇 [mm²] 이상이어야 하는가?
(도체 재료는 구리인 경우)

① 1.5[mm²]
② 2.5[mm²]
③ 4[mm²]
④ 6[mm²]

【해설】
보호도체(구리도체)의 최소 단면적
: 기계적 손상에 대해 보호가 되는 보호도체의 최도 단면적은 2.5[mm²] 이상일 것

[답] ②

예제 11

보호도체가 케이블의 일부가 아니거나 상도체와 동일 외함에 설치되지 않는 경우 기계적 손상에 대해 보호가 되지 않는 보호도체의 최소 단면적은 몇 [mm^2] 이상이어야 하는가?
(도체 재료는 구리인 경우)

① 1.5[mm^2]
② 2.5[mm^2]
③ 4[mm^2]
④ 6[mm^2]

【해설】
보호도체(구리도체)의 최소 단면적
: 기계적 손상에 대해 보호가 되지 않는 보호도체의 최도 단면적은 4[mm^2] 이상일 것

[답] ③

전기수용가 접지 설비

32 저압수용가 인입구 접지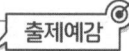

1) 수용장소 인입구 부근 변압기 중성점 추가 접지공사
   ① 지중에 매설되어 있고 **대지와의 전기저항 값이 3[Ω]** 이하의 값을 유지하고 있는 **금속제 수도관로**
   ② 대지 사이의 전기저항 **값이 3[Ω]** 이하인 값을 유지하는 **건물의 철골**

2) 추가 접지공사의 접지도체
   ① **공칭단면적 6[mm²]** 이상의 **연동선** 또는 이상의 세기 및 굵기의 쉽게 부식하지 않는 **금속선일 것**
   ② 고장 시 흐르는 전류를 안전하게 통할 수 있을 것
   ③ 접지도체를 사람이 접촉할 우려가 있는 곳에 시설할 때에는 접지도체는 [표5.10], [표5.11]의 준용

33 주택 등 저압수용장소 접지

1) **저압수용장소**에서 계통접지가 TN-C-S 방식인 경우에 **보호도체** 시설
   ① 보호도체의 최소 단면적은 보호도체의 [표5.14]에 의한 값 이상
   ② **중성선 겸용 보호도체(PEN)**는 고정 전기설비에만 사용할 수 있고, 그 도체의 단면적이 **구리 10[mm²] 이상, 알루미늄 16[mm²]** 이상이어야 하며, 그 계통의 최고전압에 대하여 절연되어야 함
2) 1)항에 따른 접지의 경우 **감전보호용 등전위본딩**을 적용
3) 이 조건을 충족시키지 못하는 경우 중성선 겸용 보호도체를 수용장소의 인입구 부근에 추가로 접지하여야 하며, 그 **접지저항 값**은 접촉전압을 **허용접촉전압 범위 내로 제한하는 값** 이하로 하여야 함

예제 01

저압수용가 인입구 부근 변압기 중성점 추가 접지공사를 시행하는 경우 접지도체 최소 공칭 단면적은 몇 [mm²] 이상으로 시설해야 하는가?

① 6
② 16
③ 25
④ 50

【해설】
저압수용가 인입구 접지도체
: 인입구 부근 변압기 중성점 추가 접지공사를 시행하는 경우 접지도체 최소 공칭 단면적은 6[mm²] 이상일 것

[답] ①

감전보호용 등전위본딩

34 감전보호용 등전위본딩 출제예감 ★★★★★

1) 등전위본딩의 역할
   ① 등전위본딩은 **건축물의 공간에 있어서 금속도체 상호간의 접속으로 전위를 같게 하는 것** (즉, **등전위화**를 위해서 시공되는 것)
   ② 등전위본딩은 전로설비, 정보·통신설비, 피뢰시스템 등에 있어서 필수
   ③ 등전위본딩의 역할은 서로 밀접한 관계

[표5.17] 등전위본딩의 역할

설비의 종류	등전위본딩의 역할
저압 전로설비	감전방지
정보·통신설비	기능보증, 전위기준점의 확보, EMC 대책
피뢰설비	뇌로 인한 과전압에 대한 보호, 불꽃방전의 방지, EMC 대책

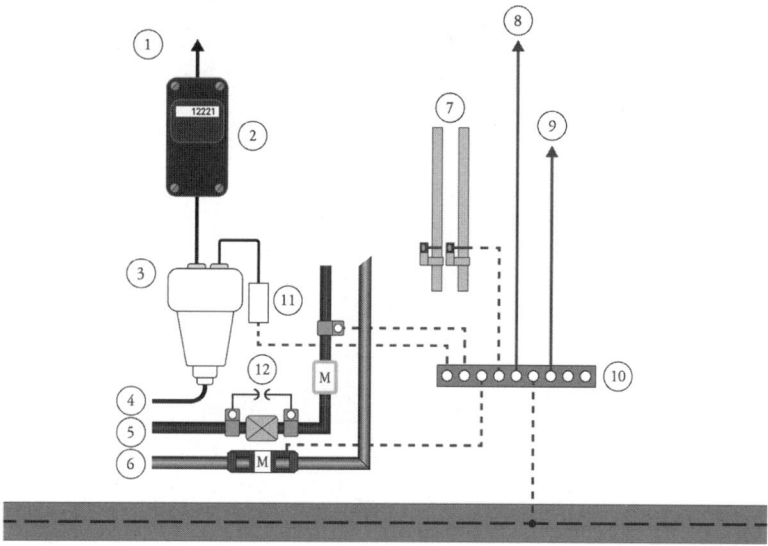

1 수용가 전원   2 전력량계   3 주택 접속함   4 전원 인입선
5 가스관   6 수도관   7 중앙난방시스템   8 가전기기
9 안테나케이블의 차폐선   10 등전위본딩 바   11 서지보호장치   12 절연방전갭
M 계량기

[그림] 등전위본딩 배치의 예

2) 등전위본딩의 분류
   ① 감전보호용 등전위본딩의 목적은 위험전압의 저감 및 등전위화를 도모하여 내부 시설기기의 기능을 보장하고 인체의 안전을 확보
   ② 등전위본딩을 설비의 종류와 목적에 따라 분류하면 **[그림]**과 같으며, 각각의 특성은 약간 다르지만 **감전보호용 등전위본딩은 피뢰용 등전위본딩의 역할도 함**

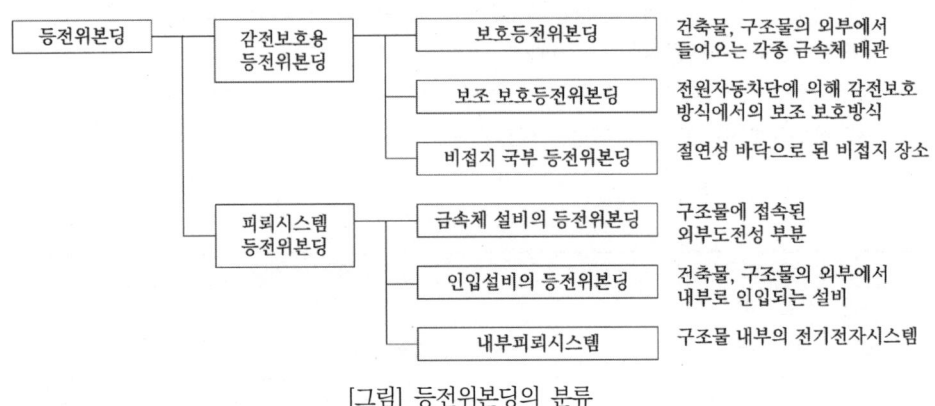

[그림] 등전위본딩의 분류

35 감전보호용 보호 등전위본딩

1) 건물의 특정한 도전성 부분의 상호간 혹은 건물의 특정한 부분과 대지를 양호한 도전성으로 결합하는 것
2) 수도관, 가스관과 같이 **건축물로 인입되는 인입계통의 금속관**
   ① **1개소에 집중**하여 **인입**하고, 인입구 부근에서 **서로 접속**하여 **등전위본딩 바에 접속**
   ② 대형건축물 등으로 **1개소에 집중**하여 인입하기 **어려운 경우 본딩도체를 1개의 본딩바에 연결**
   ③ 수도관·가스관의 경우 **내부로 인입된 최초의 밸브 후단**에서 등전위본딩
3) **접촉할 수 있는 건축물의 계통외도전부, 금속제 중앙 난방설비**
4) **철근콘크리트조의 금속보강재**
5) 단, 인입배관이 PVC계통인 경우 보호등전위본딩을 실시하지 않음

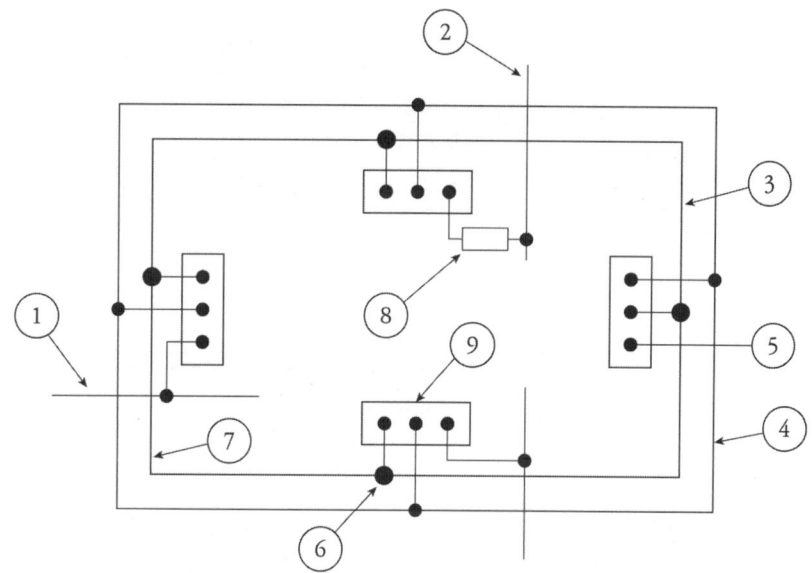

1. 외부도전성 부분, 예를 들면 금속제 수도관
2. 전력선 또는 통신선
3. 콘크리트외벽과 기초의 강철 보강재
4. 환상 접지극
5. 추가접지극
6. 특수 본딩접속점
7. 강철보강 콘크리트벽
8. 서지보호장치
9. 본딩바

[그림] 외부 도전성 부분의 여러 인입점을 가진 건축물에서 본딩 배치의 예

6) 주접지단자에 접속하기 위한 **보호 등전위본딩 도체 단면적**
   ① 설비 내에 있는 가장 큰 **보호접지도체** 단면적의 1/2 이상의 단면적
   ② **최소 단면적은 구리도체 6[mm², 알루미늄 도체 16[mm²], 강철 도체 50[mm²]** 이상
   ③ **주접지단자**에 접속하기 위한 **보호 본딩도체의 단면적은 구리도체 25[mm²]** 또는 다른 재질의 동등한 단면적을 초과할 필요는 없음

36 감전보호용 보조 등전위본딩   ★★★★★

1) 보조 등전위본딩은 고장에 대한 추가 보호대책
2) 전기설비에서 고장이 발생할 때 **자동차단조건이 충족되지 않는 경우 보조 등전위본딩 적용**
3) 보조 등전위본딩을 실시한 경우라도 **전원의 차단은 필요**

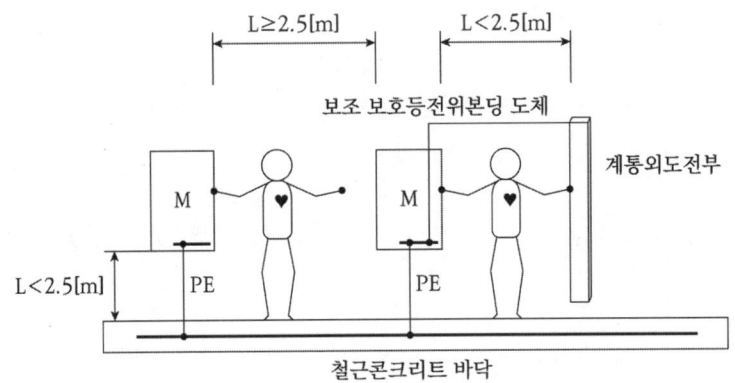

[그림] 보조 보호등전위본딩의 시설

4) **보조 등전위본딩**은 보호 등전위본딩을 **보완하기 위한 것**으로 유효성이 의심되는 경우 **동시에 접촉할 수 있는 노출도전부와 계통외도전부 사이의 전기저항 R**이 다음 조건을 **충족하는지 확인**

   ① 교류 계통 : $R \leq \dfrac{50[V]}{I_a[A]} [\Omega]$

   ② 직류 계통 : $R \leq \dfrac{120[V]}{I_a[A]} [\Omega]$

   I_a : 보호장치의 동작전류[A] (누전차단기의 경우 $I_{\Delta n}$(정격감도전류), 과전류보호장치의 경우 5초 이내 동작전류)

5) **보조 등전위본딩**은 다음과 같은 **특수한 장소 또는 설비에도 시설**
   ① 욕조 또는 샤워욕조가 설치된 장소의 설비
   ② 수영풀장 또는 기타 욕조가 설치된 장소의 설비
   ③ 농업 및 원예용, 이동식 숙박차량 또는 숙박차량 정박지의 전기설비
   ④ 피뢰설비, 보트 및 요트, 실험용 테이블이 구비된 강의실
   ⑤ 청정실험대, 예비전원장치, 분수
   ⑥ 기타 전화, 안테나설비

6) **보조 등전위본딩 도체 단면적**
   ① 두 개의 노출도전부를 접속하는 경우 도전성은 노출도전부에 접속된 더 작은 보호도체의 도전성보다 커야 함
   ② **노출도전부를 계통외도전부에 접속하는 경우** 도전성은 같은 단면적을 갖는 **보호도체의 1/2 이상**
   ③ 케이블의 일부가 아닌 경우 또는 선로도체와 함께 수납되지 않은 본딩도체는 다음 값 이상이어야 한다.

[표5.18] 상도체와 별도로 설치되는 본딩도체의 최소 단면적

보조 등전위본딩 도체	도체 재료	최소 단면적
기계적 손상에 대해 보호가 되는 경우 (전선관 및 트렁킹 내부 설치 및 이와 유사 방법)	구리(Cu)	2.5[mm^2]
	알루미늄(Al)	16[mm^2]
기계적 손상에 대해 보호가 되지 않는 경우	구리(Cu)	4[mm^2]
	알루미늄(Al)	16[mm^2]

37 감전보호용 비접지 국부 등전위본딩

1) **절연성 바닥**으로 된 **비접지 장소**에서 **국부 등전위본딩**

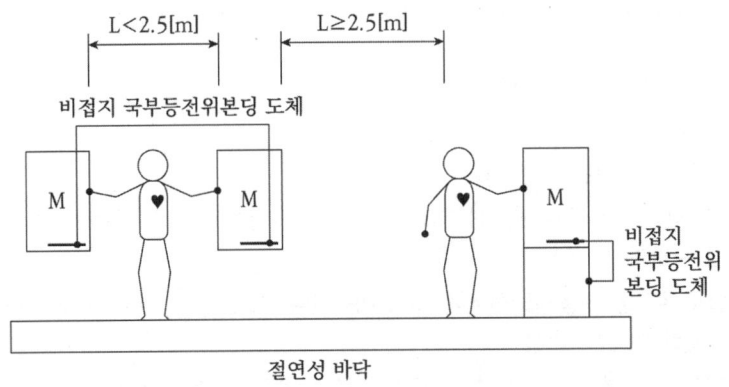

[그림] 비접지 국부등전위본딩의 시설

2) 전기설비 또는 계통외도전부를 통해 **대지에 접촉하지 않아야 함**
3) **대지로부터 절연된 바닥**이란 각 측정점에서 도전부와 바닥 또는 벽 사이의 **절연저항**이 설비의 **공칭전압이**
   ① 500[V] 이하인 경우 50[kΩ] 이상
   ② 500[V] 초과의 경우는 100[kΩ] 이상의 전기저항을 갖는 경우

예제 01

건축물의 공간에 있어서 금속도체 상호간의 접속을 통해 상시 또는 이상 시 전위차를 같게 하는 시공방식을 무엇이라 하는가?
① 감전방지
② 전위 기준점의 확보
③ 등전위본딩
④ 계통 중성점 접지

【해설】
등전위본딩
: 건축물의 공간에 있어서 금속도체 상호간의 접속으로 전위를 같게 하는 것
  즉, 등전위화를 위해서 시공되는 것

[답] ③

예제 02

다음 중 시행하는 감전보호용 등전위본딩의 분류에 해당하지 않는 항목은 어떤 것인가?
① 보호등전위본딩
② 보조 보호등전위본딩
③ 비접지 국부 등전위본딩
④ 인입설비의 등전위본딩

【해설】
감전보호용 등전위본딩 분류
: 보호등전위본딩, 보조 보호등전위본딩, 비접지 국부 등전위본딩으로 분류

[답] ④

예제 03

다음 중 시행하는 피뢰시스템 등전위본딩의 분류에 해당하지 않는 항목은 어떤 것인가?
① 금속체 설비의 등전위본딩
② 인입설비의 등전위본딩
③ 비접지 국부 등전위본딩
④ 내부피뢰시스템

【해설】
피뢰시스템용 등전위본딩 분류
: 금속체 설비의 등전위본딩, 인입설비의 등전위본딩, 내부피뢰시스템으로 분류

[답] ③

예제 04

주접지단자에 접속하기 위한 보호 등전위본딩 도체 단면적의 규정 중 옳지 않은 것은?
① 설비 내에 있는 가장 큰 보호도체 단면적의 1/2 이상의 단면적일 것
② 최소 단면적은 구리 도체인 경우 6[mm²] 이상일 것
③ 최소 단면적은 알루미늄 도체인 경우 16[mm²] 이상일 것
④ 최소 단면적은 강철 도체인 경우 25[mm²] 이상일 것

【해설】
주접지단자에 접속하기 위한 보호 등전위본딩 도체 단면적
1) 설비 내에 있는 가장 큰 보호접지도체 단면적의 1/2 이상의 단면적
2) 최소 단면적은 구리도체 6[mm²], 알루미늄 도체 16[mm²], 강철 도체 50[mm²] 이상

[답] ④

예제 05

보조 등전위본딩은 보호 등전위본딩을 보완하기 위한 것으로 유효성이 의심되는 경우에 동시에 접촉할 수 있는 노출도전부와 계통외도전부 사이의 전기저항(R)은 교류 계통은 몇 [Ω] 이하이어야 하는가?
① $25/I_a$ [Ω]
② $50/I_a$ [Ω]
③ $60/I_a$ [Ω]
④ $120/I_a$ [Ω]

【해설】
보조 등전위본딩 도체의 전기저항
: 보호 등전위본딩을 보완하기 한 것으로 유효성이 의심되는 경우에 동시에 접촉할 수 있는 노출도전부와 계통외도전부 사이의 전기저항(R)은 교류 계통은 $50/I_a$ [Ω] 이하일 것

[답] ②

예제 06

감전보호용 비접지 국부 등전위본딩에서 대지로부터 절연된 바닥이란 각 측정점에서 도전부와 바닥 또는 벽 사이의 절연저항이 설비의 공칭전압이 500[V] 이하인 경우 몇 [kΩ] 이상이어야 하는가?

① 50[kΩ]
② 100[kΩ]
③ 300[kΩ]
④ 500[kΩ]

【해설】
감전보호용 비접지 국부 등전위본딩
: 대지로부터 절연된 바닥이란 각 측정점에서 도전부와 바닥 또는 벽 사이의 절연저항이
  설비의 공칭전압이 500[V] 이하인 경우 50[kΩ] 이상일 것

[답] ①

예제 07

감전보호용 비접지 국부 등전위본딩에서 대지로부터 절연된 바닥이란 각 측정점에서 도전부와 바닥 또는 벽 사이의 절연저항이 설비의 공칭전압이 500[V] 초과하는 경우 몇 [kΩ] 이상이어야 하는가?

① 50[kΩ]
② 100[kΩ]
③ 300[kΩ]
④ 500[kΩ]

【해설】
감전보호용 비접지 국부 등전위본딩
: 대지로부터 절연된 바닥이란 각 측정점에서 도전부와 바닥 또는 벽 사이의 절연저항이
  설비의 공칭전압이 500[V] 초과하는 경우 100[kΩ] 이상일 것

[답] ②

Check Point!

접지시스템 구성 (종합)

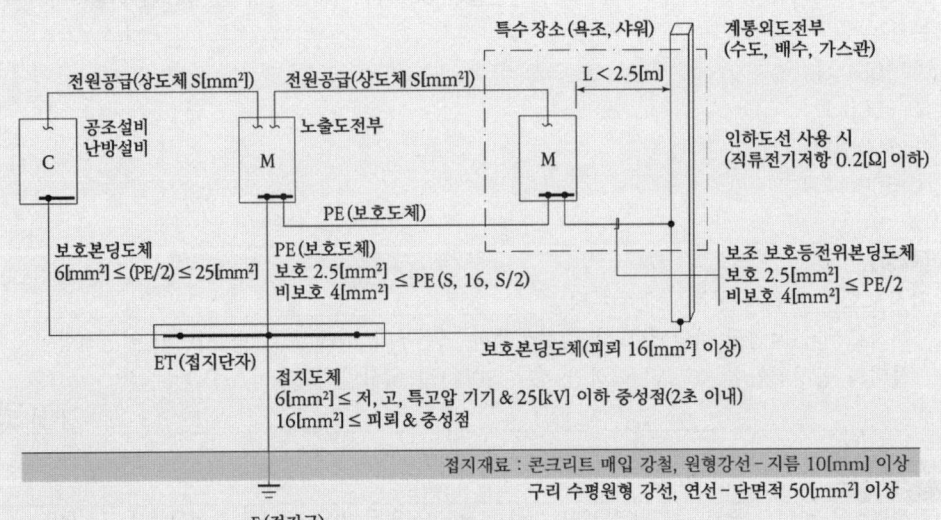

1) 등전위본딩 (도체) - 포괄적 의미로 본딩
   : 등전위를 형성하기 위해 도전부 상호간을 전기적으로 **연결**

2) 보호 등전위본딩 (도체) - 감전
   : 감전에 대한 보호, 안전을 목적으로 하는 등전위본딩

3) 보조 보호 등전위본딩 (도체) - 2.5[m] 이내
   : 고장보호(전원자동차단) + 2.5[m] 이내 노출도전부, 계통외도전부 등전위본딩

4) 보호 본딩 (도체) - 등전위본딩
   : 등전위본딩을 확실하게하기 위한 보호도체

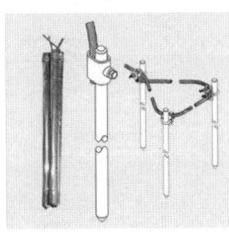  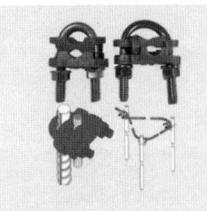 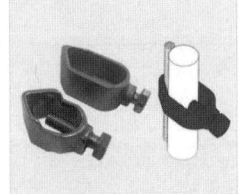

〈접지동봉〉　　〈접지 나동선〉　　〈접지클램프〉　　〈동봉컨넥터〉

[그림] 접지자재 ([참조] 어스테크코리아)

Chapter 06 피뢰시스템

7. 전기설비기술기준

학습내용 : 피뢰시스템의 적용범위 및 구성

피뢰시스템의 적용 및 구성

38. 피뢰시스템의 적용범위 및 구성 ★★★★★

1) 적용범위
   ① 전기전자설비가 설치된 건축물·구조물로서 낙뢰로부터 보호가 필요한 것 또는 지상으로부터 높이가 20[m] 이상인 것
   ② 저압전기전자설비
   ③ 고압 및 특고압 전기설비

2) 피뢰시스템의 구성(LPS)
   ① **외부피뢰시스템** : 직격뢰로부터 대상물을 보호
   ② **내부피뢰시스템** : 간접뢰 및 유도뢰로부터 대상물을 보호

3) 피뢰시스템 등급선정(LPL)
   ① 피뢰시스템 등급에 따라 필요한 곳에 피뢰시스템을 시설
   ② 피뢰시스템 등급은 대상물의 특성에 따라 KS C IEC 62305-2(피뢰시스템-제2부 : 리스크 관리)에 의한 **피뢰레벨**에 따라 선정
   ③ 다만, 위험물의 제조소·저장소 및 처리장에 설치하는 피뢰시스템은 II 등급 이상 시설

4) 종합적인 피뢰시스템

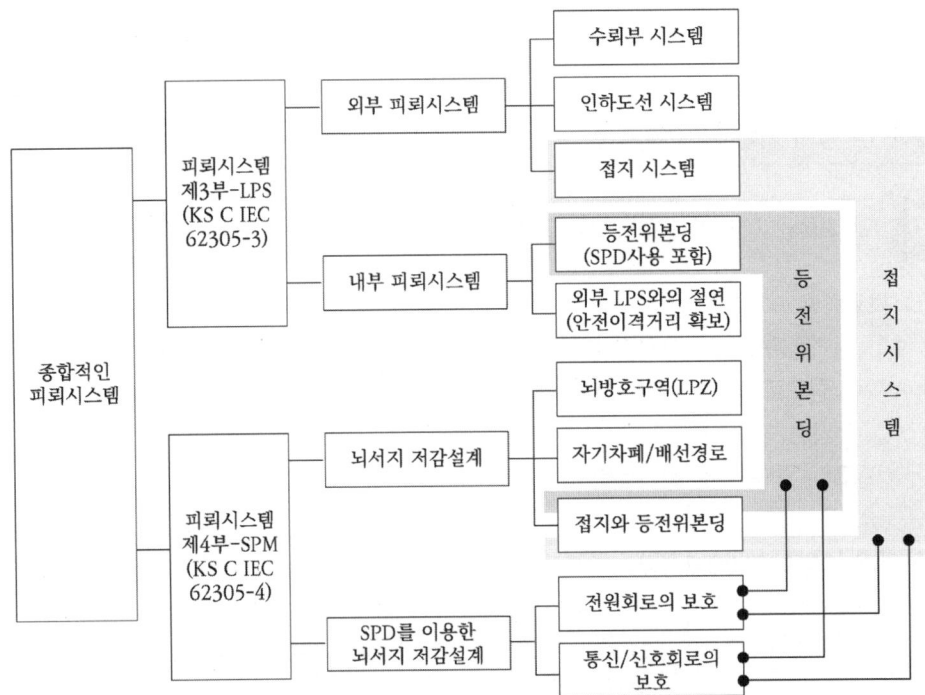

[그림] 피뢰시스템의 구성요소와 상호 관계

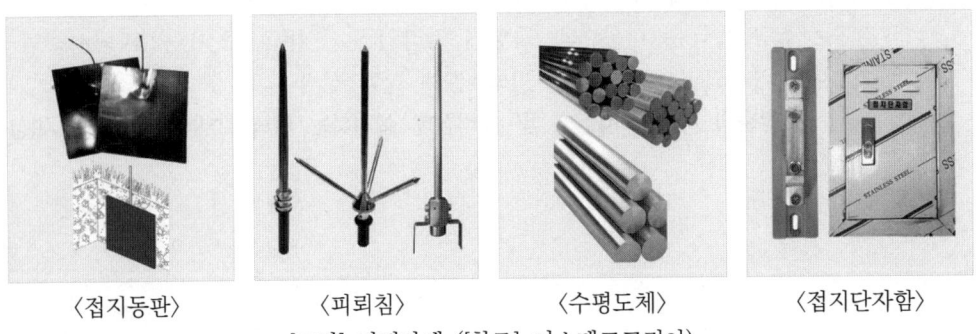

〈접지동판〉　　〈피뢰침〉　　〈수평도체〉　　〈접지단자함〉

[그림] 피뢰자재 ([참조] 어스테크코리아)

피뢰시스템의 외부피뢰시스템(수뢰부, 인하도선 및 접지극시스템)

39 외부피뢰시스템 ★★★★★

1) **외부피뢰시스템**은 낙뢰로부터 건축물을 보호하여 뇌전류를 안전하게 대지로 방류할 수 있도록 **수뢰부, 인하도선, 접지극**으로 구성

2) 수뢰부시스템
   ① 설계는 **돌침, 수평도체, 메시도체**를 각각 **사용**하거나 이들을 **조합**한 방식
   ② **자연적 구성부재**를 이용할 수 있으나, 방사능피뢰침은 사용하지 않음
   ③ **수뢰부시스템의 배치**는 **건축물의 높이** 및 **보호등급**에 따라 **보호각법, 회전구체법, 메시법** 또는 이들을 **조합하여 사용**하며, [표6.1]과 [그림6.1~6.2]를 이용하여 보호대상물이 보호범위 안에 들어가도록 배치하고 검토·확인
   ④ **건축물·구조물의 뾰족한 부분, 모서리** 등에 우선하여 배치

[표6.1] 피뢰시스템의 등급별 회전구체 반경, 메시치수와 보호각

피뢰시스템 등급	회전구체 반지름 $R[\text{m}]$	메시치수 $W[\text{m} \times \text{m}]$	보호각 $a[°]$
I	20	5×5	[그림] 보호범위 및 보호각 참조
II	30	10×10	
III	45	15×15	
IV	60	20×20	

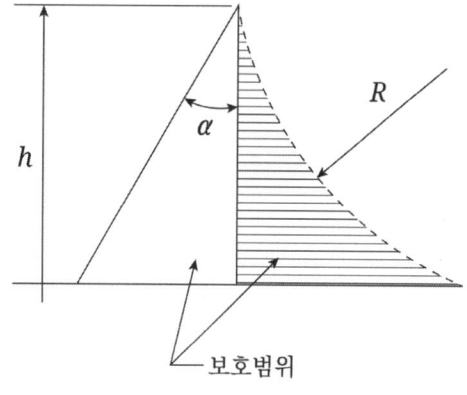

[그림6.1] 보호범위

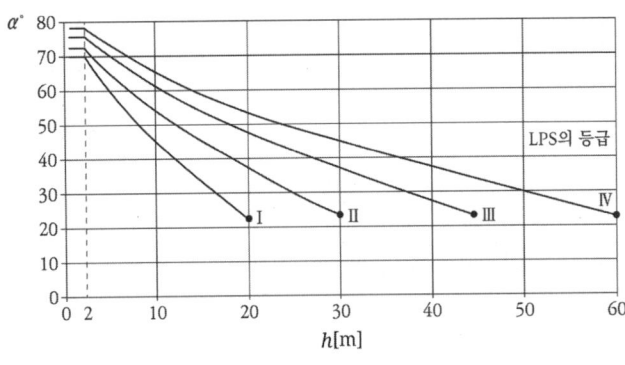

[그림6.2] 피뢰시스템의 등급별 보호각

⑤ 독립 피뢰도체(돌침, 수평도체, 메시도체)는 보호범위 안의 금속제 시설물과 뇌전류가 흐를 때 방전이 발생되지 않도록 이격하여 시설
⑥ 높이 60[m] 이상의 고층 건축물에 대해서는 **측뢰로부터 설비들을 보호**할 수 있도록 **최상부 20[%]**에 해당되는 부분에 **수뢰부시스템**을 설치
(다만, 20[%]에 해당되는 부분이 60[m] 이하인 경우 60[m]부터 설치)
⑦ **수뢰부**로 사용할 수 있는 **재료**는 원칙적으로 **[표6.2]와 같으며**, 이와 동등 이상의 **도전성, 열적강도, 기계적 강도 및 내후성**이 있다고 **인정**되는 것은 수뢰부로 이용할 수 있음

[표6.2] 수뢰부시스템용 금속관 또는 금속배관의 최소 두께

피뢰시스템 등급	재료	두께(1)[mm]	두께(2)[mm]
I ~ IV	납	-	2.0
	강철(스테인리스, 아연도금강)	4	0.5
	티타늄	-	0.5
	동	5	0.5
	알루미늄	7	0.65
	아연	-	0.7

[비고]
1)은 관통을 방지
2)는 단지 관통, 고온점 또는 발화의 방지가 중요하지 않은 경우의 금속판에 한정

⑧ 수뢰부로서 조건을 충족하는 옥상의 난간 및 울타리 등의 금속재료는 인하도선에 접속
⑨ 건축물·구조물과 분리되지 않은 수뢰부시스템은 지붕 마감재가 불연성 재료로 된 경우 지붕표면에 시설, **지붕 마감재가 높은 가연성 재료로 된 경우 지붕재료**와 다음과 같이 **이격**하여 시설
  - 초가지붕 또는 이와 유사한 경우 0.15[m] 이상
  - 다른 재료의 가연성 재료인 경우 0.1[m] 이상

3) 인하도선시스템
  ① 인하도선의 배치 : 불꽃방전을 최소화하기 위해 **병렬 전류통로 형성, 도선 길이는 최소**가 되도록 한다.
  ② 독립형 피뢰설비인 경우
    ㉮ 돌침형인 경우 각 돌침 기둥마다 **1조 이상** 설치
    ㉯ 수평도체인 경우 각 말단마다 **1조 이상** 설치
    ㉰ 메시도체인 경우 각 지지점(구조물)마다 **1조 이상** 설치
  ③ 비독립형 피뢰설비인 경우
    ㉮ 철골조, 철근콘크리트조 및 철골철근콘크리트조 **건축물의 인하도선은 건축 구조체를 사용할 수 있으며, 구조체 및 접속부분의 전기적 연속성을 충족하도록 설계**(자연적 구정부재, 직류전기저항을 0.2[ohm] 이하)
    ㉯ 건축구조체를 인하도선으로 사용하는 경우
      - 인하도선은 보호대상 구조물의 바깥 둘레에 **균등한 간격으로 모서리 가까이**에 배치하며, 대표적인 인하도선 사이의 거리는 [표6.3] 준용
      - 인하도선은 2조 이상을 설치

[표6.3] 피뢰시스템의 등급별 대표적인 인하도선 사이의 최적 간격

보호등급	간격[m]	보호등급	간격[m]
I	10	III	15
II	10	IV	20

    ㉰ 높이가 20[m]를 초과하는 보호대상물은 **지표면 부근과 수직높이 최대 20[m]마다 수평 환상도체**를 설치하여 인하도선과 상호접속

④ **시험단자 설치** : 건축부재 이용의 경우를 제외하고 **인하도선과 접지시스템 사이**는 항상 폐로상태이고, 측정 시 공구로 개방 가능한 시험단자를 설치

⑤ **인하도선, 수뢰도체, 피뢰침의 재료와 최소 단면적은 [표6.4] 값 이상**
(핵심 Point : 음영)

[표6.4] 수뢰도체, 피뢰침, 대지 인입 붕괴 인하도선의 재료, 형상과 최소 단면적(a)
(KS C IEC 62305-3 참조)

재료	형상	최소 단면적[mm^2]
구리, 주석도금한 구리	테이프형 단선	50
	원형 단선(b)	50
	연선(b)	50
	원형 단선(c)	176
스테인리스강	테이프형 단선(d)	50
	원형 단선	50
	연선	70
	원형 단선(c)	176

(a) 내식, 기계적 및 전기적 특성은 후속 KS C IEC 62561 시리즈의 요구사항을 따라야 한다.
(b) 기계적 강도가 요구되지 않는 경우, 단면적 50[mm^2](지름 8[mm])를 25[mm^2]로 줄여도 된다.
(c) 피뢰침 및 대지 인입 봉에 적용할 수 있다. 풍압하중과 같은 기계적 응력이 크게 작용하지 않는 경우에는 지름 9.5[mm], 최대길이가 1[m]인 피뢰침을 부가적인 고정을 하여 사용할 수 있다.
(d) 열적/기계적 고려가 중요하다면 이들 치수를 75[mm^2]로 증가시킬 수 있다.

4) 접지극시스템
  ① 피뢰시스템의 접지극 재료, 형상 (핵심 Point : 음영)

  [표6.5] 피뢰시스템의 접지극 재료, 형상과 최소 치수(KS C IEC 62305-3 참조)

재료	형상	치수		
		접지봉 지름[mm]	접지도체[mm²]	접지판[mm]
구리, 주석도금한 구리	연선		50	
	원형 단선	15	50	
	테이프형 단선		50	
	파이프	20		
	판상 단선			500×500
	격자판(c)			600×600
나강(b)	연선		70	
	원형 단선		78	
	테이프형 단선		75	
구리피복강	원형 단선	14	50	
	테이프형 단선		90	
스테인리스강	원형 단선	15	78	
	테이프형 단선		100	

(a) 내식, 기계적 및 전기적 특성은 후속 KS C IEC 62561 시리즈의 요구사항을 따라야 한다.
(b) 최소 50[mm] 깊이로 콘크리트 내에 매입되어야 한다.
(c) 최소 총 길이 4.8[m] 도체로 시설된 격자판
(d) 상이한 프로필은 290[mm²] 단면적 및 3[mm] 최소두께(예, 교차 프로필)를 허용한다.
(e) 기초 접지시스템의 B형 접지극 배열의 경우에 접지극은 적어도 매 5[m]마다 강화 철근과 올바르게 연결되어야 한다.

  ② 일반조건에서 접지극 배열
    ㉮ A형 접지극 : 수평 또는 수직 접지극
      - A형 접지극 배열의 수는 2개 이상
      - 수평접지극 : l_1
      - 수직(또는 경사진) 접지극 : $0.5l_1$ (l_1은 수평접지극의 최소길이)
      - 조합형(수직 또는 수평) 접지극의 경우, 전체 길이를 고려
      - 접지극시스템의 접지저항이 10[Ω] 이하이면 최소길이로 하지 않아도 됨

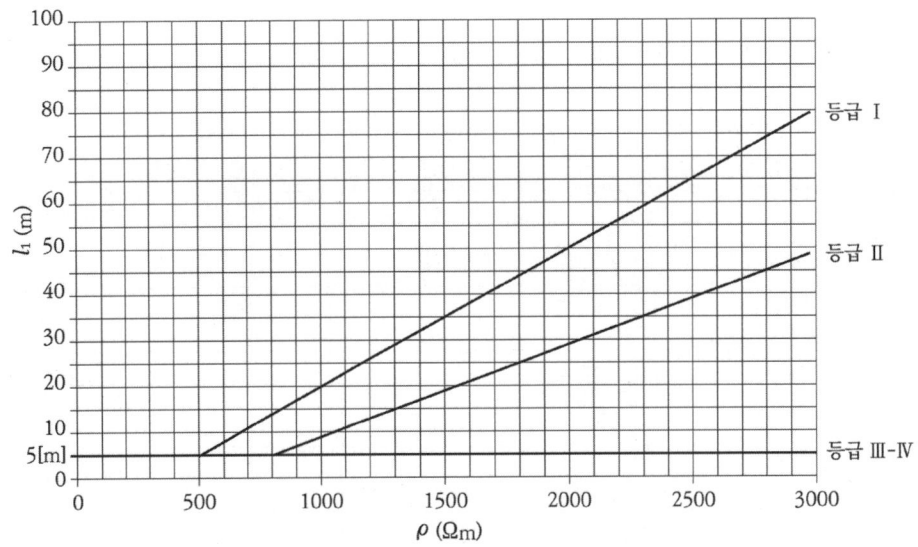

비고 : 등급 Ⅲ 및 Ⅳ는 대지 저항에 독립적이다.
[그림] LPS 등급별 각 접지극의 최소길이 l_1 (KS C IEC 62305-3 참조)

- ㉯ **B형 접지극** : 환상도체, 기초 접지극
    - 메시형 접지극 : 환상도체, 기초 접지극(전체길이 80[%] 이상 지중)
    - 환상 접지극에 의해서 둘러싸인 면적의 평균 반지름 r_e
        $r_e \geq l_1$ (l_1은 LPS 등급별 각 접지극의 최소길이)
    - $r_e < l_1$인 경우 l_1 수평, 수직 접지극을 추가로 시설
        $$l_r = l_1 - r_e \;,\quad l_v = \frac{l_1 - r_e}{2}$$

③ 접지극의 설치
  ㉮ **환상 접지극(B형 접지극)**은 벽과 1[m] 이상 이격, 최소 깊이 0.5[m]에 매설
  ㉯ **접지극(A형 접지극)**은 상단이 **최소 0.5[m](국내 0.75[m]) 이상 깊이 매설**, 지중에서 상호의 전기적 결합효과가 최소가 되도록 **균등하게 배치**
  ㉰ **시공 중에 검사가 가능하도록 접지극을 설치**
  ㉱ 접지극 재료는 **대지에 환경오염 및 부식의 문제가 없어야 함**
  ㉲ **견고한 암반**이 노출된 장소에서는 **B형 접지극**만을 설치할 것을 권장
  ㉳ **전자시스템**을 많이 사용하거나 화재의 위험성이 높은 구조물에는 **B형 접지극** 배열의 시설이 바람직함

④ 자연적 구성부재의 접지극
  ㉮ 콘크리트기초 내부의 상호 접속된 **철근**이나 기타 적당한 **금속제 지하구조물**을 접지극으로 사용할 수 있음
  ㉯ 콘크리트 내부의 철근을 접지극으로 사용하는 경우, **콘크리트의 기계적 파열**을 방지하기 위해 **상호 접속에 특별히 주의**

⑤ 콘크리트에 매입된 기초접지극
  ㉮ **콘크리트에 매입된 기초접지극**이란 **구조물 등의 철골 혹은 콘크리트로 구성된 접지극**으로 **소형 구조물(건축물)**의 경우 기초콘크리트에 아연도금 철판 혹은 철봉을 환상으로 포설하여 구성하는 접지극. 즉, **기초콘크리트에 접지도체를 환상으로 포설하는 접지극**
  ㉯ **기초접지극**은 콘크리트 안에 매설되어 **기계적인 파손에 의한 손상과 부식성 토양, 물, 공기 중의 산소에 의한 부식의 영향으로부터 전극을 보호할 수 있음**

피뢰시스템의 내부피뢰시스템(피뢰등전위 본딩 및 SPD)

40. 내부피뢰시스템

1) 내부 피뢰시스템은 외부 피뢰시스템 또는 구조물의 다른 도전부에 흐르는 뇌전류에 의해 **보호대상 구조물 내에서 위험한 불꽃방전의 발생을 방지**하도록 시설

2) **피뢰등전위 본딩**
   ① **피뢰설비, 금속구조체, 금속시설물, 전력계통의 도전부와 보호범위 내부의 전력, 약전 및 통신설비는 본딩용 도체** 또는 **서지보호장치(SPD)로 일괄 접속**
   ② 건축물 내에서 **금속제 시설물**은 지표면에서 **본딩 바를 본딩용 도체에 접속하여 접지시스템에 접속**
   ③ 가스관과 수도관의 도중에 **절연부품이 사용되는 경우에는 서지보호장치(SPD)를 사용**하여 **연결**

3) **계통외도전부**
   ① **계통외도전부의 등전위본딩**은 가능한 **인입점 부근에 시설**
   ② 피뢰설비 대상이 아닌
   금속제 시설물, 전기설비, 통신설비와 계통외도전부는 접지극에 접속

4) **전기 및 통신설비**
   ① 건축물의 **인입점 부근에서 서지보호장치(SPD)를** 사용하여 **등전위본딩**
   ② 건축물 내 **피뢰구역(LPZ)간의 경계에 서지보호장치(SPD)를** 사용하여 **등전위본딩**

5) 피뢰시스템에 근접한 설비로서 **등전위본딩이 불가능한 경우 안전이격거리를 확보**

6) **본딩도체** : 본딩 바 상호접속 본딩도체 및 접지극에 직접 접속하는 본딩도체의 최소 단면적과, 내부 금속설비를 본딩 바에 접속하는 본딩도체의 최소 단면적은 [표6.6]와 같다.

[표6.6] 피뢰 등전위본딩도체의 최소 단면적

본딩 바 상호, 본딩 바와 접지극 접속 본딩도체			내부 금속설비와 본딩 바 접속 본딩도체		
보호등급	재료	단면적[mm^2]	보호등급	재료	단면적[mm^2]
Ⅰ ~ Ⅳ	동(Cu)	16	Ⅰ ~ Ⅳ	동(Cu)	6
	알루미늄(Al)	25		알루미늄(Al)	10
	철(Fe)	50		철(Fe)	16

7) **서지보호장치(SPD)**
   ① 서지보호장치 구분
      ㉮ **전원용**은 **병렬형**을 사용
      ㉯ **통신용(신호, 데이터용 포함)**은 **직렬형**을 사용
   ② 설치방법
      ㉮ 전원 및 통신설비는 **건축물의 인입점** 부근과 **건축내의 피뢰구역(LPZ)간의 경계**에서 사용하여 **등전위본딩**
      ㉯ 건축물에 시설되는 **전기전자설비**들이 낙뢰피해를 받지 않도록 건축물의 **인입점, 분전반** 등에 적합한 **전원용**을 설치
      ㉰ 통신설비에는 각 **통신설비의 기능**을 **저해**하거나 **방해**하지 않는 적합한 것을 선정하여 설치
      ㉱ **전원용**은 유지관리가 원활하게 이루어지도록 **성능열화 상태**를 나타내는 **표시장치를 설치**

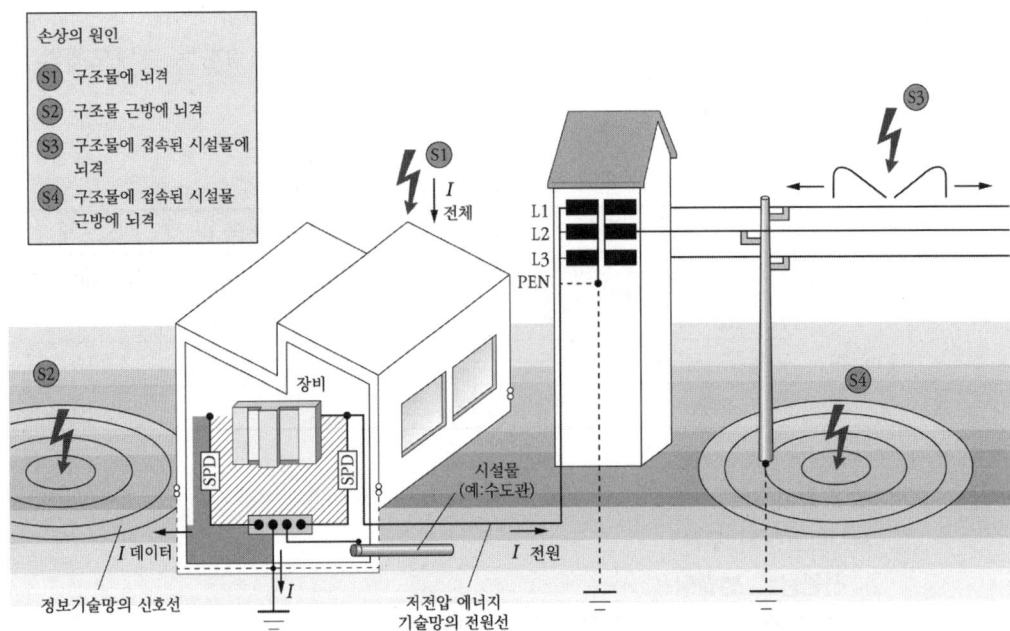

[그림] 구조물 손상의 여러 원인과 시스템 내 뇌전류 분배의 기본 예

예제 01

피뢰시스템은 전기전자설비가 설치된 건축물·구조물로서 낙뢰로부터 보호가 필요한 곳 또는 지상으로부터 높이가 몇 [m] 이상인 곳에 설치해야 하는가?

① 10
② 20
③ 30
④ 45

【해설】
피뢰시스템의 적용범위
1) 전기전자설비가 설치된 건축물·구조물로서 낙뢰로부터 보호가 필요한 것
2) 건축물의 높이가 지상으로부터 높이가 20[m] 이상인 것
3) 저압 전기전자설비
4) 고압 및 특고압 전기설비

[답] ②

예제 02

피뢰시스템 등급은 대상물의 특성에 따라 KS C IEC 62305-2(피뢰시스템-제2부:리스크 관리)에 의한 피뢰레벨에 따라 선정한다. 다만, 위험물의 제조소·저장소 및 처리장에 설치하는 피뢰시스템은 몇 등급 이상 시설해야 하는가?

① Ⅰ 등급
② Ⅱ 등급
③ Ⅲ 등급
④ Ⅳ 등급

【해설】
피뢰시스템 등급선정(LPL)
: 피뢰시스템 등급은 대상물의 특성에 따라 KS C IEC 62305-2(피뢰시스템-제2부:리스크 관리)에 의한 피뢰레벨에 따라 선정한다. 다만, 위험물의 제조소·저장소 및 처리장에 설치하는 피뢰시스템은 Ⅱ 등급 이상 시설할 것

[답] ②

예제 03

외부피뢰시스템은 낙뢰로부터 건축물을 보호하여 뇌전류를 안전하게 대지로 방류할 수 있도록 시설하는 설비로 다음 중 해당하지 않는 설비는 어떤 것인가?
① 수뢰부
② 인하도선
③ 접지극
④ SPD

【해설】
외부피뢰시스템
: 외부 피뢰시스템은 낙뢰로부터 건축물을 보호하여 뇌전류를 안전하게 대지로 방류할 수 있도록 수뢰부, 인하도선, 접지극으로 구성

[답] ④

예제 04

외부피뢰시스템 중 수뢰부시스템의 구성요소가 아닌 것은 어떤 것인가?
① 수평도체
② 인하도선
③ 메시도체
④ 자연적 구성부재

【해설】
수뢰부시스템의 구성
1) 설계는 돌침, 수평도체, 메시도체를 각각 사용하거나 이들을 조합한 방식
2) 자연적 구성부재를 이용할 수 있으나, 방사능피뢰침은 사용하지 않음

[답] ②

예제 05

피뢰시스템의 피뢰시스템 II 등급의 회전구체 반지름의 반경 R은 몇 [m]인가?
① 20
② 30
③ 45
④ 60

【해설】
회전구체 반지름 R[m]
: 피뢰시스템의 피뢰시스템 II 등급의 회전구체 반지름의 반경 R은 30[m] 이하일 것

[답] ②

예제 06

피뢰시스템의 피뢰시스템 IV 등급의 회전구체 반지름의 반경 R은 몇 [m]인가?

① 20
② 30
③ 45
④ 60

【해설】
수뢰부시스템 등급별 회전구체 반지름 R[m]
: 피뢰시스템 IV 등급의 회전구체 반지름의 반경 R은 60[m] 이하일 것

[답] ①

예제 07

건축물에 피뢰시스템을 구축하는 경우 수뢰부시스템에 피뢰시스템 IV 등급의 메시도체로 시공하려 한다. 메시치수 간격은 몇 [m]로 해야 하는가?

① 5×5
② 10×10
③ 15×15
④ 20×20

【해설】
수뢰부시스템 등급별 메시치수 간격[m]
: 피뢰시스템 IV 등급의 메시치수 간격은 20 × 20[m] 이하일 것

[답] ④

예제 08

건축물에 피뢰시스템을 구축하는 경우 수뢰부시스템은 건축물의 높이 60[m] 이상의 고층 건축물에 대하여 측뢰로부터 설비들을 보호할 수 있도록 최상부 몇 [%]에 해당되는 부분에 수뢰부시스템을 설치해야 하는가?

① 10
② 20
③ 30
④ 40

【해설】
피뢰시스템의 측뢰 보호용 수뢰부시스템
: 건축물 높이 60[m] 이상의 고층 건축물에 대해서는 측뢰로부터 설비들을 보호할 수 있도록 최상부 20[%]에 해당되는 부분에 수뢰부시스템을 설치할 것

[답] ②

예제 09

철골조, 철근콘크리트조 및 철골철근콘크리트조 등을 건축물의 인하도선으로 사용하는 경우 자연적 구성재는 직류 전기저항 몇 [Ω] 이하이어야 하는가?

① 0.4[Ω]
② 0.3[Ω]
③ 0.2[Ω]
④ 0.1[Ω]

【해설】
자연적 구성부재의 직류 전기저항
: 철골조, 철근콘크리트조 및 철골철근콘크리트조 등을 건축물의 인하도선으로 사용하는 경우 자연적 구정부재는 직류 전기저항 0.2[Ω] 이하일 것

[답] ③

예제 10

비독립형 피뢰설비의 피뢰시스템 IV 등급의 인하도선 사의 최적 간격은 몇 [m] 이하이어야 하는가?

① 5[m]
② 10[m]
③ 15[m]
④ 20[m]

【해설】
피뢰시스템의 등급별 인하도선 사이의 간격
: 독립형 피뢰설비의 피뢰시스템 IV 등급의 인하도선 사의 최적 간격은 20[m] 이하일 것

[답] ④

예제 11

피뢰시스템에 적용하는 수뢰도체, 피뢰침, 인하도선은 구리 재료를 사용하는 경우 테이프형 단선, 원형단선 및 연선의 최소 단면적은 몇 [mm²] 이상이어야 하는가?

① 16[mm²]
② 25[mm²]
③ 35[mm²]
④ 50[mm²]

【해설】
피뢰시스템의 수뢰도체, 피뢰침, 인하도선의 재료, 형상과 최소 단면적
: 구리 재료를 사용하는 경우 테이프형 단선, 원형단선 및 연선의 최소 단면적은 50[mm²] 이상일 것

[답] ④

예제 12

피뢰시스템에 적용하는 접지극에 구리 재료를 사용하는 경우 원형단선 또는 연선의 최소 단면적은 몇 [mm²] 이상이어야 하는가?
① 16[mm²]
② 25[mm²]
③ 35[mm²]
④ 50[mm²]

【해설】
피뢰시스템의 접지극 재료, 형상과 최소 단면적
: 구리 재료를 사용하는 경우 원형단선 또는 연선의 최소 단면적은 50[mm²] 이상일 것

[답] ④

예제 13

피뢰시스템에 적용하는 접지극시스템에 대한 설치 규정에서 적합하지 않는 것은 어떤 것인가?
① 접지극(A형 접지극)은 상단이 최소 0.5[m](국내 0.75[m]) 이상 깊이 매설할 것
② 환상 접지극(B형 접지극)은 벽과 1[m] 이상 이격, 최소 깊이 0.5[m]에 매설할 것
③ 견고한 암반이 노출된 장소에서는 A형 접지극만을 설치할 것을 권장
④ 접지극 재료는 대지에 환경오염 및 부식의 문제가 없어야 함

【해설】
피뢰시스템의 접지극시스템
: 견고한 암반이 노출된 장소에서는 B형 접지극만을 설치할 것을 권장

[답] ③

예제 14

내부피뢰시스템에 적용하는 서지보호장치(SPD) 대한 설치 규정에서 적합하지 않는 것은 어떤 것인가?
① 전원 및 통신설비는 건축물의 인입점 부근과 건축 내의 피뢰구역(LPZ) 간의 경계에서 사용하여 등전위본딩할 것
② 건축물에 시설되는 전기전자설비들이 낙뢰피해를 받지 않도록 건축물의 인입점, 분전반 등에 적합한 전원용을 설치할 것
③ 전원용은 직렬형, 통신용(신호, 데이터용 포함)은 병렬형을 사용할 것
④ 전원용은 유지관리가 원활하게 이루어지도록 성능열화 상태를 나타내는 표시장치를 설치

【해설】
내부피뢰시스템 서지보호장치(SPD) 설치
: 전원용은 병렬형, 통신용(신호, 데이터용 포함)은 직렬형을 사용할 것

[답] ③

적중실전문제

1. 전기설비기술기준의 안전원칙에 관계없는 것은?
① 에너지절약등에 지장을 주지 아니하도록 할 것
② 사람이나 다른 물체에 위해, 손상을 주지 않도록 할 것
③ 기기의 오동작에 의한 전기 공급에 지장을 주지 않도록 할 것
④ 다른 전기설비의 기능에 전기적 또는 자기적인 장해를 주지 아니하도록 할 것

> **해설 1**
> 전기설비기술기준의 안전원칙
> : 사람이나 다른 물체에 위해, 손상을 주지 않도록 할 것과 전기 공급에 지장을 주지 않으며, 다른 전기설비의 기능에 전기적 또는 자기적인 장해를 주지 아니하도록 해야 한다.
> [답] ①

2. 발전소 또는 변전소로부터 다른 발전소 또는 변전소를 거치지 아니하고 전차선로에 이르는 전선을 무엇이라 하는가?
① 급전선
② 전기철도용 급전선
③ 급전선로
④ 전기철도용 급전선로

> **해설 2**
> 전기 철도용 급전선
> : 전기 철도용 변전소로부터 다른 전기 철도용 변전소 또는 전차선에 이르는 전선을 말한다.
> [답] ②

3. 발전소·변전소·개폐소, 이에 준하는 곳, 전기사용장소 상호간의 전선 및 이를 지지하거나 수용하는 시설물을 무엇이라 하는가?
   ① 급전소
   ② 송전선로
   ③ 전선로
   ④ 개폐소

> **해설 3**
> 전선로
> : 발전소, 변전소, 개폐소 이에 준하는 곳, 전기사용장소 상호 간의 전선 및 이를 지지하거나 수용하는 시설물을 말한다.
>
> [답] ③

4. 한국전기설비규정(KEC)에서 규정하는 전압의 구분에서 교류 저압 범위는 몇 [V]인가?
   ① 600[V] 이하
   ② 750[V] 이하
   ③ 1,000[V] 이하
   ④ 1,500[V] 이하

> **해설 4**
> 저압, 고압 및 특고압의 범위
> 1) 저압 : 교류 1[kV] 이하, 직류 1.5[kV] 이하
> 2) 고압 : 교류 1[kV], 직류 1.5[kV] 초과 7[kV] 이하
> 3) 특고압 : 7[kV] 초과
>
> [답] ③

5. 감전에 대한 보호방식에서 기본보호 방식 중 해당하지 않는 것은 어떤 것인가?
   ① 일반적으로 직접접촉을 방지하는 것, 전기설비의 충전부에 인축이 접촉하여 일어날 수 있는 위험으로부터 보호
   ② 인축의 몸을 통해 전류가 흐르는 것을 방지
   ③ 인축의 몸에 흐르는 전류를 위험하지 않는 값 이하로 제한
   ④ 인축의 몸에 흐르는 고장전류의 지속시간을 위험하지 않은 시간까지로 제한

   해설 5
   기본보호(직접접촉 보호)
   1) 일반적으로 직접접촉을 방지하는 것, 전기설비의 충전부에 인축이 접촉하여 일어날 수 있는 위험으로부터 보호
   2) 인축의 몸을 통해 전류가 흐르는 것을 방지
   3) 인축의 몸에 흐르는 전류를 위험하지 않는 값 이하로 제한

   [답] ④

6. 한국전기설비규정(KEC)에서 정하는 전선의 식별, 전선의 색상으로 잘못 선정한 것은?
   ① L1 - 갈색
   ② L2 - 흑색
   ③ L3 - 회색
   ④ PE - 청색

   해설 6
   전선의 식별, 전선의 색상
   1) L1 (기존 R 또는 U) : 갈색
   2) L2 (기존 S 또는 V) : 흑색
   3) L3 (기존 T 또는 W) : 회색
   4) N (기존 N) : 청색
   5) PE (보호도체) : 녹색/노랑색

   [답] ④

7. 전선의 접속법으로 틀린 것은?

① 나전선 상호간의 접속인 경우에는 전선의 세기를 20[%] 이상 감소시키지 않아야 한다.

② 두 개 이상의 전선을 병렬로 사용할 때 각 전선의 굵기를 35[mm²] 이상의 동선을 사용한다.

③ 알루미늄과 동을 사용하는 전선을 접속하는 경우에는 접속 부분에 전기적 부식이 생기지 않아야 한다.

④ 절연전선 상호간을 접속하는 경우에는 접속부분을 절연효력이 있는 것으로 충분히 피복하여야 한다.

해설 7

두 개 이상의 전선을 병렬로 사용하는 경우

1) 병렬로 사용하는 각 전선의 굵기는 동선 50[mm²] 이상 또는 알루미늄 70[mm²] 이상으로 하고, 전선은 같은 도체, 같은 재료, 같은 길이 및 같은 굵기의 것
2) 같은 극의 각 전선은 동일한 터미널러그에 완전히 접속할 것
3) 같은 극인 각 전선의 터미널러그는 동일한 도체에 2개 이상의 리벳 또는 2개 이상의 나사로 접속할 것
4) 병렬로 사용하는 전선에는 각각에 퓨즈를 설치하지 말 것
5) 교류회로에서 병렬로 사용하는 전선은 금속관 안에 전자적 불평형이 생기지 않도록 시설할 것

[답] ②

8. 두 개 이상의 전선을 병렬로 사용하는 경우 설명이 잘못된 것은?
   ① 전선의 굵기는 동선 50[mm²] 이상 또는 알루미늄 70[mm²] 이상으로 하고, 전선은 같은 도체, 같은 재료, 같은 길이 및 같은 굵기의 것
   ② 같은 극의 각 전선은 동일한 터미널러그에 완전히 접속할 것
   ③ 같은 극인 각 전선의 터미널러그는 동일한 도체에 2개 이상의 리벳 또는 2개 이상의 나사로 접속할 것
   ④ 병렬로 사용하는 전선에는 각각에 퓨즈를 설치할 것

> **해설 8**
> 두 개 이상의 전선을 병렬로 사용하는 경우
> 1) 병렬로 사용하는 각 전선의 굵기는 동선 50[mm²] 이상 또는 알루미늄 70[mm²] 이상으로 하고, 전선은 같은 도체, 같은 재료, 같은 길이 및 같은 굵기의 것
> 2) 같은 극의 각 전선은 동일한 터미널러그에 완전히 접속할 것
> 3) 같은 극인 각 전선의 터미널러그는 동일한 도체에 2개 이상의 리벳 또는 2개 이상의 나사로 접속할 것
> 4) 병렬로 사용하는 전선에는 각각에 퓨즈를 설치하지 말 것
> 5) 교류회로에서 병렬로 사용하는 전선은 금속관 안에 전자적 불평형이 생기지 않도록 시설할 것
>
> [답] ④

⭐⭐⭐⭐⭐
9. 전로를 대지로부터 반드시 절연해야 하는 대상은 다음 중 어떤 것인가?
　① 계기용변성기의 2차측 전로에 접지공사를 하는 경우의 전선로
　② 동일 지지물에 시설되는 부분에 접지공사를 하는 경우의 접지점(병가)
　③ 대지로부터 절연하는 것이 기술상 곤란한 곳
　④ 직류계통에 접지공사를 하는 경우의 접지점

해설 9
전로 절연 제외 대상
1) 저압전로에 접지공사를 하는 경우의 접지점
2) 전로의 중성점에 접지공사를 하는 경우의 접지점
3) 계기용변성기의 2차측 전로에 접지공사를 하는 경우의 접지점
4) 동일 지지물에 시설되는 부분에 접지공사를 하는 경우의 접지점(병가)
5) 대지로부터 절연하는 것이 기술상 곤란한 곳
6) 직류계통에 접지공사를 하는 경우의 접지점

[답] ①

⭐⭐⭐⭐
10. 중성점 비접지방식 전로에 연결되는 최대사용전압이 66[kV]인 유도 전압 조정기의 절연내력시험전압은 최대사용전압의 몇 [배]인가?
　① 0.72배
　② 1.1배
　③ 1.25배
　④ 1.5배

해설 10
전로의 절연저항 및 절연내력
: 최대사용전압 7[kV] 초과 비접지방식의 경우 유도 전압 조정기의 절연내력 시험전압은 최대사용전압의 1.25배로 할 것

[답] ③

11. 연료전지 및 태양전지 모듈은 최대사용전압의 몇 [배]의 직류전압 또는 1배의 교류전압을 충전부분과 대지사이에 연속하여 10분간 가하여 절연내력을 시험하였을 때에 견디어야 하는가?

   ① 1.0배
   ② 1.1배
   ③ 1.25배
   ④ 1.5배

   해설 11
   연료전지 및 태양전지 모듈의 절연내력
   1) 연료전지 및 태양전지 모듈은 최대사용전압의 1.5배의 직류전압 또는 1배의 교류전압을 충전부분과 대지사이에 연속하여 10분간 가하여 절연내력을 시험하였을 때에 견디는 것
   2) 1배의 교류전압(시험전압)이 500[V] 미만으로 되는 경우 최저시험전압 500[V] 적용

   [답] ④

12. 중성점 다중접지방식 전로에 연결되는 최대사용전압이 22.9[kV]인 변압기 전로의 절연내력시험전압은 최대사용전압의 몇 [배]인가?

   ① 0.92배
   ② 1.1배
   ③ 1.25배
   ④ 1.5배

   해설 12
   전로의 절연저항 및 절연내력
   : 최대사용전압 7[kV] 초과 25[kV] 이하 다중접지방식의 경우 변압기 전로의 절연내력 시험전압은 최대사용전압의 0.92배로 할 것

   [답] ①

13. 최대사용전압이 69[kV]인 중성점 비접지식 전로의 절연내력 시험전압은 몇 [kV]인가?

① 63.48
② 75.9
③ 86.25
④ 103.5

해설 13

전로의 절연 저항 및 절연내력
1) 최대사용전압 60[kV] 초과 중성점 비접접지식 전로의 절열내력 시험전압은 최대 사용전압의 1.25배일 것
2) 절연내역 시험전압 = 69,000 × 1.25 = 86,250[V]

[답] ③

14. 고압 및 특고압 전로의 절연내력시험을 하는 경우 시험전압을 연속하여 몇 분간 가하여 견디어야 하는가?

① 1
② 3
③ 5
④ 10

해설 14

전로의 절연 저항 및 절연내력
: 최대 사용전압에 배수를 곱하고 그 값의 전압으로 권선과 대지간에 10분간 견딜 것

[답] ④

15. 전력계통 전원측의 한 점을 직접접지하고 설비의 노출도전부를 보호도체를 통해 접속하며, 계통 전체에 대해 별도의 중성선 또는 PE 도체를 사용하는 계통 방식은?
① TN-S 계통
② TN-C 계통
③ TT 계통
④ IT 계통

해설 15
TN-S 계통 방식
: 전력계통 전원측의 한 점을 직접접지하고 설비의 노출도전부를 보호도체를 통해 접속하며, 계통 전체에 대해 별도의 중성선 또는 PE 도체를 사용 계통 방식

[답] ①

16. 전력계통 충전부 전체를 대지로부터 절연시키거나, 한 점을 임피던스를 통해 대지에 접속하고 전기설비의 노출도전부를 단독 또는 일괄적으로 계통의 PE 도체에 접속하는 계통 방식은?
① TN-S 계통
② TN-C 계통
③ TT 계통
④ IT 계통

해설 16
IT 계통 방식
: 전력계통 충전부 전체를 대지로부터 절연시키거나, 한 점을 임피던스를 통해 대지에 접속하고 전기설비의 노출도전부를 단독 또는 일괄적으로 계통의 PE 도체에 접속하는 계통 방식

[답] ④

★★★★★

17. 통합접지방식에 대한 설명 중 옳은 것은?

① 고압, 특고압 계통의 접지극과 저압 계통의 접지극이 독립적으로 설치
② 등전위가 형성되도록 고압·특고압 접지계통과 저압 접지계통을 공통으로 접지하는 방식
③ 모든 접지시스템을 통합하여 접지시스템을 구성하는 것을 말하며 설비 간의 전위차를 해소하여 등전위를 형성하는 접지방식
④ 전기설비의 접지계통, 건축물의 피뢰설비 등의 접지극을 통합하여 접지하며, 전자통신설비는 별도로 접지하는 방식

해설 17

통합접지
: 모든 접지시스템을 통합하여 접지시스템을 구성하는 것을 말하며 설비 간의 전위차를 해소하여 등전위를 형성하는 접지방식

[답] ③

★★★★

18. 전기설비 접지시스템 중 콘크리트 매입 강철 접지극의 원형 강선의 지름은 몇 [mm] 이상으로 시설해야 하는가?

① 10
② 12
③ 15
④ 16

해설 18

접지극의 재료 및 최소 굵기
: 콘크리트 매입 강철 접지극의 원형 강선의 지름은 10[mm] 이상일 것

[답] ①

19. 전기설비 접지시스템 중 구리 수평 원형 강선 접지극의 단면적은 몇 [mm^2] 이상으로 시설해야 하는가?

① 25
② 50
③ 70
④ 90

해설 19
접지극의 재료 및 최소 굵기
: 구리 수평 원형 강선 접지극의 단면적은 50[mm^2] 이상일 것

[답] ②

20. 피뢰시스템을 위한 접지극시스템 중 B형 접지전극의 구성요소가 아닌 것은?

① 환상 접지전극
② 메시 접지전극
③ 기초 구조체
④ 수직 접지전극

해설 20
B형 접지전극 시스템
: 환상 접지전극, 메시 접지전극, 건축물 등의 기초 구조체 대용 접지전극으로 구성
 (일반적으로 폐루프 형성함)

[답] ④

★★★★

21. 대지와의 사이에 건축물, 구조물의 철골 기타 금속체를 접지극으로 사용하려면 대지와 전기저항값이 몇 [Ω] 이하의 값을 유지하여야 하는가?

① 1
② 2
③ 3
④ 5

해설 21

건축물, 구조물의 철골 기타 금속체를 접지극으로 적용
: 대지와의 사이에 전기저항값이 2[Ω] 이하인 값을 유지하는 경우

[답] ②

★★★

22. 계통이나 설비 또는 기기의 주어진 점과 접지극 또는 접지극 망 간의 도전경로 또는 그 일부분을 제공하는 접지도체 중 큰 고장전류가 통하지 않는 구리 도체를 사용할 경우 최소 단면적은 몇 [mm^2] 이상으로 시설해야 하는가?

① 6
② 16
③ 25
④ 50

해설 22

접지도체의 선정
: 큰 고장전류가 통하지 않는 구리 접지도체는 최소 단면적은 6[mm^2] 이상일 것

[답] ①

23. 계통이나 설비 또는 기기의 주어진 점과 접지극 또는 접지극 망 간의 도전경로 또는 그 일부분을 제공하는 접지도체 중 큰 고장전류가 통하지 않는 철 도체를 사용할 경우 최소 단면적은 몇 [mm^2] 이상으로 시설해야 하는가?
   ① 6
   ② 16
   ③ 25
   ④ 50

   해설 23
   접지도체의 선정
   : 큰 고장전류가 통하지 않는 철 도체 접지도체는 최소 단면적은 50[mm^2] 이상일 것
   [답] ④

24. 피뢰시스템에 접속된 구리 접지도체 최소 단면적은 몇 [mm^2] 이상으로 시설해야 하는가?
   ① 6
   ② 16
   ③ 25
   ④ 50

   해설 24
   접지도체의 선정
   : 피뢰시스템에 접속된 구리 접지도체 최소 단면적은 16[mm^2] 이상일 것
   [답] ②

★★★★★

25. 25[kV] 이하 특고압 가공전선로의 전로에 지락이 생겼을 때 2초 이내에 자동적으로 전로를 차단하는 장치가 있는 변압기 중성점 접지시스템 접지도체의 최소 단면적은 몇 [mm^2] 이상이어야 하는가?
① 6
② 16
③ 25
④ 50

> **해설 25**
> 접지도체의 선정
> : 25[kV] 이하 특고압 가공전선로의 전로에 지락이 생겼을 때 2초 이내에 자동적으로 전로를 차단하는 장치가 있는 변압기 중성점 접지시스템 접지도체의 최소 단면적은 6[mm^2] 이상일 것
>
> [답] ①

★☆☆☆☆

26. 저압 이동용 전기기계기구 접지시스템 접지도체의 최소 단면적은 몇 [mm^2] 이상이어야 하는가?(다심 코드 또는 다심 캡타이어케이블의 일심을 사용하는 경우)
① 0.75
② 1.5
③ 4.0
④ 6.0

> **해설 26**
> 접지도체의 선정
> : 다심 코드 또는 다심 캡타이어케이블의 일심을 사용한 저압 전기설비용 이동용 전기기계기구의 접지도체의 최소 단면적은 0.75[mm^2] 이상일 것
>
> [답] ①

★★★★★

27. 25[kV] 이하 특고압 측 전선과 저압측 전로와 혼촉하는 경우 자동적으로 이를 1초 초과 2초 이내에 차단하는 장치가 있는 변압기 중성점 접지저항 값은 몇 [Ω] 이하이어야 하는가?

① $R = 100/I_g$ [Ω]
② $R = 150/I_g$ [Ω]
③ $R = 300/I_g$ [Ω]
④ $R = 600/I_g$ [Ω]

해설 27

변압기 중성점 접지저항 값 산정
: 25[kV] 이하 특고압 측 전선과 저압측 전로와 혼촉하는 경우 자동적으로 이를 1초 초과 2초 이내에 차단하는 장치가 있는 변압기 중성점 접지저항 값은 $R = 300/I_g$ [Ω] 이하일 것

[답] ③

★★★★★

28. 공통접지공사 적용 시 상도체의 단면적이 10[mm²]인 경우 보호도체(PE)에 최소 단면적은 몇 [mm²] 이상이어야 하는가?

① 4[mm²]
② 6[mm²]
③ 10[mm²]
④ 16[mm²]

해설 28

보호도체의 최소 단면적
: 상 도체의 단면적 기준 16[mm²] 이하인 경우 보호도체의 단면적은 상 도체 단면적과 동일하게 적용할 것

[답] ③

⭐⭐⭐⭐⭐
29. 통합접지공사 적용 시 상도체의 단면적이 35[mm²]인 경우 보호도체(PE)에 최소 단면적은 몇 [mm²] 이상이어야 하는가?

① 4[mm²]
② 6[mm²]
③ 10[mm²]
④ 16[mm²]

> **해설 29**
> 보호도체의 최소 단면적
> : 상 도체의 단면적 기준 16[mm²] 초과 35[mm²] 이하인 경우 보호도체의 단면적은 16[mm²] 일 것
>
> [답] ④

⭐⭐⭐⭐⭐
30. 통합접지공사 적용 시 상도체의 단면적이 70[mm²]인 경우 보호도체(PE)에 최소 단면적은 몇 [mm²] 이상이어야 하는가?

① 10[mm²]
② 16[mm²]
③ 25[mm²]
④ 35[mm²]

> **해설 30**
> 보호도체의 최소 단면적
> : 상 도체의 단면적 기준 35[mm²]를 초과하는 경우 보호도체의 단면적은 상도체 단면적의 1/2일 것
>
> [답] ④

31. 저압수용가 인입구 부근 변압기 중성점 추가 접지공사를 시행하는 경우 접지도체 최소 공칭 단면적은 몇 [mm²] 이상으로 시설해야 하는가?
   ① 6
   ② 16
   ③ 25
   ④ 50

   해설 31
   저압수용가 인입구 접지도체
   : 인입구 부근 변압기 중성점 추가 접지공사를 시행하는 경우 접지도체 최소 공칭 단면적은 6[mm²] 이상일 것

   [답] ①

32. 감전보호용 비접지 국부 등전위본딩에서 대지로부터 절연된 바닥이란 각 측정점에서 도전부와 바닥 또는 벽 사이의 절연저항이 설비의 공칭전압이 500[V] 이하인 경우 몇 [kΩ] 이상이어야 하는가?
   ① 50[kΩ]
   ② 100[kΩ]
   ③ 300[kΩ]
   ④ 500[kΩ]

   해설 32
   감전보호용 비접지 국부 등전위본딩
   : 대지로부터 절연된 바닥이란 각 측정점에서 도전부와 바닥 또는 벽 사이의 절연저항이 설비의 공칭전압이 500[V] 이하인 경우 50[kΩ] 이상일 것

   [답] ①

33. 피뢰시스템 등급은 대상물의 특성에 따라 KS C IEC 62305-2(피뢰시스템-제2부:리스크 관리)에 의한 피뢰레벨에 따라 선정한다. 다만, 위험물의 제조소·저장소 및 처리장에 설치하는 피뢰시스템은 몇 등급 이상 시설해야 하는가?
① Ⅰ 등급
② Ⅱ 등급
③ Ⅲ 등급
④ Ⅳ 등급

해설 33
피뢰시스템 등급선정(LPL)
: 피뢰시스템 등급은 대상물의 특성에 따라 KS C IEC 62305-2(피뢰시스템-제2부:리스크 관리)에 의한 피뢰레벨에 따라 선정한다. 다만, 위험물의 제조소·저장소 및 처리장에 설치하는 피뢰시스템은 Ⅱ 등급 이상 시설할 것

[답] ②

34. 피뢰시스템의 피뢰시스템 Ⅱ 등급의 회전구체 반지름의 반경 R은 몇 [m]인가?
① 20
② 30
③ 45
④ 60

해설 34
회전구체 반지름 R[m]
: 피뢰시스템의 피뢰시스템 Ⅱ 등급의 회전구체 반지름의 반경 R은 30[m] 이하일 것

[답] ②

35. 피뢰시스템의 피뢰시스템 IV 등급의 회전구체 반지름의 반경 R은 몇 [m]인가?

① 20
② 30
③ 45
④ 60

해설 35

회전구체 반지름 R[m]
: 피뢰시스템의 피뢰시스템 IV 등급의 회전구체 반지름의 반경 R은 60[m] 이하일 것

[답] ④

36. 건축물에 피뢰시스템을 구축하는 경우 수뢰부시스템은 건축물의 높이 몇 [m] 이상의 고층 건축물에 대하여 측뢰로부터 설비들을 보호할 수 있도록 최상부 20[%]에 해당되는 부분에 수뢰부시스템을 설치해야 하는가?

① 30
② 40
③ 50
④ 60

해설 36

피뢰시스템의 측뢰보호용 수뢰부시스템
: 건축물 높이 60[m] 이상의 고층 건축물에 대해서는 측뢰로부터 설비들을 보호할 수 있도록 최상부 20[%]에 해당되는 부분에 수뢰부시스템을 설치할 것

[답] ④

★★★★

37. 피뢰시스템에 적용하는 수뢰도체, 피뢰침, 인하도선은 구리 재료를 사용하는 경우 테이프형 단선, 원형단선 및 연선의 최소 단면적은 몇 [mm²] 이상이어야 하는가?

① 16[mm²]
② 25[mm²]
③ 35[mm²]
④ 50[mm²]

해설 37
피뢰시스템의 수뢰도체, 피뢰침, 인하도선의 재료, 형상과 최소 단면적
: 구리 재료를 사용하는 경우 테이프형 단선, 원형단선 및 연선의 최소 단면적은 50[mm²] 이상일 것

[답] ④

★★★★★

38. 철골조, 철근콘크리트조 및 철골철근콘크리트조 등을 건축물의 인하도선으로 사용하는 경우 자연적 구성재는 직류 전기저항 몇 [Ω] 이하이어야 하는가?

① 0.4[Ω]
② 0.3[Ω]
③ 0.2[Ω]
④ 0.1[Ω]

해설 38
자연적 구성부재의 직류 전기저항
: 철골조, 철근콘크리트조 및 철골철근콘크리트조 등을 건축물의 인하도선으로 사용하는 경우 자연적 구정부재는 직류 전기저항은 0.2[Ω] 이하일 것

[답] ③

39. 비독립형 피뢰설비의 피뢰시스템 Ⅳ 등급의 인하도선 사의 최적 간격은 몇 [m] 이하이어야 하는가?
   ① 5[m]
   ② 10[m]
   ③ 15[m]
   ④ 20[m]

   해설 39
   피뢰시스템의 등급별 인하도선 사이의 간격
   : 독립형 피뢰설비의 피뢰시스템 Ⅳ 등급의 인하도선 사의 최적 간격은 20[m] 이하일 것
   [답] ④

40. 피뢰시스템에 적용하는 접지극시스템에 대한 설치 규정에서 적합하지 않는 것은 어떤 것인가?
   ① 접지극(A형 접지극)은 상단이 최소 0.5[m](국내 0.75[m]) 이상 깊이 매설할 것
   ② 환상 접지극(B형 접지극)은 벽과 1[m] 이상 이격, 최소 깊이 0.5[m]에 매설할 것
   ③ 견고한 암반이 노출된 장소에서는 A형 접직극만을 설치할 것을 권장
   ④ 접지극 재료는 대지에 환경오염 및 부식의 문제가 없어야 함

   해설 40
   피뢰시스템의 접지극시스템
   : 견고한 암반이 노출된 장소에서는 B형 접직극만을 설치할 것을 권장
   [답] ③

02장

저압전기설비

Chapter 01. 통칙
Chapter 02. 안전을 위한 보호
적중실전문제

Chapter 01 통칙

학습내용 : 저압 전기설비의 안전을 위한 보호, 전선로 및 전력사용시설물

저압 전기설비의 적용범위, 배전 및 계통접지 방식

01 적용범위

1) 저압전기설비
   ① 교류 1[kV] 또는 직류 1.5[kV] 이하인 저압의 전기를 공급하거나 사용하는 설비
   ② 전기설비를 구성하거나, 연결하는 선로와 전기기계 기구 등의 구성품
   ③ 저압 기기에서 유도된 1[kV] 초과 회로 및 기기
      (예 : 저압 전원에 의한 고압방전등, 전기집진기 등)

2) 전압 밴드의 종류와 적용 범위

[표1.1] 전압 밴드의 종류와 적용 범위

밴드		접지 계통		비접지 계통
		대지[V]	선간[V]	선간[V]
교류	I	$U \leq 50$	$U \leq 50$	$U \leq 50$
	II	$50 < U \leq 600$	$50 < U \leq 1,000$	$50 < U \leq 1,000$
직류	I	$U \leq 120$	$U \leq 120$	$U \leq 120$
	II	$120 < U \leq 900$	$120 < U \leq 1,500$	$120 < U \leq 1,500$

* 밴드 I
1) 전압 값의 특정조건에 따라 감전 보호를 하는 경우의 설비
2) 전기통신, 신호, 벨, 제어 및 경보설비 등 기능상의 이유로 전압을 제한하는 설비

* 밴드 II
1) 가정용, 상업용 및 공업용 설비에 공급하는 전압을 포함한다.
2) 이 밴드는 공공 배전계통의 전압을 포함한다.

[표1.2] 배전계통의 전압범위

분 류	전압의 범위
저 압	직류 : 1,500[V] 이하 교류 : 1,000[V] 이하
고 압	직류 : 1,500[V]를 초과하고, 7[kV] 이하 교류 : 1,000[V]를 초과하고, 7[kV] 이하
특고압	7[kV]를 초과

02 배전방식

1) 교류 회로 <출제예감>
   ① 교류 전원에 의해 교류 전압, 전류가 공급되는 회로로서, 저항 및 리액턴스의 조합으로 구성
   ② 3상 4선식 : 3개의 선도체, 중성선(또는 PEN)
      (N, PEN 도체는 충전도체는 아니지만 운전전류를 흘리는 도체)
   ③ 3상 3선식 : 3개의 선도체(중성선 불필요)
   ④ 단상 2선식 : 2개의 선도체 또는 1개 선도체와 중성선, 1개 선도체와 PEN

2) 직류 회로
   ① 직류 전원에 의해 직류 전압, 전류가 공급되는 회로로서, 직, 병렬 저항으로만 구성
   ② 3선식 : 양(+) 도체, 음(-) 도체, M(중간선) 또는 PEN
   ③ 2선식 : 양(+) 도체, 음(-) 도체
   ④ PEL과 PEM 도체는 충전도체는 아니지만 운전전류를 흘리는 도체

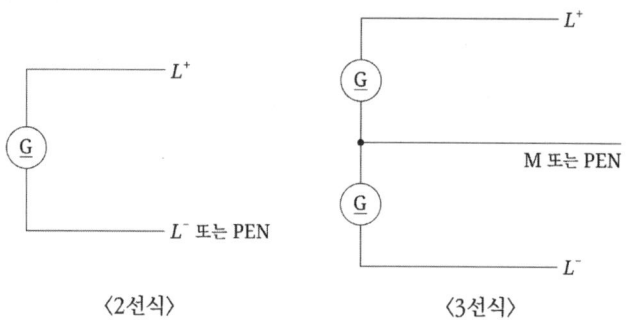

〈2선식〉　　　〈3선식〉

03 계통접지

1) **전력계통**에서 **돌발적**으로 발생하는 **이상현상**에 대비하여 대지와 계통을 연결하는 것으로 변압기의 중성점(저압측의 1단자 시행 접지계통 포함)을 대지에 접속하는 것

2) **저압전로의 보호도체 및 중성선의 접속 방식에 따라 분류**
   ① TN 계통(TN System) 방식
   ② TT 계통(TT System) 방식
   ③ IT 계통(IT System) 방식

3) 계통접지에서 사용되는 문자의 정의
   ① **제1문자 : 전원계통과 대지의 관계**
      ㉮ T (Terra, 대지) : 전력계통의 1점을 대지에 직접 접속
      ㉯ I (Insulation, 절연) : 모든 충전부를 대지와 절연시키거나 높은 임피던스를 통하여 한 점을 대지에 직접 접속
   ② **제2문자 : 전기설비의 노출도전부와 대지의 관계**
      ㉮ T (Terra, 대지) : 노출도전부를 대지로 직접 접속. 전원계통의 접지와는 무관
      ㉯ N (Neutral) : 노출도전부를 전원계통의 접지점(교류 계통에서는 통상적으로 중성점, 중성점이 없을 경우 선도체)에 직접 접속
   ③ **다음 문자가 있을 경우 : 중성선과 보호도체의 배치**
      ㉮ S (Separated) : 중성선 또는 접지된 선도체 외에 별도의 도체에 의해 제공되는 보호 기능
      ㉯ C (Combined) : 중성선과 보호 기능을 한 개의 도체로 겸용(PEN 도체)
      ㉰ PE (Protective Earthing) : 보호도체(PEN = 보호도체(PE) + 중성선(N) 조합)

[표1.3] 기호 설명

기호	설명
─────/•	중성선(N), 중간도체(M)
─────/	보호도체(PE)
─────/•	중성선과 보호도체 겸용(PEN)

Check Point!

[표1.4] 계통접지 방식

계통접지 방식	제 1문자	제 2문자	그 다음 문자(문자가 있을 경우)	
	전원계통과 대지	노출도전부와 대지	중성선과 보호도체의 배치	
TN - C	T	N	C	
TN - C - S	T	N	C	S
TN - S	T	N	S	
TT	T	T		
IT	I	T		

T : 한 점을 대지에 직접 접속
I : 모든 충전부를 대지와 절연시키거나 높은 임피던스를 통하여 한 점을 대지에 직접 접속
N : 노출도전부를 전원계통의 접지점(교류 계통에서는 통상적으로 중성점, 중성점이 없을 경우 선도체)에 직접 접속
S : 중성선 또는 접지된 선도체 외에 별도의 도체에 의해 제공되는 보호 기능
C : 중성선과 보호 기능을 한 개의 도체로 겸용(PEN 도체)

4) TN 계통 방식
  ① 전원측의 한 점을 직접 접지하고 설비의 노출도전부를 보호도체로 접속시키는 방식
  ② 중성선 및 보호도체(PE 도체)의 배치 및 접속방식에 따라 분류
     (TN-S, TN-C, TN-C-S)
  ③ TN-S 계통
     ㉮ 계통 전체에 대해 별도의 중성선 또는 PE 도체를 사용
     ㉯ 배전계통에서 PE 도체를 추가로 접지할 수 있음

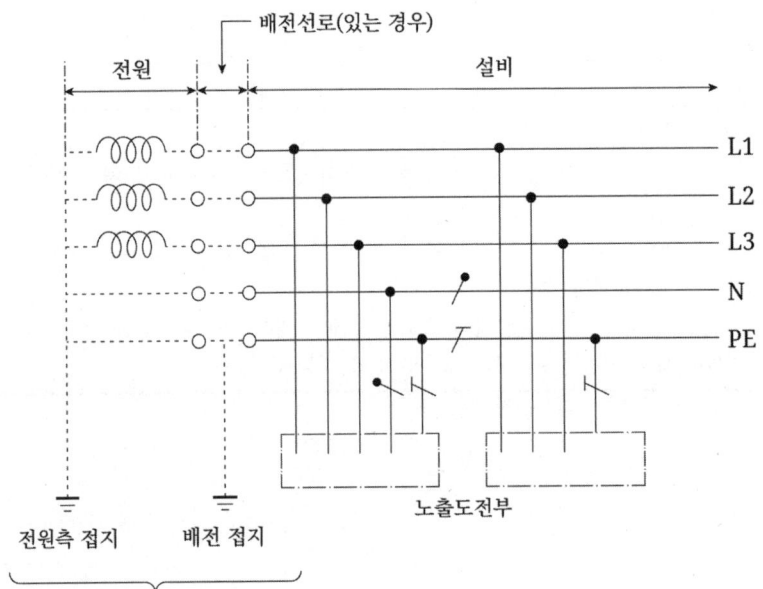

[그림] 계통 내에서 별도의 중성선과 보호도체가 있는 TN-S 계통

④ TN-C 계통
　㉮ 계통 전체에 대해 중성선과 보호도체의 기능을 동일도체로 겸용한 PEN 도체를 사용
　㉯ 배전계통에서 PEN 도체를 추가로 접지할 수 있음

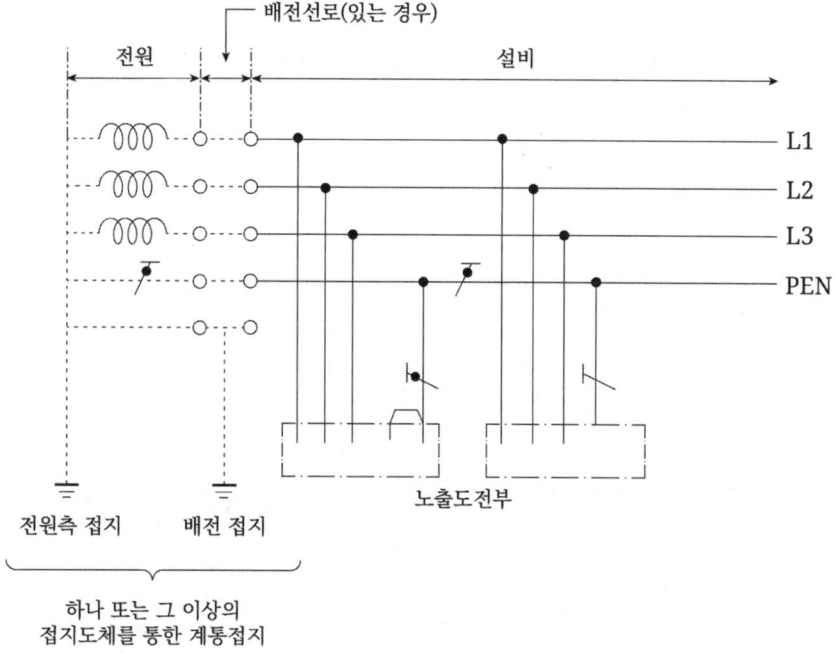

[그림] TN-C 계통

⑤ TN-C-S 계통
  ㉮ 계통의 일부분에서 PEN 도체를 사용하거나, 중성선과 별도의 PE 도체를 사용하는 방식
  ㉯ 배전계통에서 PEN 도체와 PE 도체를 추가로 접지할 수 있음

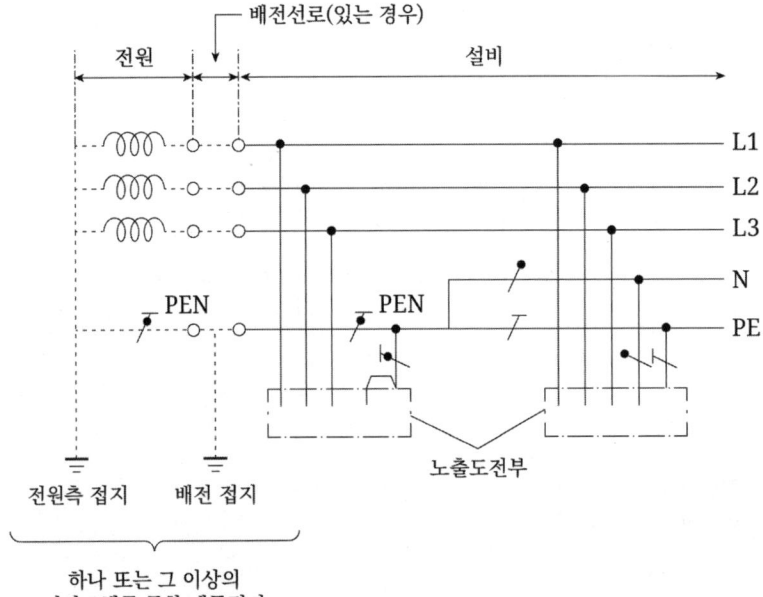

[그림] 설비의 어느 곳에서 PEN이 PE와 N으로 분리된 3상 4선식 TN-C-S 계통

5) TT 계통
① 전원의 한 점을 직접 접지하고 설비의 노출도전부는 전원의 접지전극과 전기적으로 독립적인 접지극에 접속
② 배전계통에서 PE 도체를 추가로 접지할 수 있음

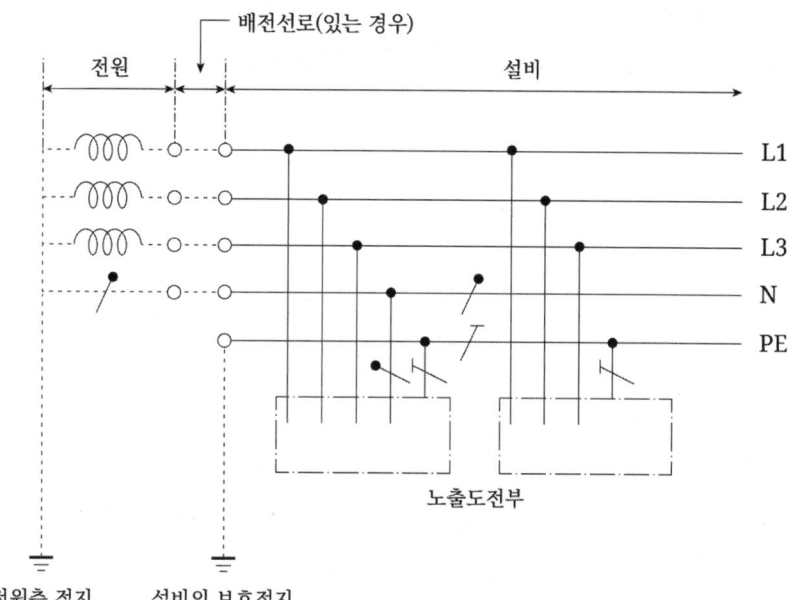

[그림] 설비 전체에서 별도의 중성선과 보호도체가 있는 TT 계통

6) IT 계통
① **충전부 전체를 대지로부터 절연시키거나, 한 점을 임피던스를 통해 대지에 접속**
② 전기설비의 노출도전부를 단독 또는 일괄적으로 계통의 PE 도체에 접속
③ 배전계통에서 추가접지가 가능
④ 계통은 충분히 높은 임피던스를 통하여 접지할 수 있으며, 이 접속은 중성점, 인위적 중성점, 선도체 등에서 할 수 있음
⑤ 중성선은 배선할 수도 있고, 배선하지 않을 수도 있음

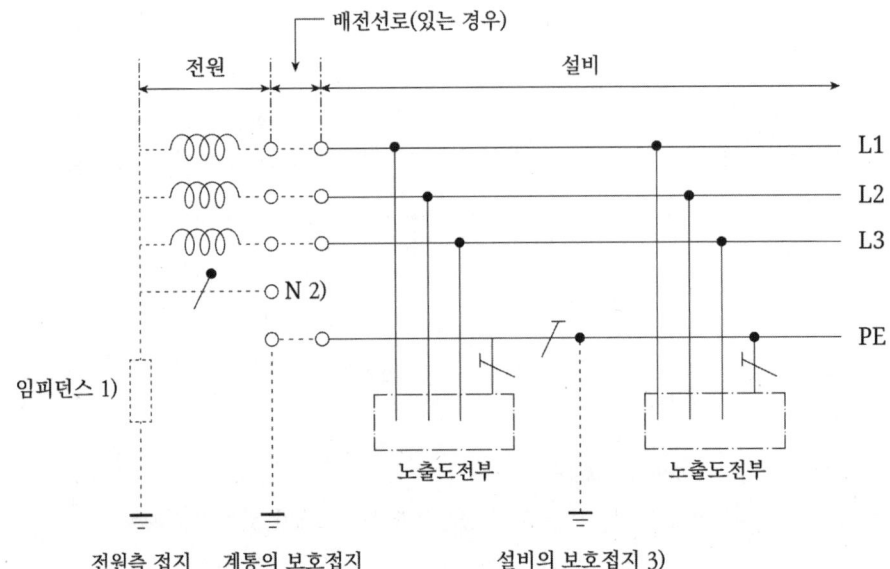

[그림] 계통 내의 모든 노출도전부가 보호도체에 의해 접속되어 일괄 접지된 IT 계통

Chapter 02 안전을 위한 보호

학습내용 : 감전, 과전류, 과도과전압 및 열 영향에 대한 보호

감전에 대한 보호대책 일반 요구사항

04 적용범위 〔출제예감〕

1) 감전보호대책의 적용범위
   ① 인축에 대한 **기본보호**와 **고장보호**를 위한 **필수 조건**
   ② **외부영향**과 관련된 **조건 적용**
   ③ 특수설비 및 특수장소의 시설에 있어서 **추가적인 보호의 조건 적용**

2) 외부영향의 특정 조건
   ① 배선설비의 선정과 설치에 고려하여야 할 외부영향의 **특정조건**
   ② **특정조건** : **주위온도, 외부열원, 물의 존재 또는 높은 습도, 부식 또는 오염물질의 존재, 충격, 진동**, 그 밖의 기계적 응력, 식물, 곰팡이의 존재, 동물의 존재, **태양 방사** 및 자외선 방사, 지진의 영향, 바람, 가공 또는 보관된 자재의 특성, **건축물의 설계**

3) 특수설비 또는 특수장소
   ① **특수설비** : **전기울타리**, 전기욕기, 전극식 온천온수기, 전기온상, 엑스선 발생장치, **전열장치**, **전기부식방지 시설**, 전기자동차 전원설비 등
   ② **특수장소** : 욕조 또는 샤워기가 있는 장소, **수영장과 분수설비**, **의료장소**, 공공시설 및 작업장(집회장, 영화관, 레스토랑, 호텔, 학교 등), 운전 또는 유지보수 통로 등

05 일반 요구사항

1) 전압 규정
① 교류전압은 실효값
② 직류전압은 리플 프리(Ripple Free)
(무맥동 : 직류의 맥동성분이 10[%](실효값) 이하의 직류성분)

2) 허용접촉전압과 통전시간
① 환경적 특성인 상황은 정상적인 상황과 특수 상황으로 구분

[표2.1] 환경적 특성의 상황에서 인체의 임피던스

구 분	정상적인 상황	특수 상황
환경적 특성	· 건조하거나 습한 장소 · 상당한 저항을 나타내는 바닥	· 젖은 장소, 젖은 피부 · 낮은 바닥저항
인체의 임피던스	$Z = 1,000 + 0.5 Z_{T5\%}$	$Z = 200 + 0.5 Z_{T5\%}$

* $Z_{T5\%}$: 인구 5[%]가 초과하지 않는 인체의 임피던스 값
* 0.5 : 양손에서 양발까지 이중 접촉을 고려한 계수

② 허용접촉전압의 한계

[표2.2] 허용접촉전압의 한계

구 분	정상적인 상황	특수 상황
교 류	50[V]	25[V]
직 류	120[V]	60[V]

③ **감전전류의 한계** 출제예감

교류 15~100[Hz]가 왼손과 양다리 사이 경로로 흐른 경우, 인체의 생리학적 영향을 평가한 전류와 작용시간의 안전한 계곡선을 작성한 것

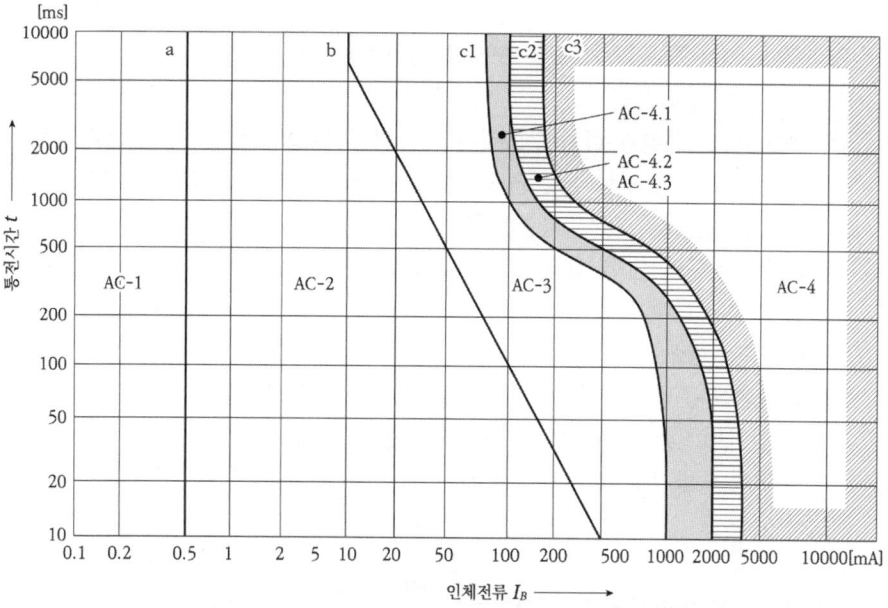

[그림] 인체에 대한 교류의 시간-전류 영향(KS C IEC 61200-413 참조)

[표2.3] 안전한계곡선의 영역한계

영역	영역한계	생리학적 영향
AC-1	a선(0.5[mA])	유해한 생리적 영향 없음
AC-2	a선(0.5[mA])과 곡선 b 사이	보통 예상되는 생리적 영향 없음
AC-3	곡선 b와 c_1 사이	근육경련 및 호흡곤란, 심장의 자극형성과 전도가역성이 곤란해질 가능성 전류크기와 시간 경과에 따라 일시적 세동 및 심실세동이 없는 과도한 심박정지를 포함한다.
AC-4	곡선 c_1 초과 영역	심실세동 발생확률 c_2의 5[%], 곡선 c_3의 50[%], 곡선 c_3을 초과하면 50[%] 이상 전류크기와 시간의 경과에 따라 심박정지, 호흡정지, 심한 화상 등 병리생리학적 효과가 일어날 가능성

3) 보호대책
   ① **기본보호**와 고장보호를 독립적으로 적절하게 **조합**
   ② 기본보호와 고장보호를 **모두 제공**하는 **강화된 보호 규정**

4) **추가적인 보호(누전차단기와 보조 보호 등전위본딩)**
   ① 외부영향의 특정 조건
      ㉮ 배선설비의 선정과 설치에 고려하여야 할 외부영향에서 기술된 **주위온도, 외부 열원, 물의 존재 또는 높은 습도** 등으로 인하여 **인체의 저항이 현저하게 저하**하여 감전의 위험성이 있는 특정 조건
      ㉯ **과도한 온도**로 인한 **화재 및 화상, 폭발 위험성**이 있는 분위기의 **점화 등 특정 조건**
   ② 특정한 특수장소
      ㉮ **물이 항상 존재**하는 장소이나, **의료기기**의 일부분을 환자에 접촉시켜 사용함으로 인하여 **감전의 위험성이 현저하게 높은 장소**
      ㉯ 이동식 숙박차량 정박지, 야영지 및 이와 유사한 장소, **의료장소, 전시회 및 공연장**

5) **기본보호(직접접촉)방식의 보호대책**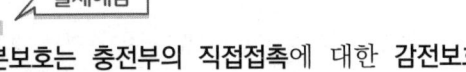
   전압설비, 기기 및 시스템에서 기본보호는 충전부의 직접접촉에 대한 **감전보호대책**이며, 설비 또는 기기고장이 없는 상태에서의 **직접접촉 보호대책**
   ① 일반인이 접근 가능한 설비에 대한 보호대책
      ㉮ 충전부의 기본절연
      ㉯ 격벽 또는 외함
   ② 숙련자 또는 기능자의 감독 하에 있는 설비에 대한 보호대책
      ㉮ 장애물
      ㉯ 접촉범위 밖에 설치

6) 고장보호(간접접촉)방식의 보호대책 〔출제예감〕

저압설비, 기기 및 시스템에서 고장보호는 주로 **기본절연의 파괴**에 의하여 **발생**하는 것으로 **간접접촉_보호대책**
① **전원**의 **자동차단**에 의한 보호
② **이중절연** 또는 **강화절연**에 의한 보호
③ **전기적 분리**에 의한 보호
④ SELV와 PELV를 적용한 **특별저압에 의한 보호**
⑤ 숙련자와 기능자의 통제 또는 감독이 있는 설비에 적용 가능한 보호대책
  ㉮ 비도전성 장소
  ㉯ 비접지 국부등전위본딩에 의한 보호
  ㉰ 두 개 이상의 전기사용기기에 전원공급을 위한 **전기적 분리**

7) 보조대책
① **보호대책의 요구 조건을 충족시킬 수 없는 경우**에는 **보조대책**
② **기능적 특별저압(FELV)**을 **적용**하여 동등한 **안전수준**이 되도록 하는 것

8) 고장보호(간접접촉)의 생략
① 가공선 애자의 금속지지물
   : 건물에 부착되고 **접촉범위 밖에 설치**된 가공선 애자의 금속 지지물
② 가공선의 철근강화콘크리트주로서 그 철근에 **접근할 수 없는 것**
③ 보호도체의 접속이 어려운 노출도전부
   : 크기가 작거나(약 50mm × 50mm 이내) 또는 그들 배치가 손에 쥘 수 없거나 **인체의 일부가 접촉할 수 없는 노출도전부**로서 보호도체의 접속이 어렵거나 접속의 신뢰성이 없는 경우
④ 전기기기를 보호하는 금속관 또는 금속제 외함
   : 이중 절연 또는 강화절연을 한 전기기기를 보호하는 금속관 또는 금속제 외함

9) 누설전류감시장치
① **전원의 연속성**을 이유로 IT **계통**을 적용하는 경우, 지락 사고 표시하기 위한 **누설전류감시장치**를 설치하여야 함
② 고장이 지속되는 동안 지속적으로 **음향** 또는 **시각신호**를 발생
③ 단일 고장 시 감시장치의 종류
  ㉮ 절연 감시장치(IMDs)
  ㉯ 누설전류 감시장치(RCMs)
  ㉰ 절연 고장점 검출장치

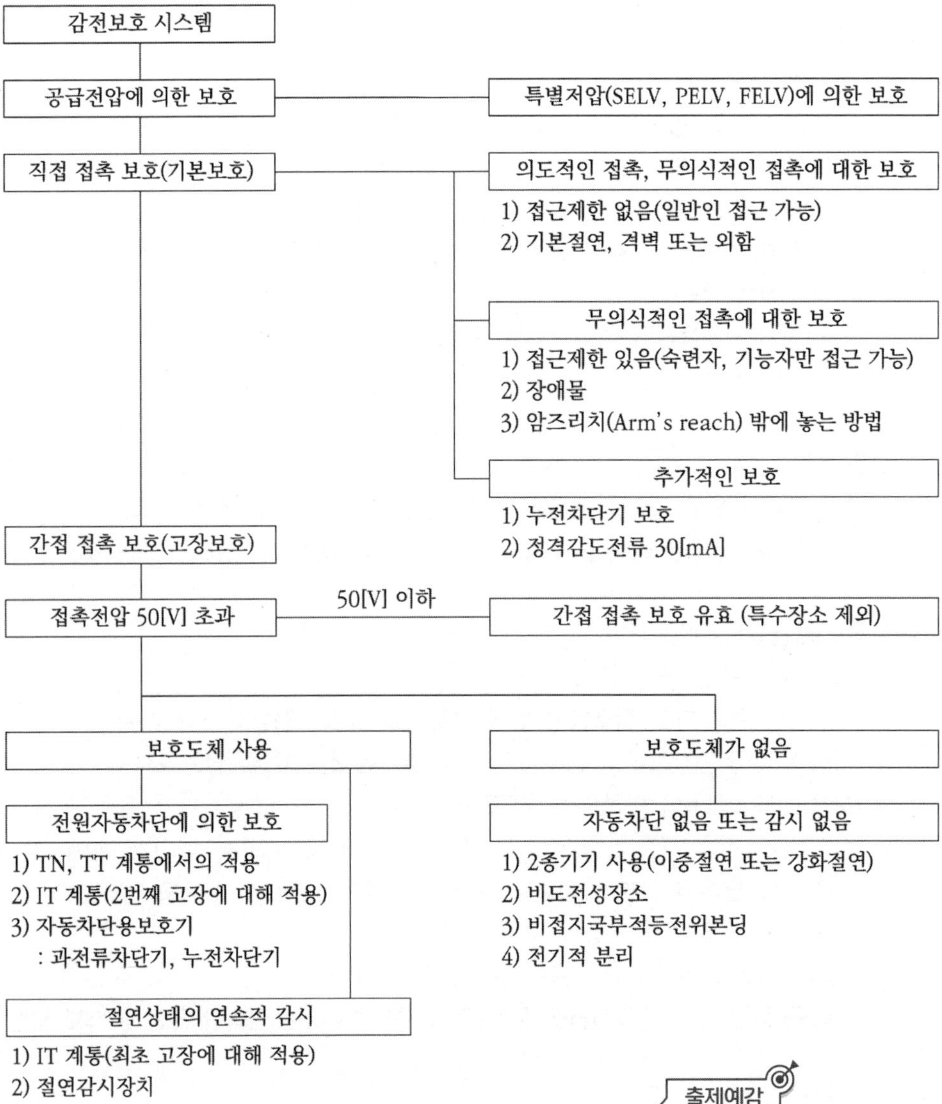

```
                    ┌─────────────────┐
                    │  감전보호 시스템  │
                    └────────┬────────┘
                             │
        ┌────────────────────┼──────────────────────────────────────────┐
┌───────┴────────┐                                    ┌─────────────────────────────────┐
│ 공급전압에 의한 보호 │                                    │ 특별저압(SELV, PELV, FELV)에 의한 보호 │
└───────┬────────┘                                    └─────────────────────────────────┘
        │
┌───────┴──────────┐                    ┌─────────────────────────────────┐
│ 직접 접촉 보호(기본보호) ├────────────────────┤ 의도적인 접촉, 무의식적인 접촉에 대한 보호 │
└───────┬──────────┘                    │ 1) 접근제한 없음(일반인 접근 가능)      │
        │                              │ 2) 기본절연, 격벽 또는 외함            │
        │                              └─────────────────────────────────┘
        │                              ┌─────────────────────────────────┐
        ├──────────────────────────────┤ 무의식적인 접촉에 대한 보호            │
        │                              │ 1) 접근제한 있음(숙련자, 기능자만 접근 가능) │
        │                              │ 2) 장애물                          │
        │                              │ 3) 암즈리치(Arm's reach) 밖에 놓는 방법 │
        │                              └─────────────────────────────────┘
        │                              ┌─────────────────────────────────┐
        └──────────────────────────────┤ 추가적인 보호                       │
        │                              │ 1) 누전차단기 보호                   │
        │                              │ 2) 정격감도전류 30[mA]               │
        │                              └─────────────────────────────────┘
┌───────┴──────────┐
│ 간접 접촉 보호(고장보호) │
└───────┬──────────┘
        │           50[V] 이하
┌───────┴──────────┐─────────────────────┌─────────────────────────────────┐
│ 접촉전압 50[V] 초과  │                     │ 간접 접촉 보호 유효 (특수장소 제외)       │
└───────┬──────────┘                     └─────────────────────────────────┘
        │
   ┌────┴──────────────────┐
┌──┴─────────┐         ┌───┴────────┐
│ 보호도체 사용  │         │ 보호도체가 없음 │
└──┬─────────┘         └───┬────────┘
┌──┴──────────────────┐  ┌─┴────────────────────┐
│ 전원자동차단에 의한 보호   │  │ 자동차단 없음 또는 감시 없음 │
└─────────────────────┘  └──────────────────────┘
1) TN, TT 계통에서의 적용      1) 2종기기 사용(이중절연 또는 강화절연)
2) IT 계통(2번째 고장에 대해 적용) 2) 비도전성장소
3) 자동차단용보호기             3) 비접지국부적등전위본딩
   : 과전류차단기, 누전차단기    4) 전기적 분리

┌─────────────────────┐
│ 절연상태의 연속적 감시    │
└─────────────────────┘
1) IT 계통(최초 고장에 대해 적용)
2) 절연감시장치
```

[그림] 감전보호 시스템 체계

보호조치	기본보호 (고장이 없는 상태)	고장보호 (단일고장 상태)
이중절연 또는 강화절연에 의한 보호	기본절연 &	보조절연
	강화절연	
등전위본딩을 통한 보호	기본절연 &	보호등전위본딩
전원의 자동차단을 통한 보호	기본절연 &	전원의 자동차단
전기적 분리에 의한 보호	기본절연 &	회로간 단순분리
비도전성 환경에 의한 보호	기본절연 &	비도전성 환경

기본절연
1) (고체)기본절연
2) 내부장애물 또는 외함
3) 후면장애물
4) Arm's reach 밖에 설치

보호등전위본딩
1) 보호등전위본딩(기기 또는 설비 간)
2) 보호 도체
3) PEN 도체
4) 보호차폐

[그림] 기본보호 및 고장보호용 보호조치

예제 01

저압전기설비에서 인체가 건조하거나 습한 장소 또는 상당한 저항을 나타내는 바닥이 있는 조건에서 허용접촉전압을 결정하는 인체의 임피던스 계산식은?

① $Z = 200 + 0.5 Z_{T5\%} [\Omega]$
② $Z = 500 + 1.0 Z_{T5\%} [\Omega]$
③ $Z = 1,000 + 0.5 Z_{T5\%} [\Omega]$
④ $Z = 1,000 + 1.0 Z_{T5\%} [\Omega]$

【해설】
허용접촉전압과 통전시간의 인체의 임피던스
1) 건조하거나 습한 장소 : $Z = 1,000 + 0.5 Z_{T5\%} [\Omega]$
2) 젖은 장소, 젖은 피부 : $Z = 200 + 0.5 Z_{T5\%} [\Omega]$

[답] ③

예제 02

저압전기설비에서 인체가 젖은 장소, 젖은 피부 및 낮은 바닥 저항에 있는 조건에서 허용접촉전압을 결정하는 인체의 임피던스 계산식은?

① $Z = 200 + 0.5 Z_{T5\%} [\Omega]$
② $Z = 500 + 1.0 Z_{T5\%} [\Omega]$
③ $Z = 1,000 + 0.5 Z_{T5\%} [\Omega]$
④ $Z = 1,000 + 1.0 Z_{T5\%} [\Omega]$

【해설】
허용접촉전압과 통전시간의 인체의 임피던스
1) 건조하거나 습한 장소 : $Z = 1,000 + 0.5 Z_{T5\%} [\Omega]$
2) 젖은 장소, 젖은 피부 : $Z = 200 + 0.5 Z_{T5\%} [\Omega]$

[답] ①

예제 03

정상적인 상황에서 교류 기준 허용접촉전압의 한계는 몇 [V] 이하인가?
① 25[V]
② 50[V]
③ 60[V]
④ 120[V]

【해설】
허용접촉전압의 한계
: 정상적인 상황에서 교류기준 허용접촉전압의 한계는 50[V] 이하일 것

[답] ②

예제 04

정상적인 상황에서 직류 기준 허용접촉전압의 한계는 몇 [V] 이하인가?
① 25[V]
② 50[V]
③ 60[V]
④ 120[V]

【해설】
허용접촉전압의 한계
: 정상적인 상황에서 직류기준 허용접촉전압의 한계는 120[V] 이하일 것

[답] ④

예제 05

특수 상황에서 교류 기준 허용접촉전압의 한계는 몇 [V] 이하인가?
① 25[V]
② 50[V]
③ 60[V]
④ 120[V]

【해설】
허용접촉전압의 한계
: 특수 상황에서 교류기준 허용접촉전압의 한계는 25[V] 이하일 것

[답] ①

예제 06

전압설비, 기기 및 시스템에서 기본보호는 충전부의 직접접촉에 대한 감전보호 대책이며, 설비 또는 기기 고장이 없는 상태에서의 직접접촉 보호대책에 해당하지 않는 것은?
① 충전부의 기본절연
② 격벽 또는 외함 설치
③ 접촉범위 밖에 설치
④ 누전차단기 설치

【해설】
기본보호(직접접촉)방식의 보호대책
1) 일반인이 접근 가능한 설비에 대한 보호대책
   : 충전부의 기본절연, 격벽 또는 외함
2) 숙련자 또는 기능자의 감독 하에 있는 설비에 대한 보호대책
   : 장애물, 접촉범위 밖에 설치
3) 추가적인 보호대책
   : 누전차단기(정격감도전류 30[mA], 동작시간 0.03[초] 이내, 전류동작형)

[답] ④

예제 07

전압설비, 기기 및 시스템에서 고장보호는 주로 기본절연의 파괴에 의하여 발생하는 것으로 간접접촉 보호대책에 해당하지 않는 것은?
① 전원의 자동차단에 의한 보호
② 이중절연 또는 강화절연에 의한 보호
③ 충전부의 기본절연
④ SELV와 PELV를 적용한 특별저압에 의한 보호

【해설】
고장보호(간접접촉)방식의 보호대책
1) 전원의 자동차단에 의한 보호
2) 이중절연 또는 강화절연에 의한 보호
3) 전기적 분리에 의한 보호
4) SELV와 PELV를 적용한 특별저압에 의한 보호

[답] ③

전원의 자동차단에 의한 보호대책의 일반 요구사항

06 기본보호(직접_접촉) 방법

1) **정상운전 시** 기기의 **충전부**에 **직접 접촉함**으로써 발생할 수 있는 위험으로부터 **인축을 보호**하는 것

2) **모든 전기설비의 충전부**는 다음의 보호대책 중 **하나 이상을 적용**

[표2.4] 정상운전시 기기의 기본 보호

기본 보호(직접접촉에 대한 보호)		보호 대책
접근제한 없음 (일반인 접근 가능)	의도적인 접촉과 무의식적인 접촉 보호	기본절연, 격벽 또는 외함
접근제한 있음 (숙련자, 기능자만 접근 가능)	무의식적인 접촉 보호	장애물, 접촉범위 밖에 설치
직접접촉인 경우의 추가적 보호		30[mA] 누전차단기

3) **충전부_기본절연**
   ① **충전부의 기본절연**은 위험 충전부에 인체의 **직접접촉을 방지**하기 위한 보호대책
   ② 충전부는 의도적으로 파괴되지 않으며 **제거될 수 없는 절연물**로 완전히 **보호**되어야 함
   ③ 기기에 대한 절연은 그 기기에 관한 표준을 적용

4) **격벽 또는 외함의 보호등급**
   ① 충전부에 **무의식적**으로 **접촉**하는 것을 **방지**하기 위한 **예방대책**
   ② 개구부를 통하여 충전부에 접촉할 수 있음을 알 수 있도록 하며, 의도적으로 접촉하지 않도록 하여야 함
   ③ 개구부는 적절한 기능과 부품교환의 요구사항에 맞는 최소한으로 함
   ④ 격벽 또는 외함의 **상부 수평면의 보호등급은 최소한 IPXXD 또는 IP4X등급 이상**
   ⑤ 격벽 및 외함은 완전히 고정하고 필요한 보호등급을 유지하기 위해 충분한 안정성과 내구성을 가져야 하며, 정상 사용조건에서 관련된 외부영향을 고려하여 충전부로부터 충분히 격리
   ⑥ **격벽의 제거** 또는 **외함을 열거나, 외함의 일부를 제거할 필요가 있을 경우**
      ㉮ 열쇠 또는 공구를 사용
      ㉯ 보호를 제공하는 외함이나 격벽에 대한 충전부의 전원 차단 후 **격벽이나 외함을 교체 또는 다시 닫은 후에만 전원복구가 가능**

㉰ 최소한 **IPXXB 또는 IP2X 보호등급**을 가진 **중간격벽**에 의해 충전부와 접촉을 방지하는 경우 **열쇠 또는 공구의 사용**에 의해서만 **중간 격벽의 제거가 가능**
㉡ 격벽의 뒤쪽 또는 외함의 안에서 개폐기가 개로 된 후에도 **위험한 충전상태가 유지되는 기기(커패시터 등)**가 **설치**된다면 **경고 표지**를 해야 함. 다만, 아크소거, 계전기의 지연 동작 등을 위해 사용하는 소용량의 커패시터는 위험한 것으로 보지 않음

5) 외함의 밀폐 보호등급(참고사항)

[표2.5] 외함의 밀폐 보호등급

IP 코드	정 의	세부내용
IP2X	손가락이 위험 부분으로 접근하는 것에 대한 보호	지름 12[mm], 길이가 80[mm]의 손가락이 충전부에 접촉되는 것을 방지하는 보호등급
	지름 12.5[mm] 이상의 외부분진에 대한 보호	지름 12.5[mm] 보다 큰 고형물이 통과하는 것을 방지하는 외부분진에 대한 보호등급
IP4X	전선이 위험부분으로 접근하는 것에 대한 보호	지름 1.0[mm]의 전선을 통과하지 못하도록 방지하는 보호등급
	지름 1.0[mm] 이상의 외부분진에 대한 보호	지름 1.0[mm] 이상의 외부분진을 통과하지 못하도록 방지하는 보호등급
IPXXB	손가락 접근에 대한 보호	지름 12[mm], 길이 80[mm]의 손가락이 충전부에 접촉되는 것을 방지하는 보호등급
IPXXD	전선의 접근에 대한 보호	지름 1.0[mm], 길이 100[mm]의 전선이 충전부에 접촉되는 것을 방지하는 보호등급

[그림] 분전반 설치 예시안([참조] 태양기전 분전함)

6) 장애물 및 접촉범위 밖에 배치
   ① 위험 충전부에 직접접촉을 방지하기 위하여 장애물을 두거나, 접촉범위 밖에 배치하는 기본보호방식
   ② **숙련자** 또는 **기능자의 통제** 또는 **감독되는 설비**에 한하여 적용

7) 장애물
   ① **충전부**에 **무의식적**으로 **접촉**하는 것을 **방지**하기 위하여 충전부에 **접근하지 못하도록 장애물을 설치**하는 것
   ② 장애물은 정상적인 사용 상태에서 충전된 기기를 조작하는 동안 충전부에 무의식으로 접촉하는 것을 방지하도록 설치
   ③ 장애물은 열쇠 또는 공구를 사용하지 않고 제거될 수 있지만, 쉽게 제거할 수 없도록 견고하게 고정하여야 함
   ④ 장애물의 종류에는 **난간, 금속망, 울타리, 보호프레임** 등

8) 접촉범위 밖에 배치
   ① **충전부**에 **무의식적**으로 **접촉**하는 것을 **방지**하기 위하여 **위험 충전부**를 손의 접촉 가능 범위 밖에 설치
   ② 접촉 가능 범위 : 인체의 손이 미칠 수 있는 한계를 의미하며, 사람이 일상적으로 일어서서 임의의 지점에서 **보조기구 없이 손**이 미칠 수 있는 **한계**
   ③ 동시접근 가능 부분이 접촉범위 안에 있으면 안 되며,
   두 부분의 거리가 2.5[m] 이하인 경우 **동시 접근이 가능**한 것으로 본다.

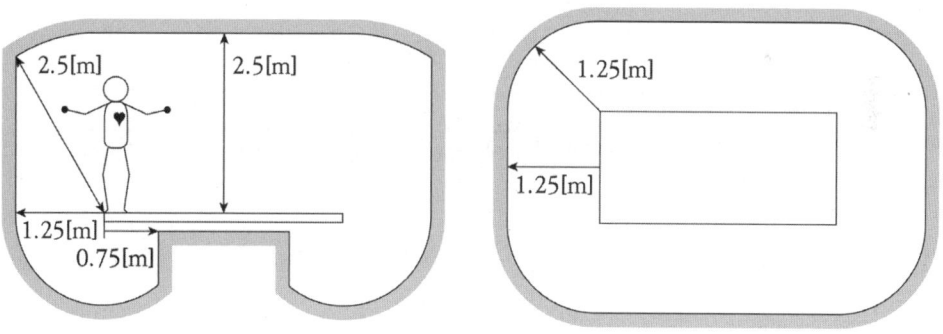

[그림] 접촉 가능 범위

07 고장보호(간접_접촉) 방법

1) **고장 시** 기기의 **노출도전부**에 **간접 접촉**함으로써 발생할 수 있는 위험으로부터 **인축을 보호**하는 것

2) **보호_접지**
   ① **노출도전부**는 계통접지별로 규정된 특정조건에서 **보호도체에 접속**
   ② 동시에 접근 가능한 노출도전부는 개별적 또는 집합적으로 같은 **계통접지에 접속**

3) **보호_등전위본딩**
   ① 도전성부분은 건축물 또는 구조물 내에서 절연고장 또는 지락고장의 발생 시 감전위험으로부터 인체를 보호하기 위하여 **도전성부분을 보호도체로 접지단자에 접속**
   ② 다만, 통신케이블의 금속외피는 소유자 또는 운영자의 요구사항을 고려하여 보호 등전위본딩에 접속

4) **고장 시 전원의 자동차단**
   ① **전원의 자동차단**
   보호장치는 선도체와 노출도전부 또는 선도체와 보호도체 사이에서 고장이 발생한 경우 [표2.6]에서 정하는 시간 이내에 전원을 자동차단
   ② **보호장치의 최대 차단시간**
   보호장치는 전압 및 계통접지방식에 따라 다음에서 정하는 고장 시 최대 차단시간 이내에 차단하여야 감전으로부터 인축을 보호

[표2.6] 보호장치의 최대 차단시간

공칭대지전압의 범위	고장시 최대차단시간[s]					
	32[A] 이하 분기회로				32[A] 초과 분기회로 배전회로	
	교류		직류			
	TN	TT	TN	TT	TN	TT
$50[V] < U_0 \leq 120[V]$	0.8	0.3	-	-	5	1
$120[V] < U_0 \leq 230[V]$	0.4	0.2	5	0.4		
$230[V] < U_0 \leq 400[V]$	0.2	0.07	0.4	0.2		
$400[V] < U_0$	0.1	0.04	0.1	0.1		

③ **보호장치 최대차단시간의 적용 제외**

선도체와 대지간에 고장이 발생한 경우 5초 이내 전원의 출력전압이 교류 50[V](직류 120[V]) 이하로 감소되는 경우 [표2.6]의 최대차단시간을 적용하지 않음

④ **보조_보호등전위본딩**

선도체와 대지간에 고장이 발생하여 전원을 자동차단하여야 할 때 [표2.6]의 최대차단시간 이내에 차단하지 못하는 경우 보조 보호 등전위본딩 도체를 추가 설치해야 한다.

5) **추가적인 보호**

① **고장보호 요건** : 전원자동차단방식에 의한 감전보호는 보호접지, 보호 등전위본딩, 전원자동차단장치를 설치하는 것
② **일반인 접근 장소** : 정격전류 **20[A] 이하 콘센트** 설치
③ **옥외 장소** : 정격전류 **32[A]** 이하의 이동용 전기기기 설치

08 누전차단기(추가적 보호) 방법

1) **누전차단기를 적용 계통**
   ① 고장회로전류가 **과전류 보호장치**의 **부동작 전류 이하**가 되는 **TN 계통**
   ② 고장회로 임피던스가 충분히 **낮지 않은 TT 계통**
   ③ 노출도전부가 그룹 또는 개별 접지된 **IT 계통**

2) **누전차단기 설치 대상** <출제예감>
   ① 접근 가능한 **노출도전부가 있는 전기설비에 전기를 공급**하는 **교류 50[V]를 초과**하는 전로
   ② **주택의 인입구**
   ③ 사용전압 **400[V] 이상의 저압전로**
   ④ **자동복구 기능이 있는 누전차단기의 설치**
      ㉮ 독립된 **무인중계소, 기지국**
      ㉯ 관련법령에 의해 일반인의 **출입을 금지 또는 제한하는 곳**
      ㉰ 옥외의 장소에 **무인**으로 운전하는 **통신중계기** 또는 **단위기기 전용회로**
         단, 일반인이 특정한 목적을 위해 지체하는(머물러 있는) 장소로서
         버스정류장, 횡단보도 등에는 시설할 수 없음

3) **누전차단기 설치의 생략** <출제예감>
   ① **발전소, 변전소, 개폐소** 또는 이에 준하는 장소에 설치된 전기기기의 전로
   ② **기계기구를 건조한 곳에 시설**하는 경우
      전로 및 기계기구의 **절연고장**으로 인하여 노출도전부를
      접촉 시 인체의 **접촉전압이 50[V] 이하**가 되도록 시설된 경우
   ③ **대지전압이 150[V] 이하인 기계기구를 물기가 있는 곳에 시설**하는 경우,
      기계기구의 절연고장 시 인체가 노출도전부를 접촉하는 경우
      접촉전압이 50[V] 이하가 되도록 시설된 경우
   ④ 「전기용품 및 생활용품 안전관리법」의 적용을 받는
      이중 절연구조의 기계기구를 시설하는 경우
   ⑤ 그 전로의 **전원측에 절연변압기(2차 전압이 300[V] 이하인 경우)를** 시설하고
      또한 그 **절연 변압기의 부하측의 전로에 접지하지 아니하는 경우(비접지인 경우)**
   ⑥ 기계기구가 **고무, 합성수지 기타 절연물로 피복된 경우**
   ⑦ 기계기구가 **유도전동기의 2차측 전로에 접속된 경우**
   ⑧ 기계기구가 절연할 수 없는 부분에서 규정하는 전로의 일부를
      대지로부터 절연하지 아니하고 전기를 사용하는 것이 부득이한 경우

⑨ 「전기용품 및 생활용품 안전관리법」의 적용을 받는
누전차단기가 내장된 전기기기를 전원연결선이 손상받지 않도록 설치된 전로

4) **안전상 누전차단기의 설치 생략** 〔출제예감〕
전기공급의 중단이 공공의 **안전 확보에 지장을 줄 우려**가 있는 전기기기에 전기를 공급하는 전로에 **지락**이 **발생**하였을 때 **경보하는 장치를 시설한 경우**
① 비상용 조명장치
② 비상용 엘리베이터
③ 유도등
④ 철도용 신호장치
⑤ 비접지 저압전로
⑥ 계속적인 전력공급이 요구되는 화학공장, 시멘트공장, 철강공장 등의 연속공정설비 또는 이에 준하는 곳

5) **주택용 누전차단기의 설치** 〔출제예감〕
① 일반인의 접근이 가능한 장소(주택 또는 이와 유사한 장소)에 설치
② 누전차단기는 주택용 누전차단기에 한하여 설치

09 TN 계통의 전원자동차단에 의한 감전보호

1) **TN 계통**에서 설비의 **접지 신뢰성**은 PEN 도체 또는 PE 도체와 **접지극과의 효과적인 접속**에 의함

2) **접지가 공공계통 또는 다른 전원계통으로부터 제공되는 경우**
   그 설비의 외부측에 필요한 조건은 **전기공급자가 준수(제공)**
   ① PEN 도체는 여러 지점에서 접지하여 PEN 도체의 단선위험을 최소화할 수 있도록 함
   ② 전원측 접지의 접지저항 제한

   [TN 계통 방식의 전원측 접지저항 제한]

   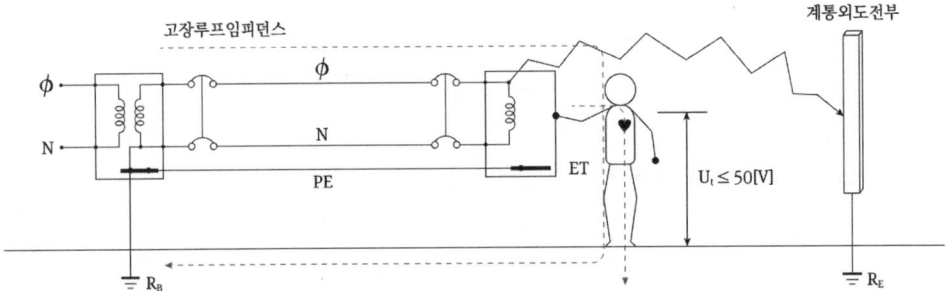

   : 계통외도전부를 통하여 1선지락고장이 발생한 경우 노출도전부에 접촉 시 인체에 인가되는 접촉전압은 전원측 접지와 R_B 사이의 전압

   $$\frac{R_B}{R_E} \leq \frac{50}{(U_0 - 50)}$$

   R_B : 전원측 접지의 접지저항[ohm]
   R_E : 설비 내에 있는 계통외도전부와 대지와의 접촉저항값[ohm]
   U_0 : 공칭대지전압(실효값)[V]

   [그림] TN 계통의 계통외도전부 고장회로의 구성

3) TN 계통의 전원차단에 의한 감전보호
   ① 전원 공급계통의 중성점이나 중간점을 접지할 수 없는 경우 선도체 중 하나를 접지할 것
   ② 설비의 노출도전부는 보호도체로 전원공급계통의 접지점에 접속할 것
   ③ 다른 유효한 접지점이 있다면, 보호도체(PE 및 PEN 도체)는 건물이나 구내의 인입구 또는 추가로 접지할 것
   ④ 고정설비에서 보호도체와 중성선을 겸하여(PEN 도체) 사용될 수 있다. 이러한 경우 PEN 도체에는 어떠한 개폐장치나 단로장치가 삽입되지 않아야 하며, PEN 도체는 보호도체의 조건을 충족할 것
   ⑤ **보호장치의 특성과 회로의 임피던스 제한**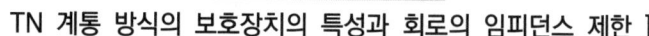
   [TN 계통 방식의 보호장치의 특성과 회로의 임피던스 제한]

   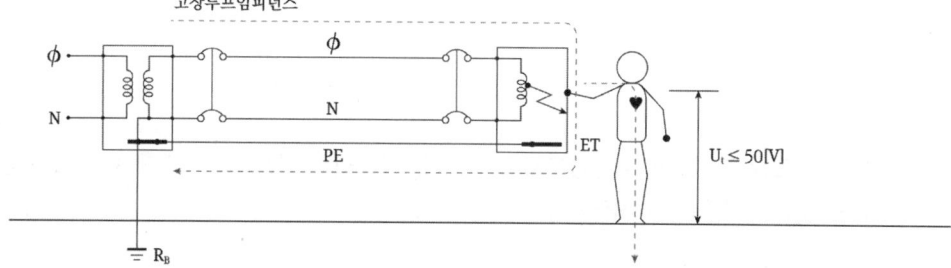

   : 고장회로는 전원에서 고장점까지 선도체 및 고장점과 전원간의 보호도체로 구성
   $Z_s \times I_a \leq U_0$
   Z_s : 다음과 같이 구성된 고장루프임피던스[ohm]
   - 전원의 임피던스
   - 고장점까지의 상도체 임피던스
   - 고장점과 전원 사이의 보호도체 임피던스

   I_a : [표2.6]에서 제시된 시간 내 차단
   또는 누전차단기의 정격동작 전류[A](일반적으로 30[mA])

   U_0 : 공칭대지전압[V]

4) TN 계통의 누전차단기 설치 시 유의사항
   ① TN 계통에서 누전차단기를 사용하는 경우 과전류보호 겸용의 것을 사용
   ② TN-C 계통에는 누전차단기를 사용해서는 안되며, TN-C-S 계통에 누전차단기를 설치하는 경우 **누전차단기의 부하측에는 PEN 도체를 사용할 수 없다.** 이러한 경우 PE도체는 누전차단기의 전원측에서 PEN 도체에 접속

10. TT 계통의 전원자동차단에 의한 감전보호

1) **TT 계통은 누전차단기를 사용하여 고장보호**를 하여야 하며, 누전차단기를 적용하는 경우 누전차단기의 시설 규정에 따라야 한다.

2) 다만, 고장 루프임피던스가 충분히 낮을 때는 과전류보호장치에 의하여 고장보호 가능

[TT 계통 방식의 보호접지 저항, 누전차단기의 정격동작 전류 제한]

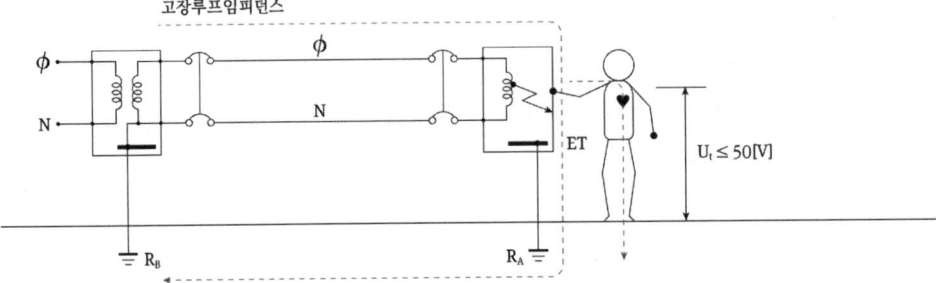

: 고장회로는 전원에서 고장점까지 선도체 및 고장점과 전원간의 접지와 대지로 구성

① [표2.6]에서 요구하는 차단시간
② $R_A \times I_{\Delta n} \leq 50[V]$

R_A : 노출도전부에 접속된 보호도체와 **접지극 저항의 합**[ohm]

$I_{\Delta n}$: 누전차단기의 정격동작 전류[A](일반적으로 30[mA])

11. IT 계통의 전원자동차단에 의한 감전보호

1) 노출도전부 또는 대지로 **단일고장이 발생한 경우(고장전류가 작음)**

[IT 계통 방식의 보호접지 저항, 누전차단기의 정격동작 전류 제한]

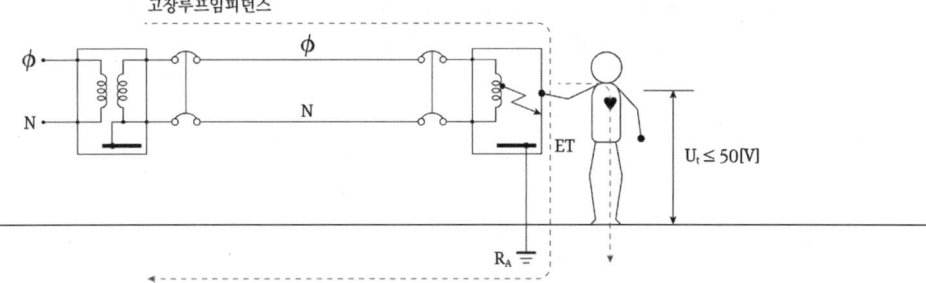

① **노출도전부는 개별 또는 집합적으로 접지**
② **교류계통** : $R_A \times I_d \leq 50[\text{V}]$
③ **직류계통** : $R_A \times I_d \leq 120[\text{V}]$

R_A : 접지극과 노출도전부에 접속된 보호도체 저항의 합

I_d : 하나의 선도체와 노출도전부 사이에서 무시할 수 있는 임피던스로 1차 고장이 발생했을 때의 고장전류(A)로 전기설비의 누설전류와 총 접지임피던스를 고려한 값

12. 이중절연 또는 강화절연에 의한 보호

1) 보호_개념
① **기초절연의 고장**에 의해 전기기기의 접근이 가능한 부분에 **위험한 접촉전압이 발생**하는 것을 **방지**
② **이중절연** 또는 **강화절연**을 실시한 **전기기기를 사용**함에 따라 전기회로 등에 고장이 발생하여도 **감전보호**를 할 수 있는 방식

2) 보호대책
① **이중절연** : **기본보호**(충전부의 기본절연), **고장보호**(보조절연)

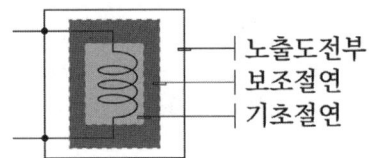

[그림] 이중 절연 개념도

② **강화절연** : 기본 및 고장 동시보호
   (**이중절연**과 **동등**하게 **위험충전부의 절연**)

3) 감전보호에 사용하는 기기등급

[표2.7] 감전보호에서 사용하는 기기등급 분류(KS C IEC 61140의 7 참조)

기기등급	세부내용
0종 기기	**기본절연**이 이루어져 있지만 노출도전부와 보호도체를 접속하는 단자가 없는 기기로서 가장 위험한 기기(**보호접지 시행 불가**)
1종 기기	**기본절연**이 이루어져 있으며, 노출도전부를 보호도체를 접속할 수 있는 단자를 갖춘 기기(**보호접지 시행 가능**)
2종 기기	기본절연과 보조절연으로 구성되는 **이중절연** 또는 **강화절연**으로 구성되는 기기
3종 기기	기본보호가 **ELV 값의 전압제한에 의존**하며 고장보호는 구비되지 않는 기기

13 전기적 분리에 의한 보호

1) 보호_개념
   ① 회로의 기초절연 고장으로 충전된 노출도전부의 접촉에 의한 감전전류가 인체에 흐르는 것을 방지함을 목적
   ② 단순 분리형 변압기 또는 전동 발전기 등에서 전원을 공급하고 그 회로의 어떤 부분에도 접지하지 않는 **비접지계통**으로 하는 **감전보호방식**
      ㉮ 분리된 회로 : 단순 분리된 전원의 부하측 회로
         (예를 들어 변압기에 의하여 단순 분리된 경우 **2차측 회로를 의미**)
      ㉯ 단순분리 : 기본절연에 의해 회로들 상호간 또는 회로와 대지 사이를 **절연하는 것**

2) 보호대책
   ① **기본보호** : 충전부의 기본절연, 격벽 또는 외함, 이중절연 또는 강화절연
   ② **고장보호** : 분리된 회로를 다른 회로와 대지로부터 단순 분리

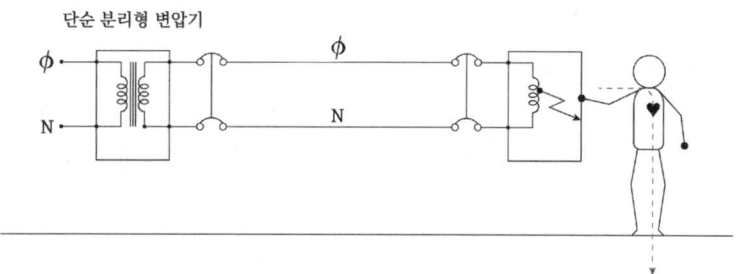

[그림] 전기적 분리에 의한 보호

14 SELV, PELV 및 FELV의 특별저압에 의한 보호 〔출제예감〕

1) 보호_개념
   ① 계통전압은 KS C IEC 60449(건축전기설비의 전압밴드) **전압밴드Ⅰ 사용**
   ② 공급전원과 회로의 분리조건이 충족되도록 하여
       기본보호와 고장보호의 양쪽을 동시에 실현하는 방식
   ③ 특별저압 계통의 종류
       ㉮ SELV(Safety Extra Low Voltage)
       ㉯ PELV(Protective Extra Low Voltage)
       ㉰ FELV(Fucntional Extra Low Voltage)

2) 용어 해설
   ① 전압밴드Ⅰ : 교류 50[V] 이하, 직류 120[V] 이하의 전압
   ② 보호_분리 : 기본절연 및 전기적 보호차폐, 이중절연, 강화절연
   ③ 전기적_분리 : 회로의 위험 충전부를
                   다른 모든 회로 및 대지로부터 절연하는 보호대책

3) **보호대책의 요구조건** 〔출제예감〕
   ① 특별저압 계통의 전압한계는 **전압밴드Ⅰ(교류 50[V], 직류 120[V] 이하)**
   ② 특별저압 회로를 제외한 **모든 회로로부터 특별저압 계통을 보호 분리**
   ③ 특별저압 계통과 **다른 특별저압 계통 간에는 기본절연**
   ④ 특별저압 계통과 **대지간의 기본절연**

4) **SELV와 PELV용 전원** 〔출제예감〕
   ① 안전절연변압기 (KS C IEC 61558-2-6의 요구조건에 적합한 변압기)
       ㉮ 1차_전압 : 1,100[V] 이하
       ㉯ 2차_전압 : 교류 50[V] 이하
       ㉰ 정격출력 : 단상 10[kVA] 이하, 3상 16[kVA] 이하
       ㉱ 구   조 : 입력회로와 출력회로는 전기적으로 서로 분리
   ② 안전절연변압기와 **동등한 안전등급의 전원**
   ③ 축전지 및 디젤발전기와 같은 독립전원
   ④ **전력변환장치** : 변환장치의 내부고장이 발생한 경우에도 **출력단자의 전압이
                   교류 50[V], 직류 120[V]를 초과하지 않도록 제한**된 전력변환장치
   ⑤ 특별저압으로 공급되는 이동용 전원
       : 저압으로 공급되는 안전절연변압기, 전동발전기 등은
         이중 또는 강화절연에 의한 보호요건이 적용된 이동용 전원

5) FELV의 전원

① 단순 분리형 변압기 (기본절연에 의해 권선 상호간, 권선과 대지 사이를 분리)
② SELV와 PELV용 전원
③ 단권변압기 (단순 분리가 되지 않은 변압기)
④ 기능상의 이유로 교류 50[V], 직류 120[V] 이하인 **공칭전압**을 **사용**하지만, SELV 또는 PELV에 대한 모든 요구조건이 충족되지 않고 **SELV와 PELV가 필요하지 않은 경우에** 적용하는 특별저압

6) SELV, PELV 및 FELV 비교

[표2.8] SELV, PELV 및 FELV의 전원 비교

항 목	전 원	회 로	대지와의 관계
SELV	1) 안전 절연 변압기 2) 1)과 동등한 전원	구조적 분리 있음	1) 비접지 회로로 한다. 2) 노출도전부는 접지하지 않는다.
PELV	3) 축전지 4) 독립전원	구조적 분리 있음	1) 접지 회로로 한다. 2) 회로의 접지는 1차측 보호도체에 접속을 허용한다. 3) 노출도전부는 접지하여야 한다.
FELV	1) 단순분리형 변압기 2) SELV, PELV용 전원 3) 단권변압기	구조적 분리 없음	1) 접지회로를 허용한다. 2) 노출도전부는 1차측 회로의 보호도체에 접속하여야 한다.

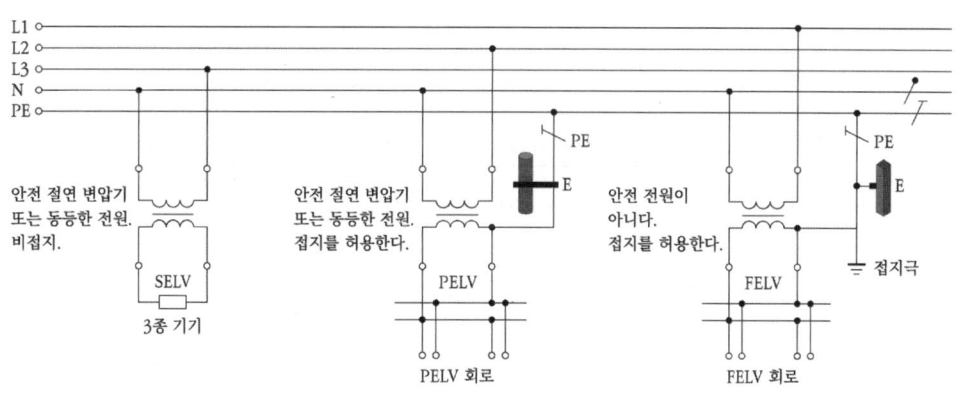

주 1) 특별 저압을 위한 전압 제한
 - 교류 50[V]
 - 직류 120[V]

주 2)
 - E : 외부 도체로의 접지, 예를 들어 금속 배관의 건물의 철근
 - PE : 보호 도체

[그림] SELV, PELV 및 FELV

15 추가적 보호

1) **누전차단기**에 의한 **추가적인 보호**
   ① **보호대상** : 기본보호 및 고장보호를 위한 설비의 고장 또는 사용자의 부주의에 의하여 사고가 발생하는 경우를 보호대상으로 함
   ② 사용조건(환경)에 적합한 누전차단기의 사용
   ③ 다음 **보호대책 중 하나를 적용**할 때 **누전차단기**에 의한 **추가적인 보호**
      ㉮ 전원의 자동차단에 의한 보호대책
      ㉯ 이중절연 또는 강화절연에 의한 보호
      ㉰ 전기적 분리에 의한 보호
      ㉱ SELV와 PELV를 적용한 특별저압에 의한 보호
      ㉲ **누전차단기의 사용**은 **단독적인 보호대책**으로 **인정하지 않음**

2) 보조 보호등전위본딩
   ① 보조 등전위본딩은 고장에 대한 추가 보호대책
   ② 전기설비에서 고장이 발생할 때 자동차단조건이 충족되지 않는 경우 보조 등전위본딩 적용

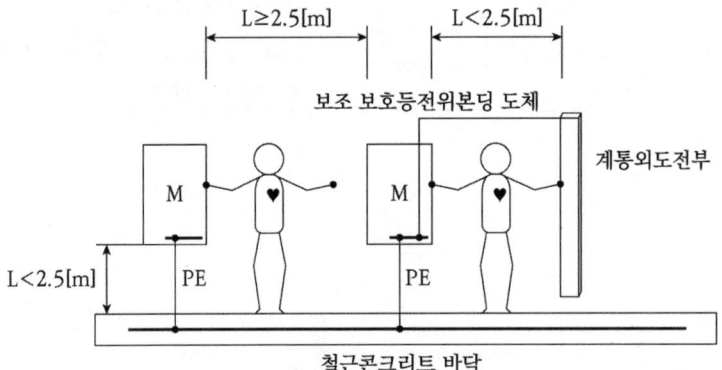

[그림] 보조 보호등전위본딩의 시설

16 비도전성 장소

1) **충전부의 기본절연 고장**으로 인해 **서로 다른 전위**가 될 수 있는 부분들에 대한 **동시접촉 방지**
2) 숙련자와 기능자의 통제 또는 감독이 있는 설비에 적용 가능한 보호대
3) 절연고장으로 인하여 인체에 흐르는 **누설전류는 10[mA] 이하**가 되어 관련 표준(KS C IEC 60479-1, 5.4 이탈한계)에서 정하는 **이탈한계전류 이하**로 되어 **감전**으로부터 **보호**

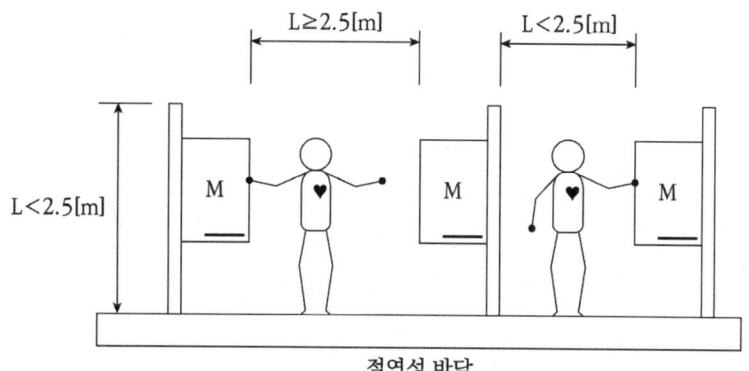

[그림] 동시에 접촉되지 않도록 배치하는 방법

17 비접지 국부등전위본딩에 의한 보호

1) **비접지 전기설비**에서 **고장**이 **발생**하였을 경우 노출도전부 및 계통외도전부를 **동시 접촉**할 때 **위험한 접촉전압**이 **발생**하는 것을 **방지**하는 것
2) 숙련자와 기능자의 통제 또는 감독이 있는 설비에 적용 가능한 보호대책

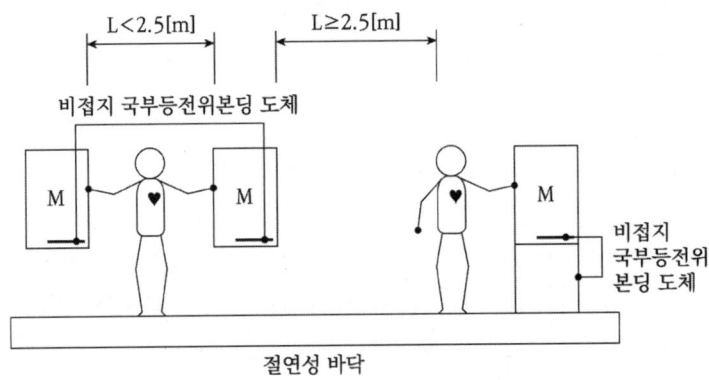

[그림] 비접지 국부등전위본딩의 시설

예제 01

정상운전 시 기기의 충전부에 직접 접촉함으로써 발생할 수 있는 위험으로부터 인축을 보호하기 위한 기본보호 방식 중 추가적인 보호방식에 해당하는 것은?
① 기본절연
② 격벽 또는 외함설치
③ 접촉범위 밖에 설치
④ 누전차단기 설비

【해설】
기본보호(직접접촉)방식의 보호대책
1) 일반인이 접근 가능한 설비에 대한 보호대책
   : 충전부의 기본절연, 격벽 또는 외함
2) 숙련자 또는 기능자의 감독 하에 있는 설비에 대한 보호대책
   : 장애물, 접촉범위 밖에 설치
3) 추가적인 보호대책
   : 누전차단기(정격감도전류 30[mA], 동작시간 0.03[초] 이내, 전류동작형)

[답] ④

예제 02

기본보호(직접접촉)방법 중 장애물에 대한 설명으로 적합하지 않는 것은 어느 것인가?
① 충전부에 무의식적으로 접촉하는 것을 방지하기 위하여 충전부에 접근하지 못하도록 장애물을 설치하는 것
② 장애물은 정상적인 사용 상태에서 충전된 기기를 조작하는 동안 충전부에 의식적으로 접촉하는 것을 방지하도록 설치
③ 장애물은 열쇠 또는 공구를 사용하지 않고 제거될 수 있지만, 쉽게 제거할 수 없도록 견고하게 고정하여야 함
④ 장애물의 종류에는 난간, 금속망, 울타리, 보호프레임 등

【해설】
기본보호(직접접촉)방식의 보호대책 장애물
: 장애물은 정상적인 사용 상태에서 충전된 기기를 조작하는 동안 충전부에 무의식으로 접촉하는 것을 방지하도록 설치

[답] ②

예제 03

기본보호(직접접촉)방법 중 접촉가능범위란 사람이 일상적으로 일어서서
임의의 지점에서 보조기구없이 손이 미칠 수 있는 한계로 동시접근 가능 부분으로
두 부분의 거리가 몇 [m] 이하의 경우를 말하는가?

① 2.0[m]
② 2.5[m]
③ 3.0[m]
④ 3.5[m]

【해설】
기본보호(직접접촉)방식의 보호대책 접촉가능 범위
1) 인체의 손이 미칠 수 있는 한계를 의미하며, 사람이 일상적으로 일어서서 임의의 지점에서 보조기구 없이 손이 미칠 수 있는 한계
2) 동시접근 가능 부분이 접촉범위 안에 있으면 안 되며, 두 부분의 거리가 2.5[m] 이하인 경우 동시 접근이 가능한 것으로 본다.

[답] ②

예제 04

공칭전압 380[V]의 TN 접지계통의 32[A] 이하의 분기회로에서
전원의 자동차단에 의한 고장보호대책으로 고장전류는 몇 [초] 이내에 차단하여야 하는가?

① 0.1초
② 0.2초
③ 0.4초
④ 0.8초

【해설】
32[A] 이하 분기회로의 최대 차단시간
: 230[V] 초과 400[V] 이하, TN 계통 분기회로의 고장 시 최대 차단시간은 0.2[초] 이내일 것

[답] ②

예제 05

공칭전압 380[V]의 TT 접지계통의 32[A] 이하의 분기회로에서
전원의 자동차단에 의한 고장보호대책으로 고장전류는 몇 [초] 이내에 차단하여야 하는가?
① 0.3초
② 0.2초
③ 0.07초
④ 0.04초

【해설】
32[A] 이하 분기회로의 최대 차단시간
: 230[V] 초과 400[V] 이하, TT 계통 분기회로의 고장 시 최대 차단시간은 0.07[초] 이내일 것

[답] ③

예제 06

공칭전압 220[V]의 TN 접지계통의 32[A] 이하의 분기회로에서
전원의 자동차단에 의한 고장보호대책으로 고장전류는 몇 [초] 이내에 차단하여야 하는가?
① 0.1초
② 0.2초
③ 0.4초
④ 0.8초

【해설】
32[A] 이하 분기회로의 최대 차단시간
: 120[V] 초과 230[V] 이하, TN 계통 분기회로의 고장 시 최대 차단시간은 0.4[초] 이내일 것

[답] ③

예제 07

공칭전압 220[V]의 TT 접지계통의 32[A] 이하의 분기회로에서
전원의 자동차단에 의한 고장보호대책으로 고장전류는 몇 [초] 이내에 차단하여야 하는가?
① 0.3초
② 0.2초
③ 0.07초
④ 0.04초

【해설】
32[A] 이하 분기회로의 최대 차단시간
: 120[V] 초과 230[V] 이하, TT 계통 분기회로의 고장 시 최대 차단시간은 0.2[초] 이내일 것

[답] ②

예제 08

고장 시 전원의 자동차단 조건에서 선도체와 대지 간에 고장이 발생한 경우 5초 이내 전원의 출력전압이 교류 몇 [V] 이하로 감소되는 경우 최대차단시간을 적용하지 않을 수 있는가?

① 25[V]
② 50[V]
③ 60[V]
④ 120[V]

【해설】
보호장치 최대차단시간의 적용 제외
: 선도체와 대지 간에 고장이 발생한 경우 5초 이내 전원의 출력전압이
  교류 50[V](직류 120[V]) 이하로 감소되는 경우 최대차단시간을 적용하지 않음

[답] ②

예제 09

접근 가능한 노출도전부가 있는 전기설비에
전기를 공급하는 교류 몇 [V]를 초과하는 전로에는 누전차단기를 설치해야 하는가?

① 25[V]
② 50[V]
③ 60[V]
④ 120[V]

【해설】
누전차단기의 설치 대상
: 접근 가능한 노출도전부가 있는 전기설비에 전기를 공급하는 교류 50[V]를 초과하는
  전로에는 누전차단기를 설치할 것

[답] ②

예제 10

누전차단기 설치를 생략할 수 있는 조건이 아닌 곳은?
① 전기설비에 전기를 공급하는 교류 50[V]를 초과하는 경우
② 기계기구가 고무, 합성수지 기타 절연물로 피복된 경우
③ 전로 및 기계기구의 절연고장으로 인하여 노출도전부를 접촉 시 인체의 접촉전압이 50[V] 이하가 되도록 시설된 경우
④ 기계기구가 유도전동기의 2차측에 전로에 접속된 경우

【해설】
누전차단기의 설치 생략
: 접근 가능한 노출도전부가 있는 전기설비에 전기를 공급하는 교류 50[V]를 초과하는 전로에는 누전차단기를 설치할 것

[답] ①

예제 11

안전상 누전차단기의 설치를 생략할 수 있는 조건이 아닌 것은?
① 비상용 조명장치
② 비상용 엘리베이터
③ 비접지 저압전로
④ 독립된 무인중계소

【해설】
안전상 누전차단기의 설치 생략
1) 비상용 조명장치, 비상용 엘리베이터, 유도등
2) 철도용 신호장치, 비접지 저압전로
3) 계속적인 전력공급이 요구되는 화학공장, 시멘트공장, 철강공장 등의 연속공정설비 또는 이에 준하는 곳

[답] ④

예제 12

TN 계통 방식의 보호장치의 특성과 회로의 임피던스 고려하여
고장루프 임피던스 조건으로 허용접촉전압의 한계는 몇 [V] 이하인가?

① 25[V]
② 50[V]
③ 60[V]
④ 120[V]

【해설】
TN 계통 방식의 허용접촉전압의 한계
: 정상적인 상황에서 교류기준 허용접촉전압의 한계는 50[V] 이하일 것

[답] ②

예제 13

감전보호에 사용하는 2종 기기등급에 대한 설명으로 옳은 것은?
① 기본절연이 이루어져 있지만 노출도전부와 보호도체를 접속하는 단자가 없는 기기
② 기본절연이 이루어져 있으며, 노출도전부를 보호도체를 접속할 수 있는 단자를 갖춘 기기
③ 기본절연과 보조절연으로 구성되는 이중절연 또는 강화절연으로 구성되는 기기
④ 기본보호가 ELV 값의 전압제한에 의존하며 고장보호는 구비되지 않는 기기

【해설】
감전보호에 사용하는 기기등급
2종 기기 : 기본절연과 보조절연으로 구성되는 이중절연 또는 강화절연으로 구성되는 기기

[답] ③

예제 14

SELV와 PELV를 적용한 특별저압에 의한 보호대책의 요구조건에서 옳지 않는 것은?
① 특별저압 계통의 전압한계는 전압밴드Ⅰ(교류 50[V], 직류 120[V] 이하)
② 특별저압 회로를 제외한 모든 회로로부터 특별저압 계통을 보호 분리
③ 특별저압 계통과 다른 특별저압 계통 간에는 기본절연
④ 특별저압 계통과 대지간의 접지공사

【해설】
SELV와 PELV를 적용한 특별저압에 의한 보호대책의 요구조건
1) 특별저압 계통의 전압한계는 전압밴드Ⅰ(교류 50[V], 직류 120[V] 이하)
2) 특별저압 회로를 제외한 모든 회로로부터 특별저압 계통을 보호 분리
3) 특별저압 계통과 다른 특별저압 계통 간에는 기본절연
4) 특별저압 계통과 대지간의 기본절연(비접지)

[답] ④

예제 15

SELV와 PELV를 사용하는 안전절연변압기의 정격사항에서 옳지 않는 것은?
① 1차 전압 : 1,100[V] 이하
② 2차 전압 : 교류 50[V] 이하
③ 정격출력 : 단상 10[kVA] 이하
④ 정력출력 : 3상 20[kVA] 이하

【해설】
SELV와 PELV를 적용한 안전절연변압기 정격
1) 1차 전압 : 1,100[V] 이하
2) 2차 전압 : 교류 50[V] 이하
3) 정력출력 : 단상 10[kVA] 이하, 3상 16[kVA] 이하
4) 구조 : 입력회로와 출력회로는 전기적으로 서로 분리

[답] ④

과전류에 대한 보호

18. 과전류에 대한 보호의 일반사항

1) **적용범위**
   ① **과전류 보호** : 도체, 절연체, 접속부, 단자부 또는 도체를 감싸는 물체 등에 유해한 **열적 및 기계적 손상**이 발생하지 않도록 회로에 흐르는 **과전류**를 **차단**하는 **보호장치**를 설치
   ② **과전류 영향** : 온도상승에 의한 열적손상, 전자기력에 의한 기계적 비틀림 현상 등에 의한 **절연파괴가 발생**
   ③ **적용 제외 대상**
      ㉮ **플러그 및 소켓**으로 **고정 설비**에 기기를 연결하는 **가요성 케이블(또는 가요성 전선)**은 이 기준의 **적용 제외**
      ㉯ 플러그 및 소켓의 부하측 전기회로는 과전류에 대한 보호가 반드시 이루어지지는 않음

2) **용어 해설**
   ① **과전류**
      ㉮ 전기기기의 **정격전류**, 도체의 **허용전류**를 **초과한 전류**
      ㉯ 과전류는 그 **크기**와 **지속시간**에 의하여 **영향**을 미칠 수 있음
      ㉰ 과전류는 전기사용기기의 **과부하, 단락고장 또는 지락고장과 같은 경우 발생**
   ② **과부하전류**
      ㉮ 과부하전류는 전기적인 **고장이 없는** 경우
      ㉯ **지속시간이 길어지면 회로에 열적손상**이 가해지므로 회로를 **자동차단하여야 함**
   ③ **단락전류**
      ㉮ 정상 운전상태에서 전위차가 있는 **충전된 도체 사이에 임피던스가 "0"인 고장으로 인하여 발생한 과전류**이며, 회로를 보호하기 위하여 **즉시 차단하여야 함**

19 선도체의 보호

1) 과전류 검출기의 설치
   ① 과전류 검출기는 **모든 선도체에 설치**
   ② **과전류가 발생 시 검출된 선도체만 전원을 차단**하고,
      과전류가 검출되지 않은 선도체는 차단할 필요가 없음
   ③ **3상 전동기** 등과 같은 부하에 선도체의 일부만 **차단**되었을 때
      위험성이 발생할 수 있는 경우 모든 선도체를 동시에 차단

2) 과전류 검출기 설치 예외(일반적으로 **3상3선식**)
   TN 및 TT 계통에서 선도체만 이용하여 전원을 공급하는 회로에서
   <u>다음의 조건이 모두 충족</u>되면 선도체 하나에 대하여 과전류 검출기 설치는 예외
   ① **부하 불평형을 검출**하여 **모든 선도체를 동시에 차단**하는
      보호장치가 보호대상 회로 또는 전원측에 설치된 경우
   ② ①의 보호장치 부하측에 **중성선을 배선하지 않은 경우**
   ③ **불평형 검출기**
      : 역상과전류계전기(46), 결상계전기(47P), 역상과전압계전기(47N)

20 중성선(N)의 보호 〔출제예감〕

1) TN 또는 TT 계통
   ① 과전류 검출기 설치
      ㉮ 중성선(N), PEN 도체는 **과전류** 및 **단락고장전류**로부터 **보호**되어야 함
         단, TN-C 계통의 PEN 도체는 어떠한 상황에서도 **개방되어서는 안 됨**
      ㉯ 중성선(N) 단면적이 선도체의 단면적보다 적은 경우,
         중성선에 검출된 과전류가 회로의 **설계전류**를 초과하는 경우
         선도체를 차단하여야 하며, 중성선을 차단할 필요 없음
   ② 과전류 검출기 및 차단장치 설치 예외
      ㉮ 중성선의 단면적이 **선도체의 단면적 이상**이고,
      ㉯ 중성선의 전류가 **선도체의 전류보다 크지 않은 경우**

2) IT 계통
   ① 과전류 검출기 설치
      ㉮ 중성선이 배선된 IT 계통에는 중성선에 **과전류검출기를 설치**
      ㉯ 중성선에 과전류가 검출되면, **중성선을 포함한 모든 선도체를 차단**
   ② 과전류 검출기 설치 예외
      ㉮ 회로의 **전원측**에 설치된 **보호장치**에 의하여
         중성선이 과전류에 대하여 효과적으로 **보호되고 있는 경우**
      ㉯ **정격감도전류**가 해당
         중성선 허용전류의 0.2배 이하(20[%] 이하)인 누전차단기로 보호되는 경우

3) 고조파전류
   ① 다상회로의 **중성선**에 **고조파전류**가 **흐르고,**
      그 도체의 **허용전류**를 **초과**할 것으로 **예상**되는 경우
      중성선에 과부하 검출기를 설치
   ② 과부하가 발생한다면 **선도체를 차단**하여야 하며, **중성선을 차단할 필요는 없음**

4) **중성선의 차단 및 재폐로 (선투입, 후차단)** 〔출제예감〕
   ① 개폐기 및 차단기의 회로 **차단 시 중성선이 선도체보다 늦게 차단되어야 함**
   ② 개폐기 및 차단기의 회로
      투입(재폐로) 시 중성선이 선도체보다 동시 또는 먼저 투입되어야 함

21 보호장치의 종류 및 특성

1) 보호장치의 종류

[표2.9] 보호장치의 종류

보호장치	보호장치 종류	차단능력
과부하전류 전용	배선차단기, 과전류보호장치를 가진 누전차단기, 퓨즈	**과부하전류 차단능력**(반한시형), 설치점의 고장전류에 대한 차단능력은 요구되지 않음
단락전류 전용	단락차단 기능을 가진 회로차단기 (ACB, MCCB, MCB), 퓨즈(aM Type 퓨즈만 해당)	고장점의 **추정단락전류** 이상의 **차단능력**이 있을 것
과부하 및 단락전류 겸용	과부하와 단락전류를 차단하는 기능이 내장된 회로차단기, 퓨즈와 조합된 회로차단기, 퓨즈	설치점에서 추정되는 **과부하전류 및 단락고장전류를 차단능력**이 있을 것

2) 배선차단기

① 배선차단기 **구분 및 적용장소**

[표2.10] 주택용 및 산업용 적용 장소

구 분		적용 장소
주택용 배선차단기	일반인이 접촉할 우려가 있는 장소	주택(단독주택, 공동주택), 준주택(기숙사, 고시원, 노인복지주택, 오피스텔)의 세대 내 분전반 및 이와 유사 장소
산업용 배선차단기	일반인이 접촉할 우려가 없는 장소	"주택용 배선차단기"에서 정하는 장소 중 세대 내 이외의 장소(계단, 주차장, 공용설비 등)

② **주택용 배선차단기 주된 용도**(KS C IEC 60947-2, 60898-1 참조)

[표2.11] 주택용 배선차단기 순시동작특성 및 적용 부하

Type	순시동작 범위 정격전류(I_n) × 배수	적용 부하
B	3~5배 범위	조명설비, 저항성 부하(전열기기) 등 기동전류레벨이 낮은 부하
C	5~10배 범위	기동전류가 있는 유도전동기 부하
D	10~20배 범위	돌입전류가 매우 큰 부하에 사용 (변압기, X선 발생장치, 기동전류가 큰 유도전동기)

[표2.12] 배선차단기의 전류-시간 동작특성

정격전류	규정시간	정격전류(I_n) × 배수			
		주택용		산업용	
		부동작 전류	동작 전류	부동작 전류	동작 전류
63[A] 이하	60분	1.13배	1.45배	1.05배	1.3배
63[A] 초과	120분	1.13배	1.45배	1.05배	1.3배

3) 과전류 보호장치를 가진 누전차단기의 과전류 동작특성은 배선차단기와 동일

4) **퓨즈** (KS C IEC 60269-1 참조)

① 퓨즈의 종류

[표2.13] 퓨즈의 종류

퓨즈 종류	내용
gG	일반적으로 사용하는 차단용량이 **전 범위인 퓨즈**
gM	전동기회로를 보호하기 위해 사용되는 차단용량이 **전 범위인 퓨즈**
aM	전동기회로의 **단락보호용**으로 사용되는 차단용량이 **일부인 퓨즈**
gD	차단용량이 전 범위인 **한시형 퓨즈**
gN	차단용량이 전 범위인 **순시형 퓨즈**

* 첫 번째 문자 : 차단영역, 두 번째 문자 : 사용범주

② 퓨즈의 용단특성

[표2.14] gG, gM 퓨즈의 용단 및 동작특성

정격전류의 구분	시 간	정격전류의 배수		적용
		불용단전류	용단전류	
4[A] 이하	60분	1.5배	2.1배	gG
4[A] 초과 16[A] 미만	60분	1.5배	1.9배	gG
16[A] 이상 63[A] 이하	60분	1.25배	1.6배	gG, gM
63[A] 초과 160[A] 이하	120분	1.25배	1.6배	gG, gM
160[A] 초과 400[A] 이하	180분	1.25배	1.6배	gG, gM
400[A] 초과	240분	1.25배	1.6배	gG, gM

[표2.15] aM 퓨즈의 용단 및 동작특성

정격전류의 배수	용단시간	동작시간
4배	60초 이내	-
6.3배	-	60초 이내
8배	0.5초 이내	-
10배	0.2초 이내	-
12.5배	-	0.5초 이내
19배	-	0.1초 이내

[표2.16] gD, gN 퓨즈의 용단 및 동작특성

정격전류의 구분	시 간	정격전류의 배수	
		불용단전류	용단전류
60[A] 이하	60분	1.1배	1.35배
60[A] 초과 600[A] 이하	120분	1.1배	1.35배
600[A] 초과 6000[A] 이하	240분	1.1배	1.50배

22 도체와 과부하 보호장치 사이의 협조

1) 케이블(전선) 및 보호 장치
   ① 회로의 설계전류 (I_B)
      정상 시 회로에 공급되는 전류로 부하의 **효율, 역률, 수용률, 선전류의 불평형, 고조파**에 의한 전류 증가 및 **장래 부하증가**에 대한 **여유** 등이 고려된 전류
   ② 케이블의 허용전류 (I_Z)
      도체가 정상상태에서 지정된 온도(절연 형태별 최고사용온도)를 초과하지 않는 범위 이내에서 **도체에 연속적으로 흘릴 수 있는 최대전류**
   ③ 케이블의 과부하 보호점 ($1.45 I_Z$)
      케이블 **허용전류 1.45배** 전류가 60분간 지속될 때 **연속사용온도**에 도달 지점
   ④ 보호장치의 정격전류 (I_N)
      보호장치의 정격전류는 대기중에 노출된 상태에서 규정된 온도상승한도를 초과하지 않는 한도 이내에 **연속하여 최대로 흘릴 수 있는 전류**
   ⑤ 보호장치의 규약동작전류 (I_2)
      보호장치의 **규약시간 이내**에 유효한 **동작을 보장하는 전류**

2) 케이블(전선)을 보호하는 장치의 협조
   ① 회로의 설계전류 (I_B) 선정 : $I_B = \dfrac{\sum P_i}{KV} \times \alpha \times h \times k \, [\text{A}]$

   P_i : 단상 또는 3상부하의 입력 [VA]
   K : 상 식별계수 (3상 : $\sqrt{3}$, 단상 : 1)
   V : 부하의 정격전압 [V]
   α : 수용률
   h : 고조파 발생부하의 선전류 증가계수
   k : 부하의 불평형에 따른 선전류 증가계수

   ② 보호 협조
      ㉮ [식5.1] ($nominal\ current\ rule$) : $I_B \leq I_N \leq I_Z$
      ㉯ [식5.2] ($triping\ current\ rule$) : $I_2 \leq 1.45 \, I_Z$

③ 과부하 보호 협조 개념

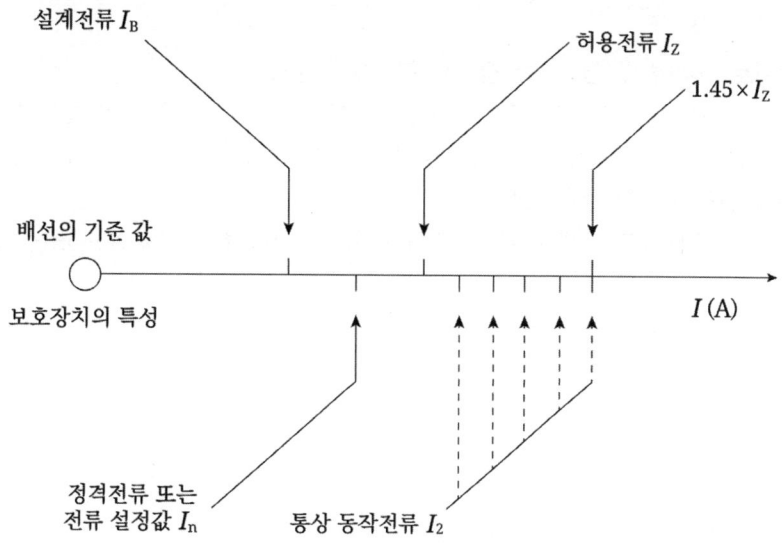

[그림] 과부하 보호 설계 조건도

23 과부하 및 단락 보호장치의 설치 위치

1) **분기회로 과부하 및 단락 보호장치를 분기점에 설치**
    ① 보호장치는 전로 중 도체의 **허용전류 값이 줄어든 분기점(O)에 설치할 것**
    ② 분기점(O)와 설치점(B) 사이에 다른 분기회로 및 콘센트의 설치가 없을 것
    ③ **허용전류가 줄어드는 요인**
        : 도체 단면적, 도체 종류, 절연체 종류, 설치방법, 주위온도, 복수회로 수 등

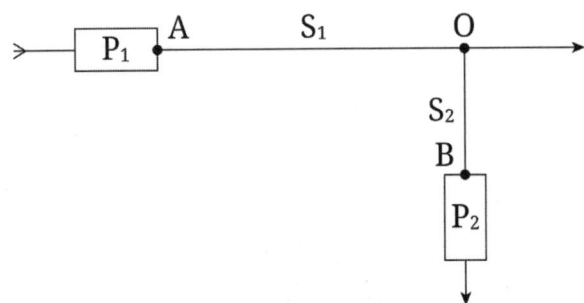

S_2의 단면적 (허용전류) < S_1의 단면적 (허용전류)
S_1 : 전원측(배전회로) 배선
S_2 : 분기회로 배선

2) **분기점으로부터 3[m] 이내 설치**
    ① 단락, 화재 및 인체에 대한 위험성이 최소화 되도록 시설할 경우
    ② 분기회로의 보호장치 P_2는
        분기점(O)으로부터 3[m]까지 이동하여 설치할 수 있음
    ③ 분기회로도체(S_2)는 전원측 보호장치(P_1)에 의하여 단락보호가 보장되지 않음

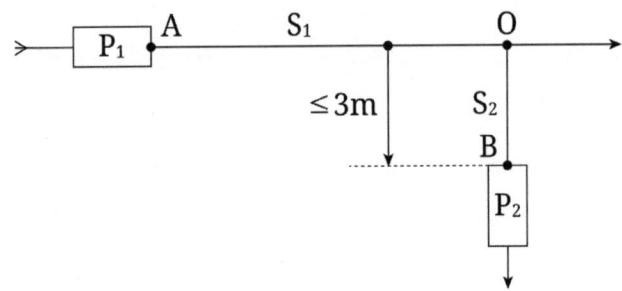

3) 분기점으로부터 거리제한없이 설치
   ① 전원측 보호장치(P_1)에 의하여 분기회로도체(S_2)가 단락보호가 되는 경우
   ② 전원측 과부하보호장치(P_1)가 분기회로에서 발생하는 과부하를 보호하는 경우
   과부하 보호장치(P_2)를 생략할 수 있음

24 과부하 및 단락 보호장치의 생략

1) **과부하 보호장치의 생략** (IT 계통은 적용하지 않음)
   ① 분기회로의 **전원측**에 설치된 **보호장치**에 의하여
      분기회로에서 발생하는 과부하에 대하여 **보호**되고 있는 경우
   ② **전원측 보호장치**에 의하여 **단락보호**가 되고 있으며,
      분기회로의 도중에 다른 분기회로와 콘센트의 접속이 없으며,
      부하기기 내 설치된 **과부하 보호장치가 유효하게 동작**하여
      과부하전류가 분기회로에 흐르지 않도록 조치하는 경우
   ③ 통신회로, 제어회로, 신호회로 및 이와 유사한 설비
   ④ **화재 또는 폭발 위험이 있는 장소**에 설치되는 설비 또는
      특수설비 및 **특수장소** 요건을 **별도로 규정하는 경우 생략할 수 없음**

2) **IT 계통 과부하 보호장치 설치위치 변경 또는 생략**
   ① 이중절연 또는 강화절연에 의한 보호
   ② 2차 고장 시 즉시 동작하는 누전차단기로 보호하는 회로
   ③ 지속적으로 감시되는 계통으로
      다음 중 하나의 기능을 구비한 절연감시장치의 사용
      ㉮ 최초 고장이 발생한 경우 고장회로를 차단하는 기능
      ㉯ 고장이 발생한 경우 고장을 시각 또는 청각신호로 나타내는 기능
   ④ 누전차단기가 설치된 중성선이 없는 IT 계통의 회로에는
      선도체 중 하나에 과부하 보호장치를 생략할 수 있음

3) 안전을 위해 과부하 보호장치 생략
   ① 회전기의 여자회로
   ② 전자석 크레인의 전원회로
   ③ 변류기의 2차회로
   ④ 소방설비의 전원회로
   ⑤ 안전설비(주거침입경보, 가스누출경보 등)의 전원회로

4) 단락보호장치의 생략
   ① 배선을 단락위험이 최소화할 수 있는 방법과
      가연성 물질 근처에 설치하지 않는 조건이 모두 충족되도록 설치하는 경우
   ② 발전시, 변압기, 정류기, 축전지와 보호장치가 설치된 제어반을 연결하는 도체
   ③ 전원차단이 설비의 운전에 위험을 가져올 수 있는
      다음과 같은 부하에 전원을 공급하는 회로
      ㉮ 회전기의 여자회로
      ㉯ 전자석 크레인의 전원회로
      ㉰ 변류기의 2차회로
      ㉱ 소방설비의 전원회로
      ㉲ 안전설비(주거침입경보, 가스누출경보 등)의 전원회로
   ④ 계기용 변압기 및 변류기 2차측의 측정회로
      단, 변류기를 사용하는 회로는 개방되지 않도록 유의할 것

25 병렬도체의 과부하 및 단락 보호

1) **병렬도체의 과부하 보호**
   ① **하나의 과전류 보호장치**로 복수의 **병렬도체를 보호**하는 경우
      다른 분기회로의 접속, 개별 도체에 개폐기 및 차단기를 사용할 수 없음
   ② 병렬도체를 구성하는 **각 도체는 전류가 균등하게 분담**되도록 하여야 함
   ③ 병렬도체는 **같은 재질, 같은 단면적을 갖고, 길이가 거의 같아야** 하며,
      다심케이블, 꼬인 다심케이블 또는 절연전선을 사용하여야 함
   ④ 병렬도체의 전류는 전류차가 각 도체의 설계전류 값의 10[%] 이하일 것

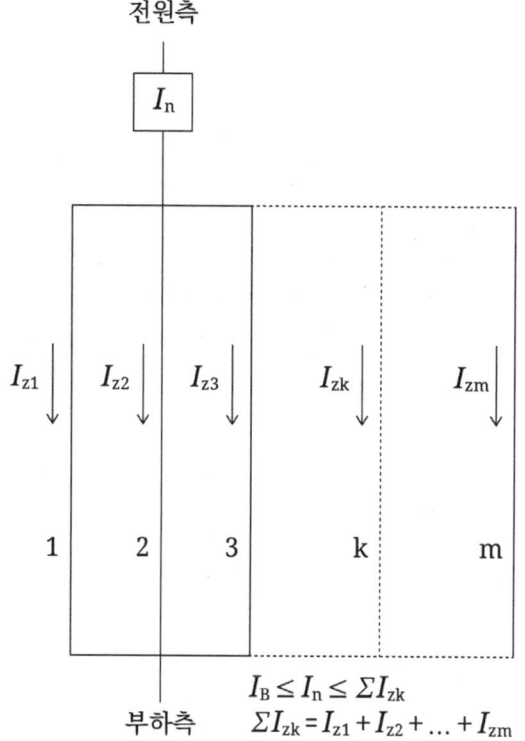

[그림] 하나의 과부하 보호장치가 m개의 병렬도체를 보호하는 회로

⑤ 병렬도체의 **전류차가 10[%]를 초과하는 불균등한 경우**
　각 도체의 **설계전류와 과부하에 관한 요건**을 개별적으로 고려할 것을 권장

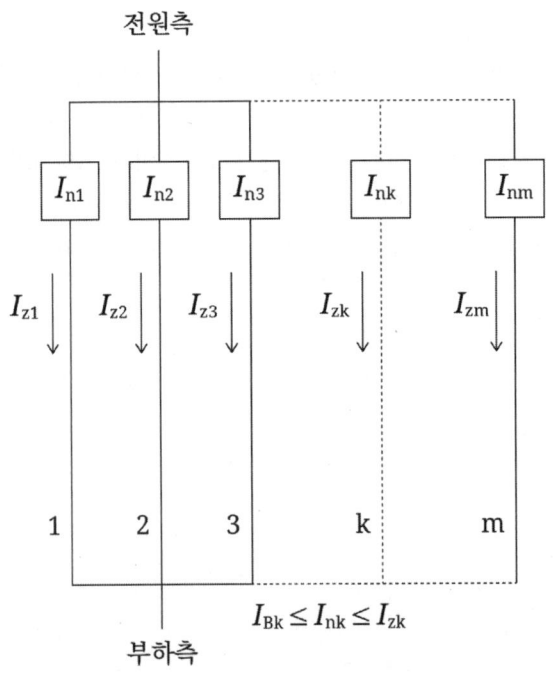

[그림] 과부하 보호장치가 m개의 병렬도체 각각에 설치되어 있는 회로

2) **병렬도체의 단락 보호**
　① **병렬도체 전원측에 1개 보호장치로 단락보호를 할 것**
　② 1개의 보호장치로 단락보호가 안되는 경우
　　㉮ 배선은 기계적인 손상 보호와 같은 방법으로 병렬도체에서의 단락위험을 최소화 할 수 있는 방법으로 설치하고,
　　　화재 또는 인체에 대한 위험을 최소화 할 수 있는 방법으로 설치할 것
　　㉯ **병렬도체가 2가닥인 경우** 단락보호장치를 **각 병렬도체의 전원측에 설치할 것**
　　㉰ 병렬도체가 **3가닥 이상인 경우**
　　　단락보호장치는 각 병렬도체의 **전원 측과 부하측에 설치할 것**

26 저압전로 중의 개폐기 및 과전류차단장치의 시설

1) 저압 전로 중 개폐기 시설
   ① 모든 극에 개폐기를 설치하여야 한다.
      다만, **중성선 또는 접지측 전선에는 개폐기를 생략할 수 있음**
   ② 전압이 다른 개폐기는 상호 식별이 용이하도록 시설할 것

2) 옥내 저압전로 인입구 개폐기 시설
   ① 저압 옥내전로에는 **인입구에 가까운 곳**에서 쉽게 개폐할 수 있는 위치에 **전용의 개폐기를 모든 극에 시설할 것**
   ② **화약류 저장소** 이외의 곳에 전용 개폐기 및 과전류 차단기는 **각 극에 시설할 것**
   ③ 개폐기의 용량이 큰 경우
      적정 회로로 분할하여 각 회로별로 개폐기를 시설할 것
      각 회로별 개폐기는 **집합**하여 **시설**할 수 있다.
   ④ 인입구 개폐기 설치 생략
      ㉮ 다른 옥내전로에 접속하는 길이 15[m] 이하의 전로에서 전기의 공급을 받는 경우
      ㉯ 저압 옥내전로에 접속하는 전원측 전로에 전용의 개폐기를 설치하는 경우
      ㉰ 다른 옥내전로 : 사용전압 400[V] 이하, 정격전류 16[A] 이하 과전류차단기 또는 정격전류 16[A] 초과 20[A] 이하인 배선용차단기로 보호되고 있는 전로(가공, 옥상 부분은 부하측 전로)

3) 저압 전로 중에 과전류차단장치 시설
   ① 저압전로에 사용하는 퓨즈는 [표2.14] ~ [표2.15]에 적합할 것
   ② 저압전로에 사용하는 배선용차단기는 [표2.10] ~ [표2.12]에 적합할 것

4) 저압 전로 중 전동기 보호용 과전류보호장치 시설
   ① 전동기에는 전동기가 손상될 우려가 있는
      과전류가 생겼을 때 자동 차단하거나 이를 경보하는 장치를 시설할 것
   ② 보호장치의 정격전류 또는 전류 설정 값은 전동기의 기동전류와
      다른 전기사용기계기구의 정격전류를 고려하여 선정할 것
   ③ 전용의 전동기 보호장치를 설치할 경우
      ㉠ 전용 보호장치 종류 : 과부하 보호장치(전동기 보호용), 단락보호 전용차단기,
         과부하보호장치와 단락보호용퓨즈를 조합한 장치
      ㉡ 과부하 보호장치로 전자접촉기를 사용할 경우 반드시
         과부하계전기가 부착되어 있을 것
      ㉢ 단락보호 전용차단기의 단락동작설정 전류 값은
         전동기의 기동방식에 따른 기동돌입전류를 고려할 것
      ㉣ 단락보호전용 퓨즈는 [표2.15]의 용단 특성에 적합할 것
      ㉤ 과부하 보호장치와 단락보호 전용차단기 또는
         단락보호 전용 퓨즈를 하나의 전용함 속에 넣어 시설할 것
      ㉥ 과부하 보호장치가 단락전류에 의하여 손상되기 전에 그 단락전류를 차단하는
         능력을 가진 단락보호 전용 차단기 또는 단락보호 전용 퓨즈를 시설할 것
      ㉦ 과부하 보호장치와 단락보호 전용 퓨즈를 조합한 장치는 단락보호 전용 퓨즈
         의 정격전류가 과부하 보호장치의 설정 전류(setting current) 값 이하가 되
         도록 시설할 것
   ④ 옥내에 시설하는 전동기 과전류보호장치(경보장치 포함) 생략
      ㉠ 정격 출력 0.2[kW] 이하인 것
      ㉡ 전동기를 운전 중 **상시 취급자가 감시**할 수 있는 위치에 시설하는 경우
      ㉢ **전동기의 구조나 부하의 성질**로 보아 전동기가 손상될 수 있는
         과전류가 생길 우려가 없는 경우
      ㉣ 단상전동기 [KS C 4204(2013)의 표준정격]로써 그 **전원측** 전로에 시설하는
         과전류 차단기의 정격전류가 16[A](배선용 차단기는 20[A]) 이하인 경우

5) 분기개폐기 시설
   ① 분기개폐기는 **각 극에** 시설할 것
   ② 분기개폐기 **시설 생략**
      ㉮ 접지공사를 한 중성선 또는 접지측 전선에서 분기되는 회로분리용 배전반 또는 분전반 내부의 주 개폐기가 모든 극을 개폐할 수 있는 구조인 경우 분기회로의 중성선 또는 접지측 전선은 개폐기 생략 가능
      ㉯ 분기회로 과전류차단기에 플러그 퓨즈 등을 사용하여 회로를 개폐할 수 있도록 한 경우

6) 분기회로 과전류차단기 시설
   ① 분기회로 **과전류 차단기는 각 극에** 시설할 것
   ② 과전류 차단기 **시설 생략**
      ㉮ 다선식 전로 중성선의 극
      ㉯ 접지측 전선의 극

7) 정격전류가 50[A]를 초과하는 분기회로 시설 (전동기부하 제외)
   ① 하나의 부하에 전기를 공급하는 **전용회로**로 하며, 다른 분기회로 및 콘센트의 접속이 없어야 할 것
   ② **과전류차단기의 정격전류는 부하설계전류의 1.3배를 초과하지 않아야 할 것**
      $I_n \leq I_B \times 1.3$
      I_B : 부하의 설계전류[A]
      I_n : 과전류차단기의 정격전류[A]
   ③ 도체의 허용전류는 과부하 보호장치의 정격전류 이상이 되도록 선정할 것. 또한, 보호장치의 유효한 동작을 보장하는 전류(I_2)는 도체 허용전류의 1.45배($1.45 I_z$) 한 값 이하에서 동작되도록 선정할 것

8) 과부하 및 단락 보호의 협조
   ① 겸용 보호장치는 "과부하전류에 대한 보호" 및 "단락전류에 대한 보호"의 요구사항을 동시에 만족할 것
   ② 전용 보호장치(개별 장치)를 사용한 과부하 및 단락보호
      ㉮ 과부하 보호장치는 "과부하전류에 대한 보호"의 요구사항을 만족할 것
      ㉯ 단락 보호장치는 "단락전류에 대한 보호"의 요구사항을 만족할 것
      ㉰ 단락 보호장치는 과부하 보호장치의 차단한계 이내(일반적으로 정격차단전류의 80[%])에서 동작하도록 순시동작전류를 설정하면,
         단락 보호장치의 통과에너지가 과부하 보호장치에 손상을 주지 않음

9) 전원 특성을 이용한 과전류 제한
   ① 전원의 특성 : 접속한 회로 도체의 허용전류를 초과하여 공급할 수 없는 전원장치에서 전류가 공급되는 시스템.
                   즉, 전원장치에서 공급할 수 있는 전류가 제한된 전원장치
   ② 과부하 및 단락 보호장치를 설치하지 않아도 보호가 되는 것으로 간주
   ③ 전원장치에는 특정한 유형의 벨 변압기, 용접변압기 및 열전기 발전장치 등이 있음

과도과전압에 대한 보호

27 고압계통의 지락고장으로 인한 저압설비의 보호

1) 변압기의 결합에 의하여 전원이 공급되는 저압계통은
   1차측(고압 또는 특고압)의 지락고장으로 인하여 저압회로에 과전압 발생

2) 상용주파 고장전압(U_f)
   ① 고압계통의 지락고장으로 인하여 발생하는 전압이
      저압기기의 노출도전부와 대지 사이에 인가되는 것은 고장전압(U_f)
   ② 사람이 접촉 시 인체에 인가되는
      전압의 크기와 지속시간에 따라 안전에 영향을 미침

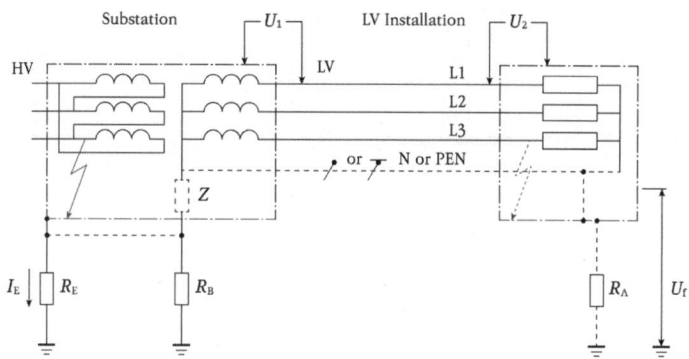

[그림] 고압계통의 지락고장시 저압계통에서 발생하는 과전압

3) **고장전압의 크기와 지속시간**
   ① 일반적인 상황(건조한 장소, 습한 장소)에서 인체의 안전 확보를 위해 [그림]에서 나타내는 고장 지속시간에 대한 고장전압을 초과하지 말 것
   ② 고압계통의 지락사고 시 허용접촉전압

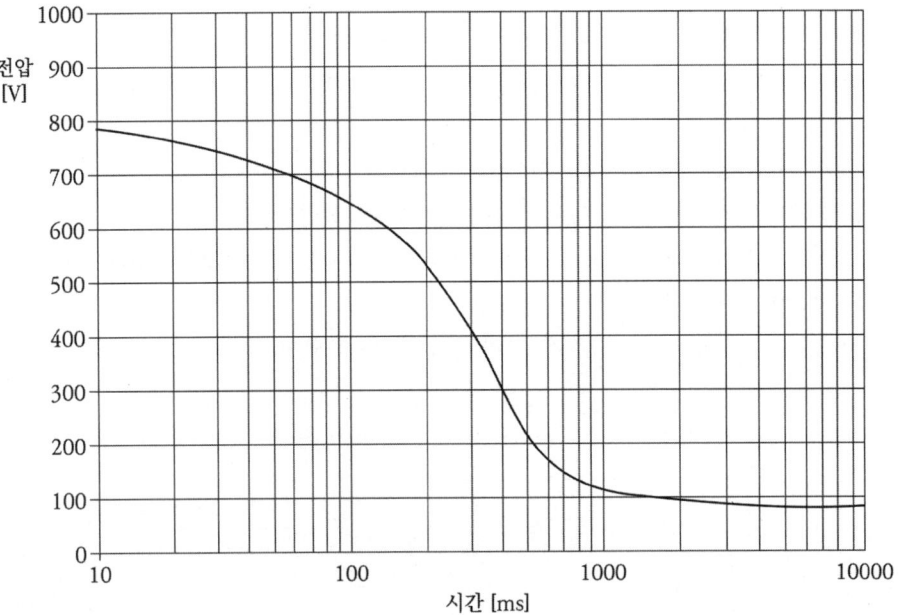

[주1] 접촉전압 곡선은 토양 고유저항이 100[Ω·m]이고, 표토층이 0.1[m] 두께로서 1000[Ω·m] 저항을 지닌 경우를 기준으로 한 것이다.
[주2] 몸무게 50[kg]인 사람이 자갈이 깔린 지역에 있는 것을 가정한 것이다.
[그림] 고압계통의 지락 시 허용접촉전압(KS C IEC 61936 참조)

4) **상용주파 스트레스 전압(U_1, U_2)**
   ① 스트레스 전압
      : 저압계통에 전력을 공급하는 변압기의 고압측에서 지락고장으로 저압회로의 노출도전부와 저압 선도체 사이에 발생하는 전압
   ② U_1 : 변압기와 저압 선도체간의 스트레스 전압
   ③ U_2 : 저압기기의 외함과 저압 선도체 사이 발생하는 스트레스 전압

5) 상용주파 스트레스 전압의 크기와 지속시간

① 고압계통의 지락고장으로 저압측에 인가되는 스트레스 전압의 크기가 저압기기의 절연강도를 초과하는 경우 저압기기의 절연이 파괴됨

② 저압계통에 접속되는 기기의 안전 확보를 위하여 저압기기에 가해지는 상용주파 스트레스 전압의 크기와 지속시간은 다음 [표2.17]의 값을 초과하지 않아야 함

[표2.17] 저압설비 허용 상용주파 과전압(스트레스 전압, KS C IEC 60364-4-4 참조)

고압계통에서 지락고장시간[초]	저압설비 허용 상용주파 과전압[V]	비 고
> 5	$U_0 + 250$	중성선 도체가 없는 계통에서 U_0는 선간전압을 말한다.
≤ 5	$U_0 + 1,200$	

1. 순시 상용주파 과전압에 대한 저압기기의 절연 설계기준과 관련된다.
2. 중성선이 변전소 변압기의 접지계통에 접속된 계통에서, 건축물 외부에 설치한 외함이 접지되지 않은 기기의 절연에는 일시적 상용주파 과전압이 나타날 수 있다.

28 낙뢰 또는 개폐에 따른 과전압 보호

1) **대기현상**에 기인하는 **직격뢰** 또는 **유도뢰**에 의한
   저압 배전계통으로부터 전달되는 **과전압**,
   저압회로 내의 **개폐조작**으로 발생하는 **과전압**으로부터 저압설비를 **보호하는 것**

2) **용어 해설**
   ① **피뢰구역 (LPZ)** : 뇌전자 환경이 정의된 구역

피뢰구역	뇌전자 환경
$LPZ\ 0_A$	직격뢰에 의한 뇌격, 뇌전자계 위협 지역, 내부전자시스템 위험
$LPZ\ 0_B$	직격뢰에 의한 뇌격 보호, 뇌전자계의 위협이 있는 지역, 내부전자시스템 위험
$LPZ\ 1$	경계지역 뇌격 전류분류, SPD 서지전류 제한 지역, 공간차폐, 뇌전자계 약화
$LPZ\ 2,...,n$	추가적인 뇌격 전류분류, SPD, 공간차폐, $LPZ\ 1$보다 뇌전자계 더욱 약화

   ② **구조물의 손상원인**

손상유형	구조물의 손상
S1	구조물의 뇌격(건축물 직접 뇌격)
S2	구조물의 근처의 뇌격(건축물 간접 뇌격)
S3	구조물에 연결된 선로 뇌격(인입선로 직접 뇌격)
S4	구조물의 연결된 선로 근처 뇌격(인입선로 간접 뇌격)

   ③ **절연인터페이스** : 피뢰구역(LPZ) 내로 인입되는 선로상의
                        전도 서지를 감소시킬 수 있는 장치(SPD 적용)
   ④ **공간차폐** : 기기에 직접 영향을 주는 방사전자계의 영향으로부터 보호하기
                  위한 구조물 일부 혹은 단일 차폐실, 기기 외함으로 보호되는 구역

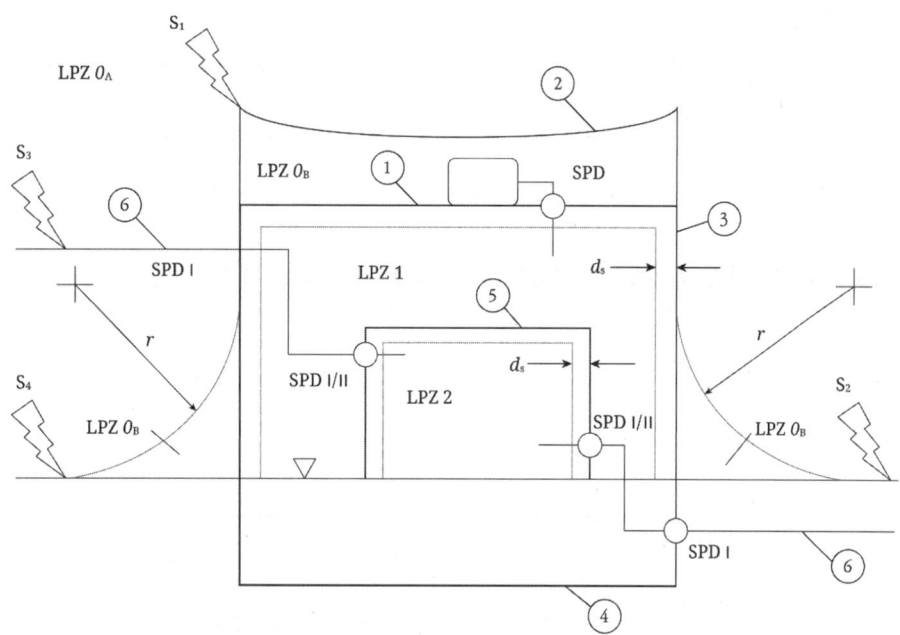

[그림] SPM(전기전자시스템의 보호)에 의한 LPZ

3) 기기에 요구되는 임펄스 내전압
   ① 기기에 요구되는 임펄스 내전압은 설비의 공칭전압별로 규정한 [표2.18]에서 정하는 값보다 높게 되도록 선정할 것

[표2.18] 기기에 요구되는 정격 임펄스 내전압

설비의 공칭전압 [V]	AC/DC 공칭전압에서 산출한 상전압 [V]	요구되는 임펄스 내전압[a] [kV]			
		과전압 범주 Ⅳ	과전압 범주 Ⅲ	과전압 범주 Ⅱ	과전압 범주 Ⅰ
		설비 인입점에 있는 기기	배전 및 분기회전의 기기	전기제품 및 전기기기	특별히 보호된 기기
120/208	150	4	2.5	1.5	0.8
(220/380)[b] 230/400 277/480	300	6	4	2.5	1.5
400/690	600	8	6	4	2.5
1,000	1,000	12	8	6	4
직류 1,500	직류 1,500			8	6

(a) : 이 임펄스 내전압은 충전도체와 보호도체 사이에 적용
(b) : 국내 현재 사용전압으로 향후 IEC 60038에 따라 전압 사용

4) **과전압을 억제하기 위한 시설**
   ① 인입선 직접뇌격(S3)의 영향에 대한 보호는 피뢰구역(LPZ)의 개념에 따라 시험등급 Ⅰ, Ⅱ의 서지보호장치(SPD)를 적용
   ② 인입선 간접뇌격(S4)에 대하여 과전압보호를 실시하는 경우 시험등급 Ⅱ의 서지보호장치(SPD)를 설치, 필요한 경우 시험등급 Ⅲ의 서지보호장치(SPD)를 적용할 수 있음
   ③ 개폐에 의한 과전압은 기상현상에 의한 과전압에 비해 상당히 낮기 때문에 기상현상에 의한 과전압보호를 실시한 경우 개폐에 따른 과전압보호를 추가할 필요는 없음

5) 서지보호장치(SPD)의 시험등급

[표2.19] SPD의 시험등급(KS C IEC 61643-11 참조)

시험 등급	요구정보	등급별 수행 시험
Ⅰ	임펄스 전류(I_{imp})	I_{imp} 또는 I_{imp}와 동등한 크기의 파고값을 갖는 8/20의 전류파형, 1.2/50의 전압파형으로 수행하는 시험
Ⅱ	공칭방전전류(I_n)	1.2/50의 전압파형과 함께 공칭방전전류 I_n으로 수행하는 시험
Ⅲ	개방회로전압(U_{oc})	1.2/50의 전압파형 및 8/20의 전류파형의 조합파 발생기로 수행하는 시험

예제 01

정상 운전 상태에서 전위차가 있는 충전된 도체 사이에 임피던스가 "0"인 고장으로 인하여 발생한 과전류이며, 회로를 보호하기 위하여 즉시 차단하여야 하는 전류는?

① 과부하전류
② 과전류
③ 단락전류
④ 지락전류

【해설】
단락전류
: 정상 운전 상태에서 전위차가 있는 충전된 도체 사이에 임피던스가 "0"인 고장으로 인하여 발생한 과전류이며, 회로를 보호하기 위하여 즉시 차단하여야 함

[답] ③

예제 02

선도체를 보호하기 위하여 설치하는 과전류 검출기 또는 차단 설비의 규정에서 옳지 않은 것은?

① 과전류 검출기는 모든 선도체에 설치
② 과전류가 발생 시 검출된 선도체만 전원을 차단
③ 과전류가 검출되지 않은 선도체도 차단
④ 3상 전동기 등과 같은 부하에 선도체의 일부만 차단되었을 때 위험성이 발생할 수 있는 경우에는 모든 선도체가 동시에 차단

【해설】
과전류 검출기의 설치 및 선도체의 차단
1) 과전류 검출기는 모든 선도체에 설치
2) 과전류가 발생 시 검출된 선도체만 전원을 차단하면 되며, 과전류가 검출되지 않은 선도체는 차단할 필요가 없음
3) 3상 전동기 등과 같은 부하에 선도체의 일부만 차단되었을 때 위험성이 발생할 수 있는 경우에는 모든 선도체가 동시에 차단

[답] ③

예제 03

TN 및 TT 계통에서 선도체만 이용하여 전원을 공급하는 회로에서
과전류 검출기를 설치 제외하기 위해 설치하는 불평형 검출기가 아닌 것은?

① 역상과전류계전기
② 결상계전기
③ 역상과전압계전기
④ 지락과전류계전기

【해설】
과전류 검출기의 설치 제외 시
: 불평형 검출기는 역상과전류계전기(46), 결상계전기(47P), 역상과전압계전기(47N)

[답] ④

예제 04

조명설비, 저항성 부하(전열기기) 등 기동전류 레벨이 낮은 부하에 적용하는
주택용 배선용 차단기의 Type은?

① A-Type
② B-Type
③ C-Type
④ D-Type

【해설】
주택용 배선용 차단기 적용 부하
1) B-Type : 조명설비, 저항성 부하(전열기기) 등 기동전류 레벨이 낮은 부하
2) C-Type : 기동전류가 있는 유도전동기 부하
3) D-Type : 돌입전류가 매우 큰 부하에 사용

[답] ②

예제 05

정격전류 63[A] 이하 주택용 배선용 차단기는
규정시간 60[분] 이내 정격전류의 몇 [배]의 전류에 동작해야 하는가?
① 1.05배
② 1.13배
③ 1.3배
④ 1.45배

【해설】
주택용 배선용 차단기 동작전류
: 정격전류 63[A] 이하 주택용 배선용 차단기는
  규정시간 60[분] 이내 정격전류의 1.45[배]의 전류에 동작할 것

[답] ④

예제 06

정격전류 63[A] 이하 산업용 배선용 차단기는
규정시간 60[분] 이내 정격전류의 몇 [배]의 전류에 동작해야 하는가?
① 1.05배
② 1.13배
③ 1.3배
④ 1.45배

【해설】
산업용 배선용 차단기 동작전류
: 정격전류 63[A] 이하 산업용 배선용 차단기는
  규정시간 60[분] 이내 정격전류의 1.3[배]의 전류에 동작할 것

[답] ③

예제 07

일반적으로 사용하는 차단용량이 전 범위인 퓨즈의 종류는?
① gG
② gM
③ aM
④ gD

【해설】
퓨즈의 종류
1) gG : 일반적으로 사용하는 차단용량이 전 범위인 퓨즈
2) gM : 전동기회로를 보호하기 위해 사용되는 차단용량이 전 범위인 퓨즈
3) aM : 전동기회로의 단락보호용으로 사용되는 차단용량이 일부인 퓨즈
4) gD : 차단용량이 전 범위인 한시형 퓨즈
5) gN : 차단용량이 전 범위인 순시형 퓨즈

[답] ①

예제 08

전동기회로를 보호하기 위해 사용되는 차단용량이 전 범위인 퓨즈의 종류는?
① gG
② gM
③ aM
④ gD

【해설】
퓨즈의 종류
1) gG : 일반적으로 사용하는 차단용량이 전 범위인 퓨즈
2) gM : 전동기회로를 보호하기 위해 사용되는 차단용량이 전 범위인 퓨즈
3) aM : 전동기회로의 단락보호용으로 사용되는 차단용량이 일부인 퓨즈
4) gD : 차단용량이 전 범위인 한시형 퓨즈
5) gN : 차단용량이 전 범위인 순시형 퓨즈

[답] ②

예제 09

정격전류 16[A] 초과 63[A] 이하 퓨즈의 용단 특성은
규정시간 60[분] 이내 정격전류의 몇 [배]의 전류에 용단해야 하는가?
① 1.5배
② 1.6배
③ 1.9배
④ 2.1배

【해설】
gG, gM 퓨즈의 용단 및 동작특성
: 정격전류 16[A] 초과 63[A] 이하 규정시간 60[분] 이내 정격전류의 1.6[배]의 전류에 용단될 것

[답] ②

예제 10

케이블의 과부하 보호점이란 케이블에
허용전류의 몇 [배]의 전류가 60분간 지속할 때 연속사용온도에 도달하는 지점을 말하는가?
① 1.1배
② 1.25배
③ 1.45배
④ 1.5배

【해설】
케이블의 과부하 보호점($1.45I_z$)
: 케이블에 허용전류의 1.45배의 전류가 60분간 지속할 때 연속사용온도에 도달하는 지점

[답] ③

예제 11

보호장치는 전로 중 도체의 허용전류 값이 줄어든 분기점(O)에 설치하며,
이때, 허용전류가 줄어든 요인이 아닌 것은?
① 도체의 단면적
② 도체의 종류
③ 절연체의 종류
④ 부하율의 감소

【해설】
허용전류가 줄어드는 요인
: 도체의 단면적, 도체의 종류, 절연체의 종류, 설치방법, 주위온도, 복수회로의 수 등

[답] ④

예제 12

옥내에 시설하는 전동기 과전류보호장치(경보장치 포함) 생략할 수 없는 경우는?
① 정격 출력 0.02[kW] 이하인 것
② 전동기를 운전 중 상시 취급자가 감시할 수 있는 위치에 시설하는 경우
③ 전동기의 구조나 부하의 성질로 보아 전동기가 손상될 수 있는 과전류가 생길 우려가 없는 경우
④ 단상전동기로써 그 전원측 전로에 시설하는 과전류 차단기의 정격전류가 16[A](배선용 차단기는 20[A]) 이하인 경우

【해설】
옥내에 시설하는 전동기 과전류보호장치(경보장치 포함) 생략
1) 정격 출력 0.2[kW] 이하인 것
2) 전동기를 운전 중 상시 취급자가 감시할 수 있는 위치에 시설하는 경우
3) 전동기의 구조나 부하의 성질로 보아 전동기가 손상될 수 있는 과전류가 생길 우려가 없는 경우
4) 단상전동기로서 그 전원측 전로에 시설하는
   과전류 차단기의 정격전류가 16[A](배선용 차단기는 20[A]) 이하인 경우

[답] ①

예제 13

저압전로 중의 개폐기 및 과전류 차단장치의 정격전류가 50[A]를 초과하는
과전류차단기의 정격전류는 부하설계전류의 몇 [배]를 초과하지 않아야 하는가?
① 1.1배
② 1.25배
③ 1.3배
④ 1.45배

【해설】
정격전류가 50[A]를 초과하는 분기회로 시설(전동기부하 제외)
: 과전류차단기의 정격전류는 부하설계전류의 1.3배를 초과하지 않아야 할 것

[답] ③

예제 14

낙뢰 또는 개폐에 따른 과전압 보호에서 뇌전자 환경을 정의하는
피뢰구역 LPZ 0_B에 대한 설명으로 옳은 것은?
① 직격뢰에 의한 뇌격, 뇌전자계 위협 지역, 내부전자시스템 위험
② 직격뢰에 의한 뇌격 보호, 뇌전자계의 위협이 있는 지역, 내부전자시스템 위험
③ 경계지역 뇌격 전류분류, SPD 서지전류 제한 지역, 공간차폐, 뇌전자계 약화
④ 추가적인 뇌격 전류분류, SPD, 공간차폐, 상위레벨보다 뇌전자계 더욱 약화

【해설】
피뢰구역 LPZ (뇌전자 환경이 정의된 구역)
1) LPZ 0_A : 직격뢰에 의한 뇌격, 뇌전자계 위협 지역, 내부전자시스템 위험
2) LPZ 0_B : 직격뢰에 의한 뇌격 보호, 뇌전자계의 위협이 있는 지역, 내부전자시스템 위험
3) LPZ 1 : 경계지역 뇌격 전류분류, SPD 서지전류 제한 지역, 공간차폐, 뇌전자계 약화
4) LPZ n : 추가적인 뇌격 전류분류, SPD, 공간차폐, 상위레벨보다 뇌전자계 더욱 약화

[답] ②

열 영향에 대한 보호

29. 열 영향에 대한 보호

1) 적용범위
   ① 전기기기에 의한 열적인 영향, 재료의 연소 또는 기능저하 및 화상의 위험
   ② 화재 재해의 경우, 전기설비로부터 격벽으로 분리된
      인근의 다른 화재 구획으로 전파되는 화염
   ③ 전기기기 안전 기능의 손상

2) 보호 종류
   ① 화재 및 화상방지에 대한 보호
   ② 과열에 대한 보호

30. 화재 및 화상방지에 대한 보호

1) 전기기기에 의한 화재방지
   ① 전기기기에 의해 발생하는 열은
      근처에 고정된 재료나 기기에 화재 위험을 주지 않아야 할 것
   ② 고정기기의 온도가
      인접한 재료에 화재의 위험을 줄 온도까지 도달할 우려가 있는 경우
      ㉮ 이 온도에 견디고 열전도율이 낮은 재료 위나 내부에 기기를 설치
      ㉯ 이 온도에 견디고 열전도율이 낮은 재료를 사용하여
         건축구조물로부터 기기를 차폐
      ㉰ 이 온도에서 열이 안전하게 발산되도록 유해한 열적 영향을 받을 수 있는
         재료로부터 충분히 거리를 유지하고 열전도율이 낮은 지지대에 의한 설치
   ③ 정상 운전 중에 아크 또는 스파크가 발생할 수 있는 전기기기
      ㉮ 내 아크 재료로 기기 전체를 둘러싼다.
      ㉯ 분출이 유해한 영향을 줄 수 있는 재료로부터 내 아크 재료로 차폐
      ㉰ 분출이 유해한 영향을 줄 수 있는 재료로부터 충분한 거리에서
         분출을 안전하게 소멸시키도록 기기를 설치

④ 열의 집중을 야기하는 고정기기는 어떠한 고정물체나 건축부재가
　　정상조건에서 위험한 온도에 노출되지 않도록 충분한 거리를 유지할 것
⑤ 단일 장소에 있는 전기기기가 상당한 양의 인화성 액체를 포함하는 경우
　　액체, 불꽃 및 연소 생성물의 전파를 방지하는 충분한 예방책을 취할 것
　　㉮ 누설된 액체를 모을 수 있는 저유조를 설치하고 화재 시 소화를 확실히 할 것
　　㉯ 기기를 적절한 내화성이 있고 연소 액체가 건물의 다른 부분으로 확산되지
　　　　않도록 방지턱 또는 다른 수단이 마련된 방에 설치할 것.
　　　　이러한 방은 외부공기로만 환기되는 것
⑥ 설치 중 전기기기의 주위에 설치하는 외함 재료는
　　그 전기기기에서 발생할 수있는 최고 온도에 견딜 것

2) 전기기기에 의한 화상 방지

① 접촉범위 내에 있고, 접촉 가능성이 있는 전기기기의 부품류는
　　인체에 화상을 일으킬 우려가 있는 온도에 도달해서는 안 됨
② [표2.20]에 제시된 제한 값을 준수(우발적 접촉도 발생하지 않도록 보호)

[표2.20] 접촉 범위 내에 있는 기기에 접촉 가능성이 있는 부분에 대한 온도 제한

접촉할 가능성이 있는 부분	접촉할 가능성이 있는 표면의 재료	최고 표면 온도[℃]
손으로 잡고 조작시키는 것	금속	55
	비금속	65
손으로 잡지 않지만 접촉하는 부분	금속	70
	비금속	80
통상 조작 시 접촉할 필요가 없는 부분	금속	80
	비금속	90

31 과열에 대한 보호

1) **강제 공기 난방시스템**
   ① 강제 공기 난방시스템에서 중앙 축열기의 발열체가 아닌 발열체는 정해진
      풍량에 도달할 때까지 동작할 수 없고, 풍량이 정해진 값 미만이면 정지될 것
   ② 공기덕트 내에서 허용온도가 초과하지 않도록 하는
      2개의 서로 독립된 온도 제한 장치가 있을 것
   ③ 열소자의 지지부, 프레임과 외함은 불연성 재료일 것

2) **온수기 또는 증기발생기**
   ① 온수 또는 증기를 발생시키는 장치는 어떠한 운전 상태에서도
      과열 보호가 되도록 설계 또는 공사할 것
   ② 보호장치는 기능적으로 독립된 자동 온도조절장치로부터
      독립적 기능을 하는 비자동 복귀형 장치일 것.
      다만, 관련된 표준 모두에 적합한 장치는 제외할 것
   ③ 장치에 개방 입구가 없는 경우에는 수압을 제한하는 장치를 설치할 것

3) **공기난방설비**
   ① 공기난방설비의 프레임 및 외함은 불연성 재료일 것
   ② 열 복사에 의해 접촉되지 않는 복사 난방기의 측벽은
      가연성 부분으로부터 충분한 간격을 유지할 것
   ③ 불연성 격벽으로 간격을 감축하는 경우, 이 격벽은 복사난방기의 외함 및
      가연성 부분에서 0.01[m] 이상의 간격을 유지할 것
   ④ 제작자의 별도 표시가 없으며, 복사 난방기는 복사 방향으로
      가연성 부분으로부터 2[m] 이상의 안전거리를 확보할 수 있도록 부착할 것

02장. 저압전기설비
적중실전문제

⭐⭐⭐⭐⭐

1. 저압전기설비에서 인체가 건조하거나 습한 장소 또는 상당한 저항을 나타내는 바닥에 있는 조건에서 허용접촉전압을 결정하는 인체의 임피던스 계산식은?
   ① $Z = 200 + 0.5Z_{T5\%}[\Omega]$
   ② $Z = 500 + 1.0Z_{T5\%}[\Omega]$
   ③ $Z = 1,000 + 0.5Z_{T5\%}[\Omega]$
   ④ $Z = 1,000 + 1.0Z_{T5\%}[\Omega]$

> **해설 1**
> 허용접촉전압과 통전시간의 인체의 임피던스
> 1) 건조하거나 습한 장소 : $Z = 1,000 + 0.5Z_{T5\%}[\Omega]$
> 2) 젖은 장소, 젖은 피부 : $Z = 200 + 0.5Z_{T5\%}[\Omega]$
>
> [답] ③

⭐⭐⭐⭐⭐

2. 정상적인 상황에서 교류기준 허용접촉전압의 한계는 몇 [V] 이하인가?
   ① 25[V]
   ② 50[V]
   ③ 60[V]
   ④ 120[V]

> **해설 2**
> 허용접촉전압의 한계
> : 정상적인 상황에서 교류기준 허용접촉전압의 한계는 50[V] 이하일 것
>
> [답] ①

3. 특수 상황에서 교류기준 허용접촉전압의 한계는 몇 [V] 이하인가?
   ① 25[V]
   ② 50[V]
   ③ 60[V]
   ④ 120[V]

   해설 3
   허용접촉전압의 한계
   : 특수 상황에서 교류기준 허용접촉전압의 한계는 25[V] 이하일 것

   [답] ①

4. 기본보호(직접접촉)방법 중 접촉가능 범위에 대한 설명으로 옳지 않은 것은?
   ① 충전부에 무의식적으로 접촉하는 것을 방지하기 위하여 위험 충전부를 손의 접촉 가능 범위 밖에 설치하는 것
   ② 접촉 가능 범위란 인체의 손이 미칠 수 있는 한계를 의미하며, 사람이 일상적으로 일어서서 임의의 지점에서 보조기구 없이 손이 미칠 수 있는 한계
   ③ 수평으로 두 부분의 거리가 2.5[m] 이하인 경우 동시 접근이 가능한 것으로 본다.
   ④ 수직으로 거리가 2.5[m] 미만인 경우 동시 접근이 가능한 것으로 본다.

   해설 4
   기본보호(직접접촉)방식의 보호대책 접촉가능 범위
   1) 인체의 손이 미칠 수 있는 한계를 의미하며, 사람이 일상적으로 일어서서 임의의 지점에서 보조기구 없이 손이 미칠 수 있는 한계
   2) 동시접근 가능 부분이 접촉범위 안에 있으면 안되며, 두 부분의 거리가 2.5[m] 이하인 경우 동시 접근이 가능한 것으로 본다.

   [답] ④

5. 공칭전압 220[V]의 TN 접지계통의 32[A] 이하의 분기회로에서 전원의 자동차단에 의한 고장보호대책으로 고장전류 몇 [초] 이내에 차단하여야 하는가?
   ① 0.1초
   ② 0.2초
   ③ 0.4초
   ④ 0.8초

> **해설 5**
> 32[A] 이하 분기회로의 최대 차단시간
> : 120[V] 초과 230[V] 이하, TN 계통 분기회로의 고장 시 최대 차단시간은 0.4[초] 이내일 것
> [답] ③

6. 공칭전압 220[V]의 TT 접지계통의 32[A] 이하의 분기회로에서 전원의 자동차단에 의한 고장보호대책으로 고장전류 몇 [초] 이내에 차단하여야 하는가?
   ① 0.3초
   ② 0.2초
   ③ 0.07초
   ④ 0.04초

> **해설 6**
> 32[A] 이하 분기회로의 최대 차단시간
> : 120[V] 초과 230[V] 이하, TT 계통 분기회로의 고장 시 최대 차단시간은 0.2[초] 이내일 것
> [답] ②

7. TN 계통 방식의 보호장치의 특성과 회로의 임피던스 고려하여 고장루프 임피던스 조건으로 허용접촉전압의 한계는 몇 [V] 이하인가?
   ① 25[V]
   ② 50[V]
   ③ 60[V]
   ④ 120[V]

   해설 7
   TN 계통 방식의 허용접촉전압의 한계
   : 정상적인 상황에서 교류기준 허용접촉전압의 한계는 50[V] 이하일 것

   [답] ②

8. 감전보호에 사용하는 2종 기기등급에 대한 설명으로 옳은 것은?
   ① 기본절연이 이루어져 있지만 노출도전부와 보호도체를 접속하는 단자가 없는 기기
   ② 기본절연이 이루어져 있으며, 노출도전부를 보호도체를 접속할 수 있는 단자를 갖춘 기기
   ③ 기본절연과 보조절연으로 구성되는 이중절연 또는 강화절연으로 구성되는 기기
   ④ 기본보호가 ELV 값의 전압제한에 의존하며 고장보호는 구비되지 않는 기기

   해설 8
   감전보호에 사용하는 기기등급
   2종 기기 : 기본절연과 보조절연으로 구성되는 이중절연 또는 강화절연으로 구성되는 기기

   [답] ③

★★★
9. 케이블의 과부하 보호점이란 케이블에 허용전류의 몇 [배]의 전류가 60분간 지속할 때 연속사용온도에 도달하는 지점을 말하는가?
   ① 1.1배
   ② 1.25배
   ③ 1.45배
   ④ 1.5배

   해설 9
   케이블의 과부하 보호점(1.45IZ)
   : 케이블에 허용전류의 1.45배의 전류가 60분간 지속할 때 연속사용온도에 도달하는 지점
   [답] ③

★★★
10. 옥내에 시설하는 전동기 과전류보호장치(경보장치 포함) 생략할 수 있는 경우는?
    ① 정격 출력 0.02[kW] 이하인 것
    ② 전동기를 운전 중 상시 취급자가 감시할 수 있는 위치에 시설하는 경우
    ③ 전동기의 구조나 부하의 성질로 보아 전동기가 손상될 수 있는 과전류가 생길 우려가 없는 경우
    ④ 단상전동기로써 그 전원측 전로에 시설하는 과전류 차단기의 정격전류가 16[A](배선용 차단기는 20[A]) 이하인 경우

    해설 10
    옥내에 시설하는 전동기 과전류보호장치(경보장치 포함) 생략
    1) 정격 출력 0.2[kW] 이하인 것
    2) 전동기를 운전 중 상시 취급자가 감시할 수 있는 위치에 시설하는 경우
    3) 전동기의 구조나 부하의 성질로 보아 전동기가 손상될 수 있는 과전류가 생길 우려가 없는 경우
    4) 단상전동기 [KS C 4204(2013)의 표준정격]로써 그 전원측 전로에 시설하는 과전류 차단기의 정격전류가 16[A](배선용 차단기는 20[A]) 이하인 경우
    [답] ①

MEMO

03장

고압, 특고압 전기설비

Chapter 01. 통칙
Chapter 02. 안전을 위한 보호
Chapter 03. 접지설비
적중실전문제

Chapter 01 통칙

학습내용 : 고압 및 특고압 전기설비

고압 및 특고압 전기설비 일반사항

01 적용범위

분류	전압의 범위
저 압	직류 : 1,500[V] 이하 교류 : 1,000[V] 이하
고 압	직류 : 1,500[V]를 초과하고, 7[kV] 이하 교류 : 1,000[V]를 초과하고, 7[kV] 이하
특고압	7[kV]를 초과

02 기본원칙

1) **일반원칙**
   설비 및 **기기**는 그 설치장소에서 예상되는
   전기적, 기계적, 환경적인 영향에 **견디는 능력**이 있을 것

2) **전기적 요구사항**
   ① **중성점 접지방법**
      ㉮ 전원공급의 연속성 요구사항
      ㉯ 지락고장에 의한 기기의 손상제한
      ㉰ 고장부위의 선택적 차단
      ㉱ 고장위치의 감지
      ㉲ 접촉 및 보폭전압
      ㉳ 유도성 간섭
      ㉴ 운전 및 유지보수 측면

② **전압 등급** : 사용자는 계통 공칭전압 및 최대운전전압을 결정할 것
③ **정상 운전 전류** : 설비의 모든 부분은 정의된 운전조건에서의 전류를 견딜 수 있을 것
④ **단락전류**
　㉮ 설비는 단락전류로부터 발생하는 열적 및 기계적 영향에 견딜 수 있을 것
　㉯ 설비는 단락을 자동으로 차단하는 장치에 의하여 보호될 것
　㉰ 설비는 지락을 자동으로 차단하는 장치 또는 지락상태 자동표시장치에 의하여 보호될 것
⑤ **정격 주파수** : 설비는 운전될 계통의 정격주파수에 적합할 것
⑥ **코로나** : 코로나에 의하여 발생하는 전자기장으로 인한 전파장해가 발생하지 말 것
⑦ **전계 및 자계** : 가압된 기기에 의해 발생하는 전계 및 자계의 한도가 인체에 허용 수준 이내로 제한될 것
⑧ **과전압** : 기기는 낙뢰 또는 개폐동작에 의한 과전압으로부터 보호될 것
⑨ **고조파** : 고조파 전류 및 고조파 전압에 의한 영향이 고려할 것

3) **기계적 요구사항**
① 기기 및 지지구조물 : 기초를 포함하며, 예상되는 기계적 충격에 견딜 것
② 인장하중 : 현장의 가혹한 조건에서 계산된 최대 도체 인장력을 견딜 것
③ 빙설하중 : 전선로는 빙설로 인한 하중을 고려할 것
④ 풍압하중 : 그 지역의 지형적인 영향과 주변 구조물의 높이를 고려할 것
⑤ 개폐전자기력 : 지지물을 설계할 때에는 개폐전자기력을 고려할 것
⑥ 단락전자기력 : 단락 시 전자기력에 의한 기계적 영향을 고려할 것
⑦ 도체 인장력 상실 : 인장애자련이 설치된 구조물은 최악의 하중이 가해지는 애자나 도체(케이블)의 손상으로 인한 도체 인장력의 상실에 견딜 것
⑧ 지진하중 : 지진의 우려성이 있는 지역에 설치하는 설비는 지진하중을 고려하여 설치할 것

4) **기후 및 환경조건**
　설비는 주어진 기후 및 환경조건에 적합한 기기를 선정하여야 하며, 정상적인 운전이 가능하도록 설치할 것

5) **특별요구사항**
　설비는 작은 동물과 미생물의 활동으로 인한 안전에 영향이 없도록 설치할 것

Chapter 02 안전을 위한 보호

학습내용 : 고압 및 특고압 전기설비의 안전을 위한 보호

절연수준, 직접 접촉, 간접 접촉, 아크고장, 직격뢰, 화재, 누유, 누설

03 안전보호

1) **절연수준의 선정**
   절연수준은 **기기최고전압** 또는 **충격내전압**을 **고려**하여 **결정**할 것

2) **직접 접촉에 대한 보호**
   ① 전기설비는 **충전부**에 무심코 **접촉**하거나 충전부 근처의 위험구역에 무심코 **도달**하는 것을 **방지**하도록 설치할 것
   ② 계통의 도전성 부분(충전부, 기능상의 절연부, 위험전위가 발생할 수 있는 노출 도전성 부분 등)에 대한 접촉을 방지하기 위한 보호가 이루어질 것
   ③ 보호는 그 설비의 위치가 출입제한 전기운전구역 여부에 의하여 다른 방법으로 이루어질 것

3) **간접 접촉에 대한 보호**
   전기설비의 노출도전성 부분은 고장 시 충전으로 인한 인축의 감전을 방지하여야 하며, 그 보호방법은 고압·특고압 접지계통을 따른다.

4) **아크고장에 대한 보호**
   전기설비는 운전 중에 발생되는 아크고장으로부터 운전자가 보호될 수 있도록 시설할 것

5) **직격뢰에 대한 보호**
   낙뢰 등에 의한 과전압으로부터 전기설비 등을 보호하기 위해 피뢰설비를 시설하고, 그 밖의 적절한 조치를 할 것

6) **화재에 대한 보호**
   전선의 합선, 단락에 의한 발화, 누전에 의한 발화 또는 기타 원인에 의한 발화로 인한 전기기계기구 등이 절연물의 보호 및 인축에 대한 보호

7) 절연유 누설에 대한 보호
   ① 환경보호를 위하여 **절연유**를 함유한 **기기의 누설**에 대한 **대책 필요**
   ② **옥내**기기의 절연유 **유출방지설비**
      ㉮ 옥내기기가 위치한 구역의 주위에 누설되는 절연유가 스며들지 않는
         바닥에 유출방지 턱을 시설하거나 건축물 안에 지정된 **보존구역으로 집유**
      ㉯ 유출방지 턱의 높이나 보존구역의 **용량**을 선정할 때
         기기의 **절연유량**뿐만 아니라 **화재보호시스템의 용수량**을 고려할 것
   ③ **옥외**설비의 절연유 **유출방지설비**
      ㉮ 절연유 유출 방지설비의 선정은 기기에 들어 있는 **절연유의 양**, **우수** 및
         화재 보호시스템의 용수량, 근접 수로 및 **토양조건**을 고려할 것
      ㉯ 집유조 및 집수탱크가 시설되는 경우
         집수탱크는 **최대 용량 변압기의 유량**에 대한 **집유능력**이 있을 것
      ㉰ 벽, 집유조 및 집수탱크에 **관련된 배관**은 **액체가 침투하지 않는 것**
      ㉱ 절연유 및 냉각액에 대한 **집유조 및 집수탱크의 용량**은 **물의 유입**으로 지나치게
         감소되지 않아야 하며, 자연배수 및 **강제배수가 가능**할 것
      ㉲ 집유조 및 집수탱크는 **바닥으로부터 절연유** 및 **냉각액**의 **유출을 방지할 것**
      ㉳ 배출된 액체는 **유수분리장치**를 통하여야 하며 이 목적을 위하여
         액체의 비중을 고려할 것

8) SF6의 누설에 대한 보호
   ① 환경보호를 위하여 SF6가 함유된 기기의 누설에 대한 대책 필요
   ② SF6 가스 누설로 인한 위험성이 있는 **구역은 환기가 되어야 하며**, 세부 사항은
      IEC 62271-4:2013(고압 개폐 및 제어 장치-제4부:SF6 및 그 혼합물의 취
      급절차)을 따른다.

9) 식별 및 표시
   ① 표시, 게시판 및 공고는
      내구성과 내부식성이 있는 물질로 만들고 지워지지 않는 문자로 인쇄할 것
   ② 개폐기반 및 제어반의 운전 상태는 주 접점을
      운전자가 쉽게 볼 수 있는 경우를 제외하고 표시기에 명확히 표시할 것
   ③ 케이블 단말 및 구성품은 확인되어야 하고 배선목록 및
      결선도에 따라서 확인할 수 있도록 관련된 상세 사항이 표시할 것
   ④ 모든 전기기기실에는 바깥쪽 및 각 출입구의 문에 전기기기실임과
      어떤 위험성을 확인할 수 있는 안내판 또는 경고판과 같은 정보를 표시할 것

고압 및 특고압 접지계통

04 일반사항

1) 고압 또는 특고압 기기는
   접촉전압 및 **보폭전압**의 **허용 값 이내**의 **요건을 만족**하도록 시설할 것

2) 고압 또는 특고압 기기가 출입제한 된 전기설비 **운전구역 이외의 장소**에 설치되었다면 KS C IEC 60364-4-41(저압전기설비-제4-41부:안전을 위한 보호-감전에 대한보호)에서 주어진
   저압한계 50[V]를 초과하는 **고압측 고장**으로부터의 **접촉전압**을 방지할 수 있도록 **통합접지를 시행할 것**

3) 모든 케이블의 **금속시스(sheath)** 부분은 **접지**를 시행할 것

4) 고·특고압 전기설비 접지는 저압 및 고압 접지시스템의 해당 부분을 적용할 것

05 접지시스템

1) 고압 또는 특고압 전기설비의 접지는 원칙적으로 **공통접지** 및 **통합접지**에 적합할 것

2) **고압** 또는 **특고압**과 **저압** 접지시스템이 **서로 근접한 경우**
   ① **고압** 또는 **특고압** 변전소 내에서만 사용하는 **저압전원**이 있을 때
      저압 접지시스템이 고압 또는 특고압 접지시스템의 구역 안에 포함되어 있다면 **각각의 접지시스템은 서로 접속할 것(공통접지)**
   ② **고압** 또는 **특고압** 변전소에서 **인입** 또는 **인출**되는 **저압전원**이 있을 때, 접지시스템은 다음과 같이 시공할 것

㉮ 고압 또는 특고압 변전소의 접지시스템은 **공통 및 통합접지**의 **일부분**이거나
또는 **다중접지**된 **계통의 중성선**에 **접속**되어야 한다.
다만, 공통 및 통합접지시스템이 아닌 경우
[표3.1]에 따라 각각의 접지시스템 상호 접속 여부를 결정할 것
㉯ 고압 또는 특고압과 **저압 접지시스템을 분리**하는 경우 **접지극**은
고압 또는 특고압 계통의 고장으로 인한 위험을 방지하기 위해
보폭전압과 **접촉전압**을 **허용 값 이내**로 할 것
㉰ 고압 및 특고압 변전소에 인접하여 시설된 저압전원의 경우,
기기가 너무 가까이 위치하여 **접지계통을 분리**하는 **것이 불가능한 경우**
공통 또는 통합접지로 시공할 것

[표3.1] 접지전위상승(EPR, Earth Potential Rise) 제한 값에 의한 고압 또는 특고압 및 저압 접지시스템의 상호접속의 최소요건

저압계통의 형태 (a, b)		대지전위상승(EPR) 요건		
		접촉전압	스트레스 전압(c)	
			고장지속시간 $t_f \leq 5[\sec]$	고장지속시간 $t_f > 5[\sec]$
TT		해당 없음	EPR ≤ 1,200[V]	EPR ≤ 250[V]
TN		$EPR \leq F \cdot U_{tp}$ (d, e)	EPR ≤ 1,200[V]	EPR ≤ 250[V]
IT	보호도체 있음	TN 계통에 따름	EPR ≤ 1,200[V]	EPR ≤ 250[V]
	보호도체 없음	해당 없음	EPR ≤ 1,200[V]	EPR ≤ 250[V]

a : 저압계통은 "공통접지 및 통합접지"를 참조한다.
b : 통신기기는 ITU 추천사항을 적용한다.
c : 적절한 저압기기가 설치되거나 EPR이 측정이나 계산에 근거한 국부전위차로 치환된다면
한계 값은 증가할 수 있다.
d : F 의 기본 값은 2이다. PEN 도체를 대지에 추가 접속한 경우보다 높은 F 값이 적용될
수 있다. 어떤 토양구조에서는 F 값이 5까지 될 수도 있다.
이 규정은 표토 층이 보다 높은 저항률을 가진 경우 등 층별 저항률의 차이가 현저한
토양에 적용 시 주의가 필요하다. 이 경우의 접촉전압은 EPR의 50%로 한다.
단, PEN 또는 저압 중간도체가 고압 또는
특고압접지계통에 접속되었다면 F의 값은 1로 한다.
e : U_{tp}는 허용접촉전압을 의미한다.(KS C IEC 61936-1(교류 1kV 초과
전력설비 - 공통규정) 그림 12(허용접촉전압 U_{tp}) 참조)

06 혼촉에 의한 위험방지시설

1) 고압 또는 특고압과 저압의 혼촉에 의한 위험방지 시설
   ① 고압전로 또는 특고압전로와 저압전로를 결합하는 변압기의
      저압측의 중성점에는 **"변압기 중성점 접지"**의 규정에 의하여 **접지공사를 할 것**
   ② 변압기의 시설장소마다 시행하여야 한다.
   ③ 가공공동지선을 설치하여 200[m] 이내 지역에 접지공사를 할 수 있음
      ㉮ 토지의 상황에 의하여 변압기의 시설 장소에서 **시설하기 어려울 경우** 또는
         접지저항 값을 얻기 어려운 경우
      ㉯ **가공공동지선**은 **인장강도 5.26[kN] 이상** 또는 **지름 4[mm] 이상의 경동선**을
         사용하여 저압가공전선에 관한 규정에 준하여 시설할 것

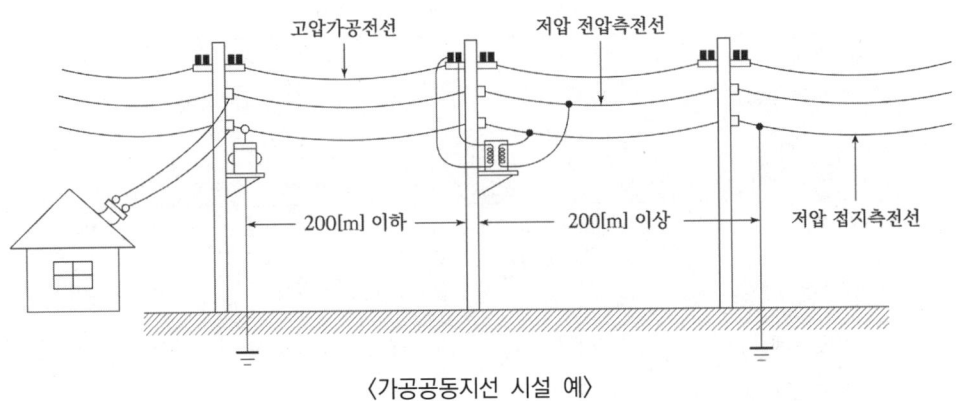

〈가공공동지선 시설 예〉

④ 가공공동지선을 설치하여 2 이상의 시설장소에 접지공사를 시설하는 경우
  ㉮ 접지공사는 **각 변압기**를 **중심**으로 하는 **지름 400[m] 이내의 지역**으로
     그 변압기에 접속되는 전선로 바로 아래의 부분에서
     각 변압기의 양쪽에 있도록 할 것
  ㉯ 가공공동지선과 대지 사이의 **합성 전기저항 값**은 **1[km]**를 지름으로 하는
     지역안마다 접지저항 값을 가지는 것으로 하고 또한 각 접지도체를
     가공공동지선으로부터 **분리하였을 경우**의
     각 접지도체와 대지 사이의 **전기저항 값은 300[Ω] 이하로 할 것**

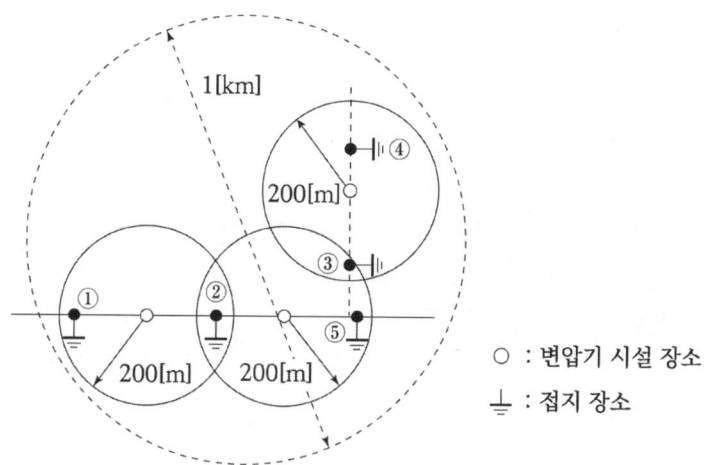

⑤ **가공공동지선**에는 **인장강도 5.26[kN] 이상** 또는
   지름 4[mm]의 경동선을 사용하는 **저압 가공전선의 1선을 겸용할 수 있음**
⑥ 직류단선식 전기철도용 회전변류기, 전기로, 전기보일러 기타 상시 전로의
   일부를 대지로부터 절연하지 아니하고 사용하는 부하에 공급하는
   전용의 변압기를 시설한 경우 변압기 중성점 접지의 규정에 의하지 아니할
   수 있음

2) **혼촉방지판이 있는 변압기에 접속하는 저압 옥외전선의 시설 등**
   고압전로 또는 특고압전로와 비접지식의 저압전로를 결합하는
   변압기에 권선간에 금속제의 혼촉방지판이 있고 또한
   그 혼촉방지판에 접지공사를 시설한 경우
   ① **저압전선은 1구내에만 시설할 것**
   ② **저압 가공전선로 또는 저압 옥상전선로의 전선은 케이블일 것**
   ③ **저압 가공전선과 고압 또는 특고압의 가공전선을 동일 지지물에 시설하지 아니할 것**, 다만, 고압 가공전선로 또는 특고압 가공전선로의 전선이 케이블인 경우에는 제외

3) **특고압과 고압의 혼촉 등에 의한 위험방지 시설**
   ① 변압기에 결합되는 **고압전로에는 사용전압의 3배 이하인 전압**이 가하여진 경우에 **방전하는 장치를 그 변압기의 단자에 가까운 1극에 설치할 것**
   ② **사용전압의 3배 이하인 전압**이 가하여진 경우에
      방전하는 피뢰기를 고압전로의 모선의 각상에 시설하거나,
      특고압권선과 고압권선 간에 혼촉방지판을 시설하여
      접지저항 값이 10[Ω] 이하 또는 규정에 따른 **접지공사를 한 경우에는 제외**

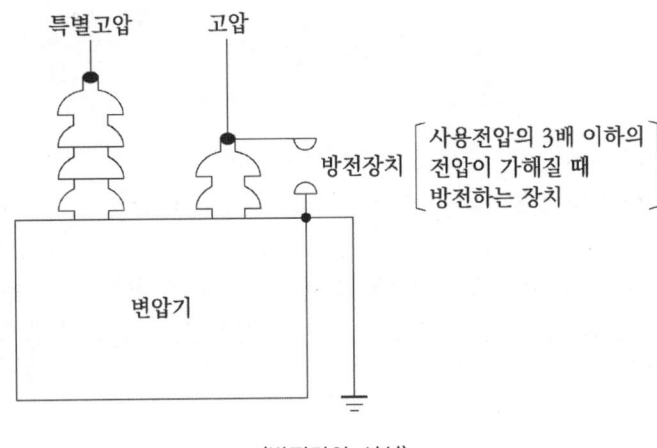

〈방전기의 시설〉

4) 계기용변성기의 2차측 전로의 접지

고압 및 특고압 계기용변성기의 2차측 전로에는 **접지공사**를 할 것

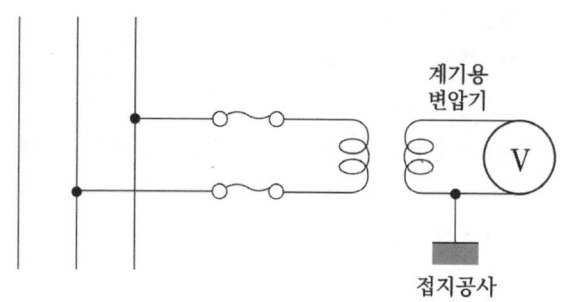

5) 전로의 중성점의 접지
① 전로의 **보호 장치**의 **확실한 동작**의 확보,
이상 전압의 억제 및 **대지전압의 저하**를 위하여 특히 필요한 경우
전로의 **중성점**에 **접지공사**를 할 경우
㉮ 접지극은 고장 시 그 근처의 대지 사이 생기는 전위차에 의하여
사람이나 가축 또는 다른 시설물에 위험을 줄 우려가 없도록 시설할 것
㉯ **접지도체는 공칭단면적 16[mm^2] 이상의 연동선** 또는 이와 동등 이상의 세기
및 굵기의 쉽게 부식하지 아니하는 금속선(**저압 전로의 중성점**에 시설하는
것은 **공칭단면적 6[mm^2] 이상의 연동선** 또는 이와 동등 이상의 세기 및 굵기의
쉽게 부식하지 않는 금속선)으로서
고장 시 흐르는 전류가 안전하게 **통할 수 있는 것**을 사용하고 또한
손상을 받을 우려가 없도록 시설할 것
㉰ 접지도체에 접속하는 저항기·리액터 등은 고장 시 흐르는 전류를 안전하게
통할 수 있는 것을 사용할 것
㉱ 접지도체·저항기·리액터 등은 취급자 이외의 자가 출입하지 아니하도록
설비한 곳에 시설하는 경우 이외에는 사람이 접촉할 우려가 없도록 시설할 것

② **저압전로**에 시설하는 보호 장치의 확실한 동작을 확보하기 위하여
특히 필요한 경우 전로의 중성점에 접지공사를 할 경우
접지도체는 **공칭단면적 6[mm²] 이상**의 **연동선** 또는
이와 동등 이상의 세기 및 굵기의 쉽게 부식하지 않는 금속선으로서
고장 시 흐르는 전류가 안전하게 통할 수 있는 것을 사용하고 또한
규정에 준하여 시설할 것
③ 변압기의 안정권선이나 유휴권선 또는 전압조정기의 내장권선을
이상전압으로부터 보호하기 위하여 특히 필요할 경우
그 권선에 접지공사를 할 때 규정에 의하여 접지공사를 할 것
④ **특고압**의 **직류전로**의 **보호 장치**의 **확실한 동작**의 확보 및
이상전압의 억제를 위하여 특히 필요한 경우에 대해
그 **전로의 중성점**에 **접지공사**를 시설할 것
⑤ **연료전지**에 대하여 **전로**의 **보호 장치**의 **확실한 동작**의 확보 또는
대지전압의 저하를 위하여 특히 필요할 경우 **연료전지의 전로** 또는
이것에 접속하는 **직류전로**에 접지공사를 할 때
그 **전로의 중성점**에 **접지공사**를 시설할 것
⑥ 계속적인 전력공급이 요구되는 화학공장·시멘트공장·철강공장 등의
연속공정설비 또는 이에 준하는 곳의 전기설비로서
지락전류를 제한하기 위하여 저항기를 사용하는 **중성점 고저항 접지계통**은
다음에 따를 경우 **300[V] 이상 1[kV] 이하의 3상 교류계통**에 적용할 수 있음
㉮ 자격을 가진 기술원이 설비를 유지관리 할 것
㉯ 계통에 지락검출장치가 시설될 것
㉰ 전압선과 중성선 사이에 부하가 없을 것

⑦ 고저항 중성점 접지계통을 적용하는 경우
　㉮ 접지저항기는 계통의 **중성점과 접지극 도체와의 사이에 설치**할 것.
　　중성점을 얻기 어려운 경우
　　접지변압기에 의한 중성점과 접지극 도체 사이에 접지저항기를 설치할 것
　㉯ 변압기 또는 발전기의 **중성점에서 접지저항기**에 접속하는
　　점까지의 **중성선**은 **동선 10[mm²] 이상,**
　　알루미늄선 또는 동복 알루미늄선은 16[mm²] 이상의 **절연전선**으로서
　　접지저항기의 최대정격전류 이상일 것
　㉰ **계통의 중성점은 접지저항기를 통하여 접지할 것**
　㉱ 변압기 또는 발전기의 중성점과 접지저항기 사이의 중성선은 별도로 배선할 것
　㉲ **최초 개폐장치** 또는 **과전류장치**와 **접지 저항기의 접지측** 사이의
　　기기 본딩점퍼는 도체에 접속점이 없을 것
　㉳ 접지극 도체는
　　접지저항기의 접지 측과 최초 개폐장치의 접지 접속점 사이에 시설할 것

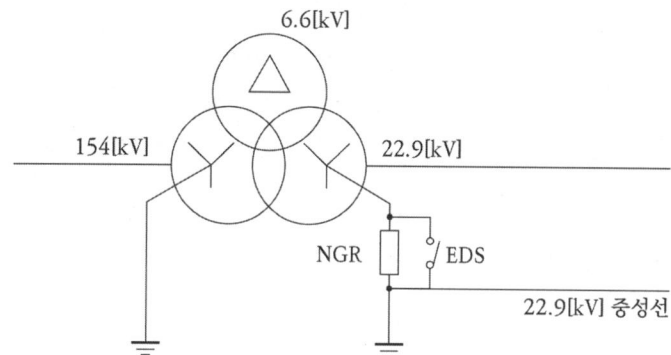

[그림] 중성점 접지저항(NGR) 설치 적용 예

예제 01

한국전기설비규정(KEC)에서 규정하는 전압의 구분에서 교류 고압 범위는 몇 [V]인가?
① 600[V] 초과 7[kV] 이하
② 750[V] 초과 7[kV] 이하
③ 1,000[V] 초과 7[kV] 이하
④ 1,500[V] 초과 7[kV] 이하

【해설】
저압, 고압 및 특고압의 범위
1) 저압 : 교류 1[kV] 이하, 직류 1.5[kV] 이하
2) 고압 : 교류 1[kV], 직류 1.5[kV] 초과 7[kV] 이하
3) 특고압 : 7[kV] 초과

[답] ③

예제 02

고압, 특고압 및 저압 접지계통과 기준대지 사이의 전위차를 무엇이라 하는가?
① 접지점
② 접지전위상승
③ 접지저항구역
④ 등전위본딩

【해설】
접지전위 상승(EPR, Earth Potential Rise)
: 접지계통과 기준대지 사이의 전위차를 말한다.

[답] ②

예제 03

고압 또는 특고압과 저압의 혼촉에 의한 위험을 방지하기 위해 시설하는
접지공사에 대한 규정 중 옳지 않은 것은?
① 접지공사는 변압기의 시설장소마다 시행할 것
② 토지의 상황에 의하여 접지저항 값을 얻기 어려운 경우, 가공 접지선을 사용하여 접지극을 200[m]까지 떼어놓을 수 있다.
③ 가공 공동지선을 설치하여 접지공사를 하는 경우, 각 변압기를 중심으로 지름 400[m]이내의 지역에 접지할 것
④ 가공공동지선은 지름 2.6[mm] 이상의 경동선을 사용할 것

【해설】
고압 또는 특고압과 저압의 혼촉에 의한 위험방지 시설
1) 접지공사는 변압기의 시설장소마다 시행할 것
2) 토지의 상황에 의하여 접지저항 값을 얻기 어려운 경우,
   가공 접지선을 사용하여 접지극을 200[m]까지 떼어놓을 수 있다.
3) 가공 공동지선을 설치하여 접지공사를 하는 경우,
   각 변압기를 중심으로 지름 400[m]이 내의 지역에 접지할 것
4) 가공공동지선은 인장강도 5.26[kN] 이상 또는 지름 4[mm] 이상의 경동선을 사용할 것

[답] ④

예제 04

고저압 혼촉에 의한 위험방지시설로 가공공동지선을 설치하여 시설하는 경우에
각 접지선을 가공공동지선으로부터 분리하였을 경우의 각 접지선과 대지간의
전기저항 값은 몇 [Ω] 이하로 하여야 하는가?
① 75
② 150
③ 300
④ 600

【해설】
고압 또는 특고압과 저압의 혼촉에 의한 위험방지 시설
: 가공공동지선과 대지 사이의 합성 전기저항 값은 1[km]를 지름으로 하는 지역 안마다
  규정하는 접지공사의 접지저항 값을 가지는 것으로 하고 또한 각 접지선을 가공공동지선으로부터 분리하였을 경우의 각 접지선과 대지 사이의 전기저항 값은 300[Ω] 이하로 할 것

[답] ③

예제 05

특고압 전로와 저압 전로를 결합하는 변압기 저압측의 중성점에 접지공사를 토지의 상황 때문에 변압기의 시설장소마다 하기 어려워서 가공접지선을 시설하려고 한다.
이때 가공접지선으로 경동선을 사용한다면 그 최소 굵기는 몇 [mm]인가?
① 3.2
② 4
③ 4.5
④ 5

【해설】
고압 또는 특고압과 저압의 혼촉에 의한 위험방지 시설
: 토지의 상황에 의하여 변압기의 시설장소에서 규정하는 접지저항 값을 얻기 어려운 경우에 인장강도 5.26[kN] 이상 또는 지름 4[mm] 이상의 가공 접지선을 변압기의 시설장소로부터 200[m]까지 떼어놓을 수 있다.

[답] ②

예제 06

전로의 중성점을 접지하는 목적에 해당 되지 않는 것은?
① 보호장치의 확실한 동작의 확보
② 부하전류의 일부를 대지로 흐르게 하여 전선 절약
③ 이상전압의 억제
④ 대지전압의 저하

【해설】
전로의 중성점의 접지
: 전로의 보호 장치의 확실한 동작의 확보, 이상 전압의 억제 및 대지전압의 저하를 위하여 특히 필요한 경우에 전로의 중성점에 접지공사를 한다.

[답] ②

03장. 고압, 특고압 전기설비

적중실전문제

★★★★★

1. 한국전기설비규정(KEC)에서 규정하는 전압의 구분에서 교류 고압 범위는 몇 [V]인가?
   ① 600[V] 초과 7[kV] 이하
   ② 750[V] 초과 7[kV] 이하
   ③ 1,000[V] 초과 7[kV] 이하
   ④ 1,500[V] 초과 7[kV] 이하

> **해설 1**
> 저압, 고압 및 특고압의 범위
> 1) 저압 : 교류 1[kV] 이하, 직류 1.5[kV] 이하
> 2) 고압 : 교류 1[kV], 직류 1.5[kV] 초과 7[kV] 이하
> 3) 특고압 : 7[kV] 초과
>
> [답] ③

★★★☆☆

2. 고압 또는 특고압과 저압의 혼촉에 의한 위험을 방지하기 위해 시설하는 접지공사에 대한 규정 중 옳지 않은 것은?
   ① 접지공사는 변압기의 시설장소마다 시행할 것
   ② 토지의 상황에 의하여 접지저항 값을 얻기 어려운 경우, 가공 접지선을 사용하여 접지극을 100[m]까지 떼어 놓을 수 있다.
   ③ 가공 공동지선을 설치하여 접지공사를 하는 경우, 각 변압기를 중심으로 지름 400[m] 이내의 지역에 접지할 것
   ④ 가공공동지선은 지름 4[mm] 이상의 경동선을 사용할 것

> **해설 2**
> 고압 또는 특고압과 저압의 혼촉에 의한 위험방지 시설
> 1) 접지공사는 변압기의 시설장소마다 시행할 것
> 2) 토지의 상황에 의하여 접지저항 값을 얻기 어려운 경우,
>   가공 접지선을 사용하여 접지극을 200[m]까지 떼어 놓을 수 있다.
> 3) 가공 공동지선을 설치하여 접지공사를 하는 경우,
>   각 변압기를 중심으로 지름 400[m] 이내의 지역에 접지할 것
> 4) 가공공동지선은 인장강도 5.26[kN] 이상 또는 지름 4[mm] 이상의 경동선을 사용할 것
>
> [답] ②

3. 고저압 혼촉에 의한 위험방지시설로 가공공동지선을 설치하여 시설하는 경우에 각 접지선을 가공공동지선으로부터 분리하였을 경우의 각 접지선과 대지간의 전기저항 값은 몇 [Ω] 이하로 하여야 하는가?

① 75
② 150
③ 300
④ 600

해설 3

고압 또는 특고압과 저압의 혼촉에 의한 위험방지 시설
: 가공공동지선과 대지 사이의 합성 전기저항 값은 1[km]를 지름으로 하는 지역 안마다 규정하는 접지공사의 접지저항 값을 가지는 것으로 하고 또한 각 접지선을 가공공동지선으로부터 분리하였을 경우의 각 접지선과 대지 사이의 전기저항 값은 300[Ω] 이하로 할 것

[답] ③

4. 특고압 전로와 저압 전로를 결합하는 변압기 저압측의 중성점에 접지공사를 토지의 상황 때문에 변압기의 시설장소마다 하기 어려워서 가공접지선을 시설하려고 한다.
이때 가공접지선으로 경동선을 사용한다면 그 최소 굵기는 몇 [mm]인가?

① 3.2
② 4
③ 4.5
④ 5

해설 4

고압 또는 특고압과 저압의 혼촉에 의한 위험방지 시설
: 토지의 상황에 의하여 변압기의 시설장소에서 규정하는 접지저항 값을 얻기 어려운 경우에 인장강도 5.26[kN] 이상 또는 지름 4[mm] 이상의 가공 접지선을 변압기의 시설장소로부터 200[m]까지 떼어놓을 수 있다.

[답] ②

5. 전로의 중성점을 접지하는 목적에 해당되지 않는 것은?
   ① 보호장치의 확실한 동작의 확보
   ② 부하전류의 일부를 대지로 흐르게 하여 전선 절약
   ③ 이상전압의 억제
   ④ 대지전압의 저하

   해설 5
   전로의 중성점의 접지
   : 전로의 보호 장치의 확실한 동작의 확보, 이상 전압의 억제 및 대지전압의 저하를 위하여 특히 필요한 경우에 전로의 중성점에 접지공사를 한다.

   [답] ②

MEMO

04장 전선로

Chapter 01. 전선로
Chapter 02. 특수장소의 전선로
적중실전문제

Chapter 01 전선로

학습내용 : 전선로 통칙 및 각종 전선로

가공전선로 일반

01 가공전선로 및 지지물

1) **전선로**
   발전소, 변전소, 개폐소 및 이와 비슷한 곳과 전기 쓰는 곳 사이의 전선 및 이를 지지하거나 보강하는 시설물

2) **가공전선로**
   지지물과 절연물로 전선을 가공(공중)에 설치하는 전선로

3) **지지물**
   목주, 강관주(철주), 철근콘크리트주, 철탑 등

4) 가공전선의 **병가 및 공가**
   ① 『병행, 병가』 : **전력선**과 **전력선**을 동일 지지물에 시설
   ② 『공용, 공가』 : **전력선**과 **약전선**을 동일 지지물에 시설
   ③ 『첨가』 : **전력선**과 **전력보안통신선**을 동일 지지물에 시설

5) **가공전선 사이 관통 금지**
   다른 가공전선, 가공약전류전선, 가공광섬유케이블, 약전류전선 또는 광섬유케이블 **사이를 관통하여 시설하지 말 것**

6) **가공전선로 지지물 사이에 시설 금지**
   다른 가공전선로, 가공전차전로, 가공약전류전선로 또는 가공광섬유케이블선로의 **지지물을 사이에 두고 시설하지 말 것**

7) 가공전선과 다른 가공전선, 가공약전류전선, 가공광섬유케이블 또는 가공전차선을 **동일지지물에 시설하는 경우**에는 4) 및 5)에 적용하지 않는다.

8) 가공전선의 분기하여 시설하는 경우 분기점에서 전선에 장력이 가하여지지 않도록 **그 전선의 지지점에서 분기할 것**

9) 고압 또는 특고압 옥외 H형 지지물에 가대 등을 시설하여 주상설비를 시설할 경우에는 점검 및 작업을 안전하게 할 수 있도록 할 것

02 가공전선로 지지물의 철탑오름 및 전주오름 방지 ★★★

1) **발판 볼트**(취급자가 오르고 내르는데 사용) **지표상 1.8[m] 이상 시설**

2) 발판 볼트 지표상 높이 **1.8[m] 미만에 시설하는 경우**
   ① 발판 볼트 등을 **내부에 넣을 수 있는 구조로 시설**
   ② 지지물에 철탑오름 및 전주오름 **방지장치를 시설**
   ③ 지지물 주위에 취급자 이외의 사람이 출입할 수 없도록 **울타리·담 등의 시설**
   ④ 지지물이 산간 등에 있으며 사람이 쉽게 **접근할 우려가 없는 곳에 시설**

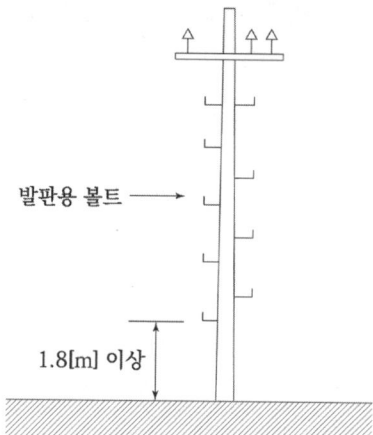

예제 01

가공 전선로의 지지물에 취급자가 오르고 내리는데 사용하는 발판 볼트 등은 지표상 몇 [m] 이상에 시설하여야 하는가?

① 1.2
② 1.8
③ 2.2
④ 2.5

【해설】
가공전선로 지지물의 철탑오름 및 전주오름 방지
: 가공전선로의 지지물에 취급자가 오르고 내리는데 사용하는
  발판 볼트 등을 지표상 1.8[m] 미만에 시설하여서는 아니 된다.

[답] ②

예제 02

가공전선 및 지지물에 관한 시설기준 중 틀린 것은?

① 가공전선은 다른 가공전선로, 전차선로, 가공 약전류 전선로 또는 가공 광섬유 케이블 선로의 지지물을 사이에 두고 시설하지 말 것
② 가공전선의 분기는 그 전선의 지지점에서 할 것(단, 전선의 장력이 가하여지지 않도록 시설하는 경우는 제외)
③ 가공전선로의 지지물에는 승탑 및 승주를 할 수 없도록 발판 못 등을 시설하지 말 것
④ 가공전선로의 지지물로는 목주·철주·철근콘크리트주 또는 철탑을 사용할 것

【해설】
가공전선로 지지물의 철탑오름 및 전주오름 방지
: 가공전선로의 지지물에 취급자가 오르고 내리는데 사용하는
  발판 볼트 등을 지표상 1.8[m] 미만에 시설하여서는 아니 된다.

[답] ③

예제 03

가공전선로의 지지물에 취급자가 오르고 내리는데 사용하는 발판 볼트 등은 지표상 몇 [m] 미만에 시설하여서는 아니 되는가?

① 1.2
② 1.5
③ 1.8
④ 2.0

【해설】
가공전선로 지지물의 철탑오름 및 전주오름 방지
: 가공전선로의 지지물에 취급자가 오르고 내리는데 사용하는
  발판 볼트 등을 지표상 1.8[m] 미만에 시설하여서는 아니 된다.

[답] ③

03 풍압하중의 종별과 적용 ★★★★★

1) 풍압하중 종별 : **갑종, 을종, 병정 풍압하중**

Check Point!

[수직 투영면적]
1) 갑종 풍압하중
   : 지지물
2) 을종 풍압하중
   : 지지물의 선류
3) 병종 풍압하중
   : 애자류, 완금류

S : 수직 투영면적
목주의 S : AH [m²]
전주의 S : DL [m²]

2) **갑종 풍압하중** : 구성재의 **수직 투영면적 1[m²]**에 대한 풍압을 기초로 계산

풍압을 받는 구분				구성재의 수직 투영면적 1[m²]에 대한 풍압
목 주				588[Pa]
지지물	철 주	원형의 것		588[Pa]
		삼각형 또는 마름모형의 것		1,412[Pa]
		강관에 의하여 구성되는 사각형의 것		1,117[Pa]
		기타의 것		복재가 전·후면에 겹치는 경우 1,627[Pa], 기타의 경우 1,784[Pa]
	철근 콘크리트주	원형의 것		588[Pa]
		기타의 것		882[Pa]
	철 탑	단주(완철류는 제외함)	원형의 것	588[Pa]
			기타의 것	1,117[Pa]
		강관으로 구성되는 것(단주는 제외함)		1,255[Pa]
		기타의 것		2,157[Pa]
전선 기타 가섭선	다도체(구성하는 전선이 2가닥마다 수평으로 배열되고 또한 그 전선 상호 간의 거리가 전선의 바깥지름의 20배 이하인 것에 한한다. 이하 같다.)를 구성하는 전선			666[Pa]
	기타의 것			745[Pa]
애자장치(특고압 전선용의 것에 한한다.)				1,039[Pa]
목주철주(원형의 것에 한한다.) 및 철근콘크리트주의 완금류(특고압 전선로용의 것에 한한다.)				단일재로서 사용하는 경우 1,196[Pa], 기타의 경우 1,627[Pa]

3) 을종 풍압하중
   ① 가섭선 주위에 『두께 6[mm], 비중 0.9의 빙설』이 부착된 상태
   ② 수직 투영면적 1[m^2]에 대한 372[Pa] (다도체를 구성하는 전선 333[Pa])
   ③ 그 이외의 것은 **갑종 풍압하중의 1/2 (50[%])로 적용**

   [참고] 가섭선 : 지지물에 가설되는 모든 전선 (가공지선, 전선, 통신선 등)

4) 병종 풍압하중
   ① 인가 밀집 장소에 시설하는 **가공전선로의 구성재**
      ㉮ 저압 또는 고압 가공전선로의 지지물 또는 가섭선
      ㉯ 35[kV] 이하 전선에 특고압 절연전선 또는 케이블을 사용하는 특고압 가공선
         전로의 **지지물, 가섭선 및 특고압 가공전선을 지지한 애자장치 및 완금류**
   ② 갑종 풍압하중의 1/2 (50[%])로 적용

5) 지지물의 형상에 따른 풍압
   ① 단주 형상
      ㉮ 전선로와 직각의 방향 : 지지물, 가섭선 및 애자장치 풍압의 1배
      ㉯ 전선로의 방향 : 지지물, 애자장치 및 완금류 풍압의 1배
   ② 기타 형상
      ㉮ 전선로와 직각의 방향 : 전면 결구, 가섭선 및 애자장치 풍압의 1배
      ㉯ 전선로의 방향 : 전면 결구 및 애자장치 풍압의 1배

6) 풍압하중의 적용

지 역		고온계절	저온계절
빙설이 적은 지방		갑종	병종
빙설이 많은 지방	일반지역	갑종	을종
	해안지방, 기타 저온 계절에 최대 풍압이 생기는 지역	갑종	갑종과 을종 중 큰 것
인가 밀집 장소		병종	병종

* 인가가 밀집한 장소의 가공전선로
1) 저압 또는 고압 가공전선로의 지지물 또는 가섭선
2) 사용전압이 35[kV] 이하의 전선에 특고압 절연전선 또는 케이블을 사용하는 특고압 가공전선로의 지지물, 가섭선 및 특고압 가공전선을 지지하는 애자장치 및 완금류

Check Point!

풍압 하중의 종별과 적용
1) 목주, 원형(철주, 철근콘크리트주, 철탑) : 588[Pa]
2) 기타 철근콘크리트주 : 882[Pa]
3) 철주 강관 4각형 : 1,117[Pa]
4) 강관 구성 철탑 : 1,255[Pa]
5) 애자장치 : 1,039[Pa]
6) 다도체 전선 : 666[Pa]

예제 01

갑종 풍압하중을 계산할 때 강관에 의하여 구성된 철탑에서 구성재의 수직 투영면적 $1[m^2]$에 대한 풍압하중은 몇 [Pa]를 기초로 하여 계산한 것인가? (단, 단주는 제외한다.)

① 588
② 1,117
③ 1,255
④ 2,157

【해설】
풍압하중의 종별과 적용
: 강관으로 구성되는 철탑의
  수직 투영면적 $1[m^2]$에 대한 풍압하중은 1,255[Pa]를 기초로 계산한다.

[답] ③

예제 02

가공 전선로에 사용하는 지지물의 강도 계산에 적용하는 갑종 풍압 하중을 계산할 때 구성재의 수직 투영 면적 $1[m^2]$에 대한 풍압 값[Pa]의 기준으로 틀린 것은?

① 목주 : 588[Pa]
② 원형 철주 : 588[Pa]
③ 원형 철근콘크리트주 : 1,038[Pa]
④ 강관으로 구성된 철탑(단주는 제외) : 1,255[Pa]

【해설】
풍압하중의 종별과 적용
: 원형 철근콘크리트주의
  수직 투영면적 $1[m^2]$에 대한 풍압하중은 588[Pa]를 기초로 계산한다.

[답] ③

예제 03

가공 전선로에 사용하는 지지물의 강도 계산에 적용하는 풍압하중 중에서 병종 풍압하중은 갑종 풍압하중에 대한 얼마의 풍압을 기초로 하여 계산한 것인가?

① 1/2   ② 1/3   ③ 2/3   ④ 1/4

【해설】
풍압하중의 종별과 적용
: 병종 풍압하중은 갑종 풍압하중의 1/2(50[%])로 적용

[답] ①

예제 04

전선 기타의 가섭선 주위에 두께 6[mm], 비중 0.9의 빙설이 부착된 상태에서 을종 풍압하중은 구성재의 수직 투영면적 1[m²] 당 몇 [Pa]을 기초로 하여 계산하는가? (단, 다도체를 구성하는 전선이 아니라고 한다.)

① 333   ② 372   ③ 588   ④ 666

【해설】
풍압하중의 종별과 적용
: 을종 풍압하중은 전선 기타의 가섭선 주위에 두께 6[mm], 비중 0.9의 빙설이 부착된 상태에서 수직 투영면적 372[Pa](다도체를 구성하는 전선은 333[Pa])

[답] ②

예제 05

강관으로 구성된 철탑의 갑종 풍압하중은 수직 투영 면적 1[m²]에 대한 풍압을 기초로 하여 계산한 값이 몇 [Pa]인가?

① 1,255   ② 1,340   ③ 1,560   ④ 2,060

【해설】
풍압하중의 종별과 적용
: 강관으로 구성된 철탑의
 수직 투영면적 1[m²]에 대한 풍압하중은 1,255[Pa]를 기초로 계산한다.

[답] ①

예제 06

가공 전선로에 사용하는 지지물의 강도 계산에 적용하는 풍압하중 중 병종 풍압하중은 갑종 풍압하중에 대한 얼마를 기초로 하여 계산한 것인가?

① 1/2   ② 1/3   ③ 2/3   ④ 1/4

【해설】
풍압하중의 종별과 적용
: 병종 풍압하중은 갑종 풍압하중의 1/2(50[%])로 적용

[답] ①

예제 07

가공 전선로에 사용하는 선류의 강도 계산에 적용하는 을종 풍압하중은
갑종 풍압하중의 몇 [%]를 기초로 하여 계산한 것인가?

① 30
② 50
③ 80
④ 110

【해설】
풍압하중의 종별과 적용
: 을종 풍압하중은 갑종 풍압하중의 1/2(50[%])로 적용

[답] ②

예제 08

가공전선로에 사용되는 특고압 전선용의 애자장치에 대한 갑종 풍압하중은
그 구성재의 수직투영면적 1[m^2]에 대한 풍압으로 몇 [Pa]를 기초로 계산하여야 하는가?

① 588
② 745
③ 660
④ 1,039

【해설】
풍압하중의 종별과 적용
: 애자장치의 수직 투영면적 1[m^2]에 대한 풍압하중은 1,039[Pa]를 기초로 계산한다.

[답] ④

예제 09

가공전선로에 사용하는 지지물의 강도 계산 시 구성재의
수직 투영면적 1[m^2]에 대한 풍압을 기초로 적용하는 갑종 풍압하중 값의 기준이 잘못된 것은?

① 목주 : 588[Pa]
② 원형 철주 : 588[Pa]
③ 원형 철근콘크리트주 : 1,117[Pa]
④ 강관으로 구성된 철탑 : 1,255[Pa]

【해설】
풍압하중의 종별과 적용
: 원형 철근콘크리트주의
  수직 투영면적 1[m^2]에 대한 풍압하중은 588[Pa]를 기초로 계산한다.

[답] ③

04 가공전선로 지지물의 기초의 안전율 ★★★★★

1) 가공전선로의 지지물의 기초의 안전율은 2 이상
2) 풍압하중(수평횡하중)에 대한 **철탑의 기초에 대하여 1.33 이상**
3) 목주, 철주 또는 철근콘크리트주 묻히는 깊이

지지물 구분		6.8[kN] 이하	6.8[kN] 초과 ~ 9.8[kN] 이하	9.8[kN] 초과 ~ 14.72[kN] 이하
목주, 강관주(철주)	15[m] 이하	전장×1/6[m] 이상	-	-
	15[m] 초과 ~ 16[m] 이하	2.5[m] 이상	-	-
철근콘크리트주	14[m] 이상 ~ 15[m] 이하	전장×1/6[m] 이상	+ 0.3[m]	전장×1/6[m] + 0.5[m] 이상
	15[m] 초과 ~ 16[m] 이하	2.5[m] 이상		3[m] 이상
	16[m] 초과 ~ 18[m] 이하	2.8[m] 이상		3[m] 이상
	18[m] 초과 ~ 20[m] 이하	2.8[m] 이상		3.2[m] 이상

4) 논이나 그 밖의 **지반이 연약한 곳**에서는 견고한 **근가를 시설할 것**

예제 01

설계하중이 6.8[kN]인 철근콘크리트주의 길이가 17[m]라 한다.
이 지지물을 지반이 연약한 곳 이외의 곳에서 안전율을 고려하지 않고 시설하려고 하면
땅에 묻히는 깊이는 몇 [m] 이상으로 하여야 하는가?
① 2.0[m] ② 2.3[m]
③ 2.5[m] ④ 2.8[m]

【해설】
가공전선로 지지물의 기초의 안전율
: 철근콘크리트주 전장 16~20[m] 이하 설계하중 6.8[kN] 이하의
  지지물의 근입 깊이는 2.8[m] 이상으로 한다.

[답] ④

예제 02

철탑의 강도계산에 사용하는 이상 시 상정하중이 가하여지는 경우의
그 이상 시 상정 하중에 대한 철탑의 기초에 대한 안전율은 얼마 이상이어야 하는가?
① 1.2 ② 1.33
③ 1.5 ④ 2

【해설】
가공전선로 지지물의 기초의 안전율
: 가공전선로의 지지물에 하중이 가하여지는 경우에 그 하중을 받는 지지물의
  기초의 안전율은 2(단, 이상 시 상정하중에 대한 철탑의 기초에 대하여는 1.33) 이상

[답] ②

예제 03

가공전선로의 지지물에 하중이 가하여지는 경우에
그 하중을 받는 지지물의 기초 안전율은 특별한 경우를 제외하고 최소 얼마 이상인가?
① 1.5 ② 2
③ 2.5 ④ 3

【해설】
가공전선로 지지물의 기초의 안전율
: 가공전선로의 지지물에 하중이 가하여지는 경우에 그 하중을 받는 지지물의
  기초의 안전율은 2(단, 이상 시 상정하중에 대한 철탑의 기초에 대하여는 1.33) 이상

[답] ②

> **예제 04**
>
> 전체의 길이가 16[m]이고 설계하중이 6.8[kN] 초과 9.8[kN] 이하인 철근콘크리트주를 논, 기타 지반이 연약한 곳 이외에 시설할 때, 묻히는 길이를 2.5[m]보다 몇 [cm] 가산하여 시설하는 경우에는 기초의 안전율에 대한 고려 없이 시설하여도 되는가?
>
> ① 10 ② 20
> ③ 30 ④ 40
>
> 【해설】
> 가공전선로 지지물의 기초의 안전율
> : 전장 16[m] 이하 설계하중 6.8[kN] 초과 9.8[kN] 이하의
>   지지물의 근입 깊이는 2.8[m] 이상으로 한다.
>
> [답] ③

> **예제 05**
>
> 가공 전선로의 지지물에 하중이 가하여지는 경우에
> 그 하중을 받는 지지물의 기초 안전율은 얼마 이상이어야 하는가? (단, 이상 시 상정하중은 무관)
>
> ① 1.5 ② 2.0
> ③ 2.5 ④ 3.0
>
> 【해설】
> 가공전선로 지지물의 기초의 안전율
> : 가공전선로의 지지물에 하중이 가하여지는 경우에 그 하중을 받는 지지물의
>   기초의 안전율은 2(단, 이상 시 상정하중에 대한 철탑의 기초에 대하여는 1.33) 이상
>
> [답] ②

> **예제 06**
>
> 철근콘크리트주로서 전장이 15[m]이고, 설계하중이 7.8[kN]이다.
> 이 지지물을 논, 기타 지반이 약한 곳 이외에 기초 안전율의 고려없이 시설하는 경우에
> 그 묻히는 깊이는 기준보다 몇 [cm]를 가산하여 시설하여야 하는가?
>
> ① 10 ② 30
> ③ 50 ④ 70
>
> 【해설】
> 가공전선로 지지물의 기초의 안전율
> : 철근콘크리트주 전장 15[m] 이하 설계하중 6.8[kN] 초과 9.8[kN] 이하의
>   지지물의 근입 깊이는 전장의 6분의 1과 0.3[m] 이상을 가산하여 시설한다.
>
> [답] ②

예제 07

가공전선로의 지지물에 하중이 가하여지는 경우에
그 하중을 받는 지지물의 기초의 안전율은 일반적인 경우 얼마 이상이어야 하는가?
① 1.2   ② 1.5
③ 1.8   ④ 2

【해설】
가공전선로 지지물의 기초의 안전율
: 가공전선로의 지지물에 하중이 가하여지는 경우에 그 하중을 받는 지지물의
  기초의 안전율은 2(단, 이상 시 상정하중에 대한 철탑의 기초에 대하여는 1.33) 이상

[답] ④

예제 08

가공전선로의 지지물로서 길이 9[m], 설계하중이 6.8[kN] 이하인 철근콘크리트주를 시설할 때 땅에 묻히는 깊이는 몇 [m] 이상으로 하여야 하는가?
① 1.2   ② 1.5
③ 2   ④ 2.5

【해설】
가공전선로 지지물의 기초의 안전율
1) 전장 15[m] 이하 설계하중 6.8[kN] 이하의 지지물의 근입 깊이는 전장의 6분의 1 이상
2) 근입 깊이 = 9[m]×1/6 = 1.5[m] 이상

[답] ②

05　가공전선로 지지물의 구성

1) 철주 또는 철탑의 구성
   ① 가공 전선로의 지지물로 사용하는
      철주 또는 철탑은 KS 표준에 적합 자재로 구성할 것
   ② 구성 자재 : 강판, 형강, 평강, 봉강(볼트재 포함),
      　　　　　강관(콘크리트 또는 몰탈을 충전한 것 포함), 리벳재

2) 철근콘크리트주의 구성
   ① 가공 전선로의 지지물로 사용하는 철근콘트리트주는 KS 표준에 적합할 것
   ② 구성 자재 : 콘크리트, 평강, 봉강

06　지선의 시설　　★★★★★

1) 지선의 목적 : 지지물의 강도 보강, 안전성 증가, 불평형 장력 감소

2) 지선 사용하지 않는 경우
   ① 철탑은 지선을 사용하여 그 강도를 분담시켜지 않을 것
      (철탑은 지선 사용 금지)
   ② 철주 또는 철근콘크리트주는 지선이 없는 상태에서 1/2(50[%]) 이상의 풍압하중을 견딜 경우

3) 지선의 시설
   ① 지선의 안전율은 2.5 이상, 허용 인장하중의 최저는 4.31[kN] 이상
   ② 지선에 연선을 사용하는 경우
   － 소선 3가닥 이상의 연선일 것
   － 소선의 지름이 2.6[mm] 이상의 금속선
   － 아연도강연선 : 소선 지름이 2[mm] 이상, 인장강도가 0.68[kN/mm^2] 이상
   ③ 지중부분 및 지표상 0.3[m]까지의 부분에는
      내식성이 있는 것 또는 아연도금을 한 철봉을 사용,
      근가에 견고하게 설치(목주지선 부식대책 제외 가능)
   ④ 지선근가는 지선의 인장하중에 충분히 견딜 것

⑤ **저압 및 고압 또는 25[kV] 미만**인 특고압 가공전선로의 지지물에 시설하는 지선의 경우 전선과 접촉할 우려가 있는 것에는 **그 상부에 애자를 삽입**하여 시설할 것
(다만, 저압 가공전선로의 지선을 논이나 습지 이외의 장소에 시설하는 경우 적용하지 않는다.)
⑥ **지선**은 이와 동등 이상의 효력이 있는 **지주로 대체할 수 있다.**

4) 도로 횡단 지선 높이
① **표준 : 지표상 5[m] 이상**
② **표준 이외** : 기술상 부득이한 경우, 교통에 지장을 초래할 우려가 없는 경우, 지표상 4.5[m] 이상, 보도 2.5[m] 이상

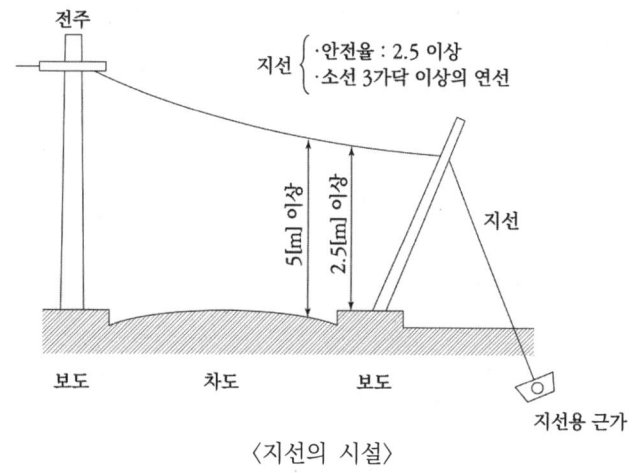

〈지선의 시설〉

Check Point!

「지선」
1) 사용목적 : 지지물의 강도 보강, 안전성 증가, 불평형 장력 감소
2) 사용자재 ① 허용 인장하중 최저값 4.31[kN], 안전율 2.5 이상
② 소선 3가닥 이상 금속 연선
③ 소선지름 2.6[mm] 이상
(아연도강선 지름 2.0[mm] 인장강도 0.68[kN/mm^2] 이상)

예제 01

가공 전선로의 지지물에 시설하는 지선의 안전율은 일반적인 경우 얼마 이상이어야 하는가?
① 2.0
② 2.2
③ 2.5
④ 2.7

【해설】
지선의 시설
: 지선의 안전율은 2.5 이상일 것. 이 경우에 허용 인장하중의 최저는 4.31[kN]일 것

[답] ③

예제 02

가공 전선로의 지지물에 시설하는 지선의 시방 세목을 설명한 것 중 옳은 것은?
① 안전율은 1.2 이상일 것
② 허용 인장하중의 최저는 5.26[kN]으로 할 것
③ 소선은 지름 1.6[mm] 이상인 금속선을 사용할 것
④ 지선에 연선을 사용할 경우 소선 3가닥 이상의 연선일 것

【해설】
지선의 시설
1) 안전율은 2.5 이상
2) 허용 인장하중의 최저는 4.31[kN]
3) 소선은 지름 2.6[mm] 이상의 금속선

[답] ④

예제 03

가공전선로의 지지물에 사용하는 지선의 시설과 관련된 내용으로 틀린 것은?
① 지선에 연선을 사용하는 경우 소선(素線) 3가닥 이상의 연선일 것
② 지선의 안전율은 2.5 이상, 허용 인장하중의 최저는 3.31[kN]으로 할 것
③ 지선에 연선을 사용하는 경우 소선의 지름이 2.6[mm] 이상의 금속선을 사용한 것일 것
④ 가공전선로의 지지물로 시용하는 철탑은 지선을 사용하여 그 강도를 분담시키지 않을 것

【해설】
지선의 시설
: 지선의 안전율은 2.5 이상일 것. 이 경우에 허용 인장하중의 최저는 4.31[kN]일 것

[답] ②

예제 04

가공전선로의 지지물에 시설하는 지선으로 연선을 사용할 경우
소선은 최소 몇 가닥 이상이어야 하는가?
① 3
② 5
③ 7
④ 9

【해설】
지선의 시설
: 지선에 연선을 사용할 경우 소선 3가닥 이상의 연선을 사용할 것

[답] ①

예제 05

가공전선로의 지지물에 시설하는 지선으로 연선을 사용할 경우,
소선(素線)은 몇 가닥 이상이어야 하는가?
① 2
② 3
③ 5
④ 9

【해설】
지선의 시설
: 지선에 연선을 사용할 경우 소선 3가닥 이상의 연선을 사용할 것

[답] ②

예제 06

가공전선로의 지지물에 사용하는 지선의 시설과 관련하여 다음 중 옳지 않은 것은?
① 지선의 안전율은 2.5 이상, 허용 인장하중의 최저는 3.31[kN]으로 할 것
② 지선에 연선을 사용하는 경우 소선(素線) 3가닥 이상의 연선일 것
③ 지선에 연선을 사용하는 경우 소선의 지름이 2.6[mm] 이상의 금속선을 사용한 것일 것
④ 가공전선로의 지지물로 사용하는 철탑은 지선을 사용하여 그 강도를 분담시키지
   않을 것

【해설】
지선의 시설
: 지선의 안전율은 2.5 이상일 것. 이 경우에 허용 인장하중의 최저는 4.31[kN]일 것

[답] ①

예제 07

가공전선로의 지지물 중 지선을 사용하여 그 강도를 분담시켜서는 안 되는 것은?
① 철탑
② 목주
③ 철주
④ 철근콘크리트주

【해설】
지선의 시설
: 가공전선로의 지지물로 사용하는 철탑은 지선을 사용하여 그 강도를 분담시켜지 안을 것

[답] ①

예제 08

가공 전선로의 지지물에 지선을 사용하여 안전율을 2.5로 한 경우
허용 인장하중은 최저 몇 [kN]으로 하는가?
① 2.11
② 2.91
③ 4.31
④ 5.81

【해설】
지선의 시설
: 지선의 안전율은 2.5 이상일 것. 이 경우에 허용 인장하중의 최저는 4.31[kN]일 것

[답] ③

예제 09

가공전선로의 지지물에 시설하는 지선의 안전율과 허용인장하중의 최저값은?
① 안전율은 2.0 이상, 허용인장하중 최저값은 4[kN]
② 안전율은 2.5 이상, 허용인장하중 최저값은 4[kN]
③ 안전율은 2.0 이상, 허용인장하중 최저값은 4.4[kN]
④ 안전율은 2.5 이상, 허용인장하중 최저값은 4.31[kN]

【해설】
지선의 시설
: 지선의 안전율은 2.5 이상일 것. 이 경우에 허용 인장하중의 최저는 4.31[kN]일 것

[답] ④

예제 10

가공전선로의 지지물에 시설하는 지선의 시설기준에 대한 설명 중 옳은 것은?
① 지선의 안전율은 2.5 이상일 것
② 연선을 사용하는 경우 소선 4가닥 이상의 연선일 것
③ 지중 부분 및 지표상 100[cm]까지의 부분은 철봉을 사용할 것
④ 도로를 횡단하여 시설하는 지선의 높이는 지표상 4[m] 이상으로 할 것

【해설】
지선의 시설
1) 연선을 사용하는 경우 소선 3가닥 이상 사용할 것
2) 지중 부분 및 지표상 0.3[m]까지의 부분은 철봉을 사용할 것
3) 도로를 횡단하여 시설하는 지선의 높이는 지표상 5[m] 이상일 것

[답] ①

예제 11

가공전선로의 지지물에 지선을 시설할 때 옳은 방법은?
① 지선의 안전률을 2.0으로 하였다.
② 소선은 최소 2가닥 이상의 연선을 사용하였다.
③ 지중의 부분 및 지표상 20[cm]까지의 부분은 아연도금 철봉 등 내부식성 재료를 사용하였다.
④ 도로를 횡단하는 곳의 지선의 높이는 지표상 5[m]로 하였다.

【해설】
지선의 시설
1) 지선의 안전율은 2.5 이상일 것
2) 연선을 사용하는 경우 소선 3가닥 이상 사용할 것
3) 지중 부분 및 지표상 0.3[m]까지의 부분은 철봉을 사용할 것

[답] ④

예제 12

지선 시설에 관한 설명으로 틀린 것은?
① 철탑은 지선을 사용하여 그 강도를 분담시켜야 한다.
② 지선의 안전율은 2.5 이상이어야 한다.
③ 지선에 연선을 사용할 경우 소선 3가닥 이상의 연선이어야 한다.
④ 지선근가는 지선의 인장하중에 충분히 견디도록 시설하여야 한다.

【해설】
지선의 시설
: 가공전선로의 지지물로 사용하는 철탑은 지선을 사용하여 그 강도를 분담시키지 않을 것

[답] ①

저압, 고압 및 특고압 구내인입선

07 가공인입선의 시설 ★★

1) 가공인입선의 전선

전로의 종류	적용 전선
저압	· 절연전선, 다심형 전선 또는 케이블 · 인입용 비닐절연전선(인장강도 2.30[kN] 이상, 지름 2.6[mm] 이상) (단, 경간 15[m] 이하 : 인장강도 1.25[kN] 이상, 지름 2[mm] 이상)
고압	· 고압 절연전선, 특고압 절연전선(인장강도 8.01[kN] 이상) · 지름 5[mm] 이상의 경동선의 고압 절연전선, 특고압 절연전선
특고압	· 단면적 25[mm^2] 이상의 경동연선

2) 가공인입선의 전선 높이
   ① **저압 및 고압** 가공인입선 전선의 높이

구분	저압	고압	35[kV] 이하
도로횡단	5[m] 이상 (기술상 부득이한 경우, 교통에 지장이 없는 경우 3[m] 이상)	6[m] 이상	6[m] 이상
철도, 궤도 횡단	6.5[m] 이상	6.5[m] 이상	6.5[m] 이상
횡단보도교 위	3[m] 이상	3.5[m] 이상	4[m] 이상 (절연전선)
기타	4[m] 이상 (기술상 부득이한 경우, 교통에 지장이 없는 경우 2.5[m] 이상)	5[m] 이상 (위험표시 3.5[m] 이상)	5[m] 이상 (케이블 4.0[m] 이상)

08 연접 인입선의 시설 ★★★★★

1) 저압 연접 인입선
   ① 인입선에서 분기하는 점으로부터 100[m]을 초과하는 지역에 미치지 아니할 것
   ② 폭 5[m]을 초과하는 도로를 횡단하지 아니할 것
   ③ 옥내를 통과하지 아니할 것

2) 고압 및 특고압 연접인입선은 시설하여서는 아니 된다.

저압, 고압 및 특고압 옥측, 옥상전선로

09 옥측 및 옥상 전선로 ★★

1) 옥측 전선로 시설

구분	공사 방법	시설
저압	애자사용배선	· 전개된 장소에 한함 · 4[mm²] 이상의 연동절연전선(OW, DV 제외)일 것 · 지지점 간의 거리 : 2[m] 이하
	버스덕트배선	· 목조 이외의 조영물(점검할 수 없는 은폐된 장소 제외)에 시설
	합성수지관배선	-
	금속관배선	· 목조 이외의 조영물에 시설
	케이블배선	· 연피, 알루미늄 피 또는 MI케이블 사용(목조 이외의 조영물)
고압	케이블배선	· 케이블은 견고한 관 또는 트라프에 넣거나 사람이 접촉할 우려가 없도록 시설 · 지지점 간의 거리 : 2[m](수직 : 6[m]) 이하
특고압		시설 불가(다만, 사용전압 100[kV] 이하, 케이블공사로 시설 가능)

2) 옥상 전선로 시설

구분	공사 방법	시설

저압	견고한 관
	또는
	트라프
		· 전선은 **절연전선**(OW 포함),
		  인장강도 2.30[kN] 이상 또는 지름 2.6[mm] 이상의 경동선
		· 조영재 사이의 이격거리 : 2[m] 이상
		  (고압 절연전선, 특고압 절연전선 또는 케이블인 경우 1[m] 이상)
		· **식물과의 이격거리**
		  : 상시 부는 바람 등에 의하여 식물에 접촉하지 않을 것

고압		· **케이블공사** · 조영재 사이의 이격거리 : 1.2[m] 이상 · 다른 시설물과 접근하거나 교차하는 경우 : 0.6[m] 이상
특고압		**시설 불가**

가공전선로

10 가공약전류전선로의 유도장해 방지

1) 전선과 기설 약전류 전선 간의 이격거리는 2[m] 이상일 것
2) 기설 가공약전류전선로에 장해를 줄 우려가 있는 경우
    ① 가공전선과 가공 약전류 전선 간의 **이격거리를 증가**시킬 것
    ② 교류식 가공전선로의 경우 가공전선을 적당한 거리에서 **연가할 것**
    ③ 가공전선과 가공약전류전선 사이에
       인장강도 5.26[kN] 이상, 지름 4[mm] 이상의 경동선의 금속선 2가닥 이상을
       시설하고 이에 접지공사 할 것

11 유도장해의 방지 ★★★

1) 특고압 가공 전선로는 기설 가공 전화선로에 대하여
   상시 정전유도작용에 의한 통신상의 장해가 없도록 시설할 것
2) 유도전류 제한

사용전압	전화선로의 길이	유도전류
60[kV] 이하	12[km]마다	2[μA] 이하
60[kV] 초과	40[km]마다	3[μA] 이하

Check Point!

「유도장해 방지」
1) 가공 약전류 전선로의 유도장해 방지 : 전선과의 이격거리는 2[m] 이상
2) 누설전류 기준 : 12[km]마다, 2[μA] ≤ 60[kV] < 40[km]마다, 3[μA] 이하

12 가공케이블의 시설 ★★★★★

1) 저압, 고압 또는 특고압 가공전선에 **케이블을 사용하는 경우**
2) **조가용선**에 **행거로 시설**할 것
3) **행거 간격 : 0.5[m] 이하**
4) **조가용선 굵기**
   ① **저, 고압** : 인장강도 **5.93[kN]** 이상의 연선,
      단면적 22[mm^2] 이상인 아연도강연선일 것
   ② **특고압** : 인장강도 **13.93[kN]** 이상의 연선,
      단면적 22[mm^2] 이상인 아연도강연선일 것
5) 조가용선 및 케이블의 **피복**에 사용하는 **금속체**에는 **접지공사**를 할 것
6) **금속 테이프** 사용 : **나선상**으로 **0.2[m] 이하의 간격**

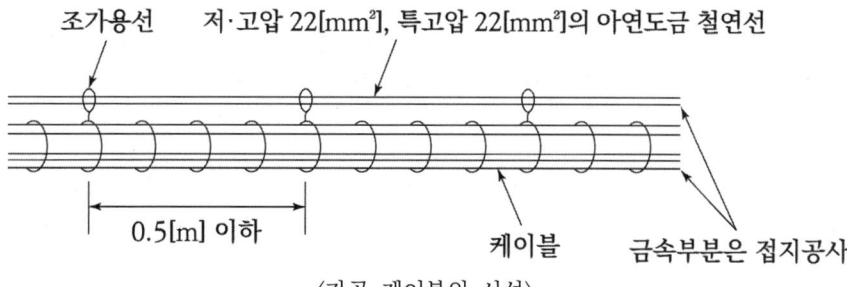

〈가공 케이블의 시설〉

예제 01

특고압 가공전선로의 전선으로 케이블을 사용하는 경우의 시설로서 옳지 않은 것은?
① 케이블은 조가용선에 행거에 의하여 시설한다.
② 케이블은 조가용선에 접속시키고 비닐테이프 등을 0.3[m] 이상의 간격으로 감아 붙인다.
③ 조가용선은 단면적 22[m²]의 아연도강연선 또는 인장강도 13.93[kN] 이상의 연선을 사용한다.
④ 조가용선 및 케이블의 피복에 사용하는 금속체에는 접지공사를 한다.

【해설】
특고압 가공케이블의 시설
: 케이블은 조가용선에 행거로 시설할 것.
  금속 테이프로 0.2[m] 이하 간격 나선상으로 감아 고정할 것

[답] ②

예제 02

저압 가공전선으로 케이블을 사용하는 경우이다. 케이블을 조가용선에 행거로 시설하였을 때 사용전압이 고압인 경우에는 행거의 간격을 몇 [m] 이하로 시설하여야 하는가?
① 0.3
② 0.5
③ 0.75
④ 1.0

【해설】
가공케이블의 시설
: 케이블은 조가용선에 행거로 시설할 것.
  이 경우에는 행거의 간격을 0.5[m] 이하로 시설할 것

[답] ②

13. 가공전선의 굵기 및 종류 ★★★

1) 전선의 굵기 (경동선 기준)

전 압	조 건	전선의 굵기 및 인장강도	비고
400[V] 이하	나전선	인장강도 3.43[kN] 이상 또는 지름 3.2[mm] 이상	케이블 제외
	절연전선	인장강도 2.3[kN] 이상 또는 지름 2.6[mm] 이상	
400[V] 초과 저압, 고압	시가지	인장강도 8.1[kN] 이상 또는 지름 5[mm] 이상	DV 제외
	시가지 외	인장강도 5.26[kN] 이상 또는 지름 4[mm] 이상	
특고압		인장강도 8.71[kN] 이상 또는 25[mm^2] 이상의 경동연선	케이블 제외

2) 전선의 종류
① **저압 가공전선** : 나전선(중성선, 접지선), 절연전선, 다심형 전선, 케이블
② **고압 가공선전** : 고압 절연전선, 특고압 절연전선 또는 케이블
③ **특고압 가공선전** : 경동연선, 알루미늄 전선, 특고압 절연전선 또는 케이블

14. 가공전선의 안전율 ★★★★★

1) 경동선 및 내열 합금선 : 2.2 이상의 이도로 시설
2) 그 밖의 전선 : 2.5 이상이 되는 이도로 시설
3) 저압, 고압, 특고압 가공전선의 안전율 규정은 동일

예제 01

ACSR 전선을 사용전압 직류 1,500[V]의 가공 급전선으로 사용할 경우
안전율은 얼마 이상이 되는 이도로 시설하여야 하는가?
① 2.0 ② 2.1
③ 2.2 ④ 2.5

【해설】
고압 가공전선의 안전율
: 고압 가공전선은 케이블인 경우 이외 안전율이 경동선 또는 내열 동합금선은 2.2 이상,
  그 밖의 전선은 2.5 이상이 되는 이도로 시설할 것

[답] ④

예제 02

고압 가공전선에 ACSR을 쓸 때의 안전율은 최소 얼마 이상이 되는 이도로 시설하여야 하는가?
① 2.0   ② 2.5   ③ 3.0   ④ 3.5

【해설】
고압 가공전선의 안전율
: 고압 가공전선은 케이블인 경우 이외 안전율이 경동선 또는 내열 동합금선은 2.2 이상,
  그 밖의 전선은 2.5 이상이 되는 이도로 시설할 것

[답] ②

예제 03

고압가공전선에 경동선을 사용하는 경우 안전율은 얼마 이상이 되는 이도로 시설하여야 하는가?
① 2.0   ② 2.2   ③ 2.5   ④ 2.6

【해설】
고압 가공전선의 안전율
: 고압 가공전선은 케이블인 경우 이외 안전율이 경동선 또는 내열 동합금선은 2.2 이상,
  그 밖의 전선은 2.5 이상이 되는 이도로 시설할 것

[답] ②

예제 04

ACSR을 사용한 고압가공전선의 이도계산에 적용되는 안전율은?
① 2.0 ② 2.2 ③ 2.5 ④ 3

【해설】
고압 가공전선의 안전율
: 고압 가공전선은 케이블인 경우 이외 안전율이 경동선 또는 내열 동합금선은 2.2 이상, 그 밖의 전선은 2.5 이상이 되는 이도로 시설할 것

[답] ③

예제 05

고압 가공전선으로 경동선 또는 내열 동합금선을 사용할 경우에 이도의 최소 안전율은?
(단, 빙설이 많지 않은 지방에서 그 지방의 평균온도에서 전선의 중량과
그 전선의 수직투영 면적 1[m^2] 당 745[Pa]의 수평풍압과의 합성하중을 지지하는 경우임)
① 2.2 ② 2.5 ③ 2.7 ④ 3.0

【해설】
고압 가공전선의 안전율
: 고압 가공전선은 케이블인 경우 이외 안전율이 경동선 또는 내열 동합금선은 2.2 이상, 그 밖의 전선은 2.5 이상이 되는 이도로 시설할 것

[답] ①

15 가공전선의 높이 ★★★★★

설치장소		저, 고압	특고압		
			35[kV] 이하	35[kV] 초과 160[kV] 이하	160[kV] 초과
도로 횡단		6[m]	6[m]	6[m]	= 6 + 단수 × 0.12[m]
철도, 궤도 횡단		6.5[m]	6.5[m]	6.5[m]	= 6.5 + 단수 × 0.12[m]
횡단 보도교 위	나전선	3.5[m]	특고압 절연전선 또는 케이블인 경우		
	절연전선	3[m]	4[m]	5[m]	6[m]
일반장소		5[m]	5[m]	6[m]	= 6 + 단수 × 0.12[m]
교통에 지장이 없는 경우		4[m] (절연전선, 케이블)	-	산지 5[m]	= 5 + 단수 × 0.12[m]

* 단수 $= \dfrac{(전압[kV] - 160)}{10}$ …· 단수 계산에서 소수점 이하는 절상

16 가공전선로의 가공지선 ★

전압의 종별	전선의 종류
고 압	인장강도 5.26[kN] 이상의 것 또는 지름 4[mm] 이상의 나경동선
특고압	인장강도 8.01[kN] 이상의 나선 또는 지름 5[mm] 이상의 나경동선

예제 01

저압 및 고압 가공전선의 높이에 대한 기준으로 틀린 것은?
① 철도를 횡단하는 경우는 레일면상 6.5[m] 이상이다.
② 횡단 보도교 위에 시설하는 경우는 저압의 경우는 그 노면상 3[m] 이상이다.
③ 횡단 보도교 위에 시설하는 경우는 고압의 경우는 그 노면상 3.5[m] 이상이다.
④ 다리의 하부 기타 유사한 장소에 시설하는 저압의 전기철도용 급전선은 지표상 3.5[m] 까지 감할 수 있다.

【해설】
저압 가공전선의 높이
: 횡단 보도교 위에 시설하는 경우는 저압의 경우는 그 노면상에서 3.5[m] 이상일 것

[답] ②

예제 02

고압 가공전선이 철도를 횡단하는 경우 레일면상에서 몇 [m] 이상으로 유지되어야 하는가?
① 5.5
② 6
③ 6.5
④ 7.0

【해설】
고압 가공전선의 높이
: 고압 가공전선이 철도를 횡단하는 경우 레일면상에서 6.5[m] 이상일 것

[답] ③

예제 03

저압 가공전선이 철도 또는 궤도를 횡단하는 경우에는 레일면상 높이가 몇 [m] 이상이어야 하는가?
① 5
② 5.5
③ 6
④ 6.5

【해설】
저압 가공전선의 높이
: 저압 가공전선이 철도를 횡단하는 경우 레일면상에서 6.5[m] 이상일 것

[답] ④

예제 04

220[V]의 가공전선이 횡단보도교 위를 횡단할 때의 최저 높이[m]는?
① 2.0
② 2.5
③ 3.0
④ 3.5

【해설】
저압 가공전선의 높이
: 횡단 보도교 위에 시설하는 경우는 저압의 경우는 그 노면상에서 3.5[m] 이상일 것

[답] ④

Chapter 01. 전선로

예제 05

옥외용 비닐절연전선을 사용한 저압가공전선이 횡단보도교 위에 시설되는 경우에
그 전선의 노면상 높이는 몇 [m] 이상으로 하여야 하는가?

① 2.5
② 3.0
③ 3.5
④ 4.0

【해설】
저압 가공전선의 높이
: 횡단 보도교 위에 시설하는 경우는 저압의 절연전선의 경우 노면상에서 3[m] 이상일 것

[답] ②

예제 06

저압 가공전선 또는 고압 가공전선이 도로를 횡단할 때 지표상의 높이는
몇 [m] 이상으로 하여야 하는가?
(단, 농로 기타 교통이 번잡하지 않은 도로 및 횡단보도교는 제외한다.)

① 4
② 5
③ 6
④ 7

【해설】
저압 가공전선의 높이
: 도로를 횡단하여 시설하는 경우는 저, 고압의 경우 노면상에서 6[m] 이상일 것

[답] ③

예제 07

사용전압이 22.9[kV]인 특고압 가공전선이 도로를 횡단하는 경우,
지표상 높이는 최소 몇 [m] 이상인가?

① 4.5
② 5
③ 5.5
④ 6

【해설】

특고압 가공전선의 높이
: 사용전압 35[kV] 이하 가공전선이 도로를 횡단하는 경우 지표상 높이 6[m] 이상 시설할 것

[답] ④

예제 08

사용전압 22.9[kV]의 가공전선이 철도를 횡단하는 경우,
전선의 레일면상의 높이는 몇 [m] 이상인가?

① 5
② 5.5
③ 6
④ 6.5

【해설】

특고압 가공전선의 높이
: 사용전압 35[kV] 이하 가공전선이
  철도 또는 궤도를 횡단하는 경우 지표상 높이 6.5[m] 이상 시설할 것

[답] ④

예제 09

고압 가공전선로의 가공지선으로 나경동선을 사용할 경우 지름 몇 [mm] 이상으로 시설하여야 하는가?

① 2.5
② 3
③ 3.5
④ 4

【해설】
고압 가공전선로의 가공지선
: 고압 가공전선로의 가공지선으로 나경동선을 사용할 경우 인장강도 5.26[kN] 이상의 것 또는 지름 4[mm] 이상의 나경동선을 시설할 것

[답] ④

Check Point!

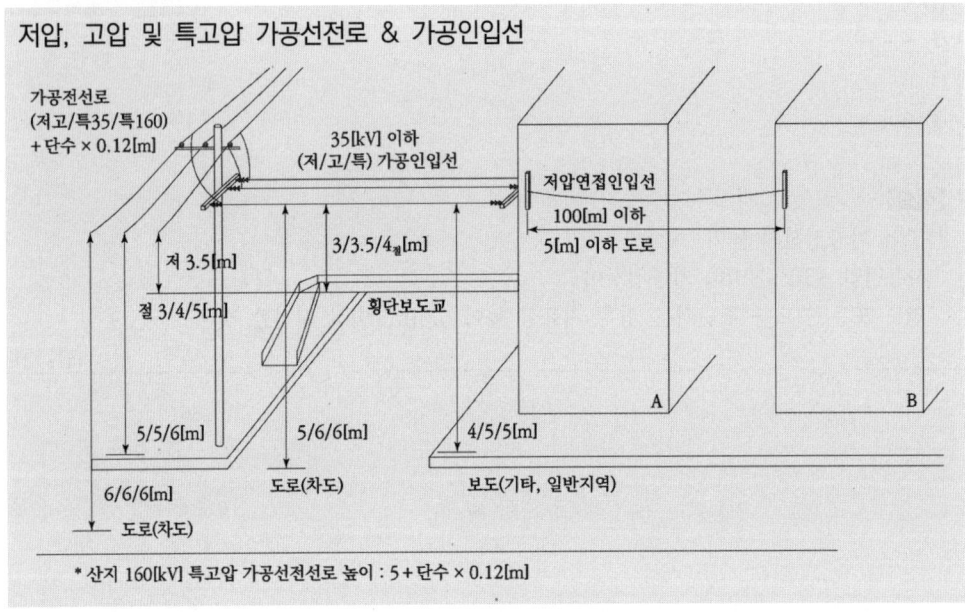

저압, 고압 및 특고압 가공선전로 & 가공인입선

* 산지 160[kV] 특고압 가공선전로 높이 : 5 + 단수 × 0.12[m]

가공전선로 병행(병가) 및 공용(공가)

17 가공전선 등의 병행(병가) ★★★★★

1) 전력선과 전력선을 동일 지지물에 시설하고 별개의 완금류에 시설할 것

2) 가공전선 등이 병행설치

전 압	나전선, 절연전선	고압 케이블 사용	특고압 케이블 사용 및 저·고압 절연전선 또는 케이블 사용
저압 + 고압	0.5[m] 이상	0.3[m] 이상	-
저, 고 + 35[kV] 이하	1.2[m] 이상	-	0.5[m] 이상
저, 고 + 35[kV] 초과 100[kV] 미만	2.0[m] 이상	-	1.0[m] 이상
100[kV] 이상	저압 또는 고압 가공전선은 동일 지지물에 시설 불가(병행 불가)		

3) 35[kV] 이하인 특고압과 저압 또는 고압과 **병행(병가)**
   ① **특고압 가공전선**은
      저압 또는 고압 가공전선의 **위에 시설**하고 **별개의 완금류에 시설할 것**
   ② **특고압 가공전선은 연선일 것**

4) **35[kV] 초과 100[kV] 미만** 특고압과 저압 또는 고압과 **병행(병가)**
   ① **제 2종 특고압 보안공사**에 의할 것
   ② 인장강도 21.67[kN] 이상의 **연선** 또는 **단면적이 50[mm^2] 이상인 경동연선**일 것
   ③ 특고압 가공전선로의 지지물은 철주·철근콘크리트주 또는 철탑일 것

5) **특고압 가공전선**과 특고압 가공전선로의 지지물에 시설하는
   저압의 전기기계기구에 접속하는 저압 가공전선을 병행(병가)하는 경우 이격거리

전 압	나전선, 절연전선	특고압 케이블 사용
35[kV] 이하	1.2[m] 이상	0.5[m] 이상
35[kV] 초과 60[kV] 이하	2[m] 이상	1[m] 이상
60[kV] 초과	= 2 + (단수×0.12)[m]	= 1 + (단수×0.12)[m]

* 단수 = $\frac{(전압[kV] - 60)}{10}$ …. 단수 계산에서 소수점 이하는 절상

Check Point!

「병행(병가) 및 공용(공가)」
1) 병행(병가) : 전력선과 전력선을 동일 지지물에 시설
2) 공용(공가) : 전력선과 약전선을 동일 지지물에 시설
3) 첨가 통신선 : 전력을 공급하는 가공전선아래 전력통신선을 같이 설치하여 사용하는 것

예제 01

동일 지지물에 고압 가공전선과 저압 가공전선을 병가할 경우
일반적으로 양 전선간의 이격거리는 몇 [m] 이상인가?
① 0.5   ② 0.6   ③ 0.7   ④ 0.8

【해설】
고압 가공전선 등의 병가
: 저·고압 병가 시 표준 전선간의 이격거리는 0.5[m] 이상,
  고압에 케이블을 사용하는 경우 0.3[m] 이상일 것

[답] ①

예제 02

저압 가공전선과 고압 가공전선을 동일 지지물에 병가하는 경우, 고압 가공전선에 케이블을 사용하면 그 케이블과 저압 가공전선의 최소 이격거리는 몇 [m]인가?
① 0.3　　② 0.5　　③ 0.7　　④ 0.9

【해설】
고압 가공전선 등의 병가
: 저·고압 병가 시 표준 전선간의 이격거리는 0.5[m] 이상,
　고압에 케이블을 사용하는 경우 0.3[m] 이상일 것

[답] ①

예제 03

동일 지지물에 저압 가공전선(다중접지된 중성선은 제외)과 고압 가공전선을 시설하는 경우 저압 가공전선은?
① 고압 가공전선의 위로 하고 동일 완금류에 시설
② 고압 가공전선과 나란하게 하고 동일 완금류에 시설
③ 고압 가공전선의 아래로 하고 별개의 완금류에 시설
④ 고압 가공전선과 나란하게 하고 별개의 완금류에 시설

【해설】
고압 가공전선 등의 병가
: 저·고압 병가 시 고압 가공전선을 저압 가공전선 위에 시설하고 별개의 완금류에 시설

[답] ③

예제 04

동일 지지물에 고압 가공전선과 저압 가공전선을 병가할 때 저압 가공전선의 위치는?
① 저압 가공전선을 고압 가공전선 위에 시설
② 저압 가공전선을 고압 가공전선 아래에 시설
③ 동일 완금류에 평행되게 시설
④ 별도의 규정이 없으므로 임의로 시설

【해설】
고압 가공전선 등의 병가
: 저·고압 병가시 저압 가공전선을 고압 가공전선 아래에 시설할 것

[답] ②

예제 05

저압 가공전선과 고압 가공전선을 동일 지지물에 시설하는 경우
이격거리는 몇 [m] 이상이어야 하는가?

① 0.5
② 0.6
③ 0.7
④ 0.8

【해설】
저, 고압 가공전선 등의 병가
: 저·고압 병가시 표준 전선간의 이격거리는 0.5[m] 이상일 것

[답] ①

예제 06

저압 가공전선과 고압 가공전선을 동일 지지물에 시설하는 경우
저압 가공전선과 고압 가공전선과의 이격거리는 몇 [m] 이상이어야 하는가?

① 0.4
② 0.5
③ 0.6
④ 0.7

【해설】
고압 가공전선 등의 병가
: 저·고압 병가 시 표준 전선간의 이격거리는 0.5[m] 이상,
  고압에 케이블을 사용하는 경우 0.3[m] 이상일 것

[답] ②

18 가공약전류 전선 등의 공가

1) 전력 가공전선과 가공약전류전선 등을 동일 지지물에 시설하고 별개의 완금류에 시설할 경우
2) 목주 풍압하중에 대한 안전율은 1.5 이상일 것
3) 가공전선과 가공약전류전선 등 사이의 이격거리

전 압		나전선, 절연전선	가공전선 절연전선, 케이블 또는 가공약전류전선 절연전선 사용	관리자의 승락
저압		0.75[m]	0.3[m]	0.6[m]
고압		1.5[m]	0.5[m]	1[m]
특고압	35[kV] 이하	2[m]	0.5[m]	-
	35[kV] 초과	가공약전류전선 등은 동일 지지물에 시설 불가(공용 불가)		

4) 35[kV] 이하인 특고압과 가공약전류전선 공용
   ① 제2종 특고압 보안공사에 의할 것
   ② 인장강도 21.67[kN] 이상의 **연선** 또는 **단면적이 50[mm^2] 이상인 경동연선**일 것

Check Point!

저압, 고압 및 특고압 가공선전로 병행(병가) & 공용(공가)

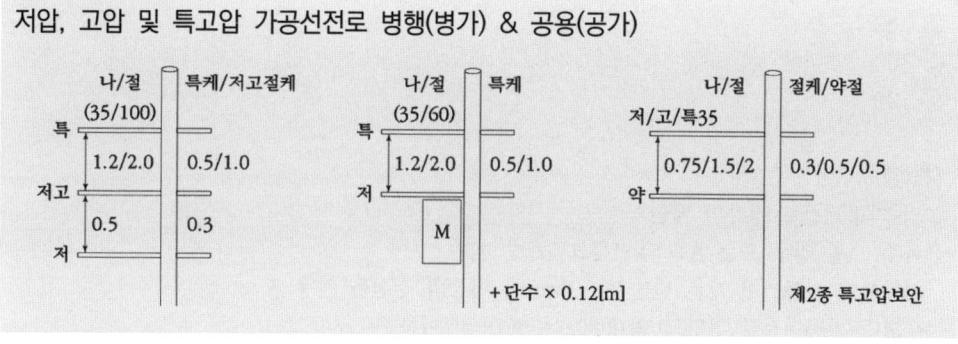

가공전선로 경간의 제한

19 가공전선로 경간의 제한 ★★★

지지물의 종류	표준경간		
	고 압	지름 5[mm] 이상	단면적 25[mm²] 이상
	특고압	단면적 25[mm²] 이상	단면적 50[mm²] 이상
목주, A종 철주 또는 A종 철근콘크리트주		150[m] 이하	300[m] 이하
B종 철주 또는 B종 철근콘크리트주		250[m] 이하	500[m] 이하
철탑		600[m] 이하	600[m] 이하

* A종 : 길이 16[m] 이하, 설계하중 700[kgf] 이하의 철주, 철근콘크리트주
* B종 : A종 외의 철주, 철근콘크리트주

예제 01

전선의 단면적 50[mm²]인 경동연선을 사용하는 경우
특고압 가공전선로 경간의 최대한도는 몇 [m]인가?(단, 지지물은 목주 또는 A종 철주이다.)
① 150
② 250
③ 300
④ 500

【해설】
고압 가공전선로 경간의 제한
: 목주, A종 철주 또는 A종 철근콘크리트주의
  지지물에 경동연선 기준 단면적 50[mm²] 이상의 전선을 사용 시
  특고압 가공전선로 경간의 최대한도는 300[m] 이하

[답] ③

예제 02

지지물이 A종 철근콘크리트주일 때 고압 가공전선로의 경간은 몇 [m] 이하인가?
① 150
② 250
③ 400
④ 600

【해설】
332.9 고압 가공전선로 경간의 제한
: A종 철근콘크리트주 지지물의 고압 가공전선로 경간의 최대한도는 150[m] 이하

[답] ①

예제 03

고압 가공전선로의 지지물로 철탑을 사용한 경우 최대경간은 몇 [m] 이하이어야 하는가?
① 300
② 400
③ 500
④ 600

【해설】
고압 가공전선로 경간의 제한
: 철탑 고압 가공전선로 지지물의 경간의 최대한도는 600[m] 이하

[답] ④

예제 04

특별고압 가공 전선로에서 철탑(단주 제외)의 경간은 몇 [m] 이하로 하여야 하는가?
① 400
② 500
③ 600
④ 700

【해설】
고압 가공전선로 경간의 제한
: 철탑 고압 가공전선로 지지물의 경간의 최대한도는 600[m] 이하

[답] ③

20 보안공사 ★★★

1) 보안공사
① **가공전선**이 건조물, 도로, 횡단 보도교, 가공 약전선, 안테나, 다른 가공전선, 기타의 **공작물과 접근상태**로 시설되거나 **교차하여** 시설하는 경우 적용
② 일반 장소보다 강화하는 것을 보안공사 (표준경간 감소)

2) 표준경간 & 보안공사 경간

지지물의 종류	표준경간	저·고압 보안공사	제1종 특고압 보안공사	제2, 3종 특고압 보안공사
목주, A종 철주, A종 철근콘크리트주	150[m]	100[m]	×	100[m]
B종 철주, B종 철근콘크리트주	250[m]	150[m]	150[m]	200[m]
철 탑	600[m]	400[m]	400[m]	400[m]

3) 저압·고압 보안공사(케이블 제외)
① **전선** : 인장강도 8.01[kN] 이상의 것 또는 **지름 5[mm] 이상의 경동선**
  (**400[V] 미만** : 인장강도 5.26[kN] 이상 또는 **지름 4[mm] 이상**)
② 목주의 풍압 하중에 대한 안전율은 1.5 이상
③ 목주의 굵기는 **말구의 지름 0.12[m] 이상일 것**

5) 특고압 보안공사
   ① 보안공사의 구분

특고압 보안공사	사용전압	접근상태	적 용
제3종	-	제1차	특고압 가공전선은 **연선**일 것
제2종	35[kV] 이하	제2차	목주의 풍압하중에 대한 **안전율 2 이상**일 것
제1종	35[kV] 초과 400[kV] 미만		지락 또는 단락 발생 시 **3초**(100[kV] 이상 2초) 이내에 자동 차단하는 장치를 시설할 것

   ② **지지물** : 제1종 특고압 보안공사에는 목주나 A종은 사용 불가
   ③ **현수애자**(또는 장간애자)를 사용하는 경우
      ㉮ **50[%]**, 충격섬락전압 값이 그 전선의 근접하는 다른 부분을 지지하는 애자장치의 값의 **110[%]**(사용전압이 130[kV]를 초과 105[%]) 이상일 것
      ㉯ 아크혼을 붙인 현수애자, 장간애자 또는 라인포스트애자를 사용할 것
      ㉰ **2련 이상**의 현수애자 또는 장간애자를 사용할 것
      ㉱ **2개 이상**의 핀애자 또는 라인포스트애자를 사용할 것
   ④ 전선은 바람 또는 눈에 의한 요동으로 단락될 우려가 없도록 시설할 것
   ⑤ **제 1종 특고압 보안공사 전압별 전선 굵기**

사용전압	전 선	적용 공칭전압
100[kV] 미만	인장강도 21.67[kV] 이상의 **연선** 또는 단면적 **55[mm^2] 이상**의 **경동연선**	66[kV]급
100[kV] 이상 300[kV] 미만	인장강도 58.84[kV] 이상의 **연선** 또는 단면적 **150[mm^2] 이상**의 **경동연선**	154[kV]급
300[kV] 이상	인장강도 77.47[kV] 이상의 **연선** 또는 단면적 **200[mm^2] 이상**의 **경동연선**	345, 765[kV]급

Check Point!

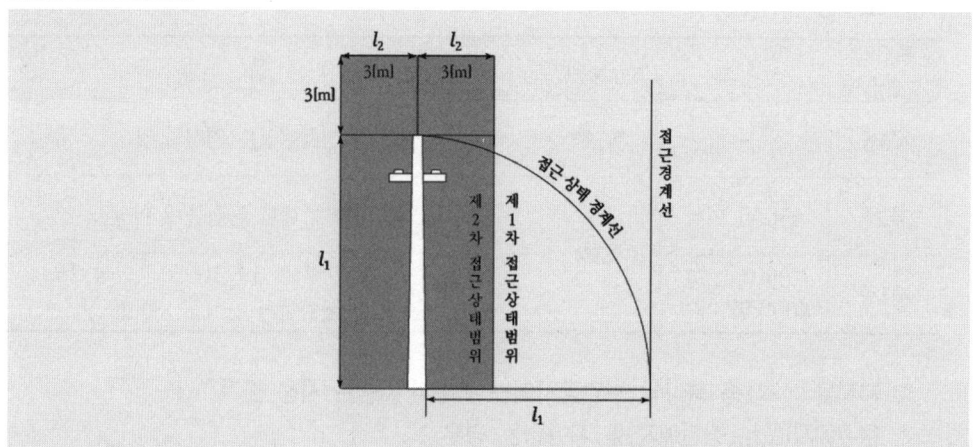

Check Point!

「특고압 가공 전선과 건조물의 접근」
 1) 제1차 접근상태 : 제3종 특고압 보안공사
 2) 제2차 접근상태
  - 35[kV] 이하 : 제2종 특고압 보안공사
  - 35[kV] 초과 400[kV] 미만 : 제1종 특고압 보안공사
 3) 400[kV] 이상이 특고압 가공전선이 건조물과 제2차 접근상태에 있는 경우
    전선높이가 최저상태일 때 가공전선과 건조물 상부와의 수직거리 28[m] 이상

예제 01

특고압 가공 전선이
삭도와 제 2차 접근 상태로 시설할 경우에 특고압 가공 전선로의 보안공사는?
① 고압 보안 공사
② 제1종 특고압 보안 공사
③ 제2종 특고압 보안 공사
④ 제3종 특고압 보안 공사

【해설】
특고압 가공전선과 삭도의 접근 또는 교차
: 특고압 가공전선이 삭도와 제2차 접근상태로 시설되는 경우
  특고압 가공전선로는 제2종 특고압 보안공사에 의할 것

[답] ③

예제 02

제 2종 특고압 보안공사의 기준으로 틀린 것은?
① 특고압 가공전선은 연선일 것
② 지지물이 목주일 경우 그 경간은 100[m] 이하일 것
③ 지지물이 A종 철주일 경우 그 경간은 150[m] 이하일 것
④ 지지물로 사용하는 목주의 풍압하중에 대한 안전율은 2 이상일 것

【해설】
특고압 보안공사
1) 특고압 가공 전선은 연선을 사용하고 목주의 풍압 하중에 대한 안전율은 2 이상
2) 목주, A종 철주일 경우 표준경간 100[m] 이하

[답] ③

예제 03

사용전압 380[V]인 저압 보안공사에 사용되는
경동선은 그 지름이 최소 몇 [mm] 이상의 것을 사용하여야 하는가?

① 2.0
② 2.6
③ 4.0
④ 5.0

【해설】
저압 보안공사
: 전선이 케이블의 경우 이외에 400[V] 미만 저압 경동선 기준
  인장강도 5.26[kN] 이상의 것 또는 지름 4[mm] 이상일 것

[답] ③

예제 04

사용전압이 400[V] 미만인 경우의
저압 보안공사에 전선으로 경동선을 사용할 경우 지름은 몇 [mm] 이상인가?

① 2.6
② 3.5
③ 4.0
④ 5.0

【해설】
저압 보안공사
: 전선이 케이블의 경우 이외에 400[V] 미만 저압 경동선 기준
  인장강도 5.26[kN] 이상의 것 또는 지름 4[mm] 이상일 것

[답] ③

예제 05

345[kV] 가공전선로를 제1종 특고압 보안공사에 의하여 시설하는 경우에 사용하는
전선은 인장강도 77.47[kN] 이상의 연선 또는 단면적 몇 [mm^2] 이상의 경동연선이어야 하는가?
① 100
② 125
③ 150
④ 200

【해설】
특고압 보안공사
: 300[kV] 이상 제1종 특고압 보안공사 시설시 인장강도 77.47[kV] 이상의 연선 또는
  단면적 200[mm^2] 이상의 경동연선을 사용할 것

[답] ④

예제 06

제1종 특고압 보안공사를 할 때 전선로의 지지물로 사용할 수 없는 것은?
① 철탑
② A종 철근콘크리트주
③ B종 철주
④ B종 철근콘크리트주

【해설】
특고압 보안공사
: 목주, A종 철주, A종 철근콘크리트주 지지물은 제1종 특고압 보안공사에 적용할 수 없다.

[답] ②

예제 07

제1종 특고압 보안공사를 필요로 하는 가공전선로의 지지물로 사용할 수 있는 것은?
① A종 철근콘크리트주　　② B종 철근콘크리트주
③ A종 철주　　　　　　　④ 목주

【해설】
특고압 보안공사
: 목주, A종 철주, A종 철근콘크리트주 지지물은 제1종 특고압 보안공사에 적용할 수 없다.

[답] ②

예제 08

345[kV] 가공전선로를 제1종 특고압 보안공사에 의하여 시설할 때 사용되는 경동연선의 굵기는 몇 [mm²] 이상이어야 하는가?

① 100   ② 125   ③ 150   ④ 200

【해설】

특고압 보안공사

: 300[kV] 이상 제1종 특고압 보안공사 시설시 인장강도 77.47[kV] 이상의 연선 또는 단면적 200[mm²] 이상의 경동연선을 사용할 것

[답] ④

예제 09

목주, A종 철주 및 A종 철근콘크리트주 지지물을 사용할 수 없는 보안공사는?

① 고압 보안공사   ② 제1종 특고압 보안 공사
③ 제2종 특고압 보안 공사   ④ 제3종 특고압 보안 공사

【해설】

특고압 보안공사

: 목주, A종 철주, A종 철근콘크리트주 지지물은 제1종 특고압 보안공사에 적용할 수 없다.

[답] ②

예제 10

154[kV] 전선로를 제1종 특고압 보안공사로 시설할 때 경동연선의 굵기는 몇 [mm²] 이상이어야 하는가?

① 55   ② 100   ③ 150   ④ 200

【해설】

특고압 보안공사

: 100[kV] 이상 300[kV] 미만 제1종 특공바 보안공사 시설 시
 인장강도 58.84[kV] 이상의 연선 또는 단면적 150[mm²] 이상의 경동연선을 사용할 것

[답] ③

예제 11

345[kV] 가공 송전선로를
제1종 특고압 보안 공사에 의할 때 사용되는 경동연선의 굵기는 몇 [mm^2] 이상이어야 하는가?
① 150   ② 200   ③ 250   ④ 300

【해설】
특고압 보안공사
: 300[kV] 이상 제1종 특압 보안공사 시설시 단면적 200[mm^2] 이상의 경동연선 사용할 것
[답] ②

예제 12

고압 보안공사에 철탑을 지지물로 사용하는 경우 경간은 몇 [m] 이하이어야 하는가?
① 100   ② 150   ③ 400   ④ 600

【해설】
고압 보안공사
: 철탑 지지물의 저·고압 보안공사의 경간은 400[m] 이하이어야 한다.
[답] ③

예제 13

제2종 특고압 보안공사 시 B종 철주를 지지물로 사용하는 경우 경간은 몇 [m] 이하인가?
① 100   ② 200   ③ 400   ④ 500

【해설】
고압 보안공사
: B종 철주, B종 철근콘크리트주 지지물의
  제2종 특고압 보안공사 표준경간은 200[m] 이하
[답] ②

예제 14

B종 철주 또는 B종 철근콘크리트주를 사용하는
특고압 가공전선로의 경간은 몇 [m] 이하이어야 하는가?
① 150   ② 250   ③ 400   ④ 600

【해설】
특고압 보안공사
: B종 철주, B종 철근콘크리트주 지지물의 표준경간은 250[m] 이하
[답] ②

가공전선로 등의 접근 및 교차

21. 가공전선과 건조물의 접근 ★★

1) 가공전선이 건조물(사람이 거주 또는 근무하거나 빈번히 출입하거나 모이는 조영물)과 접근 상태인 경우 조영재 사이의 이격거리
2) 「상부 조영재」: 지붕, 챙(차양), 옷말리는 곳 기타 사람이 올라갈 우려가 있는 조영재
3) **사용전압이 35[kV] 이하인 가공전선과 건조물의 조영재 이격거리**

건조물	접근형태	전선종류 & 접촉상태	저압 [m]	고압 [m]	특고압 [m]
상부 조영재	위쪽	나전선	2	2	3
		절연전선	1	-	2.5
		케이블	1	1	1.2
	옆쪽 또는 아래쪽 (기타조영재)	나전선	1.2	1.2	3
		절연전선	0.4	-	1.5
		케이블	0.4	0.4	0.5
		접촉할 우려 없음	0.8	0.8	1
안테나		나전선	0.6	0.8	-
		절연전선	0.3	0.8	-
		케이블	0.3	0.4	-

건조물	접근형태	전선종류 & 접촉상태	저압 [m]	고압 [m]	특고압 [m]
기타 조영재		나전선	1.2	1.2	3
		절연전선	0.4	-	1.5
		케이블	0.4	0.4	0.5
		접촉할 우려 없음	0.8	0.8	1

4) 사용전압이 **35[kV]를 초과**하는 경우
 - 이격거리 = 35[kV] 이하인 경우 이격거리 + **단수** × 0.15[m]
 - 단수 = $\dfrac{(사용전압[kV] - 35)}{10}$ … 단수계산에서 소수점 이하는 절상

예제 01

고압 가공전선과 건조물의 상부 조영재와의 옆쪽 이격거리는 몇 [m] 이상인가?
(단, 전선에 사람이 쉽게 접촉할 우려가 있고 케이블이 아닌 경우이다.)
① 1.0   ② 1.2   ③ 1.5   ④ 2.0

【해설】
고압 가공 전선과 건조물의 접근
: 고압 가공전선과 건조물 상부 조영재와 옆쪽 또는 아래쪽의 접근 시 일반적인 경우
  저·고압 1.2[m] 이상 이격

[답] ②

예제 02

고압 가공전선이 상부 조영재의 위쪽으로 접근시의
가공전선과 조영재의 이격거리는 몇 [m] 이상이어야 하는가?
① 0.6   ② 0.8   ③ 1.2   ④ 2.0

【해설】
고압 가공 전선과 건조물의 접근
: 고압 가공전선과 건조물 상부 조영재 상방 접근 시 일반적인 경우
  저·고압 2.0[m] 이상 이격

[답] ④

예제 03

가섭선에 의하여 시설하는 안테나가 있다.
이 안테나 주위에 경동연선을 사용한 고압 가공전선이 지나가고 있다면
수평 이격거리는 몇 [cm] 이상이어야 하는가?
① 40   ② 60   ③ 80   ④ 100

【해설】
고압 가공전선과 안테나의 접근 또는 교차
: 고압 가공전선과 안테나 접근시 일반적인 경우 고압 0.8[m] 이상 이격

[답] ③

예제 04

사람이 접촉할 우려가 있는 경우 고압 가공전선과 상부 조영재의 옆쪽에서의 이격거리는 몇 [m] 이상이어야 하는가?(단, 전선은 경동연선이라고 한다.)

① 0.6 ② 0.8 ③ 1.0 ④ 1.2

【해설】
고압 가공 전선과 건조물의 접근
: 고압 가공전선과 건조물 상부 조영재와 옆쪽 또는 아래쪽의 접근 시 일반적인 경우 저·고압 1.2[m] 이상 이격

[답] ④

예제 05

특고압 가공 전선이 건조물과 1차 접근 상태로 시설되는 경우를 설명한 것 중 틀린 것은?
① 상부 조영재와 위쪽으로 접근 시 케이블을 사용하면 1.2[m] 이상 이격거리를 두어야 한다.
② 상부 조영재와 옆쪽으로 접근 시 특고압 절연전선을 사용하면 1.5[m] 이상 이격거리를 두어야 한다.
③ 상부 조영재와 아래 쪽으로 접근 시 특고압 절연전선을 사용하면 1.5[m] 이상 이격거리를 두어야 한다.
④ 상부 조영재와 위쪽으로 접근 시 특고압 절연전선을 사용하면 2.0[m] 이상 이격거리를 두어야한다.

【해설】
특고압 가공전선과 건조물의 접근
: 사용전압이 35[kV] 이하인 특고압 가공전선이 건조물과 제1차 접근상태로 시설되는 경우 상부 조영재와 위쪽으로 접근 시 특고압 절연전선을 사용하면 2.5[m] 이상 이격거리를 두어야 한다.

[답] ④

22. 가공전선과 도로 등의 접근 또는 교차

1) 저, 고압 가공전선과 도로 등의 접근 또는 교차(접근상태)

도로 등의 구분		저압	고압
도로, 횡단보도교, 철도 또는 궤도		3.0[m]	3.0[m]
삭도나 그 지주 또는 저압 전차선	고압절연 전선	0.3[m]	0.8[m]
	케이블	0.3[m]	0.4[m]
	기 타	0.6[m]	0.8[m]
저압 전차선로의 지지물	케이블	0.3[m]	0.3[m]
	기 타	0.3[m]	0.6[m]

① 고압 가공전선로는 고압 보안공사에 의할 것
② 가공전선과 도로, 횡당보도교, 철도 또는 궤도와의 수평 이격거리가
   저압 1[m] 이상, 고압 1.2[m] 이상인 가공전선로의 경우
   [표] 이격거리 적용 예외

2) 특고압 가공전선과 도로 등의 접근 또는 교차

① 가공전선이 도로, 횡단보도교, 철도 또는 궤도와 **1차 접근상태**로 시설되는 경우

사용전압의 구분	이격거리
35[kV] 이하	3[m]
35[kV] 초과	3 + 단수 × 0.15[m]

* 단수 $= \dfrac{(전압[kV] - 35)}{10}$ ···· 단수 계산에서 소수점 이하는 절상

② 특고압 가공전선로는 제3종 특고압 보안공사에 의할 것
③ 특고압 절연전선을 사용하는 사용전압이 35[kV] 이하의 특고압 가공전선과 도로 등 사이의 수평 이격거리가 1.2[m] 이상인 경우 적용하지 않는다.

3) 특고압 가공전선과 도로 등 사이에 보호망을 시설하는 경우
   ① **보호망은 규정에 준하여 접지공사를 한 금속제의 망상장치로 하고 견고하게 지지할 것**
   ② 보호망을 구성하는 **금속선 상호의 간격은 가로, 세로 각 1.5[m] 이하**
   ③ 보호망이 특고압 가공전선의 외부에 뻗은 폭은 특고압 가공전선과 보호망과의 수직거리의 2분의 1 이상일 것. 다만, 6[m]를 넘지 아니할 것
   ④ **보호망 금속선**
      ㉮ **특고압 가공전선의 직하**
         : 인장강도 8.01[kN] 이상의 것 또는 **지름 5[mm] 이상의 경동선**
      ㉯ **그 밖의 부분에 시설하는 금속선**
         : 인장강도 5.26[kN] 이상의 것 또는 **지름 4[mm] 이상의 경동선**
   ⑤ 보호망을 운전이 빈번한 철도선로의 위에 시설하는 경우 경동선 그 밖에 쉽게 부식되지 아니하는 금속선을 사용할 것

예제 01

특고압 가공전선이 도로·횡단보도교·철도 또는 궤도와 제1차 접근상태로 시설되는 경우
특고압 가공전선로에는 제 몇 종 보안공사에 의하여야 하는가?
① 제1종 특고압 보안공사   ② 제2종 특고압 보안공사
③ 제3종 특고압 보안공사   ④ 제4종 특고압 보안공사

【해설】
특고압 가공전선과 도로 등의 접근 또는 교차
: 제1차 접근상태로 시설되는 경우
  특고압 가공전선로에는 제3종 특고압 보안공사에 의할 것

[답] ③

예제 02

특고압 가공전선이
삭도와 제 2차 접근상태로 시설될 경우 특고압 가공전선로에 적용하는 보안공사는?
① 고압 보안공사   ② 제1종 특고압 보안 공사
③ 제2종 특고압 보안 공사   ④ 제3종 특고압 보안 공사

【해설】
특고압 가공전선과 도로 등의 접근 또는 교차
: 제2차 접근상태로 시설되는 경우
  특고압 가공전선로에는 제2종 특고압 보안공사에 의할 것

[답] ③

예제 03

시가지에 시설하는 154[kV] 가공전선로를 도로와 제1차 접근상태로 시설하는 경우,
전선과 도로와의 이격거리는 몇 [m] 이상이어야 하는가?
① 4.4   ② 4.8
③ 5.2   ④ 5.6

【해설】
특고압 가공전선과 도로 등의 접근 또는 교차
1) 35[kV] 초과 전선의 이격거리는
   3[m]에 35[kV]를 초과하는 10[kV] 또는 그 단수마다 15[cm]를 더한 값으로 한다.
2) (154 - 35) / 10 = 11.9, 단수 12
3) 이격거리 = 3[m] + 12 × 0.15 = 4.8[m]

[답] ②

예제 04

사용전압이 35,000[V] 이하인 특별고압 가공전선이 건조물과 제2차 접근상태로 시설되는 경우, 특별고압 가공전선로의 보안공사는?

① 고압보안공사
② 제1종 특고압 보안공사
③ 제2종 특고압 보안공사
④ 제3종 특고압 보안공사

【해설】
특고압 가공전선과 도로 등의 접근 또는 교차
: 제2차 접근상태로 시설되는 경우
　특고압 가공전선로에는 제2종 특고압 보안공사에 의한다.

[답] ③

예제 05

특고압 가공전선이 도로, 횡단보도교, 철도와 제1차 접근상태로 시설되는 경우 특고압 가공전선로는 제 몇 종 보안공사를 하여야 하는가?

① 제1종 특고압 보안공사
② 제2종 특고압 보안공사
③ 제3종 특고압 보안공사
④ 특별 제3종 특고압 보안공사

【해설】
특고압 가공전선과 도로 등의 접근 또는 교차
: 제1차 접근상태로 시설되는 경우
　특고압 가공전선로에는 제3종 특고압 보안공사에 의한다.

[답] ③

23 가공전선 상호간 접근 또는 교차 ★★

1) 저, 고압 가공전선 상호간 접근 또는 교차

구 분	저압 가공전선		고압 가공전선	
	절연전선	고압 절연전선 또는 케이블	절연전선	케이블
저압 가공전선	0.6[m]	0.3[m]	0.8[m]	0.4[m]
저압 가공전선로의 지지물	0.3[m]	-	0.6[m]	0.3[m]
고압 가공전선	-	-	0.8[m]	0.4[m]
고압 가공전선로의 지지물	-	-	0.6[m]	0.3[m]
고압전차선	-	-	1.2[m]	-

2) 특고압 가공전선과 저, 고압 가공전선 등의 접근 또는 교차

사용전압	전선의 종류	이격거리
35[kV] 이하	-	2[m]
	-	2[m]
	-	2[m]
60[kV] 이하	-	2[m]
60[kV] 초과	-	2 + 단수 × 0.12[m]

* 단수 = $\dfrac{(전압[kV] - 60)}{10}$ 단수 계산에서 소수점 이하는 절상

3) 특고압 가공전선과 다른 특고압 가공전선 사이의 이격거리

사용전압	전선의 종류	이격거리
35[kV] 이하	나전선	1.5[m]
	특고압 절연전선	1[m]
	특고압 절연전선 or 케이블과 케이블	0.5[m]
60[kV] 이하	-	2[m]
60[kV] 초과	-	2 + 단수 × 0.12[m]

* 단수 = $\dfrac{(전압[kV] - 60)}{10}$ 단수 계산에서 소수점 이하는 절상

4) 특고압 가공전선과 다른 특고압 가공전선로의 지지물(삭도 포함) 사이의 이격거리

사용전압	전선의 종류	이격거리
35[kV] 이하	경동연선	2[m]
	특고압 절연전선	1[m]
	케이블	0.5[m]
60[kV] 이하	-	2[m]
60[kV] 초과	-	2 + 단수 × 0.12[m]

* 단수 = $\frac{(전압[kV] - 60)}{10}$ 단수 계산에서 소수점 이하는 절상

24 저, 고압 가공전선과 가공약전류전선 등의 접근 또는 교차 ★

가공약전류전선	저압 가공전선		고압 가공전선	
	절연전선	고압 절연전선 특고압 절연전선 또는 케이블	절연전선	케이블
일반	0.6[m]	0.3[m]	0.8[m]	0.4[m]
절연전선 또는 통신용 케이블	0.3[m]	0.15[m]	0.8[m]	0.4[m]

25 농사용 저압 가공전선로의 시설 ★

1) 사용전압은 **저압**일 것
2) **저압 가공전선은 인장강도 1.38[kN] 이상의 것 또는 지름 2[mm] 이상의 경동선일 것**
3) 저압 가공전선의 지표상의 **높이는 3.5[m] 이상**일 것
   다만, 저압 가공전선을 사람이 쉽게 접근이 어려운 곳에 시설하는 경우
      3[m] 이상일 것
4) 목주의 굵기는 말구 지름이 0.09[m] 이상일 것
5) 전선로의 **경간은 30[m] 이하**일 것
6) 다른 전선로에 접속하는 곳 가까이에 그 저압 가공전선로 전용의 개폐기 및 과전류 차단기를 각 극(과전류 차단기는 중성극을 제외)에 시설할 것

26 구내에 시설하는 저압 가공전선로 ★

1) 전선은 지름 2[mm] 이상의 경동선의 절연전선 것
   다만, 경간이 10[m] 이하인 경우
   공칭단면적 4[mm²] 이상 연동의 절연전선을 사용할 것
2) **전선로의 경간은 30[m] 이하일 것**
3) **전선과 다른 시설물과의 이격거리**

건조물	접근형태	전선종류	이격거리[m]
상부 조영재	위쪽	절연전선	1.0
	옆쪽 또는 아래쪽 (기타조영재)	절연전선	0.6
		고압 절연전선, 특고압 절연전선 또는 케이블	0.3

27 가공전선과 식물의 이격거리 ★

1) **저, 고압 가공전선과 식물의 이격거리**
   ① 가공전선은 상시 부는 바람 등에 의하여 **식물에 접촉하지 않도록 시설할 것**
   ② 가공전선이 **식물에 접촉하여 시설할 경우 저압 가공절연전선**을
      방호구에 넣어 시설하거나 **절연내력** 및 **내마모성**이 있는 케이블로 시설할 것

2) **특고압 가공전선과 식물의 이격거리**

사용전압	전선의 종류	이격거리
35[kV] 이하	고압 절연전선	0.5[m]
	특고압 절연전선, 케이블, 수밀형 케이블	식물에 접촉하지 않도록
60[kV] 이하	-	2[m]
60[kV] 초과	-	2 + 단수 × 0.12[m]

* 단수 $= \dfrac{(전압[kV] - 60)}{10}$ 단수 계산에서 소수점 이하는 절상

특고압 가공전선로의 시설

28. 시가지 등에서 특고압 가공전선로의 시설 ★★★★★

1) 특고압 가공 전선로를 시가지, 기타 인가가 밀집한 지역에 시설하는 경우 **케이블**을 **사용**하여 시설 가능
2) 케이블을 사용하지 않는 경우
   ① 사용 전압 170[kV] 이하일 것
   ② 지지하는 **애자 장치**
      ㉮ 50[%] 충격 섬락 전압의 값이
         그 전선의 근접한 다른 부분을 지지하는 애자 장치의 값의 110[%] 이상일 것
         (사용 전압이 130[kV]를 넘는 경우 105[%])
      ㉯ 아크혼을 붙인 현수애자, 장간애자 또는 라인포스트 애자를 사용할 것
      ㉰ **2연 이상**의 현수 애자, 장간 애자를 사용할 것
      ㉱ **2개 이상**의 핀애자 또는 라인포스트애자를 사용할 것
   ③ 지지물의 종류 : 철주, 철근콘크리트주 또는 철탑 (**목주 사용 불가**)
   ④ **특고압 가공전선로의 경간**

지지물의 종류	경 간
A종 철주 또는 A종 철근콘크리트주	75[m]
B종 철주 또는 B종 철근콘크리트주	150[m]
철 탑	400[m](단주인 경우에는 300[m]) 다만, 전선이 수평으로 2 이상 있는 경우에 전선 상호 간의 간격이 4[m] 미만인 때에는 250[m]

   ⑤ 전선의 단면적

사용전압	전선의 단면적	공칭전압
100[kV] 미만	인장강도 21.67[kN] 이상의 연선 또는 단면적 55[mm^2] 이상의 경동연선	66[kV]급
100[kV] 이상	인장강도 58.84[kN] 이상의 연선 또는 단면적 150[mm^2] 이상의 경동연선	154[kV]급

⑥ 전선의 지표상의 높이

사용전압	지표상의 높이	공칭전압
35[kV] 이하	10[m](전선이 특고압 절연전선인 경우에는 8[m])	22.9[kV]급
35[kV] 초과	10 + 단수 × 0.12[m]	66[kV]급

* 단수 = $\dfrac{(전압[kV] - 35)}{10}$ 단수 계산에서 소수점 이하는 절상

⑦ 100[kV]를 초과하는 특고압 가공전선에 지락 또는 단락 발생 시,
   1초(시가지) 이내에 자동적으로 이를 전로로부터 차단하는 장치를 시설할 것

예제 01

사용전압이 161[kV]인 가공전선로를 시가지내에 시설할 때
전선의 지표상의 높이는 몇 [m] 이상이어야 하는가?
① 8.65   ② 9.56   ③ 10.47   ④ 11.56

【해설】
시가지 등에서 특고압 가공전선로의 시설
1) 35[kV] 초과 전선의 지표상의 높이는
   10[m]에 35[kV]를 초과하는 10[kV] 또는 그 단수마다 12[cm]를 더한 값으로 한다.
2) (161 - 35) / 10 = 12.6, 단수 13
3) 지표상의 높이 = 10[m] + 13 × 0.12 = 11.56[m]

[답] ④

예제 02

22.9[kV]의 가공 전선로를 시가지에 시설하는 경우
전선의 지표상 높이는 최소 몇 [m] 이상인가?
(단, 전선은 특고압 절연전선을 사용한다)
① 6   ② 7   ③ 8   ④ 9

【해설】
시가지 등에서 특고압 가공전선로의 시설
 : 사용전압이 35[kV] 이하 특고압 절연전선의 지표상 높이는 최소 8[m] 이상

[답] ③

예제 03
시가지에 시설하는 특고압 가공전선로용 지지물로 사용될 수 없는 것은?
(단, 사용전압이 170[kV] 이하의 전선로인 경우이다.)
① 철근콘크리트주   ② 목주   ③ 철탑   ④ 철주

【해설】
시가지 등에서 특고압 가공전선로의 시설
: 시가지 등에서 특고압 가공전선로로 목주를 사용할 수 없다.

[답] ②

예제 04
가공 전선로의 지지물로 볼 수 없는 것은?
① 철주   ② 지선   ③ 철탑   ④ 철근콘크리트주

【해설】
시가지 등에서 특고압 가공전선로의 시설
: 가공 전선로의 지지물은 철주, 철근 콘트리트주 또는 철탑을 말한다.

[답] ②

예제 05
22[kV]의 특고압 가공전선로의 전선을 특고압 절연전선으로 시가지에 시설할 경우, 전선의 지표상의 높이는 최소 몇 [m] 이상인가?
① 8   ② 10   ③ 12   ④ 14

【해설】
시가지 등에서 특고압 가공전선로의 시설
: 사용전압이 35[kV] 이하 특고압 절연전선의 지표상 높이는 최소 8[m] 이상

[답] ①

예제 06
154[kV] 특고압 가공전선로를 시가지에 경동연선으로 시설할 경우 단면적은 몇 [mm^2] 이상인가?
① 100   ② 150   ③ 200   ④ 250

【해설】
시가지 등에서 특고압 가공전선로의 시설
: 사용전압 100[kV] 이상 특고압 가공전선은
  인장강도 58.84[kN] 이상의 연선 또는 단면적 150[mm^2] 이상의 경동연선을 사용한다.

[답] ②

예제 07

시가지 등에서 특고압 가공전선로의 시설에 대한 내용 중 틀린 것은?
① A종 철주를 지지물로 사용하는 경우의 경간은 75[m] 이하이다.
② 사용전압이 170[kV] 이하인 전선로를 지지하는 애자장치는 2련 이상의 현수애자 또는 장간애자를 사용한다.
③ 사용전압이 100[kV]를 초과하는 특고압 가공전선에 지락 또는 단락이 생겼을 때에는 1초 이내에 자동적으로 이를 전로로부터 차단하는 장치를 시설한다.
④ 사용전압이 170[kV] 이하인 전선로를 지지하는 애자장치는 50[%] 충격섬락전압 값이 그 전선의 근접한 다른 부분을 지지하는 애자장치 값의 100[%] 이상인 것을 사용한다.

【해설】
333.1 시가지 등에서 특고압 가공전선로의 시설
: 사용전압이 170[kV] 이하인 전선로를 지지하는 애자장치는 50[%] 충격섬락전압 값이 그 전선의 근접한 다른 부분을 지지하는 애자장치 값의 110[%] 이상인 것을 사용한다.

[답] ④

예제 08

60[kV] 특별 고압 가공 전선로를 시가지 등에 시설하는 경우 전선의 지표상 최소 높이는 약 몇 [m]인가?
① 8   ② 8.36   ③ 10.12   ④ 10.36

【해설】
시가지 등에서 특고압 가공전선로의 시설
1) 35[kV] 초과 전선의 지표상의 높이는
   10[m]에 35[kV]를 초과하는 10[kV] 또는 그 단수마다 12[cm]를 더한 값으로 한다.
2) (60 - 35) / 10 = 2.5, 단수 3
3) 지표상의 높이 = 10[m] + 3 × 0.12 = 10.36[m]

[답] ④

예제 09

154,000[V] 특별고압 가공전선로를 시가지에 위험의 우려가 없도록 시설하는 경우, 지지물로 A종 철주를 사용한다면 경간은 최대 몇 [m] 이하인가?
① 50   ② 75   ③ 150   ④ 200

【해설】
시가지 등에서 특고압 가공전선로의 시설
: 시가지 등에서 특고압 가공전선로로
  A종 철주 또는 A종 철근콘크리트주를 사용시 경간 75[m] 이하 시설

[답] ②

예제 10

시가지에 시설하는 특고압 가공전선로의 철탑의 경간은 몇 [m] 이하이어야 하는가?

① 250
② 300
③ 350
④ 400

【해설】
시가지 등에서 특고압 가공전선로의 시설
: 시가지 등에서 특고압 가공전선로 철탑 사용시 경간 400[m] 이하 시설

[답] ④

예제 11

사용전압 66[kV]의 가공전선을 시가지에 시설할 경우 전선의 지표상 최소 높이는 몇 [m]인가?

① 6.48
② 8.36
③ 10.48
④ 12.36

【해설】
시가지 등에서 특고압 가공전선로의 시설
1) 35[kV] 초과 전선의 지표상의 높이는
   10[m]에 35[kV]를 초과하는 10[kV] 또는 그 단수마다 12[cm]를 더한 값으로 한다.
2) (66-35)/10 = 3.1, 단수 4
3) 지표상의 높이 = 10[m]+4×0.12 = 10.48[m]

[답] ③

예제 12

시가지 등에서 특고압 가공전선로를 시설하는 경우
특고압 가공전선로용 지지물로 사용할 수 없는 것은?(단, 사용전압이 170[kV] 이하인 경우이다.)

① 철탑
② 철근콘크리트주
③ A종 철주
④ 목주

【해설】
시가지 등에서 특고압 가공전선로의 시설
: 시가지 등에서 특고압 가공전선로로 목주를 사용할 수 없다.

[답] ④

29. 특고압 가공전선과 지지물 등의 이격거리 ★

1) 특고압 가공전선과 그 지지물, 완금류, 지주 또는 지선 사이의 이격거리

사 용 전 압	이격거리[cm]
15[kV] 미만	15
15[kV] 이상 25[kV] 미만	20
25[kV] 이상 35[kV] 미만	25
35[kV] 이상 50[kV] 미만	30
50[kV] 이상 60[kV] 미만	35
60[kV] 이상 70[kV] 미만	40
70[kV] 이상 80[kV] 미만	45
80[kV] 이상 130[kV] 미만	65
130[kV] 이상 160[kV] 미만	90
160[kV] 이상 200[kV] 미만	110
200[kV] 이상 230[kV] 미만	130
230[kV] 이상	160

2) 기술상 부득이한 경우
위험의 우려가 없도록 시설할 경우 [표]에서 정한 값의 **0.8배까지 감할 수 있다.**

30. 특고압 가공전선로 (B종)철주, (B종)철근 콘크리트주 또는 철탑의 종류 ★★★

1) **직선형** : 전선로의 **직선부분(3도 이하**인 수평각도를 이루는 곳을 포함)에 사용. 다만, 내장형 및 보강형에 속하는 것 제외
2) **각도형** : 전선로중 **3도를 초과**하는 수평각도를 이루는 곳에 사용
3) **인류형** : 전가섭선을 **인류**하는 곳에 사용
4) **내장형** : 전선로의 지지물 **양쪽의 경간의 차가 큰 곳**에 사용
5) **보강형** : 전선로의 직선부분에 그 **보강**을 위하여 사용

Check Point!

「지지물의 하중」
1) 수직하중 : 가섭선, 애자장치, 지지물 부재등의 중량에 의한 하중
2) 수평횡하중 : 가섭선의 상정 최대장력에 의하여 생기는 수평 횡분력에 의한 하중

예제 01

특고압 가공전선로의 지지물로 사용하는 B종 철주, B종 철근콘크리트주 또는 철탑의 종류에서 전선로 지지물의 양쪽 경간의 차가 큰 곳에 사용하는 것은?
① 각도형
② 인류형
③ 내장형
④ 보강형

【해설】
특고압 가공전선로의 철주, 철근콘크리트주 또는 철탑의 종류
: 내장형(전선로의 지지물 양쪽의 경간의 차가 큰 곳에 사용하는 것)

[답] ③

예제 02

특고압 가공 전선로의 지지물 양쪽의 경간의 차가 큰 곳에 사용되는 철탑은?
① 내장형철탑
② 인류형철탑
③ 각도형철탑
④ 보강형철탑

【해설】
특고압 가공전선로의 철주, 철근콘크리트주 또는 철탑의 종류
: 내장형(전선로의 지지물 양쪽의 경간의 차가 큰 곳에 사용하는 것)

[답] ①

31 특고압 가공전선로의 내장형 등의 지지물 시설 ★★★

1) **목주, A종 철주, A종 철근콘크리트주**를 사용한 특고압 가공 전선로
    직선 부분은 **5기 이하마다** 지선을 전선로와 **직각 방향**으로 시설하고
    15기 이하마다 전선로 방향으로 양측에 지선을 설치
2) **B종 철주, B종 철근콘크리트주**를 사용하는
    직선 부분은 **10기 이하마다 내장형 1기** 또는 **5기마다 보강형 1기**를 시설
3) **철탑**을 사용하는 **직선 부분**은 **10기 이하마다** 내장 애자 장치를 갖는 **철탑 1기**를 시설

> **예제 01**
>
> 직선형의 철탑을 사용한 특고압 가공전선로가 연속하여 10기 이상 사용하는 부분에는 몇 기 이하마다 내장 애자장치가 되어있는 철탑 1기를 시설하여야 하는가?
> ① 5
> ② 10
> ③ 15
> ④ 20
>
> 【해설】
> 특고압 가공전선로의 내장형 등의 지지물 시설
> : 철탑을 사용하는 직선 부분은 10기 이하마다 내장 애자 장치를 갖는 철탑 1기를 시설
>
> [답] ②

32. 25[kV] 이하인 특고압 가공전선로의 시설 ★★★★★

1) 특고압 가공전선로 중성선의 다중접지 및 중성선의 시설 방법
① 다중접지 한 중성선의 저압가공 전선의 규정에 준하여 시설할 것
② **접지선은 공칭단면적 6[mm²] 이상의 연동선**
③ 접지공사 시 접지한 곳 상호간의 거리
　㉮ 15[kV] 이하인 경우 : 300[m] 이하
　㉯ 15[kV] 초과 25[kV] 이하인 경우 : 150[m] 이하
④ 각 접지선을 중성선으로부터 분리하였을 경우의 각 접지점의
　대지 전기저항값이 **1[km]마다**의 중성선과 대지사이의 합성 전기저항값

사용전압	각 접지점의 대지 전기저항 값	1[km]마다의 합성 전기저항 값
15[kV] 이하	300[Ω]	30[Ω]
15[kV] 초과 25[kV] 이하	300[Ω]	15[Ω]

2) 15[kV] 초과 25[kV] 이하 특고압 가공전선로
(중성선 다중접지식 전로로 지락 발생 시 **2초** 이내 자동적으로 전로 차단장치가 있는 것)

① 특고압 가공전선로의 경간

지지물의 종류	경간[m]
목주·A종 철주 또는 A종 철근콘크리트주	100
B종 철주 또는 B종 철근콘크리트주	150
철 탑	400

② 특고압 가공전선(다중접지를 한 중성선을 제외한다.)이 건조물과 접근

건조물의 조영재	접근형태	전선의 종류	이격거리[m]
상부 조영재	위쪽	나전선	3.0
		특고압 절연전선	2.5
		케이블	1.2
	옆쪽 또는 아래쪽 (기타 조영재)	나전선	1.5
		특고압 절연전선	1.0
		케이블	0.5

③ 특고압 가공전선이 가공 약전류 전선 등, 저압 또는 고압의 가공전선, 안테나, 저압 또는 고압의 전차선과 접근 또는 교차하는 경우

구 분	전선의 종류	이격(수평이격)거리[m]
가공 약전류 전선 등·저압 또는 고압의 가공전선·저압 또는 고압의 전차선·안테나	나전선	2.0
	특고압 절연전선	1.5
	케이블	0.5
가공 약전류 전선로 등의 지지물	나전선	1.0
	특고압 절연전선	0.75
	케이블	0.5

④ 특고압 가공전선과 식물 사이의 이격거리는 1.5[m] 이상일 것.
다만, 특고압 가공전선이 특고압 절연전선이거나 케이블인 경우로서
특고압 가공전선을 식물에 접촉하지 아니하도록 시설하는 경우 적용 예외

예제 01

사용전압이 15[kV] 이하인 특고압 가공전선로의 중성선 다중접지 및 중성선 시설 시 각 접지선을 중성선으로부터 분리하였을 경우 매 1[km]마다의 중성선과 대지사이의 합성 전기저항 값은 몇 [Ω] 이하이어야 하는가?

① 15　　　　　　② 20
③ 25　　　　　　④ 30

【해설】
25[kV] 이하인 특고압 가공전선로의 시설
: 사용전압이 15[kV] 이하인 특고압 가공전선로의 중성선 다중접지 및 중성선 시설 시 각 접지선을 중성선으로부터 분리하였을 경우 매 1[km]마다 합성 전기저항값은 30[Ω] 이하

[답] ④

예제 02

특고압 가공전선로의 중성선의 다중접지 시설에서 각 접지선을 중성선으로부터 분리하였을 경우 각 접지점의 대지 전기저항값은 몇 [Ω] 이하이어야 하는가?

① 100　　　　　　② 150
③ 300　　　　　　④ 500

【해설】
25[kV] 이하인 특고압 가공전선로의 시설
: 사용전압이 15[kV] 이하인 특고압 가공전선로의 중성선 다중접지 및 중성선 시설 시 각 접지선을 중성선으로부터 분리하였을 경우 각 접지점의 대지 전기저항값은 300[Ω] 이하

[답] ③

예제 03

22.9[kV] 특고압 가공전선로의 시설에 있어서 중성선을 다중 접지하는 경우에 각각 접지한 곳 상호 간의 거리는 전선로에 따라 몇 [m] 이하이어야 하는가?

① 150　　　　　　② 300
③ 400　　　　　　④ 500

【해설】
25[kV] 이하인 특고압 가공전선로의 시설
: 사용전압이 15[kV] 초과 25[kV] 이하인 경우 접지공사 시 접지한 곳 상호간의 거리는 150[m] 이하

[답] ①

지중 전선로 및 기타 전선로

33. 지중 전선로의 시설 ★★★★★

1) **지중 전선로**는
   전선에 **케이블**을 **사용**하고 **관로식, 암거식 또는 직접 매설식**에 의하여 **시설**할 것

2) **관로식**
   매설 깊이를 1.0[m] 이상으로 하며, 매설 깊이가 충분하지 못한 장소에는
   견고하고 차량 기타 **중량물의 압력에 견디**는 것을 사용할 것
   다만 중량물의 압력을 받을 우려가 없는 곳은 0.6[m] 이상일 것

3) **암거식**
   견고하고 차량 기타 **중량물의 압력에 견디**는 것을 사용할 것

4) **직접 매설식** (매설 깊이)
   차량 기타 중량물의 압력을 받을 우려가 있는 장소에는 1.0[m] 이상,
   기타 장소에는 0.6[m] 이상으로 하고 또한
   지중 전선을 견고한 트라프 기타 방호물에 넣어 시설할 것

5) 저, 고압의 지중전선에 **콤바인덕트 케이블**을 사용하여 시설하는 경우
   지중전선을 견고한 **트라프** 기타 방물에 넣지 아니하여도 된다.

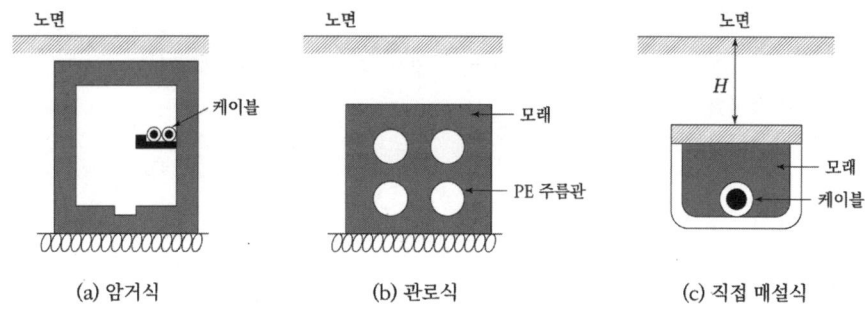

(a) 암거식   (b) 관로식   (c) 직접 매설식

예제 01

지중전선로를 직접 매설식에 의하여 시설할 때, 중량물의 압력을 받을 우려가 있는 장소에 지중전선을 견고한 트라프 기타 방호물에 넣지 않고도 부설할 수 있는 케이블은?
① 염화비닐 절연 케이블
② 폴리에틸렌 외장 케이블
③ 콤바인덕트 케이블
④ 알루미늄피 케이블

【해설】
지중 전선로의 시설
: 저압 또는 고압의 지중전선에 콤바인덕트 케이블 또는 케이블을 사용할 경우 별도의 트라프 기타 방호물에 넣지 아니하여도 된다.

[답] ③

예제 02

지중전선로를 직접매설식에 의하여 시설하는 경우에 매설깊이를 차량 등 기타 중량물의 압력을 받을 우려가 있는 장소에는 몇 [cm] 이상으로 하면 되는가?
① 40
② 60
③ 80
④ 100

【해설】
지중 전선로의 시설
: 지중 전선로를 직접 매설식에 의하여 시설하는 경우에는 매설 깊이를 차량 기타 중량물의 압력을 받을 우려가 있는 장소에는 1.0[m] 이상, 기타 장소에는 60[cm] 이상으로 하고 또한 지중 전선을 견고한 트라프 기타 방호물에 넣어 시설하여야 한다.

[답] ④

예제 03

고압 지중 케이블로서 직접 매설식에 의하여 콘크리트제, 기타 견고한 관 또는 트라프에 넣지 않고 부설할 수 있는 케이블은?
① 고무 외장케이블
② 클로로플렌 외장케이블
③ 콤바인덕트 케이블
④ 미네럴 인슈레이션 케이블

【해설】
지중 전선로의 시설
: 저압 또는 고압의 지중전선에 콤바인덕트 케이블 또는 케이블을 사용할 경우 별도의 트라프 기타 방호물에 넣지 아니하여도 된다.

[답] ③

예제 04

지중 전선로를 직접 매설식에 의하여 시설하는 경우에
차량 및 기타 중량물의 압력을 받을 우려가 있는 장소의 매설 깊이는 몇 [m] 이상인가?

① 1.0
② 1.2
③ 1.5
④ 1.8

【해설】
지중 전선로의 시설
: 지중 전선로를 직접 매설식에 의하여 시설하는 경우에는 매설 깊이를 차량 기타 중량물의 압력을 받을 우려가 있는 장소에는 1.0[m] 이상, 기타 장소에는 60[cm] 이상으로 하고 또한 지중 전선을 견고한 트라프 기타 방호물에 넣어 시설하여야 한다.

[답] ①

예제 05

차량, 기타 중량물의 압력을 받을 우려가 없는 장소에 지중 전선로를
직접 매설식에 의하여 매설하는 경우에는 매설 깊이를 몇 [cm] 이상으로 하여야 하는가?

① 40
② 60
③ 80
④ 100

【해설】
지중 전선로의 시설
: 지중 전선로를 직접 매설식에 의하여 시설하는 경우에는 매설 깊이를 차량 기타 중량물의 압력을 받을 우려가 있는 장소에는 1.0[m] 이상, 기타 장소에는 60[cm] 이상으로 하고 또한 지중 전선을 견고한 트라프 기타 방호물에 넣어 시설하여야 한다.

[답] ②

예제 06

중량물이 통과하는 장소에 비닐 외장케이블을 직접매설식으로 시설하는 경우 매설깊이는 몇 [m] 이상이어야 하는가?

① 0.8
② 1.0
③ 1.2
④ 1.5

【해설】
지중 전선로의 시설
: 지중 전선로를 직접 매설식에 의하여 시설하는 경우에는 매설 깊이를 차량 기타 중량물의 압력을 받을 우려가 있는 장소에는 1.0[m] 이상, 기타 장소에는 60[cm] 이상으로 하고 또한 지중 전선을 견고한 트라프 기타 방호물에 넣어 시설하여야 한다.

[답] ②

예제 07

지중 전선로의 매설방법이 아닌 것은?
① 관로식
② 인입식
③ 암거식
④ 직접 매설식

【해설】
지중 전선로의 시설
: 지중 전선로의 매설방법은 암거식, 관로식, 직접 매설식

[답] ②

34 지중함의 시설 ★★★

1) 지중함은 견고하고 **차량 기타 중량물의 압력에 견디는 구조**일 것
2) 지중함은 그 안의 고인 **물을 제거할 수 있는 구조**로 되어 있을 것
3) **폭발성 또는 연소성의 가스가 침입할 우려가 있는 것에 시설하는 지중함으로서 그 크기가 $1[m^3]$ 이상인 것에는 통풍장치 기타 가스를 방산시키기 위한 적당한 장치를 시설할 것**
4) **지중함의 뚜껑은 시설자 이외의 자가 쉽게 열 수 없도록 시설할 것**
5) 저압지중함의 경우 **절연성능이 있는 고무판을 주철(강)재의 뚜껑 아래에 설치**할 것
6) 차도 이외의 장소에 설치하는 저압 지중함은 **절연성능이 있는 재질의 뚜껑을 사용할 수 있음**

예제 01

폭발성 또는 연소성의 가스가 침입할 우려가 있는 것에 시설하는 지중전선로의 지중함은 그 크기가 최소 몇 $[m^3]$ 이상인 경우에는 통풍장치 기타 가스를 방산시키기 위한 적당한 장치를 시설하여야 하는가?

① 1
② 3
③ 5
④ 10

【해설】
지중함의 시설
: 폭발성 또는 연소성의 가스가 침입할 우려가 있는 것에 시설하는 지중함으로서 그 크기가 $1[m^3]$ 이상인 것에는 통풍장치 기타 가스를 방산시키기 위한 적당한 장치를 시설할 것

[답] ①

예제 02

지중전선로에 사용하는 지중함은 폭발성 또는 연소성의 가스가 침입할 우려가 있는 것에 시설하는 지중함으로서 그 크기가 최소 몇 [m³] 이상인 것에는 통풍장치를 설치하여야 하는가?

① 1
② 2
③ 3
④ 4

【해설】
지중함의 시설
: 폭발성 또는 연소성의 가스가 침입할 우려가 있는 것에 시설하는 지중함으로서 그 크기가 1[m³] 이상인 것에는 통풍장치 기타 가스를 방산시키기 위한 적당한 장치를 시설할 것

[답] ①

예제 03

지중전선로에 사용하는 지중함의 시설기준으로 옳지 않은 것은?
① 폭발우려가 있고 크기가 1[m³] 이상인 것에는 밀폐하도록 할 것
② 뚜껑은 시설자 이외의 자가 쉽게 열 수 없도록 할 것
③ 지중함 내부의 고인 물을 제거할 수 있는 구조일 것
④ 견고하여 차량 기타 중량물의 압력에 견딜 수 있을 것

【해설】
지중함의 시설
1) 지중함은 견고하고 차량 기타 중량물의 압력에 견디는 구조일 것
2) 지중함은 그 안의 고인 물을 제거할 수 있는 구조로 되어 있을 것
3) 폭발성 또는 연소성의 가스가 침입할 우려가 있는 것에 시설하는 지중함으로서 그 크기가 1[m³] 이상인 것에는 통풍장치 기타 가스를 방산시키기 위한 적당한 장치를 시설할 것
4) 지중함의 뚜껑은 시설자 이외의 자가 쉽게 열 수 없도록 시설할 것

[답] ①

35 | 케이블 가압장치의 시설 ★

1) 압축 가스 또는 압유를 통하는 관, 압축 가스탱크 또는 압유탱크 및 압축기는 각각의 **최고 사용압력의 1.5배의 유압 또는 수압**(유압 또는 수압으로 시험하기 곤란한 경우 **최고 사용압력의 1.25배의 기압**)을 **연속하여 10분간** 가하여 시험을 하였을 때 이에 견디고 또한 누설되지 아니할 것
2) 압력탱크 및 압력관은 용접에 의하여 잔류응력이 생기거나 나사 조임에 의하여 무리한 하중이 걸리지 아니하도록 할 것
3) 가압장치에는 압축가스 또는 유압의 압력을 계측하는 장치를 설치할 것
4) 압축가스는 가연성 및 부식성의 것이 아닐 것

36 | 지중전선의 피복금속체 접지 ★

1) 관·암거 기타 지중전선을 넣은 방호장치의 금속제부분(케이블을 지지하는 금구류는 제외)·금속제의 전선 접속함 및 지중전선의 피복으로 사용하는 금속체에는 접지규정에 준하여 접지공사를 할 것
2) 다만, 이에 방식조치를 한 부분에 대하여는 적용하지 않는다.

37. 지중전선과 지중 약전류전선 등 또는 관과의 접근 또는 교차 ★★★

1) 지중전선이 지중약전류 전선 등과 접근하거나 교차하는 경우 이격거리를 유지하고 **내화성의 격벽을 설치할 것**

조 건	전 압	이격거리
지중 약전류 전선과 접근 또는 교차하는 경우	저압 또는 고압	0.3[m]
	특고압	0.6[m]
유독성의 유체를 내포하는 관과 접근 또는 교차	특고압	1[m]
	25[kV] 이하, 다중접지방식	0.5[m]
	이외 조건	0.3[m]

2) 지중전선을 견고한 **불연성** 또는 **난연성의** 관에 넣어 시설하는 경우 그 관이 지중약전류전선 등과 직접 접촉하지 않도록 시설할 것

38. 지중전선 상호 간의 접근 또는 교차 ★★★

전 압	시공방법	이격거리
저압과 고압	-	0.15[m]
저, 고압과 특고압	· 각각의 지중전선의 난연성 피복 또는 난연성 관공사 · 어느 한쪽의 불연성 피복, 불연성 관광사 · 지중전선 상호 간에 견고한 내화성 격벽 설치	0.3[m]
	· 25[kV] 이하인 다중접지방식 지중전선로를 관에 넣어 시설	0.1[m]

Chapter 02 특수장소의 전선로

학습내용 : 터널 안, 수상, 물밑, 지상, 교량, 급경사지 등

39 터널 안 전선로의 시설 ★★★★★

1) 철도·궤도 또는 자동차 전용터널 안의 전선로

전 압	시공방법	높이
저 압	· 애자사용공사 : 2.6[mm](인장강도 2.30[kN]) 이상 경동선의 절연전선 · 합성수지관, 금속관, 가요전선관 공사에 케이블배선	노면상, 레일면상 2.5[m] 이상
고 압	· 4.0[mm](인장강도 5.26[kN]) 이상 경동선의 고압 절연전선 또는 특고압 절연전선	노면상, 레일면상 3.0[m] 이상

2) 사람이 상시 통행하는 터널 안 전선로

전 압	시공방법	높이
저 압	· 애자사용 공사 : 2.6[mm](인장강도 2.30[kN]) 이상 경동선의 절연전선 · 합성수지관, 금속관, 가요전선관 공사에 케이블배선	노면상, 레일면상 2.5[m] 이상
고 압	· 케이블배선	-

예제 01

사람이 상시 통행하는 터널 안의 배선을 애자사용공사에 의하여 시설하는 경우 설치 높이는 노면상 몇 [m] 이상인가?

① 1.5 ② 2
③ 2.5 ④ 3

【해설】
터널 안 전선로의 시설
: 사람이 상시 통행하는 터널 안의 배선을 애자사용공사에 의하여 시설하는 경우 노면상, 레일면상 2.5[m] 이상 시설

[답] ③

예제 02
철도·궤도 또는 자동차도 전용 터널 안의 전선로의 시설 중에서 기준에 적합하지 않은 것은?
① 저압 전선으로 지름 2.0[mm]의 경동선의 절연전선을 사용하였다.
② 저압 전선으로 인장강도 2.30[kN] 이상의 절연전선을 사용하였다.
③ 저압 전선을 애자사용 공사에 의하여 시설하고 이를 노연상 2.5[m] 이상의 높이로 유지하였다.
④ 저압 전선을 가요전선관 공사에 의하여 시설하였다.

【해설】
터널 안 전선로의 시설
: 철도·궤도 또는 자동차도 전용 터널 안의 전선로의 전선은 2.6[m] 이상의 경동선을 사용

[답] ①

예제 03
사람이 상시 통행하는 터널안의 배선 시설로 적합하지 않은 것은?
① 사용전압은 저압에 한한다.
② 애자사용 공사에 의하여 시설하고 이를 노면상 2[m] 이상의 높이에 시설한다.
③ 전로에는 터널 입구에 가까운 곳에 전용 개폐기를 시설한다.
④ 공칭 단면적 2.5[mm²] 연동선과 동등 이상의 세기 및 굵기의 절연전선을 사용한다.

【해설】
터널 안 전선로의 시설
: 사람이 상시 통행하는 터널 안의 배선을 애자사용공사에 의하여 시설하는 경우 노면상, 레일면상 2.5[m] 이상 시설

[답] ②

예제 04
철도·궤도 또는 자동차도의 전용터널 안의 전선로의 시설방법으로 틀린 것은?
① 고압전선은 케이블공사로 하였다.
② 저압전선은 가요전선관공사에 의하여 시설하였다.
③ 저압전선으로 지름 2.0[mm]의 경동선을 사용하였다.
④ 저압전선을 애자사용공사에 의하여 시설하고 이를 레일면상 또는 노면상 2.5[m] 이상이 높이로 유지하였다.

【해설】
터널 안 전선로의 시설
: 철도·궤도 또는 자동차도 전용 터널 안의 전선로의 전선은 2.6[m] 이상의 경동선을 사용

[답] ③

40 수상전선로의 시설

1) 전선
   ① **저압 : 클로로프렌 캡타이어 케이블**
   ② **고압 : 고압용 캡타이어 케이블**
2) 수상 전선로의 전선과 가공 전선로 접속점의 높이
   ① 접속점이 육상에 있는 경우
      ㉮ 지표상 5[m] 이상
      ㉯ 사용전압이 저압인 경우에 도로상 이외의 곳에 있을 경우
         지표상 4[m]까지 감할 수 있음
   ② 수면상에 있는 경우 : 저압 4[m] 이상, 고압 5[m] 이상

41 물밑전선로의 시설

1) 물밑전선로는 손상을 받을 우려가 없는 곳에 위험의 우려가 없도록 시설할 것
2) 저압 또는 고압의 물밑전선로의 전선은
   표준에 적합한 **물밑 케이블** 또는 규정에 의하여 개장한 케이블을 사용할 것
3) 개장 케이블을 적용하지 않는 경우
   ① 전선에 케이블을 사용하고 또한 이를 견고한 관에 넣어서 시설하는 경우
   ② 전선에 지름 4.5[mm] 아연도철선 이상의 기계적 강도가 있는
      금속선으로 개장한 케이블을 사용하고 또한 이를 물밑에 매설하는 경우
   ③ 전선에 지름 4.5[mm](비행장의 유도로 등 기타 표지 등에 접속하는 것은
      지름 2[mm]) 아연도철선 이상의 기계적 강도가 있는 금속선으로 개장하고 또
      한 개장 부위에 방식피복을 한 케이블을 사용하는 경우
2) 특고압 물밑전선로는 케이블을 견고한 관에 넣어 시설할 것
   (다만, 6[mm] 이상의 아연도 철선을 개장한 케이블을 관에 넣지 않을 수 있다.)

42 교량에 시설하는 저압전선로

1) 교량의 윗면에 시설하는 경우
   전선의 높이를 교량의 노면상 5[m] 이상으로 하여 시설할 것
2) 전선은 케이블인 경우 이외에는 인장강도 2.30[kN] 이상의 것 또는
   지름 2.6[mm] 이상의 경동선의 절연전선일 것
3) 전선과 조영재 사이의 이격거리는
   전선이 케이블인 경우 이외에는 0.3[m] 이상일 것
4) 전선은 케이블인 경우 이외에는 조영재에 견고하게 붙인 완금류에 절연성,
   난연성 및 내수성의 애자로 지지할 것
5) 전선이 케이블인 경우에는
   전선과 조영재 사이의 이격거리를 0.15[m] 이상으로 하여 시설할 것

43 급경사지에 시설하는 전선로의 시설 ★

1) 급경사지에 시설하는 저압 또는 고압의 전선로는 그 전선이 건조물의 위에 시설되는 경우, 도로, 철도, 궤도, 삭도, 가공 약전류 전선 등, 가공전선 또는 전차선과 교차하여 시설되는 경우 및 수평거리로 이들(도로 제외)과 3[m] 미만에 접근하여 시설되는 경우 이외의 경우로서 기술상 부득이한 경우 이외에는 시설하여서는 아니 된다.

2) 전선로는 다음 각 호에 따르고 시설하여야 한다.
   ① 전선의 지지점 간의 거리는 15[m] 이하일 것
   ② 전선은 케이블인 경우 이외에는 벼랑에 견고하게 붙인 금속제 완금류에
      절연성·난연성 및 내수성의 애자로 지지할 것
   ③ 전선에 사람이 접촉할 우려가 있는 곳 또는 손상을 받을 우려가 있는 곳에
      시설하는 경우에는 적당한 방호장치를 시설할 것
   ④ **저압 전선로와 고압 전선로를 같은 벼랑에 시설하는 경우**
      고압 전선로를 저압전선로의 위로하고 또한 고압전선과 저압전선 사이의
      이격거리는 0.5[m] 이상일 것

04장. 전선로
적중실전문제

★★★★

1. 가공전선로의 지지물에 취급자가 오르고 내리는데 사용하는 발판 볼트 등은 지표상 몇 [m] 미만에 시설하여서는 아니 되는가?

① 1.2
② 1.5
③ 1.8
④ 2.0

> **해설 1**
> 가공전선로 지지물의 철탑오름 및 전주오름 방지
> : 가공전선로의 지지물에 취급자가 오르고 내리는 데 사용하는 발판볼트 등을 지표상 1.8[m] 미만에 시설하여서는 아니 된다.
>
> [답] ③

★★★★★

2. 가공전선로에 사용하는 지지물의 강도 계산시 구성재의 수직투영면적 1[m²]에 대한 풍압을 기초로 적용하는 갑종 풍압하중 값의 기준이 잘못된 것은?

① 목주 : 588[Pa]
② 원형철주 : 588[Pa]
③ 철근콘크리트주 : 1,117[Pa]
④ 강관으로 구성된 철탑 : 1,255[Pa]

> **해설 2**
> 풍압하중의 종별과 적용
> : 가공전선로에 사용하는 지지물의 강도 계산시 철근콘크리트주는 수직투영면적 1[m²]에 대한 풍압을 기초로 원형은 588[Pa], 기타의 것은 882[Pa]를 기준일 것
>
> [답] ③

3. 가공전선로에 사용하는 지지물의 강도계산에 적용하는 병종 풍압하중은 갑종 풍압하중의 몇 [%]를 기초로 하여 계산한 것인가?
   ① 30
   ② 50
   ③ 80
   ④ 110

> **해설 3**
> 풍압하중의 종별과 적용
> : 가공전선로에 사용하는 지지물의 강도계산에 적용하는
>   병종 풍압하중은 갑종 풍압하중의 50[%]를 기초로 하여 계산할 것
>
> [답] ②

4. 철근콘크리트주로서 전장이 15[m]이고, 설계하중이 7.8[kN]이다. 이 지지물을 논, 기타지반이 약한 곳 이외에 기초 안전율의 고려없이 시설하는 경우에 그 묻히는 깊이는 기준보다 몇 [cm]를 가산하여 시설하여야 하는가?
   ① 10
   ② 30
   ③ 50
   ④ 70

> **해설 4**
> 가공전선로 지지물의 기초의 안전율
> : 철근콘크리트주로서
>   전장이 15[m]이고, 설계하중이 7.8[kN]일 경우, 기초 안전율의 고려없이
>   시설하는 경우에 그 묻히는 깊이는 기준보다 30[cm]를 가산하여 시설할 것
>
> [답] ②

★★★★★

5. 가공 전선로의 지지물로서 길이 9[m], 설계하중이 6.8[kN] 이하인 철근콘크리트주를 시설할 때 땅에 묻히는 깊이는 몇 [m] 이상으로 하여야 하는가?

   ① 1.2
   ② 1.5
   ③ 2
   ④ 2.5

   해설 5
   가공전선로 지지물의 기초의 안전율
   1) 가공 전선로의 지지물의 전장 15[m] 이하 설계하중 6.8[kN] 이하인 철근콘크리트주를 시설할 때 땅에 묻히는 깊이는 전장의 1/6배[m] 이상
   2) 근입깊이 = 9[m] × 1/6 = 1.5[m] 이상

   [답] ②

★★★

6. 철탑의 강도계산에 사용하는 이상 시 상정하중이 가하여지는 경우의 그 이상 시 상정 하중에 대한 철탑의 기초에 대한 안전율은 얼마 이상이어야 하는가?

   ① 1.2
   ② 1.33
   ③ 1.5
   ④ 2.5

   해설 6
   가공전선로 지지물의 기초의 안전율
   1) 가공전선로의 지지물 기초의 안전율은 2 이상
   2) 풍압하중(수평횡하중)에 대한 철탑의 기초에 대하여는 1.33 이상

   [답] ②

7. 가공전선로의 지지물에 지선을 사용하여 안전율을 2.5로 한 경우 허용 인장하중은 최저 몇 [kN]으로 하는가?

① 2.11
② 2.91
③ 4.31
④ 5.81

> **해설 7**
> 지선의 시설
> : 지선의 안전율은 2.5 이상, 허용 인장하중의 최저는 4.31[kN] 이상일 것
>
> [답] ③

8. 가공전선로의 지지물에 시설하는 지선에 관한 사항으로 옳은 것은?

① 소선은 지름 2.0[mm] 이상인 금속선을 사용한다.
② 도로를 횡단하여 시설하는 지선의 높이는 지표상 6.0[m] 이상이다.
③ 지선의 안전율은 1.2 이상이고 허용인장하중의 최저는 4.31[kN]으로 한다.
④ 지선에 연선을 사용할 경우에는 소선은 3가닥 이상의 연선을 사용한다.

> **해설 8**
> 가공전선로의 지지물에 지선 시설
> 1) 지선의 안전율은 2.5 이상, 허용 인장하중의 최저는 4.31[kN] 이상
> 2) 지선에 연선을 사용하는 경우
> - 소선 3가닥 이상의 연선일 것
> - 소선의 지름이 2.6[mm] 이상의 금속선을 사용한 것일 것
> - 아연도강연선 : 소선 지름이 2[mm] 이상, 인장강도가 0.68[kN/mm^2] 이상
>
> [답] ④

⭐⭐⭐⭐⭐

9. 가공전선로의 지지물 중 지선을 사용하여 그 강도를 분담시켜서는 안 되는 것은?

① 철탑
② 목주
③ 철주
④ 철근콘크리트주

해설 9

지선의 시설
: 가공전선로의 지지물로 사용하는 철탑은
지선을 사용하여 그 강도를 분담시켜서는 아니 된다.

[답] ①

⭐⭐☆☆☆

10. 저압 가공인입선 시설 시 도로를 횡단하여 시설하는 경우 노면상 높이는 일반적인 경우 몇 [m] 이상으로 하여야 하는가?

① 4
② 4.5
③ 5
④ 5.5

해설 10

저압 인입선의 시설
: 저압 가공인입선의 시설 시 도로를 횡단하는 경우
노면상 5[m](기술상 부득이한 경우에 교통에 지장이 없을 때에는 3[m]) 이상일 것

[답] ③

11. 가공 케이블 시설시 고압 가공전선에 케이블을 사용하는 경우 조가용선은 단면적이 몇 [mm²] 이상인 아연도 강연선이어야 하는가?
   ① 8
   ② 14
   ③ 22
   ④ 30

   해설 11
   고압 가공케이블의 시설
   : 조가용선은 인장강도 5.93[kN] 이상의 것 또는 단면적 22[mm²] 이상인 아연도강연선일것
   [답] ③

12. 사용전압이 220[V]인 가공전선을 절연전선으로 사용하는 경우 그 최소 굵기는 지름 몇 [mm]인가?
   ① 2
   ② 2.6
   ③ 3.2
   ④ 4

   해설 12
   저고압 가공전선의 굵기 및 종류
   : 가공전선의 사용전압이 400[V] 이하 경우 절연전선은 인장강도 2.3[kN] 이상의 것 또는 지름 2.6[mm] 이상 것을 사용한다.
   [답] ②

★★★★★

13. ACSR 전선을 사용전압 직류 1,500[V]의 가공 급전선으로 사용할 경우 안전율은 얼마 이상이 되는 이도로 시설하여야 하는가?
① 2.0
② 2.1
③ 2.2
④ 2.5

해설 13
가공전선의 안전율
: 가공전선은 케이블인 경우 이외 안전율이 경동선 또는 내열 동합금선은 2.2 이상, 그 밖의 전선은 2.5 이상이 되는 이도로 시설할 것

[답] ④

★★★★★

14. 고압 가공전선에 ACSR을 쓸 때의 안전율은 최소 얼마 이상이 되는 이도로 시설하여야 하는가?
① 2.0
② 2.5
③ 3.0
④ 3.5

해설 14
가공전선의 안전율
: 가공전선은 케이블인 경우 이외 안전율이 경동선 또는 내열 동합금선은 2.2 이상, 그 밖의 전선은 2.5 이상이 되는 이도로 시설할 것

[답] ②

15. 저압 가공전선과 고압 가공전선을
동일지지물에 병가하는 경우, 고압 가공전선에 케이블을 사용하면
그 케이블과 저압 가공전선의 최소 이격거리는 몇 [m]인가?
① 0.3
② 0.5
③ 0.7
④ 0.9

해설 15
가공전선 등의 병가
: 저압 가공전선과 고압 가공전선을
동일 지지물에 병가하는 경우, 고압 가공전선에 케이블을 사용하면
그 케이블과 저압 가공전선의 최소 이격거리는 0.3[m] 이상 설치할 것

[답] ①

16. 동일 지지물에 고압 가공전선과 저압 가공전선을 병가할 때
저압 가공전선의 위치는?
① 저압 가공전선을 고압 가공전선 위에 시설
② 저압 가공전선을 고압 가공전선 아래에 시설
③ 동일 완금류에 평행되게 시설
④ 별도의 규정이 없으므로 임의로 시설

해설 16
고압 가공전선 등의 병가
: 저·고압 병가 시 저압 가공전선을 고압 가공전선 아래에 시설할 것

[답] ②

17. 사용전압이 35,000[V] 이하인 특고압 가공전선과 가공 약전류 전선을 동일 지지물에 시설하는 경우 특고압 가공전선로의 보안공사로 적합한 것은?
   ① 고압 보안공사
   ② 제1종 특고압 보안공사
   ③ 제2종 특고압 보안공사
   ④ 제3종 특고압 보안공사

   해설 17
   특고압 가공전선과 가공 약전류 전선 등의 공가
   : 사용전압이 35[kV] 이하인 특고압 가공전선과 가공 약전류 전선 등을 동일 지지물에 시설하는 경우 특고압 가공전선로는 제2종 특고압 보안공사에 의할 것
   [답] ③

18. 사용전압이 몇 [V]를 초과하는 특고압 가공전선과 가공 약전류 전선 등은 동일 지지물에 시설하여서는 아니 되는가?
   ① 6,600
   ② 22,900
   ③ 30,000
   ④ 35,000

   해설 18
   특고압 가공전선과 가공 약전류 전선 등의 공가
   : 사용전압이 35[kV]를 초과하는 특고압 가공전선과 가공약 전류 전선 등은 동일 지지물에 시설하여서는 아니 된다.
   [답] ④

19. 지지물이 A종 철근콘크리트주일 때 고압 가공전선로의 경간은 몇 [m] 이하인가?

① 150
② 250
③ 400
④ 600

해설 19
고압 가공전선로 경간의 제한
: A종 철근콘크리트주 지지물의 고압 가공전선로 경간의 최대한도는 150[m] 이하

[답] ①

20. 특별고압 가공 전선로에서 철탑(단주 제외)의 경간은 몇 [m] 이하로 하여야 하는가?

① 400
② 500
③ 600
④ 700

해설 20
고압 가공전선로 경간의 제한
: 철탑 고압 가공전선로 지지물의 경간의 최대한도는 600[m] 이하일 것

[답] ③

★★★★★

21. 제2종 특고압 보안공사 시 B종 철주를 지지물로 사용하는 경우 경간은 몇 [m] 이하인가?

① 100
② 200
③ 400
④ 500

해설 21

보안공사
: B종 철주, B종 철근 콘트리트주의 제2종 특고압 보안공사의 경간은 200[m] 이하일 것

[답] ②

★★★★

22. 154[kV] 가공전선로를 제1종 특고압 보안공사에 의하여 시설하는 경우 사용전선은 인장강도 58.84[kN] 이상의 연선 또는 단면적 몇 [mm²] 이상의 경동연선 이어야 하는가?

① 35
② 50
③ 95
④ 150

해설 22

보안공사
: 100[kV] 이상 300[kV] 미만 제1종 특고압 보안공사는 인장강도 58.84[kN] 이상의 또는 단면적 150[mm²] 이상의 경동연선을 사용할 것

[답] ④

23. 다음 중에서 목주, A종 철주 및 A종 철근콘크리트주를 전선로의 지지물로 사용할 수 없는 보안공사는?

① 고압보안공사
② 제1종 특고압보안공사
③ 제2종 특고압보안공사
④ 제3종 특고압보안공사

해설 23

보안공사
1) 제1종 특고압 보안공사 지지물에는 B종 철주, B종 철근콘크리트주, 철탑을 사용할 것
2) 제1종 특고압 보안공사에 목주나 A종 지지물은 사용 불가

[답] ②

24. 제2종 특고압 보안공사의 기준으로 틀린 것은?

① 특고압 가공전선은 연선일 것
② 지지물이 목주일 경우 그 경간은 100[m] 이하일 것
③ 지지물이 A종 철주일 경우 그 경간은 150[m] 이하일 것
④ 지지물로 사용하는 목주의 풍압하중에 대한 안전율은 2 이상일 것

해설 24

보안공사
: 목주, A종 철추, A종 철근콘크리트주를 지지물로 사용 시
제2종, 제3종 특고압 보안공사시 경간은 100[m] 이하일 것

[답] ③

★★★★

25. 35[kV] 이하 특고압 가공전선이
    삭도와 제2차 접근상태로 시설할 경우에 특고압 가공전선로의 보안공사는?
    ① 고압보안공사
    ② 제1종 특고압보안공사
    ③ 제2종 특고압보안공사
    ④ 제3종 특고압보안공사

    해설 25

    보안공사
    : 35[kV] 이하의 전선이 건조물과 제2차 접근 상태인 경우 제2종 특고압 보안공사일 것
    [답] ③

★★★

26. 가섭선에 의하여 시설하는 안테나가 있다.
    이 안테나 주위에 경동연선을 사용한 고압 가공전선이 지나가고 있다면
    수평 이격거리는 몇 [m] 이상이어야 하는가?
    ① 0.4
    ② 0.6
    ③ 0.8
    ④ 1.0

    해설 26

    고압 가공전선과 안테나의 접근 또는 교차
    : 고압 가공전선과 안테나 접근시 일반적인 경우 고압 0.8[m] 이상 이격할 것
    [답] ③

27. 시가지에 시설하는 154[kV] 가공전선로를 도로와 제1차 접근상태로 시설하는 경우, 전선과 도로와의 이격거리는 몇 [m] 이상이어야 하는가?
   ① 4.4
   ② 4.8
   ③ 5.2
   ④ 5.6

   해설 27
   특고압 가공전선과 도로 등의 접근 또는 교차
   1) 35[kV] 초과 전선의 이격거리는
      3[m]에 35[kV]를 초과하는 10[kV] 또는 그 단수마다 15[cm]를 더한 값으로 한다.
   2) (154 - 35) / 10 = 11.9, 단수 12
   3) 이격거리 = 3[m] + 12 × 0.15 = 4.8[m]
   [답] ②

28. 특고압 가공전선이 도로, 횡단보도교, 철도와 제1차 접근상태로 시설되는 경우 특고압 가공전선로는 제 몇 종 보안공사를 하여야 하는가?
   ① 제1종 특고압 보안공사
   ② 제2종 특고압 보안공사
   ③ 제3종 특고압 보안공사
   ④ 특별 제3종 특고압 보안공사

   해설 28
   특고압 가공전선과 도로 등의 접근 또는 교차
   : 제1차 접근상태로 시설되는 경우
     특고압 가공전선로에는 제3종 특고압 보안공사에 의한다.
   [답] ③

29. 시가지에 시설하는 특고압 가공전선로용 지지물로 사용될 수 없는 것은?(단, 사용전압이 170[kV] 이하의 전선로인 경우이다.)

① 철근콘크리트주
② 목주
③ 철탑
④ 철주

해설 29
시가지 등에서 특고압 가공전선로의 시설
: 시가지 등에서 특고압 가공전선로 지지물은 목주를 사용할 수 없고 철주, 철근콘크리트주 또는 철탑을 사용할 것

[답] ②

30. 시가지에 시설하는 특고압 가공전선로의 철탑의 경간은 몇 [m] 이하이어야 하는가?

① 250
② 300
③ 350
④ 400

해설 30
시가지 등에서 특고압 가공전선로의 시설
: 시가지 등에서 특고압 가공전선로 지지물 중 철탑을 사용할 경우 표준경간은 400[m] 이하일 것

[답] ④

31. 시가지내에 시설하는 154[kV] 가공전선로에 지락 또는 단락이 생겼을 때 몇 초 안에 자동적으로 이를 전로로부터 차단하는 장치를 시설하여야 하는가?
① 1
② 3
③ 5
④ 10

해설 31
시가지 등에서 특고압 가공전선로의 시설
: 사용전압이 100[kV]를 초과하는 특고압 가공전선에 지락 또는 단락이 생겼을 때에는 1초 이내에 자동적으로 이를 전로로부터 차단하는 장치를 시설할 것

[답] ①

32. 시가지 등에서 특고압 가공전선로의 시설에 대한 내용 중 틀린 것은?
① A종 철주를 지지물로 사용하는 경우의 경간은 75[m] 이하이다.
② 사용전압이 170[kV] 이하인 전선로를 지지하는 애자장치는 2련 이상의 현수애자 또는 장간애자를 사용한다.
③ 사용전압이 100[kV]를 초과하는 특고압 가공전선에 지락 또는 단락이 생겼을 때에는 1초 이내에 자동적으로 이를 전로로부터 차단하는 장치를 시설한다.
④ 사용전압이 170[kV] 이하인 전선로를 지지하는 애자장치는 50[%] 충격섬락전압 값이 그 전선의 근접한 다른 부분을 지지하는 애자장치 값의 100[%] 이상인 것을 사용한다.

해설 32
시가지 등에서 특고압 가공전선로의 시설
: 사용전압이 170[kV] 이하인 전선로를 지지하는 애자장치는 50[%] 충격섬락전압 값이 그 전선의 근접한 다른 부분을 지지하는 애자장치 값의 110[%] 이상인 것을 사용할 것

[답] ④

⭐⭐⭐⭐⭐

33. 특고압 가공전선로의 지지물 중 전선로의 지지물 양쪽의 경간의 차가 큰 곳에 사용하는 철탑은?
   ① 내장형철탑
   ② 인류형철탑
   ③ 보강형철탑
   ④ 각도형철탑

   해설 33
   특고압 가공전선로의 철주, 철근콘크리트주 또는 철탑의 종류
   : 전선로의 지지물 양쪽의 경간의 차가 큰 곳에 사용하는 철탑을 내장형

   [답] ①

⭐⭐⭐⭐⭐

34. 특고압 가공전선로의 지지물로 사용하는 B종 철주, B종 철근콘크리트주 또는 철탑의 종류에서 전선로 지지물의 양쪽 경간의 차가 큰 곳에 사용하는 것은?
   ① 각도형
   ② 인류형
   ③ 내장형
   ④ 보강형

   해설 34
   특고압 가공전선로의 철주, 철근콘크리트주 또는 철탑의 종류
   : 전선로의 지지물 양쪽의 경간의 차가 큰 곳에 사용하는 철탑을 내장형

   [답] ③

35. 직선형의 철탑을 사용한 특고압 가공전선로가 연속하여 10기 이상 사용하는 부분에는 몇 기 이하마다 내장 애자장치가 되어 있는 철탑 1기를 시설하여야 하는가?

① 5
② 10
③ 15
④ 20

해설 35
특고압 가공전선로의 내장형 등의 지지물 시설
: 철탑을 사용하는 직선 부분은 10기 이하마다 내장 애자 장치를 갖는 철탑 1기를 시설할 것

[답] ②

36. 사용전압이 15[kV] 이하인 특고압 가공전선로의 중성선 다중접지 및 중성선 시설 시 각 접지선을 중성선으로부터 분리하였을 경우 매 1[km]마다의 중성선과 대지사이의 합성 전기저항 값은 몇 [Ω] 이하이어야 하는가?

① 15
② 20
③ 25
④ 30

해설 36
25[kV] 이하인 특고압 가공전선로의 시설
: 사용전압이 15[kV] 이하인 특고압 가공전선로의 중성선 다중접지 및 중성선 시설 시 각 접지선을 중성선으로부터 분리하였을 경우 매 1[km]마다 합성 전기저항값은 30[Ω] 이하

[답] ④

37. 22.9[kV] 특고압 가공전선로의 중성선의 다중접지 시설에서 각 접지선을 중성선으로부터 분리하였을 경우 각 접지점의 대지 전기저항값은 몇 [Ω] 이하이어야 하는가?

① 100
② 150
③ 300
④ 500

해설 37

25[kV] 이하인 특고압 가공전선로의 시설
: 특고압 가공전선로의 중성선 다중접지 및 중성선 시설시 각 접지선을 중성선으로부터 분리하였을 경우 각 접지점의 대지 전기저항값은 300[Ω] 이하일 것

[답] ③

38. 지중전선로를 직접매설식에 의하여 시설하는 경우에 매설깊이를 차량기타 중량물의 압력을 받을 우려가 있는 장소에는 몇 [m] 이상으로 하면 되는가?

① 0.4
② 0.6
③ 0.8
④ 1.0

해설 38

지중 전선로의 시설
: 지중 전선로를 직접매설식에 의하여 시설하는 경우에 매설깊이를 차량기타 중량물의 압력을 받을 우려가 있는 장소에는 1.0[m] 이상일 것

[답] ④

★★★★

39. 차량, 기타중량물의 압력을 받을 우려가 없는 장소에 지중전선로를 직접매설식에 의하여 매설하는 경우에는 매설 깊이를 몇 [m] 이상으로 하여야 하는가?

① 0.4
② 0.6
③ 0.8
④ 1.0

해설 39

지중 전선로의 시설
1) 차량 기타 중량물의 압력을 받을 우려가 있는 장소에는 1.0[m] 이상, 기타 장소에는 0.6[m] 이상으로 하고 또한 지중 전선을 견고한 트라프 기타 방호물에 넣어 시설하여야 한다.
2) 견고한 트라프 기타 방호물에 넣지 않고 시공할 수 있는 케이블은 콤바인덕트 케이블 또는 규정된 개장한 케이블이어야 한다.

[답] ②

★★★

40. 지중전선로에 사용하는 지중함은 폭발성 또는 연소성의 가스가 침입할 우려가 있는 것에 시설하는 지중함으로서 그 크기가 최소 몇 [m³] 이상인 것에는 통풍장치를 설치하여야 하는가?

① 1
② 2
③ 3
④ 4

해설 40

지중함의 시설
: 폭발성 또는 연소성의 가스가 침입할 우려가 있는 것에 시설하는 지중함으로서 그 크기가 1[m³] 이상인 것에는 통풍장치 기타 가스를 방산시키기 위한 적당한 장치를 시설할 것

[답] ①

05장

전력보안통신설비

Chapter 01. 일반사항

적중실전문제

Chapter 01 일반사항

학습내용 : 목적 및 적용범위

전력보안통신설비 일반사항

01 목적

「전기사업법」,
「지능형전력망의 구축 및 이용촉진에 관한 법률」에 따른 보안통신선로와
통신설비의 시설 및 운영에 필요한 기술적 사항을 규정하는 것을 목적으로 한다.

02 적용범위

이 규정은 전기사업자가 전기를 공급하는 구간인
송전선로, 배전선로 등에서 유선 및 무선통신방식을 이용하여 통신할 수 있는
선로 및 전기설비의 설계, 시공, 감리 및 유지관리 등에 적용한다.

전력보안통신설비의 시설 요구사항

03 전력보안통신설비의 시설 장소

1) 송전선로
   ① 66[kV], 154[kV], 345[kV], 765[kV] 계통 송전선로 구간(가공, 지중, 해저) 및 안전상 특히 필요한 경우에 전선로의 적당한 곳
   ② 고압 및 특고압 지중전선로가 시설되어 있는 전력구내에서 안전상 특히 필요한 경우의 적당한 곳
   ③ 직류 계통 송전선로 구간 및 안전상 특히 필요한 경우의 적당한 곳

2) 배전선로
   ① 22.9[kV] 계통 배전선로 구간 (가공, 지중, 해저)
   ② 22.9[kV] 계통에 연결되는 분산전원형 발전소
   ③ 폐회로 배전 등 신 배전방식 도입 개소
   ④ 원격검침, 부하감시 등의 및 스마트그리드 구현을 위해 필요한 구간

3) 발전소, 변전소 및 변환소
   ① 원격감시제어가 되지 아니하는
      발전소, 변전소, 개폐소, 전선로 및 이를 운용하는 급전소 및 급전분소 간
   ② 2 이상의 급전소(분소) 상호 간과 이들을 총합 운용하는 급전소(분소) 간
   ③ 수력설비 중 필요한 곳,
      수력설비의 안전상 필요한 양수소 및 강수량 관측소와 수력발전소 간
   ④ 동일 수계에 속하고 안전상 긴급 연락의 필요가 있는 수력발전소 상호 간
   ⑤ 동일 전력계통에 속하고 또한
      안전상 긴급연락의 필요가 있는 발전소, 변전소 및 개폐소 상호 간
   ⑥ 발전소, 변전소 및 개폐소와 기술원 주재소 간
      다만, 다음 어느 항목에 적합하고 또한 휴대용 또는 이동용 전력보안통신
      전화설비에 의하여 연락이 확보된 경우에는 그러하지 아니하다.
      ㉮ 발전소로서 전기의 공급에 지장을 미치지 않는 것
      ㉯ 상주감시를 하지 않는 변전소(사용전압이 35[kV] 이하)로서
         그 변전소에 접속되는 전선로가 동일 기술원 주재소에 의하여 운용되는 곳

⑦ 발전소, 변전소, 개폐소, 급전소 및 기술원 주재소와
전기설비의 안전상 긴급 연락의 필요가 있는 **기상대, 측후소, 소방서 및
방사선 감시계측 시설물** 등의 사이

4) 배전지능화 주장치가 시설되어 있는
배전센터, 전력수급조절을 총괄하는 중앙급 전사령실

5) **전력보안통신** 데이터를 **중계**하거나, **교환**시키는 **정보통신실**

04 전력보안통신케이블의 지상고와 배전설비와의 이격거리 ★

1) 전력보안통신케이블의 배전주(배전용 전주) 공가 시 지상고

시설 장소	지상고[m]
도로 횡단	6.0
보도	5.0
철도 횡단(레일면상)	6.5
횡단 보도교 위(노면상)	3.0
기타의 장소	3.5

2) 배전전주에 시설하는 공가 통신설비와 배전설비의 이격거리

구 분	이격거리[m]
7[kV] 초과	1.2
1[kV] 초과 ~ 7[kV] 이하	0.6
저압 또는 특고압 다중접지 중성도체	0.6

* 저고압, 특고압 가공전선이 절연전선이고 통신선을 절연전선과 동등 이상의 성능을
사용하는 경우 0.3[m] 이상으로 이격

05 조가선 시설기준

1) 조가선은 **단면적 38[mm²] 이상의 아연도강연선을 사용할 것**
2) 조가선의 시설높이

시설 장소	지상고[m]
도로 횡단	6.0
보도	5.0

3) 조가선의 시설방향
   ① 특고압주 : 특고압 중성도체와 같은 방향
   ② 저압주 : 저압선과 같은 방향
4) 조가선은 설비 안전을 위하여 전주와 전주 경간 중에 접속하지 말 것
5) 조가선은 부식되지 않는 별도의 금구를 사용하고 조가선 끝단은 날카롭지 않게 할 것
6) 말단 배전주와 말단 1경간 전에 있는 배전주에 시설하는 조가선은 장력에 견디는 형태로 시설할 것
7) 조가선은 2조까지만 시설할 것
8) 과도한 장력에 의한 전주손상을 방지하기 위하여 전주경간 50[m] 기준 0.4[m] 정도의 이도를 반드시 유지하고, 법정 지상고를 준수하여 시공할 것
9) +자형 공중교차는 불가피한 경우에 한하여 제한적으로 시공할 수 있다. 다만, T자형 공중 교차시공은 할 수 없다.
10) 조가선 간의 이격거리는 조가선 2개가 시설될 경우에 이격거리는 0.3[m]를 유지하여야 한다.
11) **조가선의 접지**
   ① **조가선은 매 500[m]마다 또는 증폭기, 옥외형 광송수신기 및 전력공급기 등이 시설된 위치에서 단면적 16[mm²](지름 4[mm]) 이상의 연동선과 접지선 서비스 커넥터 등을 이용하여 접지할 것**
   ② 접지는 전력용 접지와 별도의 독립접지 시공을 원칙으로 할 것
   ③ 접지선 몰딩은 육안식별이 가능하도록 몰딩표면에 쉽게 지워지지 않는 방법으로 "통신용 접지선"임을 표시하고, 전력선용 접지선 몰드와는 반대방향으로 전주의 외관을 따라 수직방향으로 미려하게 시설하며 2[m] 간격으로 밴딩 처리할 것
   ④ **접지극은 지표면에서 0.75[m] 이상의 깊이에 타 접지극과 1[m] 이상 이격**하여 시설하여야 하며, 접지극 시설, 접지저항값 유지 등 조가선 및 공가설비의 접지에 관한 사항에 따를 것

06 전력선 반송 통신용 결합장치의 보안장치 ★★★

전력선 반송통신용 **결합 커패시터에 접속하는 회로**에는 보안장치 또는 이에 준하는 **보안장치를 시설**하여야 한다.

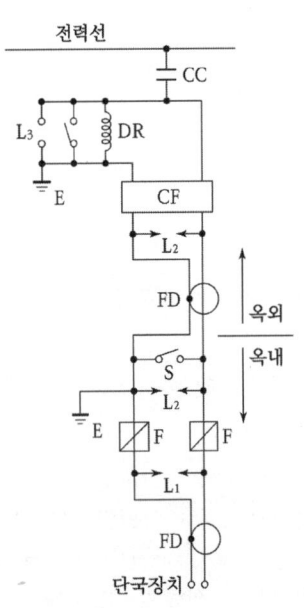

- FD : 동축케이블
- F : 정격전류 10[A] 이하의 포장 퓨즈
- DR : **전류 용량 2[A] 이상의 배류 선륜**
- L_1 : 교류 300[V] 이하에서 동작하는 **피뢰기**
- L_2 : 동작 전압이 교류 1,300[V]를 초과하고 1,600[V] 이하로 조정된 **방전갭**
- L_3 : 동작 전압이 교류 2[kV]를 초과하고 3[kV] 이하로 조정된 구상 **방전갭**
- S : 접지용 개폐기
- CF : 결합 필타
- CC : **결합 커패시터(결합 안테나를 포함한다)**
- E : 접지

07 무선용 안테나 등을 지지하는 철탑 등의 시설 ★★★

전력 보안통신 설비인 무선통신용 안테나 또는 반사판을 지지하는 목주, 철근, 철근콘크리트주 또는 철탑은 다음 각 호에 따라 시설하여야 한다.
1) **목주의 안전율 : 1.5 이상**
2) **철주·철근콘크리트주 또는 철탑의 기초 안전율 : 1.5 이상**

예제 01

전력보안 통신선 시설에서 가공전선로의 지지물에 시설하는
가공 통신선에 직접 접속하는 통신선의 종류로 틀린 것은?
① 조가용선
② 광케이블
③ 동축케이블
④ 차폐용 실드케이블(STP)

【해설】
전력보안통신설비의 시설기준
: 통신케이블의 종류는 광케이블, 동축케이블 및 차폐용 실드케이블(STP) 또는
 이와 동등 이상일 것

[답] ①

예제 02

가공전선과 첨가 통신선과의 시공방법으로 틀린 것은?
① 통신선은 가공전선의 아래에 시설할 것
② 통신선과 고압 가공전선 사이의 이격거리는 60[cm] 이상일 것
③ 통신선과 특고압 가공전선로의 다중접지한 중성선 사이의 이격거리는 1.2[m] 이상일 것
④ 통신선은 특고압 가공전선로의 지지물에 시설하는 기계기구에 부속되는 전선과 접촉할
 우려가 없도록 지지물 또는 완금류에 견고하게 시설할 것

【해설】
가공전선과 첨가 통신선과의 이격거리
: 통신선과 특고압 가공전선로의 다중접지한 중성선 사이의 이격거리는 0.6[m] 이상

[답] ③

예제 03

통신선과 저압 가공전선 또는
특고압 가공전선로의 다중 접지를 한 중성선 사이의 이격거리는 몇 [cm] 이상인가?
① 15
② 30
③ 60
④ 90

【해설】
가공전선과 첨가 통신선과의 이격거리
: 통신선과 특고압 가공전선로의 다중접지한 중성선 사이의 이격거리는 0.6[m] 이상

[답] ③

예제 04

가공전선과 첨가 통신선과의 이격거리에서 통신선과 저압 가공전선 또는
특고압 가공전선로와 다중 접지를 한 중성선 사이의 이격거리는 몇 [cm] 이상인가?

① 60
② 70
③ 80
④ 90

【해설】

가공전선과 첨가 통신선과의 이격거리
: 통신선과 특고압 가공전선로의 다중접지한 중성선 사이의 이격거리는 0.6[m] 이상

[답] ①

예제 05

저압 가공전선로의 지지물에 시설하는 통신선 또는 이에 직접 접속하는 가공 통신선이
도로를 횡단하는 경우, 일반적으로 지표상 몇 [m] 이상의 높이로 시설하여야 하는가?

① 6.0
② 4.0
③ 5.0
④ 3.0

【해설】

첨가 통신선의 지표상 높이
: 저압 가공전선로의 지지물에 시설하는 통신선 또는 이에 직접 접속하는 가공 통신선이 도로를 횡단하는 경우 지표상 6[m] 이상의 높이로 시설

[답] ①

예제 06

가공전선로의 지지물에 시설하는 통신선 또는 이에 직접 접속하는 가공통신선이
철도를 횡단하는 경우에는 레일면상 몇 [m] 이상으로 설치하여야 하는가?

① 4.5
② 5.5
③ 6.5
④ 7.5

【해설】

첨가 통신선의 지표상 높이
: 저압 가공전선로의 지지물에 시설하는 통신선 또는 이에 직접 접속하는 가공 통신선이 레일면상 지표상 6.5[m] 이상의 높이로 시설

[답] ③

05장. 전력보안통신설비
적중실전문제

⭐⭐⭐⭐⭐

1. 전력보안 가공 통신선을 횡단 보도교 위에 시설하는 경우, 그 노면상 높이는 몇 [m] 이상으로 하여야 하는가?

① 3.0
② 3.5
③ 4.0
④ 4.5

> **해설 1**
> 전력보안 가공통신선의 높이
> 1) 도로 횡단 시 5[m] 이상(교통에 지장이 없는 경우 4.5[m])
> 2) 철도 또는 궤도를 횡단하는 곳은 6.5[m] 이상
> 3) 횡단보도교 위 시설 시는 노면상 3[m] 이상
> 4) 기타 이외의 경우 지표상 3.5[m] 이상
>
> [답] ①

⭐⭐⭐

2. 전력보안 통신설비인 무인용 안테나 등을 지지하는 철주의 기초의 안전율이 얼마 이상이어야 하는가?

① 1.3
② 1.5
③ 1.8
④ 2.0

> **해설 2**
> 무선용 안테나 등의 지지하는 철탑 등의 시설
> : 전력보안 통신설비인 무선통신용 안테나 또는 반사판을 지지하는 철주, 철근콘크리트주 또는 철탑의 기초의 안전율을 1.5 이상일 것
>
> [답] ②

3. 가공전선과 첨가 통신선과의 이격거리에서 통신선과 저압 가공전선 또는 특고압 가공전선로와 다중 접지를 한 중성선 사이의 이격거리는 몇 [m] 이상인가?
   ① 0.6
   ② 0.7
   ③ 0.8
   ④ 0.9

   해설 3
   가공전선과 첨가 통신선과의 이격거리
   : 통신선과 특고압 가공전선로의 다중접지한 중성선 사이의 이격거리는 0.6[m] 이상
   [답] ①

4. 저압 가공전선로의 지지물에 시설하는 통신선 또는 이에 직접 접속하는 가공 통신선이 도로를 횡단하는 경우, 일반적으로 지표상 몇 [m] 이상의 높이로 시설하여야 하는가?
   ① 6.0
   ② 4.0
   ③ 5.0
   ④ 3.0

   해설 4
   첨가 통신선의 지표상 높이
   : 저압 가공전선로의 지지물에 시설하는 통신선 또는 이에 직접 접속하는 가공 통신선이 도로를 횡단하는 경우 지표상 6[m] 이상의 높이로 시설
   [답] ①

5. 가공전선로의 지지물에 시설하는 통신선 또는 이에 직접 접속하는 가공통신선이 철도를 횡단하는 경우에는 레일면상 몇 [m] 이상으로 설치하여야 하는가?
   ① 4.5
   ② 5.5
   ③ 6.5
   ④ 7.5

   해설 5
   첨가 통신선의 지표상 높이
   : 저압 가공전선로의 지지물에 시설하는 통신선 또는 이에 직접 접속하는 가공 통신선이 레일면상 지표상 6.5[m] 이상의 높이로 시설

   [답] ③

MEMO

06장
배선 및 조명설비

Chapter 01. 배전설비
Chapter 02. 허용전류 및 도체의 단면적
Chapter 03. 전기기기
적중실전문제

Chapter 01 배전설비

학습내용 : 배전설비 공사의 종류 및 적용 시 고려사항

배전설비 공사의 종류

01 저압 옥내 배선의 사용전선 ★★★

1) 저압 옥내 배선의 전선 기준
   ① 단면적이 2.5[mm²] 이상의 연동선 또는 이와 동등 이상의 강도 및 굵기의 것
   ② 단면적이 1[mm²] 이상의 미네럴 인슈레이션(MI) 케이블

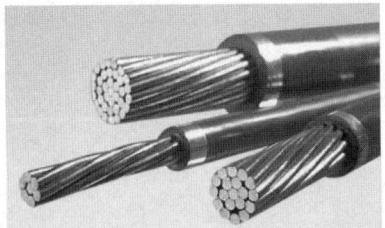
〈절연전선〉

〈미네럴 인슈레이션 케이블〉

[그림] 옥내 배선 〈참고, 가온전선〉

2) 옥내 배선의 사용 전압이 400[V] 이하인 경우 (예외 기준)
   ① 전광표시 장치, 출퇴 표시 등 기타 이와 유사한 장치 또는 **제어 회로 배선**
      ㉮ 단면적 1.5[mm²] 이상의 **연동선**을 사용하고 이를
         합성수지관 공사·금속관 공사·금속 몰드 공사·금속 덕트 공사·플로어 덕트 공사
         또는 **셀룰러 덕트 공사**에 의하여 시설하는 경우
      ㉯ 단면적 0.75[mm²] 이상인 **다심케이블** 또는 **다심 캡타이어 케이블**을 사용하고
         또한 과전류가 생겼을 때에 자동적으로 전로에서 차단하는 장치를 시설하는 경우
   ② 진열장, 진열창 안에는 단면적 0.75[mm²] 이상인 코드 또는
      캡타이어 케이블을 사용하는 경우
   ③ 엘리베이터, 덤웨이터 등의 승강로 안의 배선에 리프트 케이블을 사용하는 경우

Check Point!

1) 저압 옥내 배선 : 2.5[mm^2] 이상의 연동선,
   1[mm^2] 이상의 미네럴 인슈레이션(MI) 케이블
2) 전광 표시 장치·출퇴 표시등 : 1.5[mm^2] 이상의 연동선,
   0.75[mm^2] 이상의 미네럴 인슈레이션(MI) 케이블
3) 진열장 : 0.75[mm^2] 이상의 코드 또는 캡타이어 케이블

02 나전선의 사용 제한 ★★★★★

1) 옥내에 시설하는 저압전선에는 나전선을 사용하여서는 아니 된다.

2) 옥내 나전선 적용이 **가능한 경우**
   ① **애자사용 배선 (전개된 곳 시설하는 경우)**
      ㉮ 전기로용 전선
      ㉯ 전선의 피복 절연물이 부식하는 장소에 시설하는 전선
      ㉰ 취급자 이외의 자가 출입할 수 없도록 설비한 장소에 시설하는 전선
   ② **버스 덕트 배선**에 의하여 시설하는 경우
   ③ **라이팅 덕트 배선**에 의하여 시설하는 경우
   ④ **접촉 전선**을 시설하는 경우

예제 01

배선공사 중 전선이 반드시 절연전선이 아니라도 상관없는 배선방법은?
① 금속관 배선
② 합성수지관 배선
③ 버스 덕트 배선
④ 플로어 덕트 배선

【해설】
나전선의 사용 제한
: 옥내에 시설하는 저압전선에 나전선을 사용할 수 있는 배선방법은
  애자사용 배선, 버스 덕트 배선, 라이팅 덕트 배선과 접촉 전선이 있다.

[답] ③

예제 02

옥내 저압전선으로 나전선의 사용이 기본적으로 허용되지 않는 것은?
① 애자사용 배선의 전기로용 전선
② 유희용 전차에 전기 공급을 위한 접촉 전선
③ 제분 공장의 전선
④ 애자사용 배선의 전선 피복 절연물이 부식하는 장소에 시설하는 전선

【해설】
나전선의 사용 제한
: 제분 공장의 옥내에 시설하는 저압전선에 나전선을 사용할 수 없다.

[답] ③

예제 03

다음의 옥내 배선에서 나전선을 사용할 수 없는 곳은?
① 접촉 전선의 시설
② 라이팅 덕트 배선에 의한 시설
③ 합성수지관 배선에 의한 시설
④ 버스 덕트 배선에 의한 시설

【해설】
나전선의 사용 제한
: 옥내에 시설하는 저압전선에 나전선을 사용할 수 있는 배선방법은
  애자사용 배선, 버스 덕트 배선, 라이팅 덕트 배선과 접촉 전선이 있다.

[답] ③

예제 04

옥내에 시설하는 저압전선으로 나전선을 절대로 사용할 수 없는 경우는?
① 금속 덕트 배선에 의하여 시설하는 경우
② 버스 덕트 배선에 의하여 시설하는 경우
③ 애자 사용 배선에 의하여 전개된 곳에 전기로용 전선을 시설하는 경우
④ 유희용 전차에 전기를 공급하기 위하여 접촉 전선을 사용하는 경우

【해설】
나전선의 사용 제한
: 옥내에 시설하는 저압전선에 나전선을 사용할 수 있는 배선방법은
  애자사용 배선, 버스 덕트 배선, 라이팅 덕트 배선과 접촉 전선이 있다.

[답] ①

03 배전설비 공사의 종류 ★★★★★

1) 사용하는 전선 또는 케이블의 종류에 따른 배선설비의 설치방법

도체와 케이블	공사방법							
	고장 하지 않음	직접 고정	전선관	케이블 트렁킹	케이블 덕트	케이블 트레이	애자 사용	지지 용선
나도체	×	×	×	×	×	×	○	×
절연전선	×	×	○	○	○	×	○	×
외장 케이블 다심	○	○	○	○	○	○	△	○
외장 케이블 단심	△	○	○	○	○	○	△	○

○ : 사용할 수 있다.
× : 사용할 수 없다.
△ : 적용할 수 없거나 실용상 일반적으로 사용할 수 없다.

* 시설상태에 따른 배선설비의 설치방법은 KS C IEC 60364-5-52(전기기기의 선정 및 시공 - 배선설비) "부속서A 설치방법"에 따른다.

2) 설치방법 및 시설 상태를 고려한 배선방법

설치방법	배선방법
전선관	합성수지관 배선, 금속관 배선, 가요전선관 배선
케이블 트렁킹	합성수지 몰드 배선, 금속 몰드 배선, 금속 덕트 배선(커버)
케이블 덕트	플로어 덕트 배선, 셀룰러 덕트 배선, 금속 덕트 배선
애자사용	애자사용 배선
케이블 트레이	케이블 트레이 배선
고정하지 않는 방법, 직접 고정하는 방법, 지지선 방법	케이블 배선

04 애자사용 배선 ★★★★★

1) 사용 전선
   ① 저압 : 절연전선
      (옥외용 비닐 절연전선(OW) 및 인입용 비닐 절연 전선(DV)은 제외)
   ② 고압 : 공칭단면적 6[mm²] 이상의 연동선 또는
      이와 동등 이상의 세기 및 굵기의 **고압 절연전선**이나
      특고압 절연전선 또는 **인하용 고압 절연전선**일 것
   ③ 옥내 배선 중 **전개된 곳 시설**하는 경우의 **나전선**

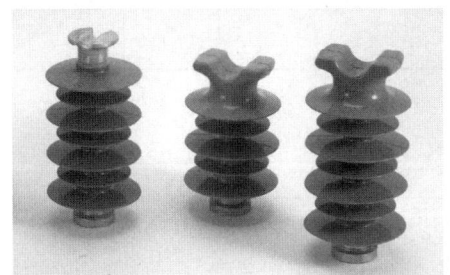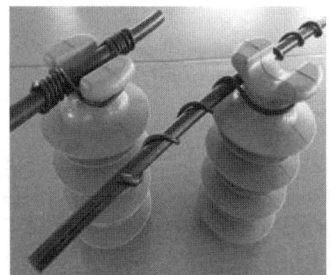

[그림] 폴리머애자

2) **시설 방법**
   ① 전선과 조영재, 전선상호간 및 지지점 간의 거리

전 압		전선과 조영재와의 이격거리		전선 상호 간격	전선 지지점 간의 거리	
					조영재의 윗면 또는 옆면	조영재에 따라 시설하지 않는 경우
저압	400[V] 미만	25[mm] 이상		0.06[m] 이상	2[m] 이하	-
	400[V] 이상	건조한 장소	25[mm] 이상			6[m] 이하
		기타의 장소	45[mm] 이상			
고압		50[mm] 이상		0.08[m] 이상	2[m] 이하	6[m] 이하

② 전선이 조영재를 **관통하는 경우**
  ㉮ 그 관통하는 부분의 전선은 전선마다 각각 별개의 **난연성 및 내수성이 있는 절연관에 넣을 것**
  ㉯ **사용전압이 150[V] 이하**인 전선을 건조한 장소에 시설하는 경우로서 관통하는 부분의 전선에 내구성이 있는 **절연 테이프**를 감을 경우 적용하지 않는다.
③ 애자사용 배선에 사용하는 **애자는 절연성, 난연성 및 내수성의 것**

Check Point!

전선과 조영재, 전선상호간 및 지지점 간의 거리

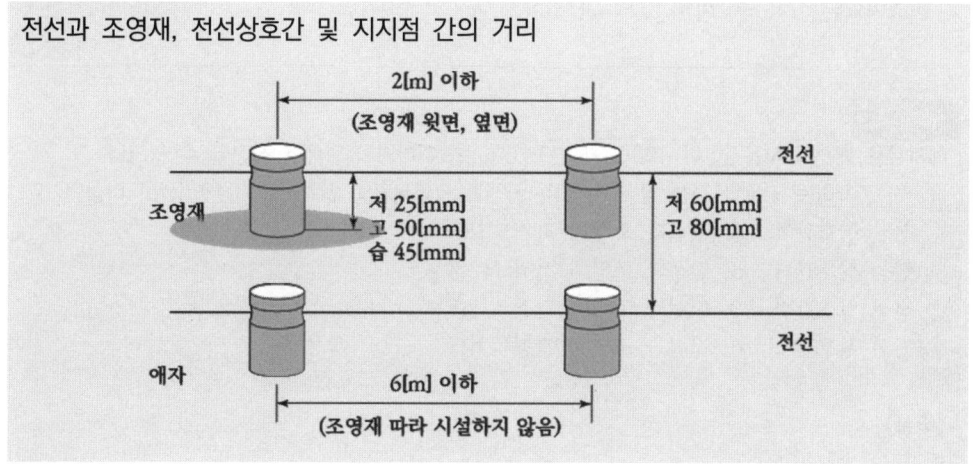

예제 01

애자사용 배선에 의한 저압 옥내 배선 시 전선 상호간의 간격은 몇 [cm] 이상인가?
① 2
② 4
③ 6
④ 8

【해설】
애자사용 배선
: 애자사용 공사에 의한 저압 옥내 배선 시 전선 상호간의 간격은 0.06[m] 이상

[답] ③

예제 02

사용전압이 220[V]인 경우 애자사용 배선에서 전선과 조영재 사이의 이격거리는 몇 [cm] 이상이어야 하는가?

① 2.5 ② 4.5
③ 6.0 ④ 8.0

【해설】
애자사용 배선
: 애자사용 배선에 의한 400[V] 미만 저압 옥내 배선 시 전선과 조영재와의 이격거리는 25[mm] 이상

[답] ①

예제 03

애자사용 배선의 사용전압이 400[V]가 넘고 600[V] 이하인 전압에서 점검할 수 없거나 습기가 존재하는 경우의 전선 상호 간격과, 전선과 조영재와의 간격은 각각 몇 [cm] 이상인가?

① 전선 상호간격 : 3, 전선과 조영재 간격 : 20
② 전선 상호간격 : 6, 전선과 조영재 간격 : 2.5
③ 전선 상호간격 : 9, 전선과 조영재 간격 : 3.5
④ 전선 상호간격 : 6, 전선과 조영재 간격 : 4.5

【해설】
애자사용 배선
: 애자사용 배선의 사용전압이 400[V]가 넘고 600[V] 이하인 전압에서 점검할 수 없거나 습기가 존재하는 경우 전선 상호간 0.06[m], 전선과 조영재간 45[mm] 이상

[답] ④

예제 04

건조한 장소에 시설하는 애자사용 배선으로서 사용전압이 440[V]인 경우 전선과 조영재와의 이격거리는 최소 몇 [cm] 이상이어야 하는가?

① 2.5 ② 3.5
③ 4.5 ④ 5.5

【해설】
애자사용 배선
: 애자사용 배선의 사용전압이 400[V]가 넘고 600[V] 이하인 전압에서 전선과 조영재간 25[mm] 이상

[답] ①

예제 05

사용전압 220[V]인 경우에 애자사용 배선에 의한 옥측전선로를 시설할 때
전선과 조영재와의 이격거리는 몇 [cm] 이상이어야 하는가?
① 2.5
② 4.5
③ 6
④ 8

【해설】
애자사용 배선
: 애자사용 배선의 사용전압이 400[V] 미만 전압에서 전선과 조영재간 25[mm] 이상

[답] ①

예제 06

애자사용 배선을 습기가 많은 장소에 시설하는 경우
전선과 조영재 사이의 이격거리는 몇 [cm] 이상이어야 하는가?
(단, 사용전압은 440[V]인 경우이다.)
① 2.0
② 2.5
③ 4.5
④ 6.0

【해설】
애자사용 배선
: 애자사용 배선을 습기가 많은 장소에 시설하는 경우
  전선과 조영재 사이의 이격거리는 4.5[cm] 이상

[답] ③

05 합성수지 몰드 배선

1) **사용 전선**
   ① 절연전선 (옥외용 비닐 절연전선(OW)은 제외)
   ② 합성수지 몰드 안에는 전선에 접속점이 없도록 할 것

2) **시설 방법**
   ① 합성수지 몰드는 **홈의 폭 및 깊이가 35[mm] 이하**의 것일 것
   ② **사람이 쉽게 접촉할 우려가 없도록 시설**하는 경우에는 **폭이 50[mm] 이하**의 것
   ③ 합성수지 몰드 상호 간 및 합성수지 몰드와 박스 기타의 부속품과는 전선이 노출되지 아니하도록 접속할 것

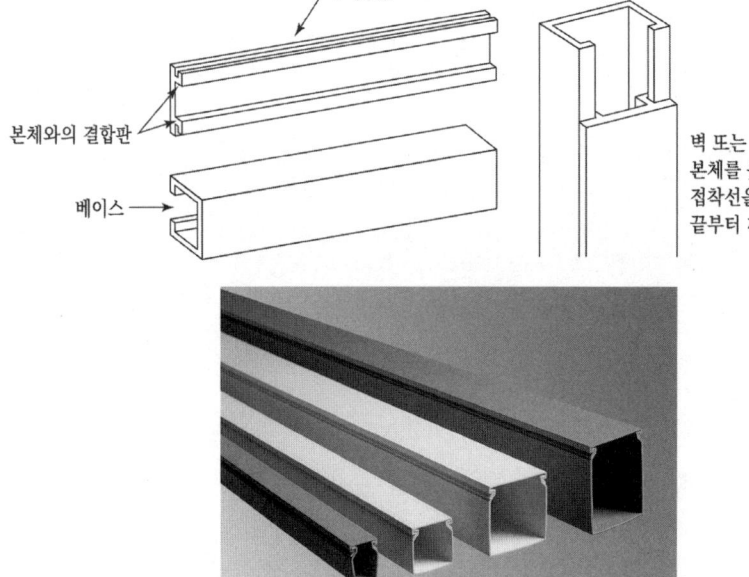

[그림] 합성수지 몰드 공사

06 합성수지관 배선 ★★★★★

1) **사용 전선**
   ① 연선 : 절연전선(옥외용 비닐 절연전선(OW)은 제외)
   ② 단선 : 단면적 10[mm^2](알루미늄선은 단면적 16[mm^2]) 이하
      (짧고 가는 관에 넣은 경우)
   ③ 합성수지관 안에서 접속점이 없도록 할 것

2) **시설 방법**
   ① 중량물의 압력 또는 기계적 충격을 받을 우려가 없도록 시설할 것
   ② 관 상호 간 및 박스와는 **관을 삽입하는 깊이** :
      관의 바깥 지름의 1.2배(접착제를 사용하는 경우에는 0.8배) 이상으로 하고 또한 꽂음 접속에 의하여 견고하게 접속할 것
   ③ 관의 지지점 간의 거리 :
      1.5[m] 이하, 또한 그 지지점은 관의 끝, 관과 박스의 접속점 및 관 상호 간의 접속점 등에 가까운 곳에 시설할 것
   ④ 습기가 많은 장소 또는 물기가 있는 장소에 시설하는 경우에는 방습 장치를 할 것

[그림] 합성수지관 배선

예제 01

저압 옥내 배선 합성수지관 배선 시 연선이 아닌 경우 사용할 수 있는 전선의 최대 단면적은 몇 [mm^2]인가?(단, 알루미늄선은 제외한다.)
① 4   ② 6
③ 10   ④ 16

【해설】
합성수지관 배선
: 전선은 단선 단면적 10[mm^2](알루미늄선은 단면적 16[mm^2]) 이하일 것

[답] ③

예제 02

합성수지관 배선 시 관 상호 간 및 박스와의 접속은 관에 삽입하는 깊이를
관 바깥지름의 몇 배 이상으로 하여야 하는가?(단, 접착제를 사용하지 않는 경우이다.)

① 1.5
② 0.8
③ 1.2
④ 1.5

【해설】
합성수지관 배선
: 관 상호 간 및 박스와는 관을 삽입하는 깊이를
  관의 바깥 지름의 1.2배(접착제를 사용하는 경우에는 0.8배) 이상으로 하고 또한
  꽂음 접속에 의하여 견고하게 접속할 것

[답] ③

예제 03

저압 옥내 배선을 합성수지관 배선에 의하여 실시하는 경우 사용할 수 있는
단선(동선)의 최대 단면적은 몇 [mm²]인가?

① 4
② 6
③ 10
④ 16

【해설】
합성수지관 배선
: 전선은 단선 단면적 10[mm²](알루미늄선은 단면적 16[mm²]) 이하일 것

[답] ③

07 금속관 배선 ★★★★★

1) 사용 전선
   ① 연선 : 절연전선(옥외용 비닐 절연전선(OW)은 제외)
   ② 단선 : 단면적 10[mm^2] (알루미늄선은 단면적 16[mm^2]) 이하
      (짧고 가는 관에 넣은 경우)
   ③ 금속관 안에서 접속점이 없도록 할 것
   ④ 금속제 전선관 : 강제 전선관, 알루미늄 전선관 및 금속제 박스류

2) **시설 방법**
   ① **관 상호 간 및 관과 박스** 기타의 부속품과는 **나사접속** 기타 이와 동등 이상의 효력이 있는 방법에 의하여 견고하고 또한 **전기적**으로 완전하게 **접속할 것**
   ② 관의 끝부분에는 **전선의 피복을 손상하지 아니하도록** 적당한 구조의 **부싱을 사용**할 것
   ③ 금속관 공사로부터 애자사용 공사로 옮기는 경우
      그 부분 관의 끝부분에는 **절연부싱** 또는 이와 유사한 것을 사용할 것
   ④ 습기가 많은 장소 또는 물기가 있는 장소에 시설하는 경우
      방습 장치를 할 것
   ⑤ 관에는 감전에 대한 보호와 접지시스템에 준하여 **접지공사를 할 것**
   ⑥ 사용전압이 400[V] 미만으로서 접지공사 적용 예외
      ㉮ 관의 길이(2개 이상의 관을 접속하여 사용하는 경우 그 전체의 길이)가 4[m] 이하인 것을 **건조한 장소**에 시설하는 경우
      ㉯ 옥내 배선의 사용전압이 **직류 300[V]** 또는 **교류 대지 전압 150[V]** 이하로서 그 전선을 넣는 관의 길이가 8[m] 이하인 것을 사람이 쉽게 접촉할 우려가 없도록 시설하는 경우 또는 **건조한 장소**에 시설하는 경우
   ⑦ 금속관 지지점 간의 거리는 2[m] 이내일 것
   ⑧ 전선관내 입선작업
      ㉮ 서로 다른 굵기의 전선 : 전선 점유율 32[%] 이하
      ㉯ 동일 굵기의 전선 : 전선 점유율 48[%] 이하

3) 전선관의 두께
   ① 콘크리트에 매설 : 1.2[mm] 이상
   ② 매설 이외의 경우 : 1[mm] 이상

4) **굴곡반경** : 금속관을 구부릴 때 굴곡 바깥 지름은 **관 안지름의 6배 이상**

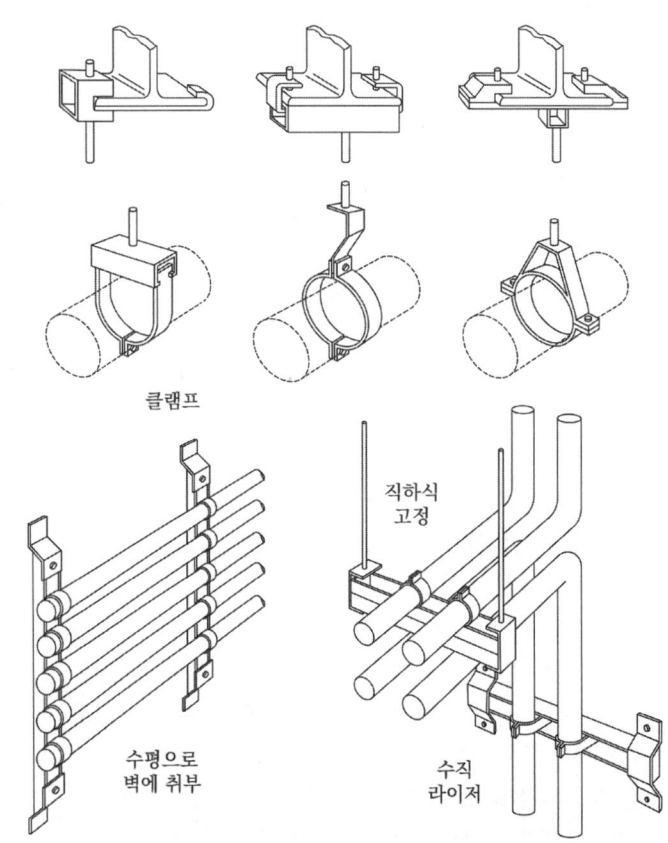

〈금속관 공사 설치 예〉

[그림] 금속관 공사

예제 01

옥내 배선의 사용전압이 220[V]인 경우 금속관 배선의 기술기준으로 옳은 것은?
① 금속관과 접속부분의 나사는 3턱 이상으로 나사결합을 하였다.
② 전선은 옥외용 비닐절연전선을 사용하였다.
③ 콘크리트에 매설하는 전선관의 두께는 1.0[mm]를 사용하였다.
④ 금속관에는 접지공사를 하였다.

【해설】
금속관 공사
1) 금속관과 접속부분의 나사는 5턱 이상으로 나사결합할 것
2) 전선은 절연전선(옥외용 비닐절연전선을 제외)일 것
3) 콘크리트에 매설하는 전선관의 두께는 1.2[mm] 이상
4) 저압 옥내 배선의 접지공사를 할 것

[답] ④

예제 02

금속관 배선에 대한 기준으로 틀린 것은?
① 저압 옥내 배선에 사용하는 전선으로 옥외용 비닐절연전선을 사용하였다.
② 저압 옥내 배선의 금속관 안에는 전선에 접속점이 없도록 하였다.
③ 콘크리트에 매설하는 금속관의 두께는 1.2[mm]를 사용하였다.
④ 저압 옥내 배선에 금속관에는 접지공사를 하였다.

【해설】
금속관 공사
: 전선은 절연전선(옥외용 비닐절연전선을 제외)일 것

[답] ①

08 금속 몰드 배선

1) **사용 전선**
   ① 절연전선(옥외용 비닐 절연전선(OW)은 제외)
   ② **금속 몰드 안에서 접속점이 없도록 할 것**
   ③ 종류(폭) : 1종 40[mm] 미만, 2종 40[mm] 이상~50[mm] 이하
   ④ 다만, 2종 금속제 몰드를 사용하고 다음의 경우 접속 가능
      ㉮ 전선을 분기하는 경우
      ㉯ 접속점을 쉽게 점검할 수 있도록 시설한 경우
      ㉰ 몰드에 감전에 대한 보호 및 접지시스템 규정에 따라 접지공사를 한 경우
      ㉱ 몰드 안의 전선을 외부로 인출하는 부분은 몰드의 관통 부분에서 전선이 손상될 우려가 없도록 시설할 것

2) **시설 방법**
   ① 표준에 적합한 금속제의 몰드 및 박스 기타 부속품 또는 황동이나 동으로 견고하게 제작한 것으로서 안쪽면이 매끈할 것
   ② 황동제 또는 동제의 **몰드는 폭이 50[mm] 이하, 두께 0.5[mm] 이상일 것**
   ③ 몰드 상호 간 및 몰드 박스 기타 부속품과는 견고하고 또한 전기적으로 완전하게 접속할 것
   ④ 몰드에 감전에 대한 보호 및 접지시스템 규정에 따라 접지공사를 할 것
   ⑤ 접지공사 적용 예외
      ㉮ 몰드의 길이(2개 이상의 관을 접속하여 사용하는 경우 그 전체의 길이)가 4[m] 이하인 것을 건조한 장소에 시설하는 경우
      ㉯ 옥내 배선의 사용전압이 직류 300[V] 또는 교류 대지 전압 150[V] 이하로서 그 전선을 넣는 몰드의 길이가 8[m] 이하인 것을 사람이 쉽게 접촉할 우려가 없도록 시설하는 경우 또는 건조한 장소에 시설하는 경우

[그림] 금속 몰드 공사

09 가요전선관 배선

1) **사용 전선**
   ① 연선 : 절연전선 (옥외용 비닐 절연전선(OW)은 제외)
   ② 단선 : 단면적 10[mm^2] (알루미늄선은 단면적 16[mm^2]) 이하
      (짧고 가는 관에 넣은 경우)
   ③ 가요전선관 안에는 전선에 접속점이 없도록 할 것
   ④ 가요전선관은 2종 금속제 가요전선관일 것
   ⑤ 1종 가요전선관 적용 장소
      ㉮ 1종 가요전선관 : 전개된 장소 또는 점검할 수 있는 은폐된 장소
      ㉯ 비닐 피복 1종 가요전선관 : 습기가 많은 장소 또는 물기가 있는 장소

2) **시설 방법**
   ① 관 상호 간 및 관과 박스 기타의 부속품과는 견고하고 또한
      전기적으로 완전하게 접속할 것
   ② 가요전선관의 끝부분은 피복을 손상하지 아니하는 구조로 되어 있을 것
   ③ 2종 금속제 가요전선관을 사용하는 경우에 습기 많은 장소 또는
      물기가 있는 장소에 시설하는 때에는 비닐 피복 2종 가요전선관일 것
   ④ 1종 금속제 가요전선관에는 단면적 2.5[mm^2] 이상의 나연동선을
      전체 길이에 걸쳐 삽입 또는 첨가하여 그 나연동선과 1종 금속제가요전선관
      을 양쪽 끝에서 전기적으로 완전하게 접속할 것
      다만, 관의 길이가 4[m] 이하인 것을 시설하는 경우에는 그러하지 아니하다.
   ⑤ 가요전선관 배선은 감전에 대한 보호 및 접지시스템 규정에 따라 접지공사를
      할 것

 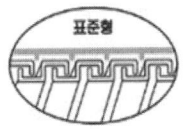

〈1종 가요관〉

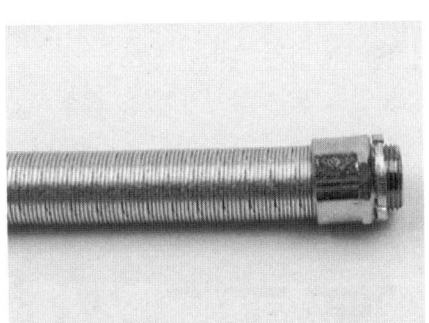 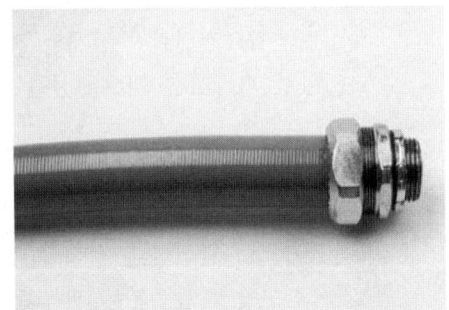

〈2종 가요관〉

예제 01

저압 옥내 배선을 가요전선관 배선에 의해 시공하고자 한다. 이 가요전선관에 설치하는 전선으로 단선을 사용할 경우 그 단면적은 최대 몇 [mm^2] 이하이어야 하는가?
(단, 알루미늄선은 제외한다.)

① 2.5　　　　　　　② 4
③ 6　　　　　　　　④ 10

【해설】
가요전선관 공사
: 전선은 절연전선(옥외용 비닐 절연전선을 제외한다)으로 연선이어야 하며
　단면적 10[mm^2](알루미늄선은 단면적 16[mm^2]) 관 안에서 접속점이 없도록 시설하고
　가요 전선관은 2종 금속제 가요 전선관일 것

[답] ④

예제 02

가요전선관 배선에 의한 저압 옥내 배선의 시설방법으로 기술기준에 적합한 것은?
① 옥외용 비닐절연전선을 사용하였다.
② 2종 금속제 가요전선관을 사용하였다.
③ 가요전선관에 접지공사를 하지 않았다.
④ 전선은 연동선으로 단면적 16[mm^2]의 단선을 사용하였다.

【해설】
가요전선관 공사
: 전선은 절연전선(옥외용 비닐 절연전선을 제외한다)으로 연선이어야 하며
　단면적 10[mm^2](알루미늄선은 단면적 16[mm^2]) 관 안에서 접속점이 없도록 시설하고
　가요 전선관은 2종 금속제 가요 전선관일 것

[답] ②

10 금속 덕트 배선 ★★★

1) 사용 전선
   ① 절연전선 (옥외용 비닐 절연전선(OW)은 제외)

2) 시공방법
   ① 금속 덕트에 넣은 **전선의 단면적(절연피복의 단면적을 포함한다)의 합계**는
   덕트의 내부 단면적의 20[%](전광표시 장치·출퇴표시등 기타 이와 유사한 장치
   또는 제어회로 등의 배선만을 넣는 경우에는 50[%]) 이하일 것
   ② 금속 덕트 안에는 전선에 접속점이 없도록 할 것
   다만, 전선을 분기하는 경우에는 그 접속점을 쉽게 점검할 수 있는 때에는
   접속할 수 있음
   ③ 금속 덕트 안의 전선을 외부로 인출하는 부분은
   금속 덕트의 관통부분에서 전선이 손상될 우려가 없도록 시설할 것
   ④ 금속 덕트 안에는 전선의 피복을 손상할 우려가 있는 것을 넣지 아니할 것
   ⑤ 금속 덕트에 의하여 저압 옥내 배선이 건축물의 방화 구획을 관통하거나
   인접 조영물로 연장되는 경우 그 방화벽 또는
   조영물 벽면의 덕트 내부는 불연성의 물질로 차폐하여야 함
   ⑥ 금속 덕트는 **폭이 50[mm]를 초과**하고 **두께가 1.2[mm] 이상**인 철판 또는
   동등 이상의 세기를 가지는 금속제의 것으로 제작할 것
   ⑦ 덕트 상호 간은 견고하고 또한 **전기적으로 완전하게 접속할 것**
   ⑧ 덕트를 조영재에 붙이는 경우 **덕트의 지지점 간의 거리를 3[m]**(취급자 이외의
   자가 출입할 수 없도록 설비한 곳에서 **수직으로 붙이는 경우 6[m]**) 이하로 하
   고 또한 견고하게 붙일 것
   ⑨ 덕트의 본체와 구분하여 뚜껑을 설치하는 경우
   쉽게 열리지 아니하도록 시설할 것
   ⑩ 덕트의 끝부분은 막을 것
   ⑪ 덕트는 감전에 대한 보호 및 접지시스템 규정에 따라 **접지공사를 할 것**

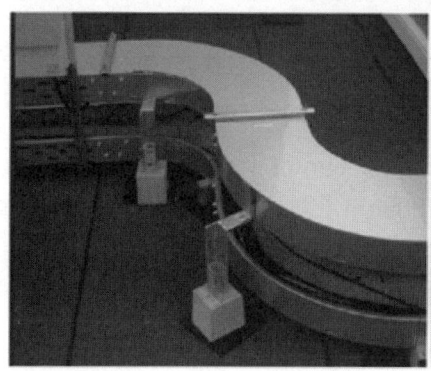 

[그림] 금속 덕트 공사

예제 01

저압 옥내 배선을 금속 덕트 배선로 할 경우 금속 덕트에 넣는
전선의 단면적(절연피복 단면적 포함)의 합계는 덕트의 내부 단면적의 몇 [%]까지 할 수 있는가?
① 20
② 30
③ 40
④ 50

【해설】
금속 덕트 공사
: 금속 덕트에 넣은 전선의 단면적(절연피복의 단면적을 포함한다)의 합계는
 덕트의 내부 단면적의 20[%](전광표시 장치·출퇴표시등 기타 이와 유사한 장치 또는
 제어회로 등의 배선만을 넣는 경우에는 50[%]) 이하일 것

[답] ①

11 버스 덕트 배선 ★★

1) 사용 전선 (도체)
   ① 도체는 **단면적 20[mm²] 이상의 띠 모양, 지름 5[mm] 이상의 관모양**이나 **둥글고 긴 막대 모양의 동** 또는 **단면적 30[mm²] 이상의 띠 모양의 알루미늄**을 사용한 것
   ② 도체 지지물은 절연성·난연성 및 내수성이 있는 견고한 것일 것

2) **시설 방법**
   ① 덕트 상호 간 및 전선 상호 간은 견고하고 또한 전기적으로 완전하게 접속할 것
   ② 덕트를 조영재에 붙이는 경우 **덕트의 지지점 간의 거리를 3[m]** (취급자 이외의 자가 출입할 수 없도록 설비한 곳에서 **수직으로 붙이는 경우에는 6[m]**) 이하로 하고 또한 견고하게 붙일 것
   ③ 덕트(환기형의 것을 제외)의 끝부분은 막을 것
   ④ 덕트(환기형의 것을 제외)의 내부에 먼지가 침입하지 아니하도록 할 것
   ⑤ 덕트는 감전에 대한 보호와 접지시스템 규정에 따라 접지공사를 할 것
   ⑥ 습기가 많은 장소 또는 물기가 있는 장소에 시설하는 경우
      옥외용 버스 덕트를 사용하고
      버스 덕트 내부에 물이 침입하여 고이지 아니하도록 할 것

 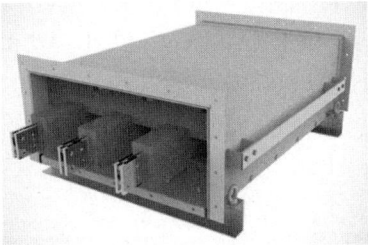 

〈버스 덕트 공사〉

12 라이팅 덕트 배선

1) 라이팅 덕트 지지점 간의 거리는 2[m] 이하일 것
2) 라이팅 덕트는 **조영재를 관통하여 시설하지 말 것**

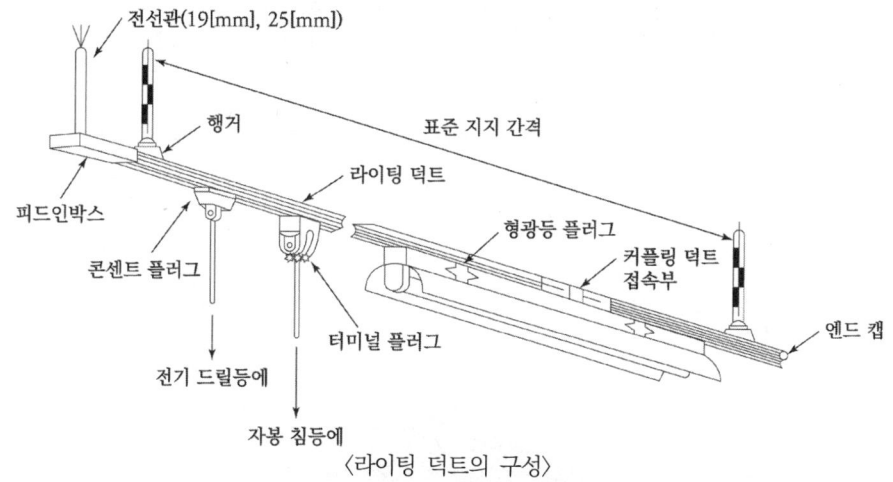

〈라이팅 덕트의 구성〉

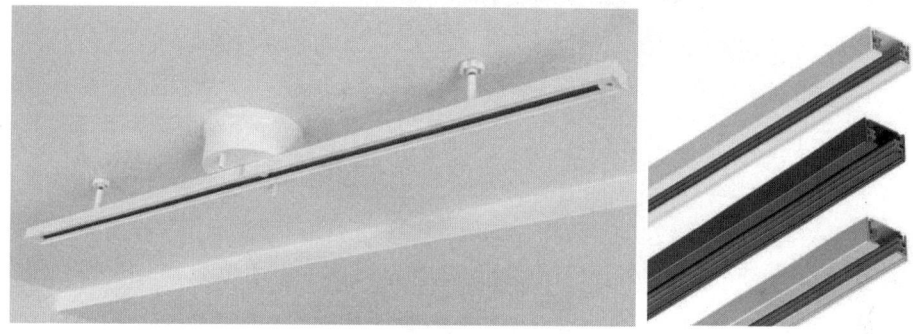

[그림] 라이팅 덕트

13 플로어 덕트 배선 ★

1) **사용 전선**
   ① 연선 : 절연전선 (옥외용 비닐 절연전선(OW)은 제외)
   ② 단선 : 단면적 10[mm^2] (알루미늄선은 단면적 16[mm^2]) 이하일 것
   ③ 플로어 덕트 안에는 전선에 접속점이 없도록 할 것

2) **시설 방법**
   ① 덕트 및 박스 기타의 부속품은 물이 고이는 부분이 없도록 시설할 것
   ② 박스 및 인출구는 마루 위로 돌출하지 아니하도록 시설하고 또한 물이 스며들지 아니하도록 밀봉할 것
   ③ 덕트의 끝부분은 막을 것
   ④ 덕트는 감전에 대한 보호 및 접지시스템 규정에 따라 접지공사를 할 것

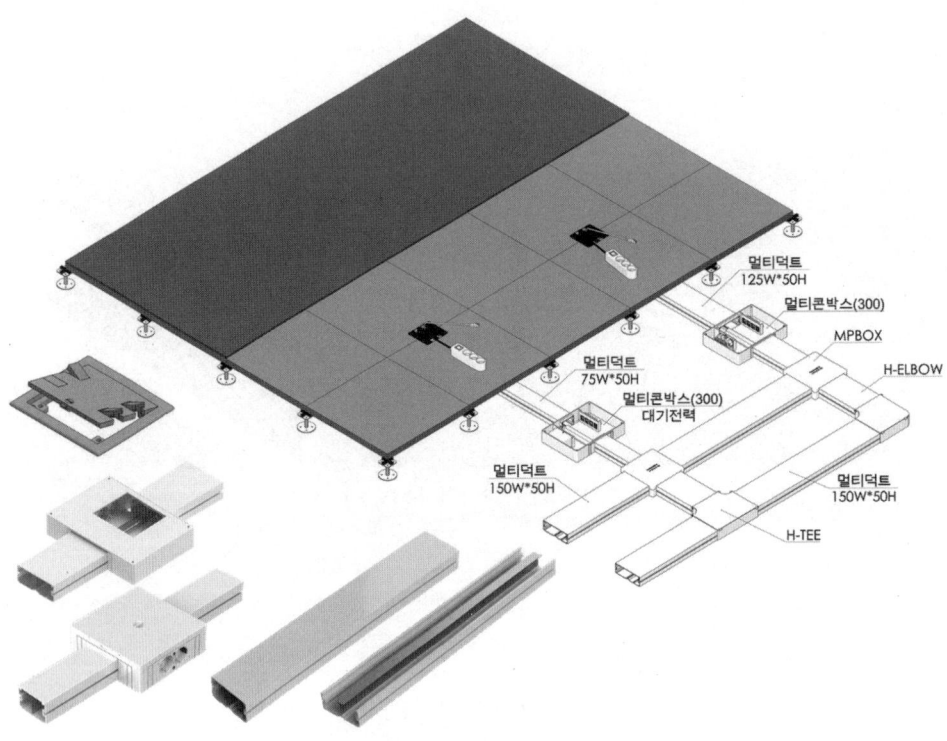

[그림] 플로어 덕트 〈참조, ㈜서강이엔씨〉

14 셀룰러 덕트 배선

1) **사용 전선**
   ① 연선 : 절연전선 (옥외용 비닐 절연전선(OW)은 제외)
   ② 단선 : 단면적 10[mm^2] (알루미늄선은 단면적 16[mm^2]) 이하일 것

2) **시설 방법**
   ① 셀룰러 덕트 안에는 전선에 접속점을 만들지 아니할 것
      다만, 전선을 분기하는 경우 그 접속점을 쉽게 점검할 수 있을 경우 접속 가능
   ② 셀룰러 덕트 안의 전선을 외부로 인출하는 경우에는
      그 셀룰러 덕트의 관통 부분에서 전선이 손상될 우려가 없도록 시설할 것
   ③ 덕트 상호 간, 덕트와 조영물의 금속 구조체, 부속품 및
      덕트에 접속하는 금속체와는 견고하게 또한 전기적으로 완전하게 접속할 것
   ④ 덕트 및 부속품은 물이 고이는 부분이 없도록 시설할 것
   ⑤ 인출구는 바닥 위로 돌출하지 아니하도록 시설하고 또한
      물이 스며들지 아니하도록 할 것
   ⑥ 덕트의 끝부분은 막을 것
   ⑦ 덕트는 감전에 대한 보호 및 접지시스템 규정에 따라 접지공사를 할 것

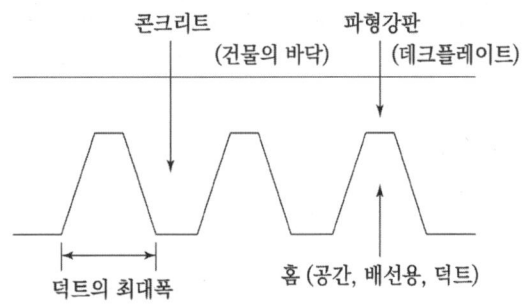

[그림] 셀룰러 덕트 공사

15 케이블 배선 ★

1) 사용 전선
   ① 케이블 및 캡타이어 케이블일 것

2) 시설 방법
   ① 중량물의 압력 또는 현저한 기계적 충격을 받을 우려가 있는 곳에 시설하는 케이블에는 적당한 방호 장치를 할 것
   ② 전선을 조영재의 아랫면 또는 옆면에 따라 붙이는 경우
      전선의 **지지점 간의거리를 케이블은 2[m]** (사람이 접촉할 우려가 없는 곳에서 **수직으로 붙이는 경우 6[m]**) 이하 **캡타이어 케이블은 1[m] 이하**로 하고
      또한 그 피복을 손상하지 아니하도록 붙일 것
   ③ 관 기타의 전선을 넣는 방호 장치의 금속제 부분, 금속제의 전선 접속함 및 전선의 피복에 사용하는 금속체에는 감전에 대한 보호 및
      접지시스템 규정에 따라 접지공사를 할 것
   ④ 사용전압이 400[V] 미만으로서 접지공사 적용 예외
      ㉮ 방호 장치의 금속제 부분의 길이가 4[m] 이하인 것을 건조한 곳에 시설하는 경우
      ㉯ 옥내 배선의 사용전압이 직류 300[V] 또는 교류 대지 전압이 150[V] 이하로서 방호 장치의 금속제 부분의 길이가 8[m] 이하인 것을 사람이 쉽게 접촉할 우려가 없도록 시설하는 경우 또는 건조한 것에 시설하는 경우

16. 케이블 트레이 배선 ★★★★★

1) **케이블 트레이**
   케이블을 지지하기 위하여 사용하는
   금속재 또는 불연성 재료로 제작된 유닛 또는 유닛의 집합체 및
   그에 부속하는 부속재 등으로 구성된 **견고한 구조물**을 말하며
   사다리형, 펀칭형, 메시형, 바닥밀폐형 기타 이와 유사한 구조물을 포함

2) **전선 종류**
   ① 연피 케이블, 알루미늄피 케이블 등 난연성 케이블, 기타 케이블
   ② 금속관 혹은 합성수지관 등에 넣은 절연전선
   ③ 케이블 트레이 안에서 전선을 접속하는 경우에는 전선 접속부분에
      사람이 접근할 수 있고 또한 그 부분이 측면 레일 위로 나오지 않도록 하고
      그 부분을 절연처리할 것

3) **시설 방법**
   ① 수평으로 포설하는 케이블 이외의 케이블은
      케이블 트레이의 가로대에 견고하게 고정할 것
   ② 저압 케이블과 고압 또는 특고압 케이블은 동일 케이블 트레이 안에
      시설하여서는 아니 된다.
      다만,
      견고한 불연성의 격벽을 시설하는 경우 또는 금속 외장 케이블인 경우 시설 가능

③ 케이블 트레이 종류 : **펀칭형, 바닥밀폐형, 사다리형, 메시형**

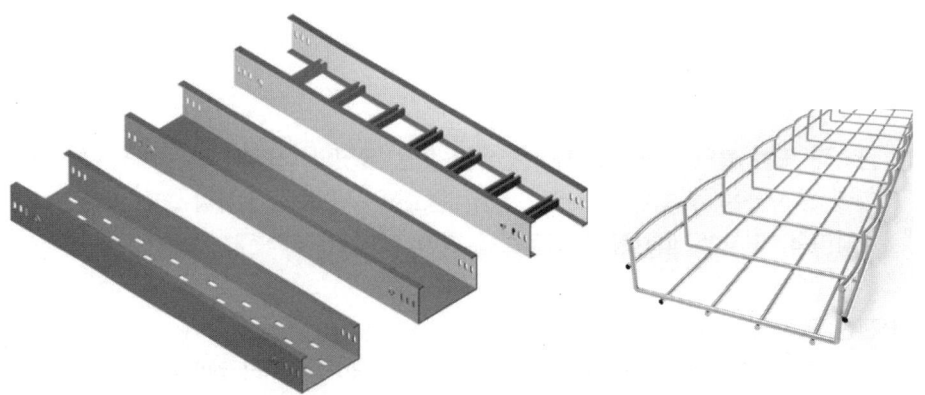

[그림] 펀칭형, 바닥밀폐형, 사다리형 및 메시형(순서대로)

④ 케이블 트레이 크기(W) : $W \geq \Sigma D_e$

　　W : 케이블 트레이 내측폭 [mm]

　　ΣD_e : 시설하는 케이블 완성품의 바깥지름의 합계 [mm]

4) 다심케이블을 수평 트레이에 시설하는 경우
　① 케이블 포설은 **단층으로 시설할 것**
　② 벽면과의 간격은 **20[mm] 이상 이격** 설치할 것
　③ 트레이간의 **수직 간격은 300[mm] 이상, 6단 이하**로 설치할 것

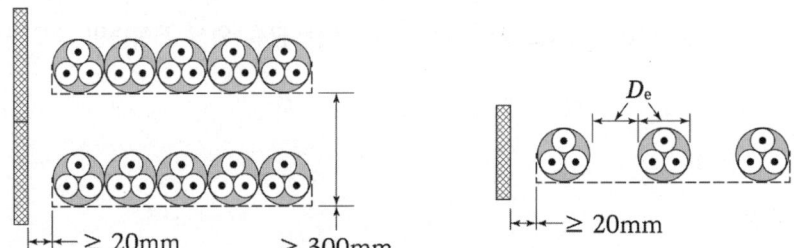

5) 단심케이블을 수평 트레이에 시설하는 경우
   ① 케이블 포설은 **단층으로 시설**하며,
      삼각포설로 설치 시 단심케이블 지름의 **2배 이상 이격**하여 설치할 것
   ② 벽면과의 간격은 **20[mm] 이상 이격** 설치할 것
   ③ 트레이간의 **수직 간격은 300[mm] 이상, 3단 이하**로 설치할 것

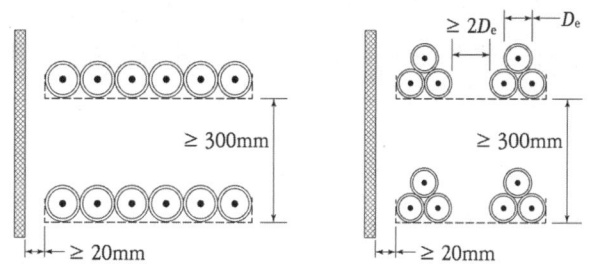

6) 다심케이블을 수직 트레이에 시설하는 경우
   ① 케이블 포설은 **단층으로 시설**할 것
   ② **벽면과의 간격은** 가장 굵은 케이블의 바깥지름의 **0.3배 이상 이격** 설치할 것
   ③ 다단 설치 시 배면 방향으로 일단설치만 가능하며
      트레이 사이의 **수평간격은 225[mm] 이상**으로 설치할 것

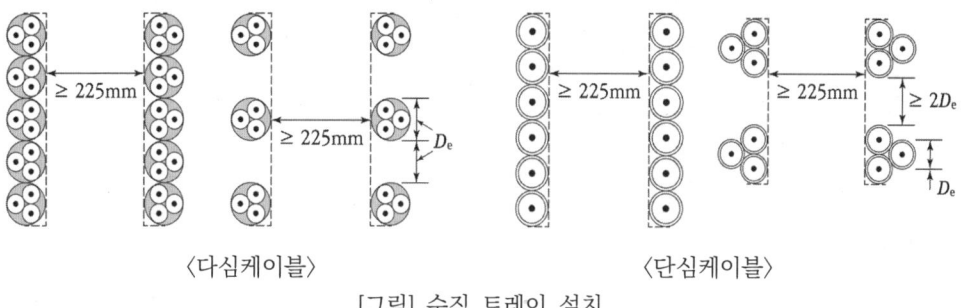

〈다심케이블〉　　　　　　　〈단심케이블〉

[그림] 수직 트레이 설치

7) 단심케이블을 수직 트레이에 시설하는 경우
   ① 케이블 포설은 **단층으로 시설**하며,
      삼각포설로 설치 시 단심케이블 지름의 2배 이상 이격하여 설치할 것
   ② 벽면과의 간격은 가장 굵은 케이블의 바깥지름의 0.3배 이상 이격 설치할 것
   ③ 다단 설치 시에는 배면 방향으로 일단설치만 가능하며
      트레이 사이의 **수평간격은 225[mm] 이상**으로 설치할 것

8) 케이블 트레이 선정
    ① 수용된 모든 전선을 지지할 수 있는 적합한 강도의 것이어야 한다.
       이 경우 **케이블 트레이의 안전율은 1.5 이상일 것**
    ② 지지대는 트레이 자체 하중과 포설된 케이블 하중을
       충분히 견딜 수 있는 강도를 가질 것
    ③ 전선의 피복 등을 손상시킬 돌기 등이 없이 **매끈할 것**
    ④ 금속재의 것은 적절한 **방식처리**를 한 것이거나 **내식성 재료일 것**
    ⑤ **측면 레일** 또는 이와 유사한 **구조재**를 부착할 것
    ⑥ 배선의 방향 및 높이를 변경하는데 필요한 부속재 기타 적당한 기구를 갖춘
       것일 것
    ⑦ **비금속제 케이블 트레이는 난연성 재료일 것**
    ⑧ 금속제 케이블 트레이 계통은 **기계적 및 전기적으로 완전하게 접속**하여야 하며
       금속제 트레이는 **감전에 대한 보호** 및 **접지시스템** 규정에 따라 **접지공사를 할 것**
    ⑨ 케이블이 케이블 트레이 계통에서 금속관, 합성수지관 등 또는
       함으로 옮겨가는 개소에는 케이블에 압력이 가하여지지 않도록 지지할 것
    ⑩ 별도로 **방호를 필요**로 하는 배선부분에는
       필요한 방호력이 있는 **불연성의 커버등을 사용할 것**
    ⑪ 케이블 트레이가 **방화구획**의 벽, 마루, 천장 등을 관통하는 경우에
       관통부는 불연성의 물질로 충전할 것

예제 01

케이블 트레이 공사에 사용하는 케이블 트레이의 최소 안전율은?
① 1.5
② 1.8
③ 2.0
④ 3.0

【해설】
케이블 트레이 배선
: 케이블 트레이의 안전율은 1.5 이상으로 하여야 한다.

[답] ①

예제 02
저압 옥내 배선을 케이블 트레이 공사로 시설하려고 한다. 틀린 것은?
① 저압케이블과 고압케이블은 동일 케이블 트레이 내에 시설하여서는 아니 된다.
② 케이블 트레이 내에서는 전선을 접속하여서는 아니 된다.
③ 수평으로 포설하는 케이블 이외의 케이블은 케이블 트레이의 가로대에 견고하게 고정시킨다.
④ 절연전선을 금속관에 넣으면 케이블 트레이 공사에 사용할 수 있다.

【해설】
케이블 트레이 배선
: 케이블 트레이 안에서 전선을 접속하는 경우에는 전선 접속부분에 사람이 접근할 수 있고 또한 그 부분이 측면 레일 위로 나오지 않도록 하고 그 부분을 절연처리 하여야 한다.

[답] ②

Check Point!

저압 옥내 배선 공사
1) 전선 종류 : 절연전선
   단, 옥외용 절연전선(OW) 및 인입용 비닐 절연 전선(DV)은 제외
2) 단선을 사용할 수 있는 전선의 굵기 : $10[mm^2]$ (알루미늄선은 $16[mm^2]$) 이하
3) 관내 전선 접속점은 만들지 아니할 것
4) 지지점 간의 거리
   ① 애자사용 공사 : 2[m] 이하(조영재의 상면 또는 옆면)
   ② 합성수지공관 공사 : 1.5[m] 이하
   ③ 금속관 공사 : 2[m] 이하(내선규정)
   ④ 가요전선관 공사 : 1[m] 이하(내선규정)
   ⑤ 금속 덕트 공사 : 3[m] 이하(수직으로 붙이는 경우에는 6[m]) 이하
   ⑥ 버스 덕트 공사 : 3[m] 이하(수직으로 붙이는 경우에는 6[m]) 이하
   ⑦ 라이팅 덕트 공사 : 2[m] 이하
   ⑧ 케이블 공사 : 2[m] 이하(수직으로 붙이는 경우에는 6[m]) 이하

Chapter 02 허용전류 및 도체의 단면적

학습내용 : 배선의 허용전류 및 단면적 산정

배선의 허용전류 산정

17 배선설비의 선정과 설치에 고려해야 할 외부영향 ★

1) 예상되는 외부영향

구분		외부영향
-	주위온도	사용 장소의 통상 운전의 최고 허용온도
-	외부열원	외부열원으로부터 차폐, 이격, 내력, 국부적 강화
AD/AB	물의 존재/높은 습도	결로, 물의 침입 방지, 적정 IP 보호등급
AE	침입 고형물 존재	고형물 침입 방지, 적정 IP 보호등급, 먼지 제거
AF	부식, 오염물질 존재	부식 또는 오염물질에 내력확보, 비접촉 상태
AG	충격	공사, 사용, 보수 중 기계적 응력고려, 적정 보호등급
AH	진동	구조체지지, 고정배선, 고정형 설비(유연성 케이블)
AJ	그 밖의 기계적 응력	공사, 사용, 보수 중 절연물, 단말, 외장의 손상방지
AK	식물, 곰팡이, 동물의 존재	폐쇄형 설비, 식물 이격, 정기적인 청소
AL	동물의 존재	기계적 보호조치, 적절한 장소 선정
AN	태양 방사 및 자외선 방사	외부영향에 대한 자재선정, 적절한 차폐
AP	지진의 영향	지진 위함도 고려, 배선설비 선정 및 설치
AR	바람	진동(AH)과 그 밖의 기계적 응력(AJ) 준용
BE	가공 또는 보관된 자재의 특성	화재 예방, 확대 최소화
CB	건축물의 설계	구조체 변위, 기계적 응력 고려

2) 배선설비는 예상되는 모든 외부영향에 대한 보호가 이루어져야 한다.

18 허용전류 ★★★★★

1) 허용전류의 결정
   ① **정상적인 사용상태**에서 내용기간 중
      도체에 흘러야 할 전류는 **절연물의 온도상승한도를 넘지 않아야 한다.**
   ② 허용전류는 특정조건(주위 온도, 통전도체 수, 병렬도체, 부설방법)하에서
      정상상태 도체온도가 [표]의 값을 초과하지 않고
      도체에 **연속적으로 흐를 수 있는 최대 전류값**을 말한다.
   ③ 통상적인 사용 시 상당 기간 동안
      통과 전류의 열효과를 받는 도체와 절연물에 대해 충분한 수명을 부여하는
      데 있으며, 전선 또는 케이블의 허용전류를 [표준]로서 제시하고 있다.
   ④ 표준(KSC IEC 60364-5-52의 부속서 B.52.1)의 허용전류를 참조한다.

Check Point!

도체의 "허용전류"란?
: 도체의 저항 발생 열량 = 전선의 방열량
  즉, 전선의 절연물이 허용할 수 있는 전류의 한도 값의 전류

전선의 분류		
나전선	절연전선	케이블
도체 (Cu, Al)	절연체 (PVC, XLPE)	시스 or 외장 (PVC, 내열 PVC)

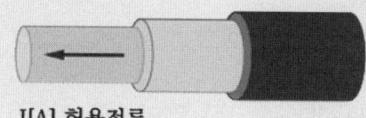

- 전선의 절연물
  (= 절연물의 허용온도)
- 도체의 저항
  (= 전류에 의한 발열)

I[A] 허용전류

2) 절연물의 허용온도

절연물의 종류	최고허용온도[°C]
열가소성 물질[염화비닐(PVC)]	70(도체)
열경화성 물질 [가교폴리에틸렌(XLPE) 또는 에틸렌프로필렌고무혼합물(EPR)]	90(도체)
무기물(MI) (열가소성 물질 피복 또는 나도체로 사람이 접촉할 우려가 있는 것)	70(시스)
무기물(MI) (사람의 접촉에 노출되지 않고, 가연선 물질과 접촉할 우려가 없는 나도체)	105(시스)

3) 복수회로로 포설된 그룹
① "부속서B(허용전류)"의 그룹감소계수는 최고허용온도가 동일한 절연전선 또는 케이블의 그룹에 적용한다.
② 최고허용온도가 다른 케이블 또는 절연전선이 포설된 그룹의 경우 해당 그룹의 모든 케이블 또는 절연전선의 허용전류용량은 그룹의 케이블 또는 절연전선 중에서 최고허용온도가 가장 낮은 것을 기준으로 적절한 집합감소계수를 적용하여야 한다.
③ 사용조건을 알고 있는 경우, 1가닥의 케이블 또는 절연전선이 그룹 허용전류의 30[%] 이하를 유지하는 경우는 해당 케이블 또는 절연전선을 무시하고 그 그룹의 나머지에 대하여 감소계수를 적용할 수 있다.

4) 통전도체의 수
① **다상 회로 도체의 전류가 평형 상태로 운전되는 경우**는
그 중성선을 고려할 필요는 없으며,
이러한 조건에서는 4심 케이블의 허용전류는 3심 케이블의 각 선로도체에 대해 동일한 도체의 단면적을 갖는다.
② THDI(총 고조파왜율)가 15[%]를 넘는 제 3고조파나
3배수 고조파 전류가 존재할 경우는 별도의 중성선 굵기 산정이 필요하다.
③ 즉, **제 3고조파대의 고조파 전류**가 흐를 경우
중성선이 선도체의 부하에 상응하는 전류가 예상되므로 이로 인한
열적 영향과 그에 대응하는 더 높은 고조파 전류에 대한 **보정계수를 적용**하며
"부속서 E"에 보정계수를 제시하고 있다.

5) 경로 중 시설조건 변화
  ① 경로 중 일부에서 다른 부분과 냉각 조건이 다를 경우,
     경로 중 가장 나쁜 조건의 부분에 적합하도록 허용전류를 결정해야 한다.
  ② 배선이 벽을 통해 가는 길이가 0.35[m] 미만일 때에만
     냉각 조건이 다르다면 이 요건은 일반적으로 무시할 수 있다.

19 저압 옥내 간선의 선정 ★★★★★

1) 저압 옥내 간선은 손상을 받을 우려가 없는 곳에 시설할 것

2) 전선은 저압 옥내 간선의 각 부분마다 그 부분을 통하여 공급되는
   전기사용기계기구의 정격전류의 합계 이상인 허용전류가 있는 것일 것

3) 전등, 전열기기의 정격전류의 합계가 전동기 정격전류의 합계보다 큰 경우
   ($\sum I_H > \sum I_M$, I_A 간선의 허용전류)
   ① 전선은 저압 옥내 간선의 각 부분마다 그 부분을 통하여 공급되는
      전기 사용 기계기구의 정격 전류 합계 이상의 허용 전류일 것
   ② 즉, $I_A \geq \sum I_M + \sum I_H$

4) 전동기의 정격전류 합계가 전등, 전열기기의 정격전류 합계보다 클 경우
   ($\sum I_H \leq \sum I_M$, I_A 간선의 허용전류)
   ① 전동기 등의 정격 전류 합계가 50[A] 이하인 경우($\sum I_M \leq 50[A]$)
      $I_A \geq \sum I_M \times 1.25 + \sum I_H$
   ② 전동기 등의 정격 전류 합계가 50[A] 넘는 경우($\sum I_M > 50[A]$)
      $I_A \geq \sum I_M \times 1.1 + \sum I_H$

도체 및 중성선의 단면적

20 도체의 단면적 ★★★★★

[교류회로 선도체와 직류회로 충전용 도체의 최소 단면적]

배선설비의 종류		사용회로	도체	
			재료	단면적[mm^2]
고정 설비	케이블과 절연전선	전력과 조명회로	구리	2.5
			알루미늄	10
		신호와 제어회로	구리	1.5
	나전선	전력 회로	구리	10
			알루미늄	16
		신호와 제어회로	구리	4
절연전선과 케이블의 가요 접속		특정 기기	구리	관련 IEC 표준
		기타 적용		0.75
		특수한 적용을 위한 특별 저압 회로		0.75

21. 중성선의 단면적 ★★★★★

1) **중성선의 단면적이 선도체 단면적보다 작은 경우** ($L_{1,2,3} \geq N$)
   ① 다상 회로의 각 **선도체 단면적이 구리선 16[mm²]** 또는 **알루미늄선 25[mm²]**를 **초과**하는 경우
   ② 통상적인 사용 시
   상(phase)과 **제3고조파 전류** 간에 회로 부하가 균형을 이루고 있고, 제3고조파 홀수배수 전류가 **선도체 전류의 15[%]**를 넘지 않을 경우
   ③ 중성선의 보호 규정에 따라 과전류 보호가 되는 경우

2) **중성선의 단면적이 선도체 단면적 이상일 것** ($L_{1,2,3} \leq N$)
   ① **2선식** 단상회로의 중성선
   ② 다상 회로의 각 선도체의 **단면적이 구리선 16[mm²]** 또는 **알루미늄선 25[mm²]** 이하인 경우
   ③ 전류종합고조파왜형률이 **15~33[%]**인 3상회로인 경우
   ④ 제3고조파 및 제3고조파의 홀수배수의 고조파 전류가 흐를 가능성이 높은 회로

3) **중성선의 단면적을 선도체 단면적보다 증가시켜야 하는 경우**
   ① 제3고조파 및 제3고조파 홀수배수의
   전류 종합고조파왜형률이 33[%]를 초과하는 경우
   ② 다심케이블의 선, 중성선 : $1.45 \times I_B$ (회로 설계전류) 이상의 전류
   ③ 단심케이블의 중성선
      ㉮ 선 : I_B (회로 설계전류) 이상의 전류
      ㉯ 중성선 : 선도체의 $1.45 \times I_B$ 와 동등 이상의 전류

22 옥내에 시설하는 저압용 배분전반 등의 시설 ★★★

1) 옥내에 시설하는 저압용 배·분전반의 기구 및 전선은 쉽게 점검할 수 있도록 시설할 것
   ① 노출된 충전부가 있는 배전반 및 분전반은
      취급자 이외의 사람이 쉽게 출입할 수 없도록 설치할 것
   ② **한 개의 분전반에는 한 가지 전원(1회선의 간선)만 공급할 것**
      다만, 안전확보가 충분하도록 격벽을 설치하고 사용전압을 쉽게 식별할 수 있도록 그 회로의 과전류차단기 가까운 곳에 그 사용전압을 표시하는 경우 적용 예외
   ③ **주택용 분전반은 독립된 장소(신발장, 옷장 등의 은폐된 장소는 제외한다)에 시설**하며 구조는 KS C 8326 "7. 구조, 치수 및 재료"에 의한 것일 것
   ④ 옥내에 설치하는 **배전반 및 분전반은 불연성 또는 난연성이 있도록 시설할 것**

2) 옥내에 시설하는 저압용 전기계량기와 이를 수납하는 계기함을 사용할 경우는 쉽게 점검 및 보수할 수 있는 위치에 시설하고, 계기함은 KS C 8326 "7.20 재료"와 동등 이상의 것으로서 KS C 8326 "6.8 내연성"에 적합한 재료일 것

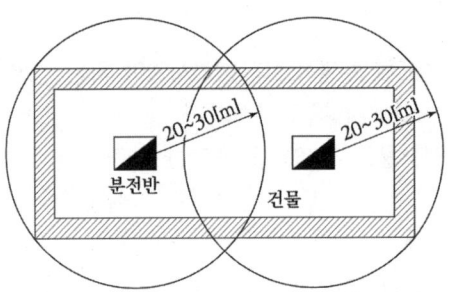

[그림] 분전반의 적정 공급범위

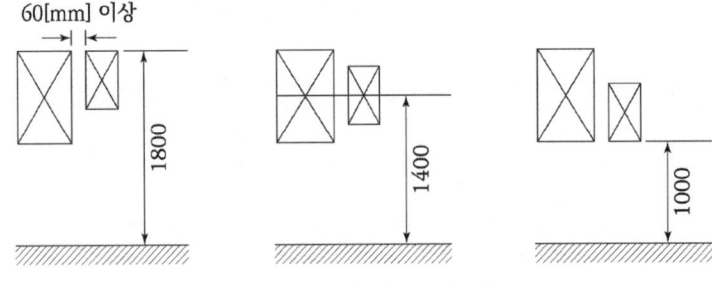

[그림] 분전반 취부높이 예

23. 수용가 설비에서의 전압강하 ★★★★★

1) 다른 조건을 고려하지 않는다면
   수용가 설비의 **인입구로부터 기기까지의 전압강하**는 [표]의 값 이하일 것

설비의 유형	조명[%]	기타[%]
A – 저압으로 수전하는 경우	3	5
B – 고압 이상으로 수전하는 경우a	6	8

   a : 가능한 한 최종회로 내의 전압강하가 A 유형의 값을 넘지 않도록 하는 것이 바람직하다.
   사용자의 배선설비가 100[m]를 넘는 부분의 전압강하는 미터 당 0.005[%] 증가할 수 있으나 이러한 증가분은 0.5[%]를 넘지 않을 것

2) 다음의 경우에는 [표]보다 더 큰 전압강하를 허용할 수 있다.
   ① 기동 시간 중의 전동기
   ② 돌입전류가 큰 기타 기기

3) 다음과 같은 일시적인 조건은 고려하지 않는다.
   ① 과도과전압
   ② 비정상적인 사용으로 인한 전압 변동

예제 01

허용전류를 결정하는 열경화성 물질로 가교폴리에틸렌 또는 에틸렌프로필렌고무화합물의 최고허용온도는 몇 [℃]인가?
① 70[℃]
② 80[℃]
③ 90[℃]
④ 100[℃]

【해설】
절연물의 허용온도
1) 열가소성 – 염화비닐(PVC) : 70[℃]
2) 열경화성 – 가교폴리에틸렌(XLPE) 또는 에틸렌프로필렌고무화합물(EPR) : 90[℃]

[답] ③

예제 02

정격전류 20[A]와 40[A]인 전동기와 정격전류 10[A]인 전열기 5대에 전기를 공급하는 단상 220[V] 저압 옥내 간선이 있다. 몇 [A] 이상의 허용전류가 있는 전선을 사용하여야 하는가?

① 100 ② 116
③ 125 ④ 132

【해설】
저압 옥내 간선의 선정
: 간선의 허용전류 = (20 + 40) × 1.1 + (10 × 5) = 116[A]

[답] ②

예제 03

단상 2선식 220[V]로 공급하는 간선의 굵기를 결정할 때 근거가 되는 전류의 최소값은 몇 [A]인가? (단, 수용률 100[%], 전등 부하의 합계 5[A], 한 대의 정격전류 10[A]인 전열기 2대, 정격전류 40[A]인 전동기 1대이다.)

① 55
② 65
③ 75
④ 130

【해설】
저압 옥내 간선의 선정
: 간선의 허용전류 = 40 × 1.25 + (5 + 10 × 2) = 75[A]

[답] ③

예제 04

한국전기설비규정에서 교류회로 선도체와 직류회로 충전용 도체의 고정설비의 케이블 또는 절연전선을 사용하는 경우 전력과 조명회로의 구리도체 최소 단면적은 몇 [mm^2]인가?

① 1.5
② 2.5
③ 4
④ 6

【해설】
고정설비에 케이블과 절연전선을 사용한 경우 전력과 조명회로의 선도체 최소 단면적
1) 구리 도체 : 2.5[mm^2] 이상
2) 알루미늄 도체 : 10[mm^2] 이상

[답] ②

예제 05

중성선의 단면적이 선도체 단면적보다 작은 경우
다상 회로의 각 선도체 단면적이 구리도체의 경우 몇 [mm²]를 초과하는 경우에 해당하는가?
① 6   ② 10
③ 16 ④ 25

【해설】
중성선의 단면적이 선도체 단면적보다 작은 경우
: 다상 회로의 각 선도체 단면적이 구리선 16[mm²] 또는 알루미늄선 25[mm²]를 초과하는 경우

[답] ③

예제 06

다른 조건을 고려하지 않는다면 저압으로 수전하는 경우
인입구로부터 기기까지의 조명 전압강하는 몇 [%] 이하이어야 하는가?
① 3
② 5
③ 6
④ 8

【해설】
수용가 설비에서의 전압강하
: 다른 조건을 고려하지 않는다면 저압으로 수전하는 경우
  인입구로부터 기기까지의 조명 전압강하는 3[%] 이하일 것

[답] ①

예제 07

다른 조건을 고려하지 않는다면 고압 이상으로 수전하는 경우
인입구로부터 기기까지의 조명 전압강하는 몇 [%] 이하이어야 하는가?
① 3
② 5
③ 6
④ 8

【해설】
수용가 설비에서의 전압강하
: 다른 조건을 고려하지 않는다면 고압 이상으로 수전하는 경우
  인입구로부터 기기까지의 조명 전압강하는 6[%] 이하일 것

[답] ③

Chapter 03 전기기기

학습내용 : 조명설비 및 비상용 예비전원설비

조명설비의 시설

24. 등기구의 시설 ★

1) 등기구 설치 시 요구사항
   ① **기동 전류, 고조파 전류, 보상, 누설 전류, 최초 점화 전류, 전압강하 등을 고려할 것**
   ② 램프에서 발생되는 모든 주파수 및 과도전류에 관련된 자료를 고려하여 보호방법 및 제어장치를 선정할 것

2) 등기구의 집합
   하나의 공통 중성선만으로 3상회로의 3개 선도체 사이에 나뉘어진 등기구의 집합은 모든 선도체가 하나의 장치로 동시에 차단되어야 할 것

3) 디스플레이 스탠드용 등기구의 감전에 대한 보호
   ① SELV 또는 PELV전원 공급
   ② 전원의 자동차단에 의한 보호대책과 추가적 보호에 따른 추가보호를 모두 제공

25 전구선 및 이동전선 ★

1) **전구선 또는 이동전선**은
   단면적 0.75[mm^2] 이상의 **코드** 또는 **캡타이어 케이블**을 용도에 따라 선정할 것

2) 전구선을 비나 이슬에 맞지 않도록 시설하고(옥측에 시설하는 경우)
   사람이 쉽게 접촉되지 않도록 시설할 경우
   단면적 0.75[mm^2] 이상, 450/750[V] 내열성 에틸렌 아세테이트 고무절연전선을 사용

3) 이 경우 전구수구의 리이드인출부의 전선간격이 10[mm] 이상인 전구소켓을
   사용하는 것은 0.75[mm^2] 이상, 450/750[V] 일반용 단심 비닐절연전선을 사용

4) 옥내에서 전구선 또는 이동전선을
   습기가 많은 장소 또는 수분이 있는 장소에 시설할 경우
   고무코드(사용전압이 400[V] 미만인 경우) 또는
   0.6/1[kV] EP 고무 절연 클로로프렌 캡타이어 케이블로서
   단면적 0.75[mm^2] 이상일 것

26 콘센트의 시설 ★

1) 콘센트의 정격전압은 사용전압과 동등 이상의
   KS C 8305(배선용 꽂음 접속기)에 적합한 제품을 사용할 것

2) **노출형 콘센트**는 기둥과 같은 내구성이 있는 **조영재에 견고하게 부착할 것**

3) 콘센트를 **조영재에 매입**할 경우
   매입형의 것을 견고한 금속제 또는 난연성 절연물로 된 박스 속에 시설할 것

4) 콘센트를 **바닥에 시설**하는 경우는 방수구조의 **플로어박스에 설치**하거나 또는
   이들 박스의 표면 플레이트에 틀어서 부착할 수 있도록 된 콘센트를 사용할 것

5) **욕조나 샤워시설이 있는 욕실 또는 화장실 등 인체가 물에 젖어있는 상태에서
   전기를 사용하는 장소에 콘센트를 시설하는 경우**
   ① 「전기용품 및 생활용품 안전관리법」의 적용을 받는
     인체감전보호용 누전차단기
     (정격감도전류 15[mA] 이하, 동작시간 0.03초 이하의 전류동작형의 것) 또는
     절연변압기(정격용량 3[kVA] 이하)로 보호된 전로에 접속하거나,
     인체감전보호용 누전차단기가 부착된 콘센트를 시설할 것
   ② 콘센트는 접지극이 있는 방적형 콘센트를 사용하여 감전에 대한 보호와
     접지시스템 규정에 따라 접지할 것

6) 습기가 많은 장소 또는 수분이 있는 장소에 시설하는
   **콘센트 및 기계기구용 콘센트는 접지용 단자가 있는 것을 사용하여
   감전에 대한 보호와 접지시스템 규정에 따라 접지하고 방습 장치를 할 것**

7) **병원, 진료소 등에서**
   **의료용 전기기계기구를 사용하는 방에 시설하는 콘센트는
   기준접지 바에 직접 접속할 것**

8) 주택의 옥내전로에는 접지극이 있는 콘센트를 사용하여
   감전에 대한 보호와 접지시스템 규정에 따라 접지할 것

27 진열장 또는 이와 유사한 것의 내부 배선 ★

1) 건조한 장소에 시설하고 또한 내부를 건조한 상태로 사용하는 진열장 또는 이와 유사한 것의 내부에 사용전압이 **400[V] 이하**의 배선을 외부에서 잘 보이는 장소에 한하여 코드 또는 캡타이어 케이블로 직접 조영재에 밀착하여 배선할 것

2) 배선은 **단면적 0.75[mm²] 이상**의 **코드** 또는 **캡타이어 케이블**일 것

3) 배선 또는 이것에 접속하는 이동전선과 다른 사용전압이 400[V] 미만인 배선과의 접속은 꽂음 플러그 접속기 기타 이와 유사한 기구를 사용하여 시공할 것

28 출퇴표시등 ★★★

1) 출퇴표시등 회로에 **전기를 공급**하기 위한 **절연변압기의 사용전압**
   ① **1차측 전로** : 대지전압 300[V] 이하
   ② **2차측 전로** : 60[V] 이하

2) **전원장치**
   ① **절연변압기**는 「전기용품 및 생활용품 안전관리법」의 적용을 받는 것
   ② 절연변압기의 2차측 전로의
      각 극에는 해당 변압기의 근접한 곳에 **과전류차단기를 시설할 것**

3) **출퇴표시등 회로의 전선을 옥내의 조영재에 부착하여 시설하는 경우**
   ① **전선은 단면적 1.0[mm²] 이상 연동선**과 동등이상의 세기 및 굵기의 **코드, 캡타이어 케이블, 케이블** 혹은 **절연전선** 또는 **지름 0.65[mm]**의 연동선과 동등이상의 세기 및 굵기 이상의 통신용 케이블인 것
   ② 전선은 캡타이어 **케이블** 또는 **케이블인 경우** 이외에는 **합성수지 몰드, 합성수지관, 금속관, 금속 몰드, 가요전선관, 금속 덕트** 또는 **플로어 덕트**에 넣어 시설할 것

비상용 예비전원설비

29. 비상용 예비전원설비

1) 비상용 예비전원설비
   ① 상용전원의 고장 또는 화재 등으로 정전 시 수용장소에 전력을 공급하는시설
   ② 구비조건
      ㉮ 비상전력 공급은
          필수적인 설비에 충분한 시간 동안 **지속적인 전력공급 능력 확보**
      ㉯ 전력공급 시 설비의 지정된 동작이 유지 되도록 **절환 시간과 호환성 확보**
      ㉰ 화재상황 시 비상용 예비전원의 기기는 충분한 시간의 **내화 보호 성능 확보**

2) 절환 시간 분류

구분	절환 시간
무순단	과도시간 내에 전압, 주파수 변동 등 정해진 조건에서 연속적인 전원공급
순단	0.15초 이내 자동 전원공급
단시간 차단	0.5초 이내 자동 전원공급
보통 차단	5초 이내 자동 전원공급
중간 차단	15초 이내 자동 전원공급
장시간 차단	자동 전원공급이 15초 이후

예제 01

욕조나 샤워시설이 있는 욕실 또는 화장실 등 인체가 물에 젖어있는 상태에서
전기를 사용하는 장소에 콘센트를 시설하는 경우
전로에 정격감도전류는 몇 [mA] 이하 인체감전보호용 누전차단기를 설치해야 하는가?
① 15[mA]   ② 20[mA]   ③ 30[mA]   ④ 50[mA]

【해설】
인체감전보호용 누전차단기
: 욕조나 샤워시설이 있는 욕실 또는 화장실 등 인체가 물에 젖어있는 상태에서
  전기를 사용하는 장소에 콘센트를 시설하는 경우
  전로에 정격감도전류는 15[mA] 이하 인체감전보호용 누전차단기를 설치할 것

[답] ①

예제 02

출퇴표시등 회로에 전기를 공급하기 위한
절연변압기는 1차측 전로의 대지전압이 300[V] 이하,
2차측 전로의 사용전압은 몇 [V] 이하인 절연변압기이어야 하는가?

① 60
② 80
③ 100
④ 150

【해설】
출퇴표시등
: 출퇴표시등 회로에 전기를 공급하기 위한
  변압기는 1차측 전로의 대지전압이 300[V] 이하,
  2차측 전로의 사용전압이 60[V] 이하인 절연변압기일 것

[답] ①

예제 03

출퇴표시등 회로에 전기를 공급하기 위한
변압기는 1차측 전로의 대지전압과 2차측 전로의 사용전압이
각각 몇 [V] 이하인 절연 변압기이어야 하는가?

① 대지전압 : 150[V], 사용전압 : 30[V]
② 대지전압 : 150[V], 사용전압 : 60[V]
③ 대지전압 : 300[V], 사용전압 : 30[V]
④ 대지전압 : 300[V], 사용전압 : 60[V]

【해설】
출퇴표시등
: 출퇴표시등 회로에 전기를 공급하기 위한
  변압기는 1차측 전로의 대지전압이 300[V] 이하,
  2차측 전로의 사용전압이 60[V] 이하인 절연변압기일 것

[답] ④

적중실전문제

1. 저압 옥내 배선의 사용전선으로 단면적이 1[mm²] 이상인 케이블을 사용한다면 어떤 종류의 케이블을 사용하여야 하는가?

① EV 케이블
② 미네럴 인슈레이션 케이블
③ 캡타이어 케이블
④ BE 케이블

해설 1

저압 옥내 배선의 사용 전선
: 저압 옥내 배선의 전선은 단면적 2.5[mm²] 이상의 연동선 또는 단면적 1[mm²] 이상의 미네럴 인슈레이션 케이블을 사용할 것

[답] ②

2. 옥내배선의 사용 전압이 400[V] 이하일 때 전광표시장치·출퇴표시등 기타 이와 유사한 장치 또는 제어회로 등의 배선에 다심케이블을 시설하는 경우 배선의 단면적은 몇 [mm²] 이상인가?

① 0.75
② 1.5
③ 1
④ 2.5

해설 2

저압 옥내 배선의 사용 전선
: 옥내배선의 사용 전압이 400[V] 이하인 경우 전광표시 장치, 출퇴 표시등 기타 이와 유사한 장치 또는 제어회로 등의 배선에 단면적 0.75[mm²] 이상인 다심케이블 또는 다심 캡타이어 케이블을 사용할 것

[답] ①

*****

3. 옥내에 시설하는 저압전선으로 나전선을 사용할 수 있는 배선공사는?
   ① 합성수지관 공사
   ② 금속관 공사
   ③ 버스 덕트 공사
   ④ 플로어 덕트 공사

   해설 3
   나전선의 사용 제한
   : 옥내에 시설하는 저압전선으로 나전선을 사용할 수 있는 공사는
     애자사용 공사, 버스 덕트 공사, 라이팅 덕트 공사 및 접촉 전선일 것

   [답] ③

*****

4. 사용전압이 220[V]인 경우 애자사용 공사에서
   전선과 조영재 사이의 이격거리는 몇 [mm] 이상이어야 하는가?
   ① 25
   ② 45
   ③ 60
   ④ 80

   해설 4
   애자사용 배선
   : 사용전압이 400[V] 미만인 경우 애자사용 공사에서
     전선과 조영재 사이의 이격거리는 25[mm] 이상일 것

   [답] ①

5. 애자사용 공사의 사용전압이 400[V]가 넘고 1,000[V] 이하인 전압에서 점검할 수 없거나 습기가 존재하는 경우의 전선 상호 간격과, 전선과 조영재와의 간격은 각각 몇 [mm] 이상인가?

   ① 전선 상호 간격 : 3, 전선과 조영재 간격 : 20
   ② 전선 상호 간격 : 6, 전선과 조영재 간격 : 25
   ③ 전선 상호 간격 : 9, 전선과 조영재 간격 : 35
   ④ 전선 상호 간격 : 6, 전선과 조영재 간격 : 45

   해설 5
   애자사용 배선
   : 애자사용 공사의 사용전압이 400[V] 이상의
     저압배선에서 점검할 수 없거나 습기가 존재하는 경우에
     전선 상호 간격은 6[mm] 이상, 전선과 조영재와의 간격은 45[mm] 이상일 것
   [답] ④

6. 애자사용 공사에 의한 고압 옥내 배선의 시설에 사용되는 연동선의 단면적은 최소 몇 [mm^2]의 것을 사용하여야 하는가?

   ① 2.5
   ② 4
   ③ 6
   ④ 10

   해설 6
   애자사용 배선
   : 애자사용 공사에 의한
     고압 옥내 배선의 시설에 사용되는 연동선의 단면적은 최소 6[mm^2] 이상의 연동선일 것
   [답] ③

★★★★★

7. 애자사용 배선을 습기가 많은 장소에 시설하는 경우 전선과 조영재 사이의 이격거리는 몇 [mm] 이상이어야 하는가? (단, 사용전압은 440[V]인 경우이다.)
   ① 20
   ② 25
   ③ 45
   ④ 60

   해설 7
   애자사용 배선
   : 애자사용 배선을
   습기가 많은 장소에 시설하는 경우 전선과 조영재 사이의 이격거리는 45[mm] 이상일 것
   [답] ③

★★★★★

8. 합성수지관 공사시 관상호간 및 박스와의 접속은 관에 삽입하는 깊이를 관바깥지름의 몇 배 이상으로 하여야 하는가?
   (단, 접착제를 사용하지 않는 경우이다.)
   ① 1.5
   ② 0.8
   ③ 1.2
   ④ 1.5

   해설 8
   합성수지(PVC)관 배선
   : 합성수지관 공사시 관상호간 및 박스와의 접속은 관에 삽입하는 깊이를 관 바깥지름의 1.2배 이상, 접착제를 사용하는 경우에는 0.8배 이상으로 할 것
   [답] ③

9. 금속관공사에서 절연부싱을 사용하는 가장 주된 목적은?
  ① 관의 끝이 터지는 것을 방지
  ② 관내 해충 및 이물질 출입 방지
  ③ 관의 단구에서 조영재의 접촉 방지
  ④ 관의 단구에서 전선 피복의 손상 방지

> **해설 9**
> 금속관 배선
> : 관의 끝 부분에는 전선의 피복을 손상하지 아니하도록 적당한 구조의 부싱을 사용할 것
> [답] ④

10. 저압 옥내 배선을 금속 덕트 배선으로 할 경우 금속 덕트에 넣는 전선의 단면적(절연피복의 단면적 포함)의 합계는 덕트의 내부 단면적의 몇 [%]까지 할 수 있는가?
  ① 20
  ② 30
  ③ 40
  ④ 50

> **해설 10**
> 금속 덕트 배선
> : 금속 덕트에 넣은 전선의 단면적(절연피복의 단면적을 포함한다)의 합계는
>   덕트의 내부 단면적의 20[%](전광표시 장치·출퇴표시등 기타 이와 유사한 장치 또는
>   제어회로 등의 배선 만을 넣는 경우에는 50[%]) 이하일 것
> [답] ①

11. 저압 옥내 배선 버스 덕트 공사에서 지지점 간의 거리[m]는?
(단, 취급자만이 출입하는 곳에서 수직으로 붙이는 경우)

① 3
② 5
③ 6
④ 8

해설 11

버스 덕트 배선
: 덕트를 조영재에 붙이는 경우에는 덕트의 지지점 간의 거리를 3[m] 이하로 할 것, 취급자 이외의 자가 출입할 수 없도록 설비한 곳에서 수직으로 붙이는 경우에는 6[m] 이하로 하고 또한 견고하게 붙일 것

[답] ③

12. 터널 내에 3,300[V] 전선로를 케이블 공사로 시설하려고 한다. 케이블을 조영재의 옆면 또는 아랫면에 따라 붙일 경우에 케이블의 지지점 간의 거리는 몇 [m] 이하로 하여야 하는가?

① 1
② 1.5
③ 2
④ 2.5

해설 12

케이블 배선
: 전선을 조영재의 아랫면 또는 옆면에 따라 붙이는 경우에는 전선의 지지점 간의 거리를 케이블은 2[m] 이하 캡타이어 케이블은 1[m] 이하로 하고 또한 그 피복을 손상하지 아니하도록 붙일 것

[답] ③

★★★★★

13. 케이블 트레이 공사에 사용하는 케이블 트레이의 최소 안전율은?

① 1.5
② 1.8
③ 2.0
④ 3.0

해설 13

케이블 트레이 배선
: 케이블 트레이의 안전율은 1.5 이상일 것

[답] ①

★★★★★

14. 저압 옥내 간선에서 분기하여 전동기 등에만 이르는 저압 옥내 전로를 시설하는 경우 저압 옥내 배선의 각 부분마다 그 부분을 통하여 공급되는 전동기 등의 정격전류의 합계가 60[A]이면 최소 몇 [A] 이상의 허용전류를 갖는 전선을 사용하여야 하는가?

① 63
② 66
③ 75
④ 80

해설 14

옥내 저압 간선의 선정
1) 전동기 정격전류합 = 60[A](50[A] 초과이므로 1.1배)
2) 전선의 허용전류 = 60 × 1.1 = 66[A]

[답] ②

★★★★★

15. 옥내 저압 간선 시설에서 전동기 등의 정격전류 합계가 50[A] 이하인 경우에는 그 정격전류 합계의 몇 배 이상의 허용전류가 있는 전선을 사용하여야 하는가?

① 0.8
② 1.1
③ 1.25
④ 1.5

> **해설 15**
> 옥내 저압 간선의 선정
> 1) 전동기 정격전류합 = 50[A](50[A] 이하이므로 1.25배)
> 2) 전선의 허용전류 = 50 × 1.25 = 62.5[A]
>
> [답] ③

★★★★★

16. 다른 조건을 고려하지 않는다면 저압으로 수전하는 경우 인입구로부터 기기까지의 조명부하설비 전압강하는 몇 [%] 이하이어야 하는가?

① 3
② 5
③ 6
④ 8

> **해설 16**
> 수용가 설비에서의 전압강하
> : 다른 조건을 고려하지 않는다면 저압으로 수전하는 경우
> 인입구로부터 기기까지의 조명부하설비 전압강하는 3[%] 이하일 것
>
> [답] ③

17. 다른 조건을 고려하지 않는다면 고압 이상으로 수전하는 경우 인입구로부터 기기까지의 조명부하설비 전압강하는 몇 [%] 이하이어야 하는가?
    ① 3
    ② 5
    ③ 6
    ④ 8

> **해설 17**
> 수용가 설비에서의 전압강하
> : 다른 조건을 고려하지 않는다면 고압 이상으로 수전하는 경우
>   인입구로부터 기기까지의 조명부하설비 전압강하는 6[%] 이하일 것
>
> [답] ③

18. 아파트 세대 욕실에 '비데용 콘센트'를 시설하고자 한다. 다음의 시설방법 중 적합하지 않는 것은?
    ① 충전 부분이 노출되지 않을 것
    ② 배선기구에 방습장치를 시설할 것
    ③ 전압용 콘센트는 접지극이 없는 것을 사용할 것
    ④ 인체감전 보호용 누전차단기가 부착된 것을 사용할 것

> **해설 18**
> 콘센트의 시설
> : 욕실 등의 인체가 물에 젖어 있는 상태에서
>   물을 사용하는 장소에 시설하는 저압 콘센트는 접지극이 있는 것을 사용하여 접지할 것
>
> [답] ③

19. 건조한 곳에 시설하고 또한 내부를 건조한 상태로 사용하는 진열장 안의 저압 옥내 배선 공사에 사용할 수 있는 전압은 몇 [V] 이하인가?
   ① 110
   ② 220
   ③ 380
   ④ 400

   해설 19
   진열장 또는 이와 유사한 것의 내부 배선
   1) 400[V] 이하인 저압 옥내 배선은 외부에서 보기 쉬운 곳에 시설할 것
   2) 단면적 0.75[mm²] 이상의 코드 또는 캡타이어 케이블을 1[m] 이하마다 지지하여 시설할 것
   [답] ④

20. 출퇴표시등 회로에 전기를 공급하기 위한 변압기는 1차측 전로의 대지전압이 (가)[V] 이하, 2차측 전로의 사용전압이 (나)[V] 이하인 절연변압기를 사용하여야 한다. (가)와 (나)에 알맞은 것은?
   ① 300, 40
   ② 300, 60
   ③ 400, 40
   ④ 400, 60

   해설 20
   출퇴표시등
   : 출퇴표시등 회로에 전기를 공급하기 위한 변압기는 1차측 전로의 대지전압이 300[V] 이하, 2차측 전로의 사용전압이 60[V] 이하인 절연변압기일 것
   [답] ②

MEMO

07장

특수설비

Chapter 01. 특수시설
Chapter 02. 특수장소
적중실전문제

Chapter 01 특수시설

학습내용 : 전기울타리, 전기욕기, 전기부식방지 시설, 전기자동차 전원설비 등

특수시설

01 전기울타리 ★★★

1) 전기울타리는 목장, 논밭 등 옥외에서
   가축의 탈출 또는 야생짐승의 침입을 방지하기 위하여 시설하는 경우
2) 전기울타리는 사람이 쉽게 출입하지 아니하는 곳에 시설할 것
3) **전원장치에 전원을 공급하는 전로의 사용전압은 250[V] 이하**일 것
4) 사람이 전기울타리 전선에 접근 가능한 모든 곳에 사람이 보기 쉽도록 적당한 간격으로 **경고표시** 그림 또는 글자로 **위험표시를 할** 것
5) **전선은 인장강도 1.38[kN] 이상의 것 또는 지름 2[mm] 이상의 경동선**일 것
6) **전선과** 이를 지지하는 **기둥 사이의 이격거리는 25[mm] 이상**일 것
7) **전선과 다른 시설물**(가공 전선을 제외) 또는 **수목과의 이격거리는 0.3[m] 이상**일 것
8) 전기울타리 **전원장치의 외함** 및 **변압기의 철심**은 접지시스템의 규정에 준하여 **접지공사를 할** 것

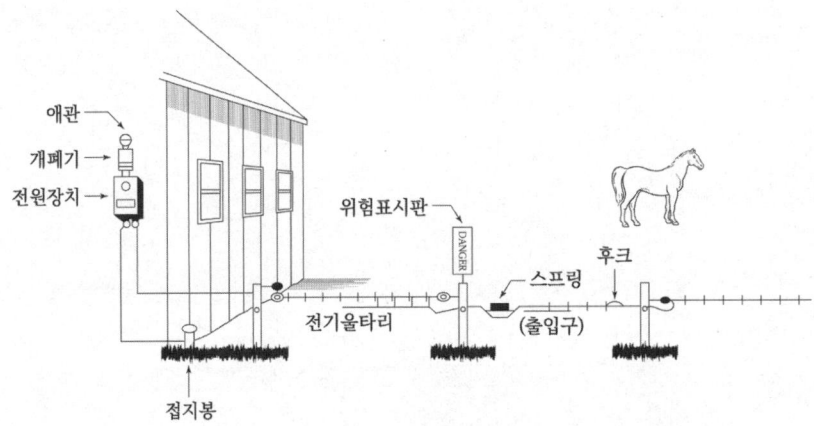

〈전기 울타리 시설 예〉

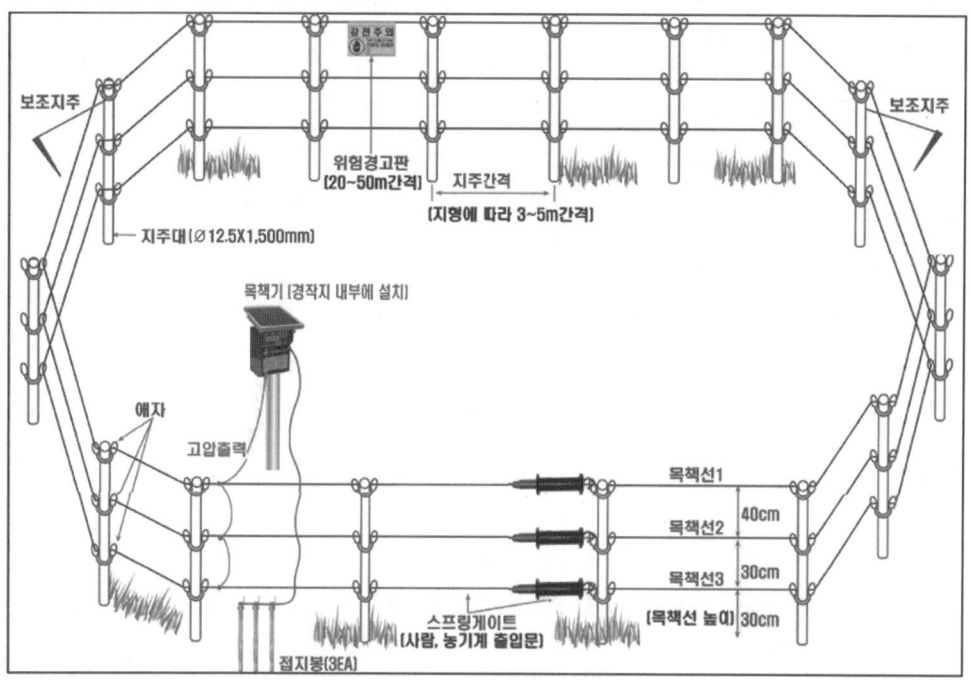

[그림] 전기울타리 〈참고, ㈜에스콤 코리아 설치상세도〉

[그림] 전기울타리 설치 예 〈참고, 농사야〉

02 전기욕기 ★★★

1) 전기욕기에 전기를 공급하기 위한
   전기욕기용 **전원장치**의 **전원 변압기 2차측 전로의 사용전압은 10[V] 이하**일 것
2) 전기욕기용 전원장치의 **금속제 외함** 및 **전선을 넣는 금속관**에는
   접지시스템 규정에 따라 **접지공사를 할 것**
3) 전기욕기용 전원장치로부터 욕기 안의 전극까지의
   전선 상호 간 및 전선과 대지 사이의 **절연저항 값은 0.1[MΩ] 이상**일 것

03 전극식 온천온수기 ★

1) **전극식 온천온수기는 승온을 통하여 공급되는**
   온천수의 온도를 올려서 수관을 통하여 욕탕에 공급하는 전극식 온수기
2) 전극식 온천온수기 또는 이에 부속하는
   급수 펌프에 직결되는 **전동기에 전기를 공급**하기 위해서는
   사용전압이 400[V] 이하인 절연변압기를 시설할 것
3) 전극식 온천온수기
   전원장치의 절연변압기 철심 및 **금속제 외함과 차폐장치의 전극**에는
   접지시스템의 규정에 준하여 **접지공사를 할 것**

예제 01

전극식 온천용 승온기 시설에서 적합하지 않은 것은?
① 승온기의 사용전압은 400[V] 이하일 것
② 전동기 전원공급용 변압기는 300[V] 미만의 절연변압기를 사용
③ 절연변압기 외함에는 접지공사를 할 것
④ 승온기 및 차폐장치의 외함은 절연성 및 내수성이 있는 견고한 것

【해설】
전극식 온천온수기
: 승온기 또는 이에 부속하는 급수 펌프에 직결되는 전동기에 전기를 공급하기 위하여는
  사용전압이 400[V] 이하인 절연 변압기를 사용할 것

[답] ②

04 전기온상

1) **식물의 재배** 또는 **양잠, 부화, 육추** 등의 용도로 사용하는 **전열장치**
2) 전기온상에 **전기를 공급**하는 전로의 **대지전압은 300[V] 이하**일 것
3) **발열선**은 그 온도가 **80[℃]를 넘지 않도록** 시설할 것
4) 발열선 혹은 발열선에
   직접 접속하는 전선의 피복에 사용하는 **금속체 또는 방호장치의 금속제 부분**에는
   접지시스템의 규정에 준하여 **접지공사를 할 것**

05 유희용 전차의 시설 ★

1) 전기를 공급하는 전원장치 **변압기는 절연변압기**일 것
   ① **1차 전압 : 400[V] 미만**일 것
   ② **2차 전압 : 직류 60[V] 이하, 교류 40[V] 이하**
   ③ 전차 내 **승압용 절연변압기 2차 전압 : 150[V] 이하**
2) 전원장치의 2차측 배선의 **접촉전선은 제3레일 방식**에 의하여 시설할 것
3) 접촉전선과 대지 사이의 절연저항은 사용전압에 대한
   누설전류가 레일의 연장 1[km]마다 100[mA]를 넘지 않도록 유지할 것
4) 유희용 전차안의 전로와 대지 사이의 절연저항은 사용전압에 대한
   누설전류가 규정 전류의 5,000분의 1을 넘지 않도록 유지할 것

06 도로 등의 전열장치 ★

1) 발열선에 전기를 공급하는 전로의 **대지전압은 300[V] 이하일 것**
2) **발열선**은 **미네럴 인슈레이션(MI) 케이블** 등 KS 표준에 규정된 발열선으로 노출 사용하지 아니하는 것은 B종 발열선을 사용할 것
3) 발열선은 사람이 접촉할 우려가 없고 또한 손상을 받을 우려가 없도록 콘크리트 기타 견고한 내열성이 있는 것 안에 시설할 것
4) **발열선**은 그 온도가 **80[℃]를 넘지 아니하도록 시설할 것**
   다만, 도로 또는 옥외 주차장에 **금속피복을 한 발열선**을 시설할 경우 발열선의 온도를 120[℃] 이하로 할 수 있음
5) **발열선** 또는 **발열선에 직접 접속하는** 전선의 피복에 사용하는 **금속체**에는 접지시스템 규정에 준하여 **접지공사를 할 것**
6) 발열선에 전기를 공급하는 전로에는 **전용 개폐기** 및 **과전류 차단기를 각 극**(과전류 차단기는 다선식 전로의 중성극을 제외)에 **시설**하고 또한 전로에 **지락이 생겼을 때**에 자동적으로 **전로를 차단하는 장치를 시설할 것**

예제 01

발열선을 도로, 주차장 또는 조영물의 조영재에 고정시켜 시설하는 경우 발열선에 전기를 공급하는 전로의 대지전압은 몇 [V] 이하이어야 하는가?
① 100   ② 150   ③ 200   ④ 300

【해설】
도로 등의 전열장치
: 발열선에 전기를 공급하는 전로의 대지전압은 300[V] 이하일 것

[답] ④

---

07 전기부식방지 시설 ★★★

1) 전기부식 방지용 전원장치에 **전기를 공급**하는 전로의 **사용전압은 저압일 것**
2) **전기부식방지 회로의 사용전압은 직류 60[V] 이하일 것**
3) 지중에 매설하는 **양극의 매설깊이는 0.75[m] 이상일 것**
4) **수중에 시설하는 양극과 그 주위 1[m] 이내의 거리에 있는** 임의점과의 사이의 **전위차는 10[V]를 넘지 아니할 것**
5) 지표 또는 수중에서 1[m] 간격의 임의의 2점 간의 전위차가 5[V]를 넘지 아니할 것

08 교통신호등 ★★★

1) 교통신호등 제어장치의 **2차측 배선**의 최대사용전압은 **300[V] 이하**일 것
   ① **공칭단면적 2.5[mm²] 연동선**
   ② 450/750[V] 일반용 단심 비닐절연전선
   ③ 450/750[V] 내열성에틸렌아세테이트 고무절연전선
2) 교통신호등의 제어장치 **전원 측**에는
   전용 개폐기 및 **과전류차단기**를 각 극에 시설할 것
3) 교통신호등 회로의 **사용전압이 150[V]를 넘는 경우** 전로에 지락이 생겼을 경우 자동적으로 전로를 차단하는 **누전차단기를 시설할 것**
4) 교통신호등의 **인하선**의 **지표상의 높이는 2.5[m] 이상**일 것
5) 교통신호등의 제어장치의 **금속제외함** 및 신호등을 지지하는 **철주**에는 감전에 대한 보호 및 접지시스템 규정에 따라 **접지공사를 할 것**
6) LED를 광원은 KS C 7528(2004 : LED 교통신호등)에 적합할 것

 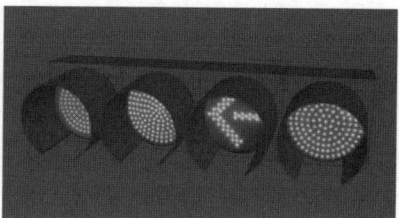 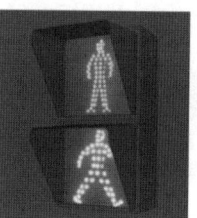

[그림] LED 교통신호등 예

예제 01

교통신호등 회로의 사용전압은 몇 [V] 이하이어야 하는가?
① 110   ② 220
③ 300   ④ 380

【해설】
교통신호등
: 교통신호등 회로의 사용전압은 300[V] 이하이어야 한다.

[답] ③

특수장소

09 옥내 방전등 공사의 시설 제한 ★

1) 관등회로의 사용전압이 **400[V] 이상인 방전등**은 설치 제외 장소
   분진 위험장소, 가연성 가스 등의 위험장소, 위험물 등이 존재하는 장소 및 화약류 저장소 등의 위험장소
2) 관등회로의 사용전압이 **1[kV]를 초과하는 방전등** 옥내 시설 조건
   ① 방전관에 네온 방전관 이외의 것을 사용한 것은
      기계기구의 **구조상** 그 내부에 안전하게 시설할 수 있는 경우
   ② 1[kV] 이하 방전등 규정에 준하여 시설하는 경우
   ③ 방전관에 사람이 접촉할 우려가 없도록 시설하는 경우

10 폭연성 분진 위험장소 ★★★

1) 위험장소
   ① **폭연성 분진 (마그네슘 · 알루미늄 · 티탄 · 지르코늄 등)** 체류 장소
   ② **전기설비**가 **발화원**이 되어 **폭발할 우려가 있는 곳**
   ③ 저압 옥내 전기설비는 위험의 우려가 없도록 시설할 것
2) 위험장소내 배선
   ① 배선설비 :
      저압 옥내배선, 저압 관등회로 배선, 소세력 회로의 전선, 출퇴표시등 회로
   ② 공사방법 : **금속관배선, 케이블배선(캡타이어 케이블 제외)**

3) 금속관배선 시공 시
   ① 금속관은 **박강 전선관** 또는 이와 동등 이상의 강도일 것
   ② 박스 기타의 **부속품** 및 **풀박스**는 쉽게 **마모, 부식** 기타의 손상을 일으킬 우려가 **없는 패킹을 사용**하여 먼지가 내부에 침입하지 아니하도록 시설할 것
   ③ 관 상호 간 및 관과 박스 기타의 부속품, 풀박스 또는 전기기계기구와는 **5턱 이상 나사조임으로 접속**하는 방법 기타 이와 동등 이상의 효력이 있는 방법에 의하여 견고하게 접속하고 또한 내부에 먼지가 침입하지 아니하도록 접속할 것
   ④ **전동기**에 접속하는 부분에서 가요성을 필요로 하는 부분의 배선에는 방폭형의 부속품 중 **분진 방폭형 유연성 부속을 사용할 것**
4) 케이블배선 시공 시
   ① 전선은 **개장된 케이블** 또는 **미네럴인슈레이션 케이블**을 사용하는 경우 이외에는 **관 기타의 방호 장치에 넣어 사용할 것**
   ② 전선을 전기기계기구에 끌어넣을 때에는 **패킹 또는 충진제를 사용**하여 인입구로부터 먼지가 내부에 침입하지 아니하도록 하고 또한 인입구에서 전선이 손상될 우려가 없도록 시설할 것
5) 이동 전선 시공 시
   ① 0.6/1[kV] EP **고무절연 클로로프렌 캡타이어 케이블**을 사용
   ② 손상을 받을 우려가 없도록 시설할 것
6) 전선과 전기기계기구는 진동에 의하여 헐거워지지 아니하도록 견고하고 또한 전기적으로 완전하게 접속할 것
7) **전기기계기구**는 표준에 적합한 **분진 방폭 특수 방진 구조로 되어 있을 것**
8) 백열전등 및 방전등용 전등기구는 조영재에 직접 견고하게 붙이거나 또는 전등을 다는 관, 전등 완관 등에 의하여 조영재에 견고하게 붙일 것
9) 전동기는 과전류가 생겼을 때에 폭연성 분진에 착화할 우려가 없도록 시설할 것

  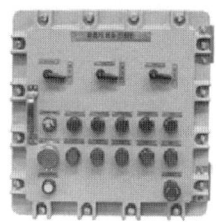

[그림] 방폭설비 예 〈참고, 삼익방폭전기(주)〉

> **예제 01**
>
> 폭연성 분진 또는 화약류의 분말이 존재하는 곳의 저압옥내배선은 어느 공사에 의하는가?
> ① 애자 사용 공사 또는 가요 전선관 공사
> ② 캡타이어 케이블 공사
> ③ 합성 수지관 공사
> ④ 금속관 공사 또는 케이블 공사
>
> 【해설】
> 폭연성 분진 위험장소
> : 저압 옥내배선, 저압 관등회로 배선, 소세력 회로의 전선 및 출퇴 표시등 회로의
>   전선은 금속관 공사 또는 케이블 공사(캡타이어 케이블을 사용하는 것을 제외)에 의할 것
>
> [답] ④

11 가연성 분진 위험장소 ★★★

1) 위험장소
   ① **가연성 분진 (소맥분·전분·유황 기타 가연성의 먼지)** 체류 장소
   ② 전기설비가 발화원이 되어 폭발할 우려가 있는 곳

2) 위험장소내 배선
   ① 배선설비 : 저압 옥내배선
   ② 공사방법 : **합성수지관배선(두께 2[mm] 이상), 금속관배선, 케이블배선**

3) 합성수지관배선 시공 시
   ① 합성수지관 및 박스 기타의 부속품은 손상을 받을 우려가 없도록 시설할 것
   ② 박스 기타의 부속품 및 풀 박스는 쉽게 마모, 부식 기타의 손상이 생길
      우려가 없는 패킹을 사용하는 방법, 틈새의 깊이를 길게 하는 방법,
      기타 방법에 의하여 먼지가 내부에 침입하지 아니하도록 시설할 것
   ③ 관과 전기기계기구는 관 상호간 및 박스와는
      관을 삽입하는 깊이를 관의바깥지름의 1.2배(접착제를 사용하는 경우 0.8배) 이상
      으로 하고 또한 꽂음 접속에 의하여 견고하게 접속할 것
   ④ 전동기에 접속하는 부분에서
      가요성을 필요로 하는 부분의 배선에는 **분진 방폭형 유연성 부속을 사용할 것**

4) **금속관배선 시공 시**
   ① 관 상호 간 및 관과 박스 기타 부속품, 풀 박스 또는
      전기기계기구와는 **5턱 이상 나사 조임으로 접속**하는 방법 기타 또는 이와 동
      등 이상의 효력이 있는 방법에 의하여 견고하게 접속할 것
5) **케이블배선 시공 시**
   ① 전선을 전기기계기구에 끌어넣을 때
      인입구에서 먼지가 내부로 침입하지 아니하도록 시설할 것
   ② 인입구에서 전선이 손상될 우려가 없도록 시설할 것
6) **이동 전선 시공 시**
   ① 접속점이 없는 0.6/1[kV] EP 고무절연 클로로프렌 캡타이어 케이블
   ② 0.6/1[kV] 비닐절연 비닐 캡타이어 케이블
   ③ 손상을 받을 우려가 없도록 시설할 것
7) 전기기계기구는 표준에 적합한 분진방폭형 보통 방진구조로 되어 있을 것

12 먼지가 많은 그 밖의 위험장소 ★★★

1) 저압 옥내배선 등은
   **애자사용배선, 합성수지관배선, 금속관배선, 유연성전선관배선, 금속덕트배선,
   버스덕트배선** 또는 **케이블배선**에 의하여 시설할 것
2) 전기기계기구로서 먼지가 부착함으로서 온도가 비정상적으로 상승하거나
   절연성능 또는 개폐 기구의 성능이 나빠질 우려가 있는 것에는 **방진장치를 할 것**
3) 면, 마, 견 기타 타기 쉬운 섬유의 먼지가 있는 곳에 전기기계기구를 시설하는
   경우에는 **먼지가 착화할 우려가 없도록 시설할 것**
4) 전선과 전기기계기구는 진동에 의하여
   헐거워지지 아니하도록 견고하고 또한 전기적으로 완전하게 접속할 것
5) 유효한 제진장치를 시설하는 경우 적용 예외

13. 화약류 저장소에서 전기설비의 시설 ★★★

1) 화약류 저장소 안에는 전기설비를 시설해서는 안 된다.
2) 백열전 등이나 형광등 또는 이들에
   전기를 공급하기 위한 전기설비(개폐기 및 과전류 차단기를 제외)는
   다음에 따라 시설하는 경우 시설할 수 있다.
   ① 전로에 대지전압은 **300[V] 이하**일 것
   ② 전기기계기구는 **전폐형의 것**일 것
   ③ 케이블을 전기기계기구에 인입할 때에는 인입구에서 케이블이 손상될 우려가 없도록 시설할 것
2) 화약류 저장소 안의 전기설비에
   전기를 공급하는 전로에는 **화약류 저장소 이외의 곳**에 **전용 개폐기** 및
   과전류 차단기를 **각 극**(과전류 차단기는 다선식 전로의 중성극을 제외)에 취급자 이외의 자가 쉽게 조작할 수 없도록 **시설**하고 또한 **전로에**
   지락이 생겼을 때에 자동적으로 전로를 차단하거나 경보하는 장치를 시설할 것

예제 01

화약류 저장소의 전기설비의 시설기준으로 틀린 것은?
① 전로의 대지전압은 150[V] 이하일 것
② 전기기계기구는 전폐형의 것일 것
③ 전용 개폐기 및 과전류차단기는 화약류저장소 밖에 설치할 것
④ 개폐기 또는 과전류차단기에서 화약류저장소의 인입구까지의 배선은 케이블을 사용할 것

【해설】
화약류 저장소에서 전기설비의 시설
: 화약류 저장소의 전로에 대지전압은 300[V] 이하일 것

[답] ①

14 의료장소 ★★★

1) 의료장소별 그룹
   ① **의료장소**란 병원이나 진료소 등에서
      환자의 진단·치료(미용치료 포함)·감시·간호 등의 의료행위를 하는 장소
   ② 의료용 전기기기의 장착부의 사용방법에 따라 구분
   ③ 장착부
      : 의료용 전기기기의 일부로서 환자의 신체와 필연적으로 접촉되는 부분

구 분	의료장소
그룹 0	일반병실, 진찰실, 검사실, 처치실, 재활치료실 등 장착부를 사용하지 않는 의료장소
그룹 1	분만실, MRI실, X선 검사실, 회복실, 구급처치실, 인공투석실, 내시경실 등 장착부를 환자의 신체 외부 또는 심장 부위를 제외한 환자의 신체 내부에 삽입시켜 사용하는 의료장소
그룹 2	관상동맥질환 처치실(심장카테터실), 심혈관조영실, 중환자실(집중치료실), 마취실, 수술실, 회복실 등 장착부를 환자의 심장 부위에 삽입 또는 접촉시켜 사용하는 의료장소

2) 의료장소별 접지 계통

구 분	접지 계통
그룹 0	TT 계통 또는 TN 계통
그룹 1	TT 계통 또는 TN 계통 다만, 전원자동차단에 의한 보호가 의료행위에 중대한 지장을 초래할 우려가 있는 의료용 전기기기를 사용하는 회로에는 **의료 IT 계통**을 적용할 수 있다.
그룹 2	의료 IT 계통 다만, 이동식 X-레이 장치, 정격출력이 5[kVA] 이상인 대형 기기용 회로, 생명유지 장치가 아닌 일반 의료용 전기기기에 전력을 공급하는 회로 등에는 TT 계통 또는 TN 계통을 적용할 수 있다.

* 의료장소에 TN 계통을 적용할 때에는 주배전반 이후의 부하 계통에서는
  TN-C 계통으로 시설하지 말 것

3) 그룹 1 및 그룹 2의 의료 IT 계통의 안전을 위한 보호 설비
   ① 전원측은 이중 또는 강화절연을 한 비단락보증 절연변압기를 설치하고
      2차측 전로는 접지하지 말 것
   ② 비단락보증 절연변압기(분전반)
      ㉮ 2차측 정격전압 : 교류 10[kVA] 이하, 단상 2선식 250[V] 이하
      ㉯ 3상 부하 : 비단락 보증 3상 절연변압기
      ㉰ 설치위치 : **함 속에 설치**하여 의료장소의 **내부 또는 가까운 외부**에 설치
      ㉱ 보호장치 : **과부하 및 온도**를 지속적으로 감시하는 장치 설치
   ③ 의료 IT 계통의 절연상태를 지속적으로 **계측, 감시**하는 장치 설치
      ㉮ **절연저항이 50[kΩ]**까지 감소하면 **표시설비 및 음향설비로 경보**
      ㉯ 표시설비 및 음향설비를 적절한 장소에 배치하여 의료진에 의하여 지속적으로 감시될 수 있도록 할 것
      ㉰ **표시설비**는 의료 IT 계통이 정상일 때에는 **녹색으로 표시**되고 의료 IT 계통의 **절연저항이 조건에 도달할 때에는 황색으로 표시**되도록 할 것
      ㉱ 각 표시들은 정지시키거나 차단시키는 것이 불가능한 구조일 것
      ㉲ 수술실 등의 내부에 설치되는 음향설비가 의료행위에 지장을 줄 우려가 있는 경우 기능을 정지시킬 수 있는 구조일 것

4) 그룹 1과 그룹 2의 의료장소에서 전기설비
   ① 교류 콘센트 : 배선용(꽂음 접속기) 콘센트, 걸림형 콘센트
      (TT 계통 또는 TN 계통에 접속되는 콘센트와 혼용됨을 방지하기 위하여 적절하게 구분 표시)
   ② 조명설비(무영등) : 특별저압(SELV 또는 PELV)회로,
                      교류 실효값 25[V] 또는 직류 비맥동 60[V] 이하

5) 의료장소의 전로보호
   ① 누전차단기 설치 : 정격 감도전류 30[mA] 이하, 동작시간 0.03초 이내
   ② 누전차단기 설치 예외
      ㉮ TT 계통 또는 TN 계통에서 전원자동차단에 의한 보호가 **의료행위에 중대한 지장을 초래할 우려가 있는 회로에 누전경보기를 시설하는 경우**
      ㉯ 바닥으로부터 2.5[m]를 초과하는 높이에 설치된 **조명기구의 전원회로**
      ㉰ 건조한 장소에 설치하는 의료용 전기기기의 전원회로

6) 의료장소 내의 접지 설비
   ① 접지설비란 접지극, 접지도체, 기준접지 바, 보호도체, 등전위본딩도체를 말한다.
   ② 기준접지 바 설치
      ㉮ 의료장소마다 그 내부 또는 근처에 설치할 것
      ㉯ 바닥 면적 합계가 50[m^2] 이하인 경우, 기준접지 바를 공용할 수 있음
      ㉰ 모든 전기설비 및 의료용 전기기기의 노출도전부는 **보호도체에 의하여 기준접지 바에 각각 접속되도록 할 것**
      ㉱ 콘센트 및 접지단자의 보호도체는 기준접지 바에 직접 접속할 것
   ③ 등전위본딩 시행
      ㉮ 환자환경 : 환자가 점유하는 장소로부터 수평방향 2.5[m], 의료장소의 바닥으로부터 2.5[m] 높이 이내의 범위
      ㉯ **그룹 2의 의료장소**에서 환자환경 내에 있는 **계통외 도전부와 전기설비 및 의료용 전기기기의 노출도전부, 전자기장해(EMI) 차폐선, 도전성바닥 등은 등전위본딩을 시행**
      ㉰ 계통외도전부와 전기설비 및 의료용 전기기기의 노출도전부 상호 간을 접속한 후 이를 기준접지 바에 각각 접속할 것
      ㉱ 한 명의 환자에게는 동일한 기준접지 바를 사용하여 등전위본딩을 시행할 것
      ㉲ 등전위 본딩도체는 보호도체와 동일 규격 이상의 것으로 선정할 것

④ 접지도체 시설
  ㉮ 접지도체의 공칭단면적은
     기준접지 바에 접속된 **보호도체 중 가장 큰 것 이상으로 할 것**
  ㉯ 철골, 철근 콘크리트 건물에서는
     철골 또는 2조 이상의 주철근을 접지도체의 일부분으로 활용할 것
⑤ 보호도체, 등전위 본딩도체 및 접지도체의 종류
  ㉮ 450/750[V] 일반용 단심 비닐절연전선
  ㉯ 절연체의 색 : 녹/황의 줄무늬, 녹색

7) 의료장소 내의 비상전원

절환시간	비상전원을 공급하는 장치 또는 기기
0.5초 이내	그룹 1 또는 그룹 2의 의료장소의 수술등, 내시경, 수술실 테이블, 기타 필수 조명, 0.5초 이내 전력공급이 필요한 생명유지장치
15초 이내	그룹 2의 의료장소에 최소 50[%]의 조명, 그룹 1의 의료장소에 최소 1개의 조명, 15초 이내 전력공급이 필요한 생명유지장치
15초 초과	병원기능을 유지하기 위한 기본 작업에 필요한 조명, 그 밖의 병원 기능을 유지하기 위하여 중요한 기기 또는 설비

예제 01

의료장소의 그룹 1 및 그룹 2의 의료 IT계통의
비단락 보증 절연변압기의 정격에 대한 규정 중 옳지 않은 것은?
① 2차측 정격전압 : 단상 2선식 250[V] 이하
② 3상 부하 : 비단락 보증 3상 절연변압기
③ 정격출력 : 교류 10[kVA] 이하
④ 과부하만 지속적으로 감시하는 장치 설치

【해설】
비단락 보증 절연변압기 (분전반 내 설치)
1) 2차측 정격전압 : 교류 10[kVA] 이하, 단상 2선식 250[V] 이하
2) 3상 부하 : 비단락 보증 3상 절연변압기
3) 설치위치 : 함(분전반) 속에 설치하여 의료장소의 내부 또는 가까운 외부에 설치
4) 보호장치 : 과부하 및 온도를 지속적으로 감시하는 장치 설치

[답] ④

예제 02

의료장소의 그룹 2에 적용할 수 있는 접지계통은?
① TN, IT 계통
② TT, IT 계통
③ TN, TT 계통
④ IT 계통

【해설】
의료장소의 접지계통
1) 그룹 0 : TT 계통 또는 TN 계통
2) 그룹 1 : TT 계통 또는 TN 계통
3) 그룹 2 : 의료 IT 계통

[답] ④

예제 03

의료장소의 적용할 수 없는 접지계통은?

① TN-S 계통
② TN-C 계통
③ TT 계통
④ IT 계통

【해설】
의료장소의 접지계통
: 의료장소에 TN 계통을 적용할 때에는
  주배전반 이후의 부하 계통에서는 TN-C 계통으로 시설하지 말 것

[답] ②

예제 04

의료장소에서 인접하는
의료장소와의 바닥면적 합계가 몇 [m²] 이하인 경우 기준접지바를 공용으로 할 수 있는가?

① 30
② 50
③ 80
④ 100

【해설】
의료장소 전기설비의 시설
: 의료장소마다 그 내부 또는 근처에 기준접지바를 설치할 것.
  다만, 인접하는 의료 장소와의 바닥 면적 합계가 50[m²] 이하인 경우에는
  기준접지바를 공용할 수 있다.

[답] ②

07장. 특수설비
적중실전문제

1. 전기 울타리의 시설에 관한 설명으로 틀린 것은?
① 전원장치에 전기를 공급하는 전로의 사용전압은 600[V] 이하이어야 한다.
② 사람이 쉽게 출입하지 아니하는 곳에 시설한다.
③ 전선은 지름 2[mm] 이상의 경동선을 사용한다.
④ 수목 사이의 이격거리는 0.3[m] 이상이어야 한다.

해설 1
전기울타리
1) 전기 울타리용 전원 장치에 전기를 공급하는 전로의 사용 전압은 250[V] 이하일 것
2) 전선은 인장강도 1.38[kN] 이상의 것 또는 지름 2[mm] 이상의 경동선 이상일 것
3) 전선과 이를 지지하는 기둥과는 이격거리는 25[mm] 이상일 것
4) 전선과 다른 공작물 또는 수목과의 이격거리는 0.3[m] 이상일 것

[답] ①

2. 전기욕기에 전기를 공급하는 전원장치는 전기욕기용으로 내장되어 있는 2차측 전로의 사용전압을 몇 [V] 이하로 한정하고 있는가?
① 6
② 10
③ 12
④ 15

해설 2
전기욕기
1) 전기를 공급하는 전원장치중 전기욕기에 내장하는 경우
   2차측 전로의 사용전압은 10[V] 이하일 것
2) 전기욕기용 전원장치로부터 욕기안의 전극까지의 전선상호간 및 전선과 대지사이에
   절연저항값은 0.1[MΩ] 이상일 것

[답] ②

3. 유희용 전차의 시설에서 전차 안의 전로 및 전기공급설비의 시설방법 중 틀린 것은?
   ① 전로의 사용전압은 직류 60[V] 이하, 교류 40[V] 이하일 것
   ② 유희용 전차에 전기를 공급하는 전로에는 전용 개폐기를 시설할 것
   ③ 전로와 대지 절연저항은 사용전압에 대한 누설전류 규정 전류의 2,000분의 1을 넘지 않을 것
   ④ 유희용 전차 안에 승압용 변압기를 시설하는 경우에는 그 변압기의 2차 전압은 150[V] 이하일 것

   해설 3
   유희용 전차의 시설
   : 유희용 전차 안의 전로와 대지 사이의 절연저항은 사용전압에 대한 누설전류가 규정 전류의 5,000분의 1을 넘지 아니하도록 유지할 것
   [답] ③

4. 발열선을 도로, 주차장 또는 조영물의 조영재에 고정시켜 시설하는 경우 발열선에 전기를 공급하는 전로의 대지전압은 몇 [V] 이하이어야 하는가?
   ① 100
   ② 150
   ③ 200
   ④ 300

   해설 4
   도로 등의 전열장치
   : 발열선에 전기를 공급하는 전로의 대지전압은 300[V] 이하일 것
   [답] ④

★★

5. 전기부식방지 시설에서 전원장치를 사용하는 경우 적합한 것은?
   ① 전기부식방지 회로의 사용전압은 교류 60[V] 이하일 것
   ② 지중에 매설하는 양극(+)의 매설깊이는 0.5[m] 이상일 것
   ③ 수중에 시설하는 양극(+)과 그 주위 1[m] 이내의 전위차는 10[V]를 넘지 말 것
   ④ 지표 또는 수중에서 1[m] 간격의 임의의 2점간의 전위차는 7[V]를 넘지 말 것

   해설 5
   전기부식방지 시설
   1) 전기부식방지 회로의 사용전압은 직류 60[V] 이하일 것
   2) 지중에 매설하는 양극(+)의 매설깊이는 0.75[m] 이상일 것
   3) 수중에 시설하는 양극(+)과 그 주위 1[m] 이내의 전위차는 10[V]를 넘지 말 것
   4) 지표 또는 수중에서 1[m] 간격의 임의의 2점간의 전위차는 5[V]를 넘지 말 것
   [답] ③

★★

6. 교통신호등의 시설에 관한 내용으로 적합하지 않은 것은?
   ① 교통신호등 회로의 사용전압은 300[V] 이하로 한다.
   ② 제어장치의 전원 측에는 전용 개폐기 및 과전류 차단기를 시설한다.
   ③ 제어장치의 금속제 외함은 접지공사를 한다.
   ④ 교통신호등 전선은 지표상 2[m] 이상 시설한다.

   해설 6
   교통신호등
   1) 교통신호등 회로의 사용전압은 300[V] 이하일 것
   2) 교통신호등 회로의 인하선은 전선의 지표상의 높이 2.5[m] 이상일 것
   [답] ④

7. 폭연성 분진 또는 화약류의 분말이 전기설비가 발화원이 되어 폭발할 우려가 있는 곳에 시설하는 저압 옥내 전기설비를 케이블 공사로 할 경우 관이나 방호장치에 넣지 않고 노출로 설치할 수 있는 케이블은?
   ① 미네럴 인슈레이션 케이블
   ② 고무절연 비닐 시스케이블
   ③ 폴리에틸렌절연 비닐 시스케이블
   ④ 폴리에틸렌절연 폴리에틸렌 시스케이블

   해설 7
   폭연성 분진 위험장소
   : 케이블 공사에 의하는 때에는 미네럴 인슈레이션 케이블을 사용하는 경우 이외에는 관 기타의 방호장치에 넣어 사용할 것

   [답] ①

8. 의료장소의 그룹 2에 적용할 수 있는 접지계통은?
   ① TN, IT 계통
   ② TT, IT 계통
   ③ TN, TT 계통
   ④ IT 계통

   해설 8
   의료장소의 접지계통
   1) 그룹 0 : TT 계통 또는 TN 계통
   2) 그룹 1 : TT 계통 또는 TN 계통
   3) 그룹 2 : 의료 IT 계통

   [답] ④

9. 의료장소의 적용할 수 없는 접지계통은?

    ① TN-S 계통
    ② TN-C 계통
    ③ TT 계통
    ④ IT 계통

    해설 9
    의료장소의 접지계통
    : 의료장소에 TN 계통을 적용할 때에는
    주배전반 이후의 부하 계통에서는 TN-C 계통으로 시설하지 말 것

    [답] ②

10. 의료장소에서 인접하는 의료장소와의 바닥면적 합계가 몇 [m²] 이하인 경우 기준접지바를 공용으로 할 수 있는가?

    ① 30
    ② 50
    ③ 80
    ④ 100

    해설 10
    의료장소 전기설비의 시설
    : 의료장소마다 그 내부 또는 근처에 기준접지바를 설치할 것.
    다만, 인접하는 의료장소와의 바닥 면적 합계가 50[m²] 이하인 경우에는
    기준접지바를 공용할 수 있다.

    [답] ②

MEMO

08장

기계·기구 시설 및 옥내배선

Chapter 01. 기계 및 기구

Chapter 02. 발전소, 변전소, 개폐소 등의 전기설비

적중실전문제

Chapter 01 기계 및 기구

7. 전기설비기술기준

학습내용 : 특고압용 변압기, 고압용 기계기구, 개폐기의 시설 등

기계 및 기구

01 특고압 배전용 변압기의 시설 ★★★★★

1) **특고압 전선**에 **특고압 절연전선** 또는 **케이블**을 사용할 것
2) 변압기의 **1차 전압은 35[kV] 이하, 2차 전압은 저압 또는 고압**일 것
3) 변압기의 **특고압측**에 **개폐기 및 과전류차단기**를 시설할 것
4) 변압기의 2차 전압이 고압인 경우
   고압측에 개폐기를 시설하고 또한 쉽게 개폐할 수 있도록 할 것
5) 변압기의 **특고압측**의 **과전류차단기**를 시설 제외
   ① 2 이상의 변압기를 각각 다른 회선의 특고압 전선에 접속할 것
   ② 변압기의 2차측 전로에는 과전류차단기 및 2차측 전로로부터 1차측 전로에 전류가 흐를 때 자동적으로 2차측 전로를 차단하는 장치를 시설하고 그 과전류차단기 및 장치를 통하여 2차측 전로를 접속할 것
6) 발전소 · 변전소 · 개폐소 또는 이에 준하는 곳에 시설하는 경우

예제 01

특고압 전선로에 접속하는
배전용변압기를 시설할 때 변압기의 1차 전압은 몇 [kV] 이하이어야 하는가?
(단, 발전소, 변전소, 개폐소 또는 이에 준하는 곳은 제외)

① 30
② 35
③ 40
④ 45

【해설】
특고압 배전용 변압기의 시설
1) 변압기의 1차 전압은 35[kV] 이하, 2차 전압은 저압 또는 고압일 것
2) 변압기의 특고압측에 개폐기 및 과전류차단기를 시설할 것

[답] ②

02 특고압을 직접 저압으로 변성하는 변압기 ★★★★★

1) 발전소, 변전소, 개폐소 또는 이에 준하는 곳의 소내용 변압기
2) 전기로 등 전류가 큰 전기를 소비하기 위한 변압기
3) 교류식 전기철도용 신호회로에 전기를 공급하기 위한 변압기
4) 25[kV] 이하 특고압 가공전선로에 접속하는 변압기
5) 35[kV] 이하인 변압기로서 그 특고압측 권선과 저압측 권선이 혼촉한 경우 자동적으로 변압기를 전로로부터 차단하기 위한 장치를 설치한 변압기
6) 100[kV] 이하인 변압기로서 그 특고압측 권선과 저압측 권선사이에 변압기 중성점 접지의 규정에 의하여 접지공사 (접지저항 값이 10[Ω] 이하)를 한 금속제의 혼촉방지판을 설치한 변압기

03 고압, 특고압용 기계기구의 시설 ★★★★★

1) 기계기구의 주위에 울타리 · 담 등을 시설할 것
2) 기계기구를 지표상 5[m] 이상의 높이에 시설 (고압 : 4.5[m], 시가지 외 4[m])하고 충전부분의 지표상의 높이를 [표]에서 정한 값 이상 시설할 것

사용전압의 구분	울타리 · 담 등의 높이와 울타리 · 담 등으로부터 충전부분까지의 거리의 합계
35[kV] 이하	5[m]
35[kV] 초과 160[kV] 이하	6[m]
160[kV] 초과	6 + 단수 × 0.12[m]

* 단수 = $\frac{(전압[kV] - 160)}{10}$ .... 단수 계산에서 소수점 이하는 절상

3) 기계기구는 노출된 충전부분에 취급자가 쉽게 접촉할 우려가 없도록 시설할 것
4) 옥내에 설치한 기계기구를 취급자 이외의 사람이 출입할 수 없도록 설치할 것
5) 공장 등의 구내에서 기계기구를 콘크리트제의 함 또는 접지공사를 한 금속제외함에 넣고 또한 충전부분이 노출하지 아니하도록 시설할 것

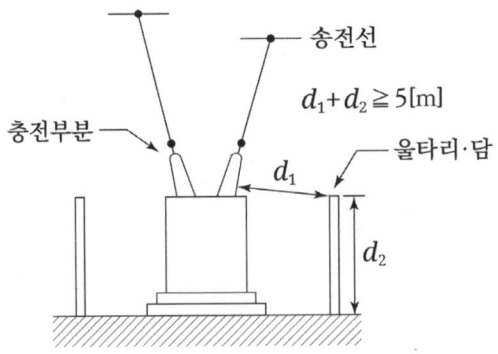

〈울타리·담 등의 높이와 울타리·담 등으로부터
충전부분까지의 거리의 합〉

6) 특고압용 기계기구를 시설할 수 있는 장소
   ① 발전소, 변전소, 개폐소 또는 이에 준하는 곳
   ② 전기집진 응용장치에 공급하기 위해 시설한 곳
   ③ 제1종, 제2종 엑스선 발생장치를 시설한 곳
   ④ 25[kV] 이하인 특고압 가공전선로 규정에서
      특고압 가공전선로에 접속하는 고압용 기계기구를 시설한 곳

7) 고압용 기계기구의 전선은 케이블 또는 고압 인하용 절연전선을 사용할 것

Check Point!

기계기구의 설치 높이

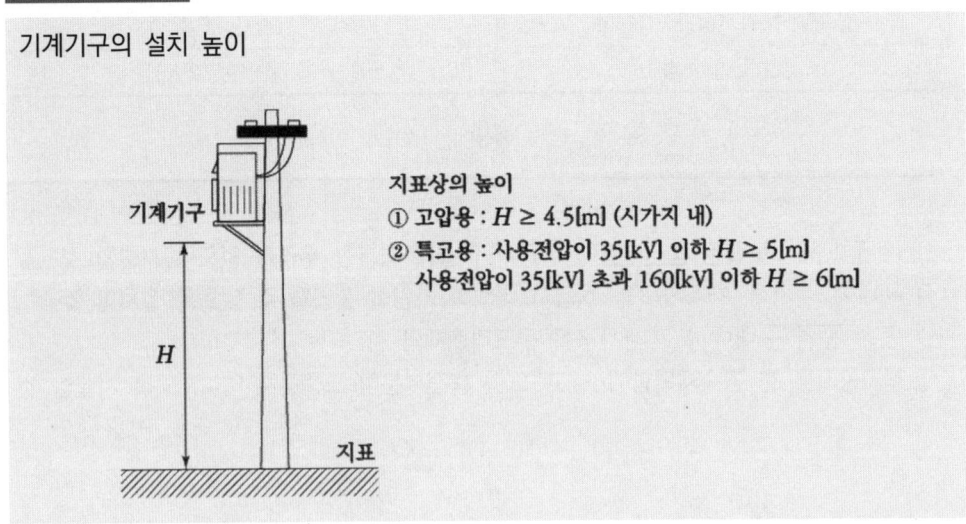

지표상의 높이
① 고압용 : $H \geq 4.5[m]$ (시가지 내)
② 특고용 : 사용전압이 35[kV] 이하 $H \geq 5[m]$
   사용전압이 35[kV] 초과 160[kV] 이하 $H \geq 6[m]$

예제 01

35[kV] 기계 기구, 모선 등을 옥외에 시설하는 변전소의 구내에 취급자 이외의 사람이 들어가지 않도록 울타리를 시설하는 경우에 울타리의 높이와 울타리로부터 충전 부분까지의 거리의 합계는 몇 [m]인가?

① 5
② 6
③ 7
④ 8

【해설】
발전소 등의 울타리·담 등의 시설
: 사용전압 35[kV] 이하 울타리의 높이와 울타리로부터 충전부분까지의 거리와 합계 또는 지표상의 높이의 거리의 합계는 5[m] 이상으로 할 것

[답] ①

예제 02

"고압 또는 특별고압의 기계기구, 모선 등을 옥외에 시설하는 발전소, 변전소, 개폐소 또는 이에 준하는 곳에 시설하는 울타리, 담 등의 높이는 (㉠)[m] 이상으로 하고, 지표면과 울타리, 담 등의 하단사이의 간격은 (㉡)[cm] 이하로 하여야 한다"에서 ㉠, ㉡에 알맞은 것은?

① ㉠ 3, ㉡ 15
② ㉠ 2, ㉡ 15
③ ㉠ 3, ㉡ 25
④ ㉠ 2, ㉡ 25

【해설】
발전소 등의 울타리·담 등의 시설
: 울타리·담 등의 높이는 2[m] 이상으로 하고 지표면과 울타리·담 등의 높이와 울타리·담 등의 하단 사이의 간격은 15[cm] 이하로 할 것

[답] ②

예제 03

변전소에 울타리·담 등을 시설할 때,
사용전압이 345[kV]이면 울타리·담 등의 높이와 울타리·담 등으로부터 충전부분까지의
거리의 합계는 몇 [m] 이상으로 하여야 하는가?

① 6.48
② 8.16
③ 8.40
④ 8.28

【해설】
발전소 등의 울타리·담 등의 시설
1) 사용전압이 160[kV] 초과 시 : 거리의 합계 = 6 + 단수 × 0.12[m],
　　　　　　　　　　　단수 = (사용전압[kV] - 160)/10(소수점 이하 절상)
2) (345 - 160) / 10 = 18.5, 절상 시 19
3) 거리의 합계 = 6 + (19 × 0.12) = 8.28[m]

[답] ④

예제 04

66[kV]에 사용되는 변압기를 취급자 이외의 자가 들어가지 않도록 적당한 울타리·담 등을
설치하여 시설하는 경우 울타리·담 등의 높이와 울타리·담 등으로부터 충전부분까지의
거리의 합계는 최소 몇 [m] 이상으로 하여야 하는가?

① 5
② 6
③ 8
④ 10

【해설】
발전소 등의 울타리·담 등의 시설
: 사용전압 35[kV] 초과 160[kV] 이하 울타리의 높이와 울타리로부터 충전부분까지의
  거리와 합계 또는 지표상의 높이의 거리의 합계는 6[m] 이상으로 할 것

[답] ②

04 기계기구의 철대 및 외함의 접지 ★★★★★

1) 전로에 시설하는 **기계기구의 철대** 및 **금속제 외함**(외함이 없는 변압기 또는 계기용변성기는 **철심**)에는 접지시스템 규정에 따라 **접지공사를 시설할 것**
2) 접지공사 예외 경우
   ① **직류 300[V]** 또는 **교류 150[V]** 이하인 **기계기구**를 **건조한 곳에 시설**하는 경우
   ② **저압용 기계기구를 건조한 목재의 마루** 기타 이와 유사한 절연성 물건 위에서 취급하도록 시설하는 경우
   ③ **저압용, 고압용 기계기구**, 특고압 전선로에 접속하는 배전용 변압기나 이에 **접속**하는 전선에 시설하는 **기계기구** 또는 특고압 가공전선로의 전로에 시설하는 기계기구를 사람이 쉽게 접촉할 우려가 없도록 목주 기타 이와 유사한 것의 위에 시설하는 경우
   ④ 철대 또는 외함의 **주위에 적당한 절연대를 설치**하는 경우
   ⑤ **외함이 없는 계기용변성기**가 고무·합성수지 기타의 절연물로 피복한 것일 경우
   ⑥ 「전기용품 및 생활용품 안전관리법」의
   적용을 받는 **2중 절연구조**로 되어 있는 기계기구를 시설하는 경우
   ⑦ **저압용 기계기구**에 전기를 공급하는
   전로의 전원측에 **절연변압기**(2차 전압이 300[V] 이하이며, 정격용량이 3[kVA] 이하)를 시설하고 또한 그 **절연변압기의 부하측 전로를 접지하지 않은 경우**
   (비접지)
   ⑧ 물기 있는 장소 이외의 장소에 시설하는 저압용의 개별 기계기구에
   전기를 공급하는 전로에 「전기용품 및 생활용품 안전관리법」의 적용을 받는
   인체감전보호용 누전차단기(정격감도전류가 30[mA] 이하, 동작시간이 0.03초 이하의 전류동작형)를 시설하는 경우
   ⑨ **외함을 충전하여 사용**하는
   기계기구에 사람이 접촉할 우려가 없도록 시설하거나 절연대를 시설하는 경우

05 전기기계기구의 열적 강도 및 아크 발생 ★

1) 전로에 시설하는 변압기, 차단기, 개폐기, 전력용 커패시터, 계기용 변성기 기타의 **전기기계기구**는 KECS 표준의 열적강도에 **적합할 것**

2) **아크를 발생하는 기구의 시설**
   ① 고압용 또는 특고압용의 개폐기, 차단기, 피뢰기 기타 이와 유사한 기구로서 동작 시 아크가 생기는 것은 목재의 벽 또는 천장 기타의 가연성 물체로부터 [표]에서 정한 값 이상 이격하여 시설할 것
   ② **아크를 발생하는 기구 시설 시 이격거리**

기구 등의 구분	이격거리
고압용의 것	1[m]
특고압의 것	2[m] 이상 (사용전압이 35[kV] 이하의 특고압용의 기구 등으로서 동작할 때에 생기는 아크의 방향과 길이를 화재가 발생 할 우려가 없도록 제한하는 경우에는 1[m] 이상)

Check Point!

아크를 발생하는 기구의 시설

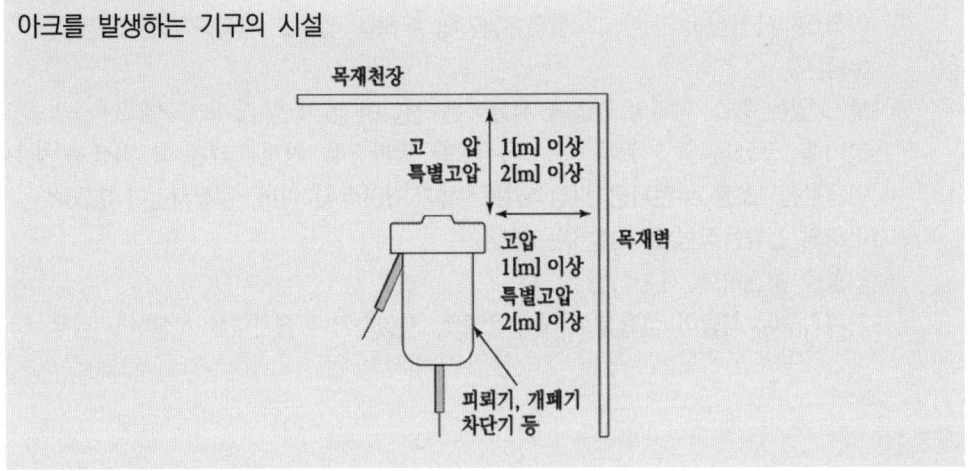

06 개폐기의 시설 ★

1) 전로 중에 개폐기를 시설하는 경우 각 극에 설치할 것
2) 다음의 경우 설치 예외
   ① 분기 개폐기를 각 극에 시설하는 경우
   ② 저압 옥내전로 인입구에서 개폐기의 시설 규정에 준하여 시설하는 경우
   ③ 25[kV] 이하 특고압 가공전선로로서 **다중 접지를 한 중성선**을 가지는 것의 그 중성선을 이외의 각 극에 개폐기를 시설하는 경우
   ④ 제어회로 등에 조작용 개폐기를 시설하는 경우
2) 고압용 또는 특고압용의
   개폐기는 그 작동에 따라 그 개폐상태를 표시하는 장치가 되어 있을 것
3) 고압용 또는 특고압용의 개폐기로서 중력 등에 의하여 자연히 작동할 우려가 있는 것은 자물쇠장치 기타 이를 방지하는 장치를 시설할 것
4) 고압용 또는 특고압용의 개폐기로서 부하전류를 차단하기 위한 것이 아닌 개폐기는 부하전류가 통하고 있을 경우에는 개로할 수 없도록 시설할 것
5) 전로에 이상이 생겼을 때 자동적으로 전로를 개폐하는 장치를 시설하는 경우 그 개폐기의 자동 개폐 기능에 장해가 생기지 않도록 시설할 것

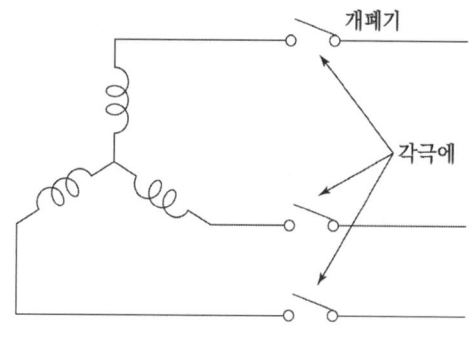

〈개폐기의 설치〉

07. 고압 및 특고압 전로 중의 과전류차단기의 시설 ★

1) **고압, 특고압 전로 중의 과전류차단기**

고압, 특고압 과전류차단기	시 간	정격전류의 배수	
		불용단전류	용단전류
포장 퓨즈(한류형)	120분	1.3배	2배
비포장 퓨즈(비한류형)	2분	1.25배	2배

2) 고압, 특고압의 전로에 단락이 생긴 경우 동작하는 과전류차단기는
   이것을 시설하는 곳을 통과하는 단락전류를 차단하는 능력이 있을 것
3) 고압, 특고압의 과전류차단기는
   그 동작에 따라 그 개폐상태를 표시하는 장치가 있을 것
4) 접지공사의 접지도체, 다선식 전로의 중성선 및 고압 또는 특고압과 저압의
   혼촉에 의한 위험방지 시설의 규정에 의하여 전로의 일부에 접지공사를 한
   저압 가공전선로의 접지측 전선에는 과전류차단기 시설 제한

08. 지락차단장치 등의 시설 ★

1) **전로에 지락이 생겼을 때에 자동적으로 전로를 차단하는 장치를 시설**
   ① 특고압전로 또는 고압전로에
      변압기에 의하여 결합되는 **사용전압 400[V] 이상의 저압전로**
   ② 발전기에서 공급하는 **사용전압 400[V] 이상의 저압전로**에는 전로
   ③ **고압 및 특고압 전로** 중 다음 열거한 곳 또는 이에 근접한 곳에 설치
      ㉮ **발전소·변전소** 또는 이에 준하는 곳의 인출구
      ㉯ **다른 전기사업자로부터 공급받는 수전점**
      ㉰ **배전용 변압기**(단권변압기를 제외)의 시설 장소
      ㉱ 다만, 전기사업자로부터 공급을 받는 수전점에서 수전하는 전기를 모두
         그 수전점에 속하는 수전장소에서 변성하거나 또는 사용하는 경우 적용 예외
2) 전로에 지락이 생겼을 때에
   자동적으로 **전로를 차단**하는 장치(누전차단기)를 시설하지 않는 경우
   ① 저압 또는 고압전로로서
      비상용 조명장치, 비상용승강기, 유도등, 철도용 신호장치
   ② **300[V] 초과 1[kV] 이하의 비접지 전로**
   ③ 전로의 **중성점의 접지**의 규정에 의한 **전로**

④ 정지가 **공공의 안전 확보**에 **지장을 줄 우려**가 있는 기계기구에 전기를 **공급하는 것에는 전로**
⑤ 지락이 생겼을 때 이를 **기술원 감시소에 경보하는 장치를 설치한 경우**

09 피뢰기의 설치 ★★★

1) **피뢰기 설치목적** : 이상전압(뇌서지)를 대지로 방전시키고 속류 차단
2) **피뢰기 설치장소**
   ① 발전소·변전소 또는 이에 준하는 장소의 가공전선 인입구 및 인출구
   ② 가공전선로에 접속하는 배전용 변압기의 고압측 및 특고압측
   ③ 고압 및 특고압 가공전선로로부터 공급을 받는 수용장소의 인입구
   ④ 가공전선로와 지중전선로가 접속되는 곳
3) **설치하지 않아도 되는 장소**
   ① 직접 접속하는 전선이 짧은 경우
   ② 피보호기기가 보호범위 내에 위치하는 경우

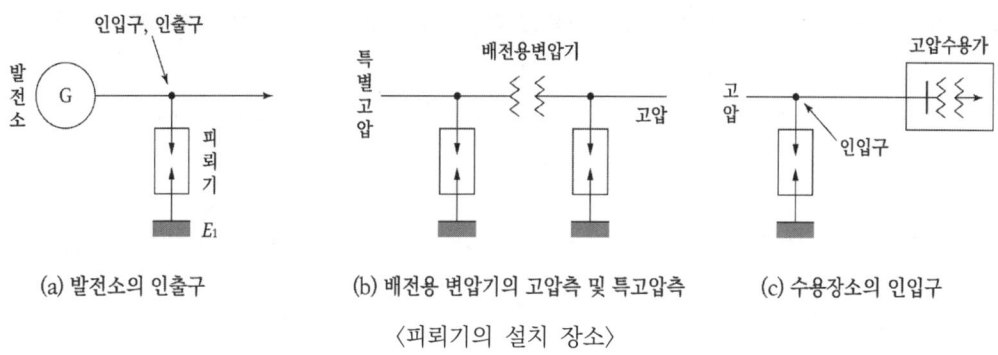

(a) 발전소의 인출구   (b) 배전용 변압기의 고압측 및 특고압측   (c) 수용장소의 인입구

〈피뢰기의 설치 장소〉

4) 고압 및 특고압의
   전로에 시설하는 **피뢰기 접지저항 값은 10[Ω] 이하로 시설할 것**

10 압축공기계통 ★

1) 발전소, 변전소, 개폐소 또는 이에 준하는 곳에서
   개폐기 또는 차단기에 사용하는 압축공기장치
   ① 최고 사용압력의 **1.5배의 수압을 연속하여 10분간 가하여 시험**을 하였을 때
      이에 **견디고 또한 새지 아니할 것**
   ② 수압을 연속하여 10분간 가하여 시험을 하기 어려울 때
      최고 사용압력의 1.25배의 기압을 적용
   ③ 공기탱크는 사용 압력에서 **공기의 보급이 없는 상태로** 개폐기 또는 차단기의
      투입 및 차단을 연속하여 1회 이상 할 수 있는 용량을 가지는 것일 것
3) 내식성을 가지지 아니하는 재료를 사용하는 경우
   외면에 **산화방지를 위한 도장을 할 것**
4) 공기압축기·공기탱크 및 압축공기를 통하는 관은 용접에 의한 잔류응력이
   생기거나 나사의 조임에 의하여 무리한 하중이 걸리지 아니하도록 할 것
5) 공기압축기의 최종단 또는 압축공기를 통하는 관의 공기압축기에 근접하는 곳
   및 공기탱크 또는 압축공기를 통하는 관의 공기탱크에 근접하는 곳에는
   최고 사용압력 이하의 압력으로 동작하고 또한 안전밸브를 시설할 것
6) 주 공기탱크의 **압력이 저하한 경우에 자동적으로 압력을 회복하는 장치를 시설할 것**
7) 주 공기탱크 또는 이에 근접한 곳에는
   사용압력의 1.5배 이상 3배 이하의 최고눈금이 있는 압력계를 시설할 것

예제 01

발전소, 변전소, 개폐소 또는 이에 준하는 곳에서 차단기에 사용하는 압축공기장치는 사용 압력의 몇 배의 수압으로 몇 분간 연속하여 가했을 때 이에 견디고 새지 않아야 하는가?

① 1.25배, 15분
② 1.25배, 10분
③ 1.5배, 15분
④ 1.5배, 10분

【해설】
압축공기계통
: 발·변전소, 개폐소 등에서 개폐기나 차단기에 사용하는 압축 공기 장치는
  최고 사용 압력 1.5배의 수압 또는 1.25배의 기압에 계속 10분간 가하여 견디고
  공기탱크는 개폐기 및 차단기의 투입 및 차단을 1회 이상할 수 있는 용량을 가져야 한다.

[답] ④

예제 02

차단기에 사용하는 압축공기장치에 대한 설명 중 틀린 것은?
① 공기압축기를 통하는 관은 용접에 의한 잔류응력이 생기지 않도록 할 것
② 주 공기탱크에는 사용압력 1.5배 이상 3배 이하의 최고 눈금이 있는 압력계를 시설할 것
③ 공기압축기는 최고사용압력의 1.5배 수압을 연속하여 10분간 가하여 시험하였을 때 이에 견디고 새지 아니할 것
④ 공기탱크는 사용압력에서 공기의 보급이 없는 상태로 차단기의 투입 및 차단을 연속하여 3회 이상 할 수 있는 용량을 가질 것

【해설】
압축공기계통
: 공기탱크는 사용압력에서 공기의 보급이 없는 상태로 차단기의 투입 및 차단을 연속하여 1회 이상 할 수 있는 용량을 가질 것 　　　　　　　　　　　　　　　　[답] ④

11 SF_6 가스취급설비　★

1) 100[kPa]를 초과하는 절연가스의 압력을 받는 부분으로써 외기에 접하는 부분
   ① 최고 사용압력의 **1.5배의 수압을 연속하여 10분간 가하여 시험**을 하였을 때 이에 **견디고 또한 새지 아니할 것**
   ② 수압을 연속하여 10분간 가하여 시험을 하기 어려울 때
      최고 사용압력의 1.25배의 기압을 적용
   ③ 가스 압축기에 접속하여 사용하지 아니하는 가스절연기기는
      최고 사용압력의 1.25배의 수압을 연속하여 10분간 가하였을 때
      이에 견디고 또한 누설이 없을 것
   ④ 정격전압이 52[kV]를 초과하는
      가스절연기기로서 용접된 알루미늄 및 용접된 강판 구조일 경우
      설계압력의 1.3배, 주물형 알루미늄 및 복합알루미늄 구조일 경우
      설계압력의 2배를 1분 이상 가하였을 때 파열이나 변형이 나타나지 않을 것

2) 절연가스는 가연성·부식성 또는 유독성의 것이 아닐 것

3) 절연가스 압력의 저하로 절연파괴가 생길 우려가 있는 것은 절연가스의 압력저하를 경보하는 장치 또는 절연가스의 압력을 계측하는 장치를 설치할 것

4) 가스 압축기를 가지는 것은 가스 압축기의 최종단 또는 압축절연 가스를 통하는 관의 가스 압축기에 근접하는 곳 및 가스절연기기 또는 압축 절연가스를 통하는 관의 가스 절연기기에 근접하는 곳에는 최고사용압력 이하의 압력으로 동작하고 또한 안전밸브를 설치할 것

Chapter 02 발전소, 변전소, 개폐소 등의 전기설비

학습내용 : 발전소, 변전소, 개폐소 등의 전기설비

발전소, 변전소, 개폐소 등의 전기설비

12 발전소 등의 울타리·담 등의 시설 ★★★★★

1) 고압·특고압의 기계기구·모선 등을 옥외에 시설하는
   발전소, 변전소, 개폐소 또는 이에 준하는 곳에는 구내에 취급자 이외의 사람이 들어가지 아니하도록 출입 통제 시설을 할 것

2) 울타리·담 등의 시설
   ① 울타리·담 등의 높이는 2[m] 이상일 것
   ② 지표면과 울타리·담 등의 하단사이의 간격은 0.15[m] 이하로 할 것
   ③ 출입구에 출입금지 "위험" 표지와 자물쇠장치 기타 적당한 장치를 할 것
   ④ 울타리·담 등에 문 등이 있는 경우 전기적으로 접속, 접지공사를 할 것
   ⑤ 고압 가공전선로는 고압보안공사,
      특고압 가공전선로는 제2종 특고압 보안공사에 의하여 시설할 것

사용전압의 구분	울타리·담 등의 높이와 울타리·담 등으로부터 충전부분까지의 거리의 합계
35[kV]	5[m]
35[kV] 초과 160[kV] 이하	6[m]
160[kV] 초과	6 + 단수 × 0.12[m]

* 단수 = $\dfrac{(전압[kV] - 160)}{10}$ …. 단수 계산에서 소수점 이하는 절상

3) 고압 또는 특고압 가공전선(전선에 케이블을 사용하는 경우 제외함)과
   금속제의 울타리·담 등이 교차하는 경우에 금속제의 울타리·담 등에는
   교차점과 좌, 우로 **45[m]** 이내의 개소에 접지시스템의 규정에 의한 **접지공사**를 할 것

13 발전기 등의 보호장치 ★★★

1) 발전기 보호장치 시설 (자가발전기, 연료전지, 축전지 등)

발전기 용량	발전기 구동 설비
모든 용량	과전류, 과전압
100[kVA] 이상	풍차의 압유장치의 유압, 압축 공기장치의 공기압 또는 전동식 브레이드 제어장치의 전원전압이 현저히 저하한 경우
500[kVA] 이상	수차의 압유 장치의 유압 또는 전동식 가이드밴 제어장치, 전동식 니이들 제어장치 또는 전동식 디플렉터 제어장치의 전원전압이 현저히 저하한 경우
2,000[kVA] 이상	수차 발전기의 스러스트 베어링의 온도가 현저히 상승한 경우
10,000[kVA] 이상	발전기의 내부에 고장이 생긴 경우
정격출력 10,000[kVA] 이상	증기터빈은 스러스트 베어링이 현저하게 마모되거나 그의 온도가 현저히 상승한 경우

2) 연료전지는 다음의 경우에 자동적으로 이를 전로에서 차단하고 연료전지에 **연료가스 공급을 자동적으로 차단하며 연료전지내의 연료가스를 자동적으로 배제하는 장치를 시설할 것**
   ① 연료전지에 **과전류가 생긴 경우**
   ② 발전요소의 **발전전압에 이상**이 생겼을 경우 또는 연료가스 출구에서의 산소농도 또는 공기 출구에서의 **연료가스 농도가 현저히 상승한 경우**
   ③ **연료전지의 온도가 현저하게 상승한 경우**

3) 상용 전원으로 쓰이는 **축전지**에는 이에 **과전류가 생겼을 경우**에 자동적으로 이를 전로로부터 차단하는 장치를 시설할 것

14. 특고압 옥내 전기설비의 시설 ★★★★★

뱅크용량의 구분	동작조건	장치의 종류
5,000[kVA] 이상 10,000[kVA] 미만	변압기내부고장	자동차단장치 또는 경보장치
10,000[kVA]	변압기내부고장	자동차단장치
타냉식변압기 (변압기의 권선 및 철심을 직접 냉각시키기 위하여 봉입한 냉매를 강제 순환시키는 냉각 방식을 말한다.)	냉각장치에 고장이 생긴 경우 또는 변압기의 온도	경보장치

예제 01

내부고장이 발생하는 경우를 대비하여 자동차단장치 또는 경보장치를 시설하여야 하는 특고압용 변압기의 뱅크용량의 구분으로 알맞은 것은?
① 5,000[kVA] 미만
② 5,000[kVA] 이상 10,000[kVA] 미만
③ 10,000[kVA] 이상
④ 10,000[kVA] 이상 15,000[kVA] 미만

【해설】
특고압용 변압기의 보호장치
: 뱅크용량 5,000[kVA] 이상 10,000[kVA] 미만은 변압기 내부고장시 자동차단장치 또는 경보장치를 시설한다.

[답] ②

예제 02

타냉식 특고압용 변압기에는 냉각장치에 고장이 생긴 경우를 대비하여 어떤 장치를 하여야 하는가?
① 경보장치
② 속도조정장치
③ 온도시험장치
④ 냉매흐름장치

【해설】
특고압용 변압기의 보호장치
: 타냉식변압기의 냉각방치에 고장이 생긴 경우 또는 변압기의 온도가 현저히 상승한 경우 경보장치를 시설한다.

[답] ①

예제 03

특고압용 변압기로서
변압기 내부고장이 발생할 경우 경보장치를 시설하여야 할 뱅크용량의 범위는?
① 1,000[kVA] 이상 5,000[kVA] 미만
② 5,000[kVA] 이상 10,000[kVA] 미만
③ 10,000[kVA] 이상 15,000[kVA] 미만
④ 15,000[kVA] 이상 20,000[kVA] 미만

【해설】
특고압용 변압기의 보호장치
: 뱅크용량 5,000[kVA] 이상 10,000[kVA] 미만은 변압기 내부고장시 자동차단장치 또는 경보장치를 시설한다.

[답] ②

예제 04

타냉식 특고압용 변압기의 냉각장치에 고장이 생긴 경우 시설해야 하는 보호장치는?
① 경보장치
② 온도측정장치
③ 자동차단장치
④ 과전류 측정장치

【해설】
특고압용 변압기의 보호장치
: 타냉식변압기의 냉각방치에 고장이 생긴 경우 또는 변압기의 온도가 현저히 상승한 경우 경보장치를 시설한다.

[답] ①

15 무효전력 보상장치의 보호장치 ★★★★★

1) 무효전력 보상장치에는
   그 내부에 고장이 생긴 경우에 보호하는 장치를 [표]와 같이 시설하여야 한다.

설비종별	뱅크용량의 구분	자동적으로 전로로부터 차단하는 장치
전력용 커패시터 및 분로리액터	500[kVA] 초과 15,000[kVA] 미만	내부에 고장이 생긴 경우에 동작하는 장치 또는 과전류가 생긴 경우에 동작하는 장치
	15,000[kVA] 이상	내부에 고장이 생긴 경우에 동작하는 장치 및 과전류가 생긴 경우에 동작하는 장치 또는 과전압이 생긴 경우에 동작하는 장치
조상기	15,000[kVA] 이상	내부에 고장이 생긴 경우에 동작하는 장치

예제 01

전력용 콘덴서 또는 분로리액터의 내부에 고장 및 과전류 또는 과전압이 생긴 경우에 자동적으로 동작하여 전로로부터 자동차단하는 장치를 시설해야 하는 뱅크용량은?
① 500[kVA]를 넘고 7,500[kVA] 미만
② 7,500[kVA]를 넘고 10,000[kVA] 미만
③ 10,000[kVA]를 넘고 15,000[kVA] 미만
④ 15,000[kVA] 이상

【해설】
무효전력 보상장치의 보호장치
: 전력용 커패시터 및 분로리액터의 뱅크용량의 구분 15,000[kVA] 이상 시 내부에 고장이 생긴 경우에 동작하는 장치 및 과전류가 생긴 경우에 동작하는 장치 또는 과전압이 생긴 경우에 동작하는 장치를 시설한다.

[답] ④

예제 02

과전류가 생긴 경우 자동적으로 전로로부터 차단하는 장치만 시설하여도 되는
전력용 커패시터의 뱅크용량[kVA]은?
① 500 초과 15,000 미만
② 500 초과 20,000 미만
③ 50 초과 15,000 미만
④ 50 초과 10,000 미만

【해설】
무효전력 보상장치의 보호장치
: 전력용 커패시터 및 분로리액터의 뱅크용량의 구분 500[kVA] 초과 15,000[kVA] 미만시 내부에 고장이 생긴 경우에 동작하는 장치 또는 과전류가 생긴 경우에 동작하는 장치를 시설한다.

[답] ①

예제 03

뱅크용량이 20,000[kVA]인 전력용 커패시터에 자동적으로 전로로부터 차단하는
보호장치를 하려고 한다. 반드시 시설하여야 할 보호장치가 아닌 것은?
① 내부에 고장이 생긴 경우에 동작하는 장치
② 절연유의 압력이 변화할 때 동작하는 장치
③ 과전류가 생긴 경우에 동작하는 장치
④ 과전압이 생긴 경우에 동작하는 장치

【해설】
무효전력 보상장치의 보호장치
: 전력용 커패시터 및 분로리액터의 뱅크용량의 구분 15,000[kVA] 이상 시 내부에 고장이 생긴 경우에 동작하는 장치 및 과전류가 생긴 경우에 동작하는 장치 또는 과전압이 생긴 경우에 동작하는 장치를 시설한다.

[답] ②

예제 04
전력용 커패시터의 용량 15,000[kVA] 이상은 자동적으로 전로로부터 차단하는 장치가 필요하다. 자동적으로 전로로부터 차단하는 장치가 필요한 사유로 틀린 것은?
① 과전류가 생긴 경우
② 과전압이 생긴 경우
③ 내부에 고장이 생긴 경우
④ 절연유의 압력이 변화하는 경우

【해설】
무효전력 보상장치의 보호장치
: 전력용 커패시터 및 분로리액터의 뱅크용량의 구분 15,000[kVA] 이상 시 내부에 고장이 생긴 경우에 동작하는 장치 및 과전류가 생긴 경우에 동작하는 장치 또는 과전압이 생긴 경우에 동작하는 장치를 시설한다.

[답] ④

예제 05
조상기의 내부에 고장이 생긴 경우 자동적으로 전로로부터 차단하는 장치는 조상기의 뱅크용량이 몇 [kVA] 이상이어야 시설하는가?
① 5,000
② 10,000
③ 15,000
④ 20,000

【해설】
무효전력 보상장치의 보호장치
: 조상기 뱅크용량의 구분 15,000[kVA] 이상시 내부에 고장이 생긴 경우에 동작하는 장치를 시설한다.

[답] ③

16 계측장치 ★★★

발전소 계측(**전압 및 전류, 온도, 진동**)하는 장치 시설
1) 발전기·연료전지 또는 태양전지 모듈의 **전압 및 전류 또는 전력**
2) 발전기의 **베어링 (수중 메탈을 제외) 및 고정자의 온도**
3) 정격출력이 10,000[kW]를 초과하는 증기터빈에 접속하는 **발전기의 진동의 진폭**
   (정격출력이 400,000[kW] 이상의 증기터빈에 접속하는 발전기는 이를 자동적으로 기록)
4) 주요 변압기의 **전압 및 전류 또는 전력**
5) 특고압용 변압기의 **온도**

예제 01

발전소의 계측요소가 아닌 것은?
① 발전기의 고정자 온도
② 저압용 변압기의 온도
③ 발전기의 전압 및 전류
④ 주요 변압기의 전류 및 전압

【해설】
계측장치
: 발전소의 주요 변압기의
  전압 및 전류 또는 전력, 특고압용 변압기의 온도 계측 장치를 시설한다.

[답] ②

예제 02

발·변전소의 주요 변압기에 시설하지 않아도 되는 계측 장치는?
① 역률계
② 전압계
③ 전력계
④ 전류계

【해설】
계측장치
: 발전소의 주요 변압기의
  전압 및 전류 또는 전력, 특고압용 변압기의 온도 계측 장치를 시설한다.

[답] ①

예제 03

변전소 또는 이에 준하는 곳에는 전기량을 계측하는 장치를 시설하여야 한다.
전기철도용 변전소의 경우 생략 가능한 것은?
① 특고압용 변압기의 온도를 계측하는 장치
② 주요 변압기의 전류를 계측하는 장치
③ 주요 변압기의 전압을 계측하는 장치
④ 주요 변압기의 전력을 계측하는 장치

【해설】
전기철도용 변전소는 주요 변압기의 전압을 계측하는 장치를 시설하지 아니할 수 있다.

[답] ③

예제 04

발전소에는 운전보안상 각종의 계측장치를 시설하여야 한다. 이때 계측대상이 아닌 것은?
① 주요 변압기의 역률
② 발전기의 고정자 온도
③ 특고압용 변압기의 온도
④ 주요 변압기의 전압 및 전류 또는 전력

【해설】
계측장치
: 발전소의 주요 변압기의
  전압 및 전류 또는 전력, 특고압용 변압기의 온도 계측 장치를 시설한다.

[답] ①

예제 05

변전소의 주요 변압기에서 계측하여야 하는 사항 중 계측장치가 꼭 필요하지 않는 것은?
(단, 전기철도용 변전소의 주요 변압기는 제외한다.)
① 전압   ② 전류
③ 전력   ④ 주파수

【해설】
계측장치
: 발전소의 주요 변압기의
  전압 및 전류 또는 전력, 특고압용 변압기의 온도 계측 장치를 시설한다.

[답] ④

08장. 기계·기구 시설 및 옥내배선
적중실전문제

1. 특고압 전선로에 접속하는 배전용 변압기를 시설하는 경우이다. 변압기의 특고압 측에는 일반적인 경우 개폐기와 또한 어떤 것을 시설하여야 하는가?
① 과전류차단기
② 방전기
③ 계기용변류기
④ 계기용변압기

> **해설 1**
> 특고압 배전용 변압기의 시설
> 1) 특고압 전선에 특고압 절연전선 또는 케이블을 사용할 것
> 2) 변압기의 1차 전압은 35[kV] 이하, 2차 전압은 저압 또는 고압일 것
> 3) 변압기의 특고압 측에 개폐기 및 과전류차단기를 시설할 것
> 4) 변압기의 2차 전압이 고압인 경우에는 고압측에 개폐기를 시설하고 또한 쉽게 개폐할 수 있도록 할 것
>
> [답] ①

2. 발전소, 변전소, 개폐소 또는 이에 준하는 장소 이외에 시설된 특고압 전선로에 접속하는 배전용 변압기의 1차 및 2차 전압은?
① 1차 : 35[kV] 이하, 2차 : 저압 또는 고압
② 1차 : 50[kV] 이하, 2차 : 저압 또는 고압
③ 1차 : 35[kV] 이하, 2차 : 특고압 또는 고압
④ 1차 : 50[kV] 이하, 2차 : 특고압 또는 고압

> **해설 2**
> 특고압 배전용 변압기의 시설
> 1) 특고압 전선에 특고압 절연전선 또는 케이블을 사용할 것
> 2) 변압기의 1차 전압은 35[kV] 이하, 2차 전압은 저압 또는 고압일 것
> 3) 변압기의 특고압 측에 개폐기 및 과전류차단기를 시설할 것
> 4) 변압기의 2차 전압이 고압인 경우에는 고압측에 개폐기를 시설하고 또한 쉽게 개폐할 수 있도록 할 것
>
> [답] ①

3. 특고압을 직접 저압으로 변성하는 변압기를 시설하여서는 안 되는 것은?
   ① 교류식 전기철도용 신호회로에 전기를 공급하기 위한 변압기
   ② 1차전압이 22.9[kV]이고, 1차측과 2차측 권선이 혼촉한 경우에 자동적으로 전로로부터 차단되는 차단기가 설치된 변압기
   ③ 1차전압 66[kV]의 변압기로서 1차측과 2차측 권선사이에 접지공사를 한 금속제 혼촉방지판이 있는 변압기
   ④ 1차전압이 22[kV]이고 △결선된 비접지 변압기로서 2차측 부하설비가 항상 일정하게 유지되는 변압기

   해설 3
   특고압을 직접 저압으로 변성하는 변압기의 시설
   1) 전기로 등 전류가 큰 전기를 소비하기 위한 변압기
   2) 발전소 · 변전소 · 개폐소 또는 이에 준하는 곳의 소내용 변압기
   3) 특고압 전선로에 접속하는 변압기
   4) 사용전압이 35[kV] 이하인 변압기로서 그 특고압측 권선과 저압측 권선이 혼촉한 경우에 자동적으로 변압기를 전로로부터 차단하기 위한 장치를 설치한 것
   5) 사용전압이 100[kV] 이하인 변압기로서 그 특고압측 권선과 저압측 권선사이에 접지공사를 한 금속제의 혼촉방지판이 있는 것
   6) 교류식 전기철도용 신호회로에 전기를 공급하기 위한 변압기

   [답] ④

4. 154[kV] 변전소의 울타리·담 등의 높이와 울타리·담 등으로부터 충전부분까지의 거리의 합계는 몇 [m] 이상이어야 하는가?
   ① 4.5
   ② 5
   ③ 6
   ④ 6.2

   해설 4
   발전소 등의 울타리·담 등의 시설
   : 사용전압이 35[kV] 초과 160[kV] 이하 울타리·담 등의 높이와 울타리·담 등으로부터 충전부분까지의 거리의 합계는 6[m] 이상일 것

   [답] ③

★★★★★

5. "고압 또는 특별고압의 기계기구, 모선 등을 옥외에 시설하는 발전소, 변전소, 개폐소 또는 이에 준하는 곳에 시설하는 울타리, 담 등의 높이는 (㉠)[m] 이상으로 하고, 지표면과 울타리, 담 등의 하단 사이의 간격은 (㉡)[cm] 이하로 하여야 한다."에서 ㉠, ㉡에 알맞은 것은?
   ① ㉠ 3 ㉡ 15
   ② ㉠ 2 ㉡ 15
   ③ ㉠ 3 ㉡ 25
   ④ ㉠ 2 ㉡ 25

   해설 5
   발전소 등의 울타리·담 등의 시설
   1) 울타리·담 등의 높이는 2[m] 이상으로 할 것
   2) 지표면과 울타리·담 등의 하단사이의 간격은 15[cm] 이하로 할 것
   [답] ②

★

6. 154[kV]용 변성기를 사람이 접촉할 우려가 없도록 시설하는 경우에 충전부분의 지표상의 높이는 최소 몇 [m] 이상이어야 하는가?
   ① 4
   ② 5
   ③ 6
   ④ 8

   해설 6
   특고압용 기계기구의 시설
   : 사용전압이 35[kV] 초과 160[kV] 이하 울타리·담 등의 높이와 울타리·담 등으로부터 충전부분까지의 거리의 합계는 6[m] 이상일 것
   [답] ②

7. 아크가 발생하는 고압용 차단기는
   목재의 벽 또는 천장, 기타의 가연성 물체로부터 몇 [m] 이상 이격하여야 하는가?
   ① 0.5
   ② 1
   ③ 1.5
   ④ 2

   > **해설 7**
   > 아크를 발생하는 기구의 시설
   > : 아크를 발생하는 기구와 목재의 벽 또는 천장 기타의 가연성 물체로부터
   >   고압용 1[m], 특고압용 2[m] 이상일 것
   >
   > [답] ②

8. 과전류 차단기로 시설하는 퓨즈 중 고압 전로에 사용되는
   포장 퓨즈는 정격전류의 몇 배의 전류에 견디어야 하는가?
   ① 1.1
   ② 1.2
   ③ 1.3
   ④ 1.5

   > **해설 8**
   > 고압 및 특고압 전로 중의 과전류차단기의 시설
   > : 고압용에 사용하는 포장 퓨즈는
   >   정격전류의 1.3배의 전류에 견디고 정격전류의 2배의 전류로 120분 안에 용단될 것
   >
   > [답] ③

9. 금속제 외함을 가진 저압의 기계기구로서 사람이 쉽게 접촉할 우려가 있는 곳에 시설하는 전로에 지락이 발생하는 경우 자동적으로 전로를 차단하는 장치를 설치하여야 한다. 사용전압이 몇 [V]를 초과하는 기계기구의 경우인가?
① 25
② 30
③ 50
④ 60

해설 9

지락차단장치 등의 시설
: 금속제 외함을 가지는 사용전압 50[V] 초과 저압의 기계기구로서 사람이 쉽게 접촉할 우려가 있는 곳에 시설하는 전로에 지락이 발생하는 경우 자동적으로 전로를 차단하는 장치를 시설할 것

[답] ③

10. 전로에 지락이 생긴 경우에 자동적으로 전로를 차단하는 장치를 하지 않아도 되는 곳은?
① 저압 또는 고압전로로서 비상용 조명장치, 비상용승강기, 유도등, 철도용 신호장치
② 300[V] 초과 1[kV] 이하의 비접지 전로
③ 전로의 중성점의 접지의 규정에 의한 전로
④ 발전기에서 공급하는 사용전압 400[V] 이상의 저압 전로

해설 10

지락차단장치를 시설하지 않는 경우
1) 저압 또는 고압전로로서 비상용 조명장치, 비상용승강기, 유도등, 철도용 신호장치
2) 300[V] 초과 1[kV] 이하의 비접지 전로
3) 전로의 중성점의 접지의 규정에 의한 전로
4) 정지가 공공의 안전 확보에 지장을 줄 우려가 있는 기계기구에 전기를 공급하는 전로
5) 지락이 생겼을 때에 이를 기술원 감시소에 경보하는 장치를 설치한 경우

[답] ④

11. 피뢰기 설치기준으로 틀린 것은?

   ① 가공전선로와 특고압 전선로가 접속되는 곳
   ② 고압 및 특고압 가공전선로로부터 공급받는 수용 장소의 인입구
   ③ 발전소·변전소 또는 이에 준하는 장소의 가공전선의 인입구 및 인출구
   ④ 가공 전선로에 접속한 1차측 전압이 35[kV] 이하인 배전용 변압기의 고압측 및 특고압측

   해설 11
   피뢰기의 시설
   1) 발전소 · 변전소 또는 이에 준하는 장소의 가공전선 인입구 및 인출구
   2) 가공전선로에 접속하는 배전용 변압기의 고압측 및 특고압측
   3) 고압 및 특고압 가공전선로로부터 공급을 받는 수용장소의 인입구
   4) 가공전선로와 지중전선로가 접속되는 곳
   5) 설치하지 않아도 되는 장소
      - 직접 접속하는 전선이 짧은 경우
      - 피보호기기가 보호범위 내에 위치하는 경우

   [답] ①

12. 발전소의 개폐기 또는 차단기에 사용하는 압축공기장치의 주공기 탱크에는 어떠한 최대 눈금이 있는 압력계를 시설해야 하는가?

   ① 사용압력의 1배 이상 2배 이하
   ② 사용압력의 1.15배 이상 2배 이하
   ③ 사용압력의 1.5배 이상 3배 이하
   ④ 사용압력의 2배 이상 3배 이하

   해설 12
   가스절연기기 등의 압력용기의 시설
   : 주 공기탱크 또는 이에 근접한 곳에는
   사용압력의 1.5배 이상 3배 이하의 최고 눈금이 있는 압력계를 시설할 것

   [답] ③

★★★★★

13. 발전소, 변전소, 개폐소 또는 이에 준하는 곳에서 차단기에 사용하는 압축공기장치는 사용압력의 몇 배의 수압으로 몇 분간 연속하여 가했을 때 이에 견디고 새지 않아야 하는가?
    ① 1.25배, 15분
    ② 1.25배, 10분
    ③ 1.5배, 15분
    ④ 1.5배, 10분

> **해설 13**
> 가스절연기기 등의 압력용기의 시설
> 1) 발·변전소, 개폐소 또는 이에 준하는 곳에서 개폐기 또는 차단기에 사용하는 압축 공기장치는 최고 사용 압력의 1.5배의 수압을 계속하여 10분간 가하여 시험을 한 경우에 이에 견디고 또한 새지 아니할 것
> 2) 가스 절연기기의 공기탱크는 사용압력에서 공기의 보급이 없는 상태로 차단기의 투입 및 차단을 연속하여 1회 이상 할 수 있는 용량을 가질 것
>
> [답] ④

★★★★★

14. 타냉식 특고압용 변압기에는 냉각장치에 고장이 생긴 경우를 대비하여 어떤 장치를 하여야 하는가?
    ① 경보장치
    ② 속도조정장치
    ③ 온도시험장치
    ④ 냉매흐름장치

> **해설 14**
> 특고압용 변압기의 보호장치
> : 타냉식 특고압용 변압기의 냉각장치에 고장이 생긴 경우 또는 변압기의 온도가 현저히 상승한 경우 동작하는 경보장치를 시설할 것
>
> [답] ①

15. 내부고장이 발생하는 경우를 대비하여 자동차단장치 또는 경보장치를 시설하여야 하는 특고압용 변압기의 뱅크용량의 구분으로 알맞은 것은?
① 5,000[kVA] 미만
② 5,000[kVA] 이상 10,000[kVA] 미만
③ 10,000[kVA] 이상
④ 10,000[kVA] 이상 15,000[kVA] 미만

해설 15
특고압용 변압기의 보호 장치
: 뱅크용량 5,000[kVA] 이상 10,000[kVA] 미만인 특고압용 변압기에 내부고장이 생겼을 경우 자동적으로 이를 전로로부터 자동차단하는 장치 또는 경보장치를 시설할 것
[답] ②

16. 전력용 커패시터의 용량 15,000[kVA] 이상은 자동적으로 전로로부터 차단하는 장치가 필요하다. 자동적으로 전로로부터 차단하는 장치가 필요한 사유로 틀린 것은?
① 과전류가 생긴 경우
② 과전압이 생긴 경우
③ 내부에 고장이 생긴 경우
④ 절연유의 압력이 변화하는 경우

해설 16
조상설비의 보호장치
: 설치용량이 15,000[kVA] 이상의 전력용 커패시터 및 분로리액터에는 내부에 고장 및 과전류 또는 과전압이 발생하는 경우 자동적으로 전로로부터 차단하는 장치를 설치할 것
[답] ④

★★★★

17. 과전류가 생긴 경우 자동적으로 전로로부터 차단하는 장치만 시설하여도 되는 전력용 커패시터의 뱅크용량 [kVA]은?

① 500 초과 15,000 미만
② 500 초과 20,000 미만
③ 50 초과 15,000 미만
④ 50 초과 10,000 미만

해설 17
조상설비의 보호장치
: 전력용 커패시터 및 분로리액터의 뱅크용량 500[kVA] 초과 15,000[kVA] 미만의 경우 내부에 고장이 생긴 경우 또는 과전류가 생긴 경우에 자동적으로 전로로부터 차단하는 장치를 설치할 것

[답] ①

★★★★

18. 조상기의 내부에 고장이 생긴 경우 자동적으로 전로로부터 차단하는 장치는 조상기의 뱅크용량이 몇 [kVA] 이상이어야 시설하는가?

① 5,000
② 10,000
③ 15,000
④ 20,000

해설 18
조상설비의 보호장치
: 설치용량이 15,000[kVA] 이상의 전력용 커패시터 및 분로리액터에는 내부에 고장 및 과전류 또는 과전압이 발생하는 경우 자동적으로 전로로부터 차단하는 장치를 설치할 것

[답] ③

★★★★★
19. 발전소에는 운전보안상 각종의 계측장치를 시설하여야 한다. 이때 계측대상이 아닌 것은?
① 주요 변압기의 역률
② 발전기의 고정자 온도
③ 특고압용 변압기의 온도
④ 주요 변압기의 전압 및 전류 또는 전력

해설 19
계측장치
1) 발전기, 연료전지 또는 태양전지 모듈의 전압 및 전류 또는 전력
2) 발전기의 베어링 및 고정자의 온도
3) 주요 변압기의 전압 및 전류 또는 전력
4) 특고압용 변압기의 온도

[답] ①

★★★★★
20. 동기발전기를 사용하는 전력계통에 시설하여야 하는 장치는?
① 비상 조속기
② 분로 리액터
③ 동기검정장치
④ 절연유 유출방지설비

해설 20
계측장치
: 동기발전기를 시설하는 경우에는 동기검정장치를 시설할 것

[답] ③

09장 전기철도설비

Chapter 01. 통칙
Chapter 02. 전기철도의 전기방식 및 변전방식
Chapter 03. 전기철도의 전차선로
Chapter 04. 전기철도의 전기철도차량 설비
Chapter 05. 전기철도의 설비를 위한 보호
Chapter 06. 전기철도의 안전을 위한 보호
적중실전문제

Chapter 01 통칙

학습내용 : 목적, 적용범위, 전기철도의 용어 정의

전기철도의 일반사항

01 목적 및 적용범위 ★

1) **전기철도 차량운전**에 필요한
   직류 및 교류 전기철도 설비의 **기술사항을 규정**하는 것을 목적으로 한다.
2) 적용범위
   ① **직류 및 교류 전기철도 설비**의
      설계, 시공, 감리, 운영, 유지보수, 안전관리에 대하여 적용하여야 한다.
   ② 이 규정은 다음의 기기 또는 설비에 대해서는 적용하지 아니한다.
      ㉮ **철도신호** 전기설비
      ㉯ **철도통신** 전기설비

02 전기철도의 용어 정의 ★

1) 전기철도
   : 전기를 공급받아 열차를 운행하여 여객(승객)이나 화물을 운송하는 철도
2) 전기철도설비
   : 전기철도설비는 전철 변전설비, 급전설비, 부하설비(전기철도차량 설비 등)로 구성
3) 전기철도차량
   : 전기적 에너지를 기계적 에너지로 바꾸어 열차를 견인하는 차량으로 전기방식에 따라 직류, 교류, 직·교류 겸용, 성능에 따라 전동차, 전기기관차로 분류
4) 궤도
   : 레일·침목 및 도상과 이들의 부속품으로 구성된 시설
5) 차량
   : 전동기가 있거나 또는 없는 모든 철도의 차량(객차, 화차 등)
6) 열차
   : 동력차에 객차, 화차 등을 연결하고 본선을 운전할 목적으로 조성된 차량

7) 레일
   : 철도에 있어서 차륜을 직접지지하고 안내해서 차량을 안전하게 주행시키는 설비
8) **전차선**
   : 전기철도차량의 **집전장치**와 **접촉**하여 **전력을 공급하기 위한 전선**
9) **전차선로**
   : 전기철도차량에 전력을 공급하기 위하여 선로를 따라 설치한 시설물로서 **전차선, 급전선, 귀선과 그 지지물 및 설비를 총괄한 것**
10) **급전선**
    : **전기철도차량에 사용할 전기를 변전소로부터 합성전차선에 공급하는 전선**
11) **급전선로**
    : **급전선** 및 **이를 지지하거나 수용**하는 **설비**를 총괄한 것
12) **급전방식**
    : 전기철도차량에 전력을 공급하기 위하여 변전소로부터 급전선, 전차선, 레일, 귀선으로 구성되는 **전력공급방식**
13) **합성전차선**
    : 전기철도차량에 전력을 공급하기위하여 설치하는 **전차선, 조가선(강체포함), 행어이어, 드로퍼 등으로 구성된 가공전선**
14) **조가선**
    : 전차선이 레일면상 일정한 높이를 유지하도록 행어이어, 드로퍼 등을 이용하여 **전차선 상부에서 조가하여 주는 전선**
15) **가선방식**
    : 전기철도차량에 전력을 공급하는 전차선의 가선방식으로 **가공식, 강체식, 제3궤조식**으로 분류
16) **전차선 기울기**
    : 연접하는 2개의 지지점에서, 레일면에서 측정한 전차선 높이의 차와 경간 길이와의 비율
17) **전차선 높이**
    : 지지점에서 레일면과 전차선 간의 수직거리
18) **전차선 편위**
    : 팬터그래프 집전판의 편마모를 방지하기 위하여 전차선을 레일면 중심수직선으로부터 한쪽으로 치우친 정도의 치수
19) **귀선회로**
    : 전기철도차량에 공급된 전력을 **변전소로 되돌리기 위한 귀로**

20) **누설전류**
: 전기철도에 있어서 **레일 등에서 대지로 흐르는 전류**
21) 수전선로
: 전기사업자에서 전철변전소 또는 수전설비 간의 전선로와 이에 부속되는 설비
22) 전철변전소
: 외부로부터 공급된 전력을 구내에 시설한 변압기, 정류기 등 기타의 기계 기구를 통해 변성하여 전기철도차량 및 전기철도설비에 공급하는 장소
23) 지속성 최저전압
: 무한정 지속될 것으로 예상되는 전압의 최저값
24) 지속성 최고전압
: 무한정 지속될 것으로 예상되는 전압의 최고값
25) 장기 과전압
: 지속시간이 20[ms] 이상인 과전압

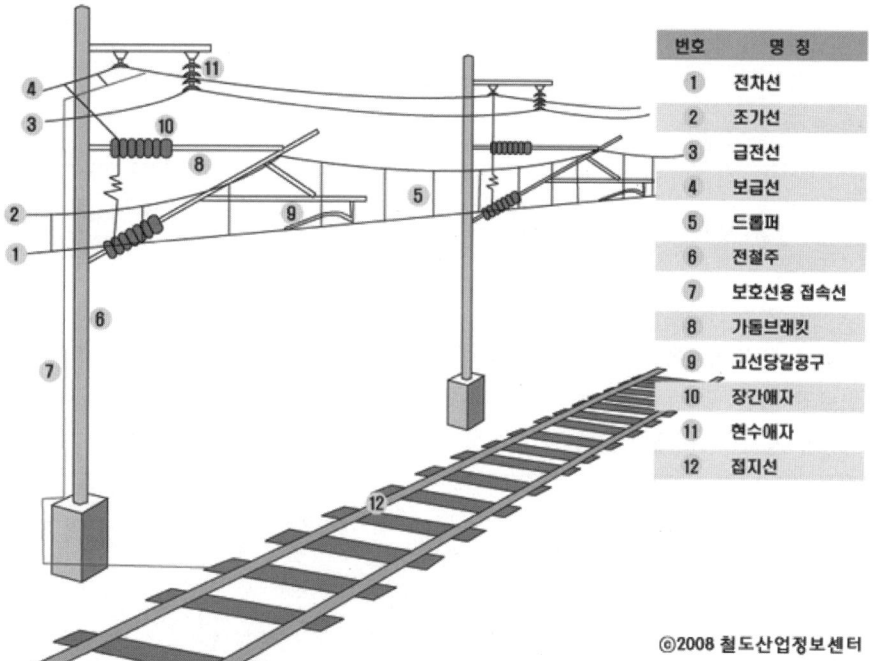

번호	명칭
1	전차선
2	조가선
3	급전선
4	보급선
5	드롭퍼
6	전철주
7	보호선용 접속선
8	가동브래킷
9	고선당갈공구
10	장간애자
11	현수애자
12	접지선

[그림] 급전선구조 〈참조, 철도산업정보센터〉

[그림] 팬터그래프 〈참조, 철도산업정보센터〉

Chapter 02 전기철도의 전기방식 및 변전방식

학습내용 : 전기방식, 변전방식

전기철도의 일반사항

03 전력수급조건

1) 수전선로의 **전력수급조건**은
   부하의 크기 및 특성, 지리적 조건, 환경적 조건, 전력조류, 전압강하, 수전 안정도, 회로의 공진 및 운용의 합리성, 장래의 수송수요, 전기사업자 협의 등을 고려하여 [표]의 **공칭전압(수전전압)으로 선정**한다.

공칭전압(수전전압)[kV]	교류 3상 22.9, 154, 346

2) 수전선로는 지형적 여건 등 시설조건에 따라
   가공 또는 지중 방식으로 시설하며, 비상시를 대비하여 예비선로를 확보한다.

04 전차선로의 전압

1) **직류방식**
   사용전압과 각 전압별 최고, 최저전압은 [표]에 따라 선정한다.
   다만, 비지속성 최고전압은 지속시간이 5분 이하로 예상되는 전압의 최고값으로 하되, 기존 운행중인 전기철도차량과의 인터페이스를 고려한다.

구분	지속성 최저전압 [V]	공칭전압 [V]	지속성 최고전압 [V]	비지속성 최고전압 [V]	장기 과전압 [V]
DC (평균값)	500 900	750 1,500	900 1,800	950 1,950	1,269 2,538

2) **교류방식**

사용전압과 각 전압별 최고, 최저전압은 [표]에 따라 선정한다.
다만, 비지속성 최저전압은 지속시간이 2분 이하로 예상되는 전압의 최저값으로 하되, 기존 운행중인 전기철도차량과의 인터페이스를 고려한다.

주파수 (실효값)	비지속성 최저전압 [V]	공칭전압 [V]	지속성 최저전압 [V]	비지속성 최고전압 [V]	장기 과전압 [V]
60[Hz]	17,500 35,000	25,000 50,000	19,000 38,000	29,000 58,000	38,746 77,492

05 변전소 등의 구성

1) 전기철도설비는 고장 시 고장의 범위를 한정하고 고장전류를 차단할 수 있어야 하며, 단전이 필요할 경우 단전 범위를 한정할 수 있도록 계통별 및 구간별로 분리할 수 있어야 한다.
2) 차량 운행에 직접적인 영향을 미치는 설비 고장이 발생한 경우 고장 부분이 정상 부분으로 파급되지 않게 전기적으로 자동 분리할 수 있어야 하며, 예비설비를 사용하여 정상 운용할 수 있어야 한다.

06 변전소 등의 계획

1) 전기철도 노선, 전기철도 차량의 특성, 차량운행계획 및 철도망 건설계획 등 부하특성과 연장급전 등을 고려하여 변전소 등의 용량을 결정하고, 급전계통을 구성한다.
2) 변전소의 위치는 가급적 수전선로의 길이가 최소화 되도록 하며, 전력수급이 용이하고, 변전소 앞 절연구간에서 전기철도차량의 타행운행이 가능한 곳을 선정하여야 한다. 또한 기기와 시설자재의 운반이 용이하고, 공해, 염해, 각종 재해의 영향이 적거나 없는 곳을 선정한다.
3) 변전설비는 설비운영과 안전성 확보를 위하여 원격 감시 및 제어방법과 유지보수 등을 고려하여야 한다.

07 변전소의 용량

1) 변전소의 용량은 급전구간별 정상적인 열차부하조건에서 1시간 최대출력 또는 순시 최대출력을 기준으로 결정하고, 연장급전 등 부하의 증가를 고려한다.
2) 변전소의 용량 산정 시 현재의 부하와 장래의 수송수요 및 고장 등을 고려하여 변압기 뱅크를 구성한다.

08 변전소의 설비

1) 변전소 등의 계통을 구성하는 각종 기기는 운용 및 유지보수성, 시공성, 내구성, 효율성, 친환경성, 안전성 및 경제성 등을 종합적으로 고려하여 선정한다.
2) 급전용변압기는 직류 전기철도의 경우 3상 정류기용 변압기, 교류 전기철도의 경우 3상 스코트결선 변압기의 적용을 원칙으로 하고, 급전계통에 적합하게 선정한다.
3) 차단기는 계통의 장래계획을 감안하여 용량을 결정하고, 회로의 특성에 따라 기종과 동작책무 및 차단시간을 선정한다.
4) 개폐기는 선로 중 중요한 분기점, 고장발견이 필요한 장소, 빈번한 개폐를 필요로 하는 곳에 설치하며, 개폐상태의 표시, 쇄정장치 등을 설치한다.
5) 제어용 교류전원은 상용과 예비의 2계통으로 구성한다.
6) 제어반의 경우 디지털계전기방식을 원칙으로 한다.

Chapter 03 전기철도의 전차선로

학습내용 : 일반사항, 원격감시제어설비

전기철도의 일반사항

09 전차선로의 일반사항

1) 전차선 가선방식

 전차선의 가선방식은 열차의 속도 및 노반의 형태, 부하전류 특성에 따라 적합한 방식을 채택하여야 하며, **가공방식, 강체가선방식, 제3궤조 방식**을 표준으로 한다.

| 가공 방식 | 강체가선 방식 | 제3궤조 방식 |

2) 급전선로

① 급전선은 나전선을 적용하여 **가공식으로 가설을 원칙**으로 한다.
 다만, 전기적 이격거리가 충분하지 않거나 지락, 섬락 등의 우려가 있을 경우 급전선을 케이블로하여 안전하게 시공하여야 한다.
② 가공식은 전차선의 높이 이상으로
 전차선로 지지물에 병가하며, **나전선의 접속은 직선접속**을 원칙으로 한다.
③ 신설 터널 내 급전선을 가공으로 설계할 경우
 지지물의 취부는 C찬넬 또는 매입전을 이용하여 고정한다.
④ 선상승강장, 인도교, 과선교 또는 교량 하부 등에 설치할 때
 최소 절연 이격거리 이상을 확보하여야 한다.

3) 귀선로
　① 귀선로는 **비절연보호도체, 매설접지도체, 레일** 등으로 구성하여
　　단권변압기 중성점과 공통접지에 접속한다.
　② 비절연보호도체의 위치는
　　통신유도장해 및 레일전위의 상승의 경감을 고려하여 결정한다.
　③ 귀선로는 사고 및 지락 시에도 충분한 허용전류용량을 갖도록 한다.

4) 전차선로 설비의 안전율
　① **합금전차선의 경우 2.0 이상**
　② **경동선의 경우 2.2 이상**
　③ 조가선 및 조가선 장력을 지탱하는 부품에 대하여 2.5 이상
　④ 복합체 자재(고분자 애자 포함)에 대하여 2.5 이상
　⑤ **지지물 기초에 대하여 2.0 이상**
　⑥ 장력조정장치 2.0 이상
　⑦ 빔 및 브래킷은 소재 허용응력에 대하여 1.0 이상
　⑧ 철주는 소재 허용응력에 대하여 1.0 이상
　⑨ 가동브래킷의 애자는 최대 만곡하중에 대하여 2.5 이상
　⑩ **지선은 선형일 경우 2.5 이상, 강봉형은 소재 허용응력에 대하여 1.0 이상**

Chapter 04 전기철도의 전기철도차량 설비

학습내용 : 목적, 적용범위, 전기철도의 용어 정의

전기철도차량 설비의 일반사항

10 전기철도차량 설비의 일반사항

1) 절연구간
   ① 교류 구간에서는 변전소 및 급전구분소 앞에서 서로 다른 위상 또는 공급점이 다른 전원이 인접하게 될 경우 전원이 혼촉되는 것을 방지하기 위한 절연구간을 설치한다.
   ② 전기철도차량의 교류-교류 절연구간을 통과하는 방식은 역행 운전방식, 타행 운전방식, 변압기 무부하 전류방식, 전력소비 없이 통과하는 방식이 있으며, 각 통과방식을 고려하여 가장 적합한 방식을 선택하여 시설한다.
   ③ 교류-직류(직류-교류) 절연구간은 교류구간과 직류 구간의 경계지점에 시설한다. 이 구간에서 전기철도차량은 노치 오프(notch off) 상태로 주행한다.
   ④ 절연구간의 소요길이는 구간 진입 시의 아크 시간, 잔류전압의 감쇄시간, 팬터그래프 배치간격, 열차속도 등에 따라 결정한다.

2) 회생제동
   ① 전기철도차량은 다음과 같은 경우에 **회생제동의 사용을 중단**해야 한다.
      ㉮ 전차선로 지락이 발생한 경우
      ㉯ 전차선로에서 전력을 받을 수 없는 경우
      ㉰ 규정된 선로전압이 장기 과전압보다 높은 경우
   ② 회생전력을 다른 전기장치에서 흡수할 수 없는 경우에는 전기철도차량은 다른 제동시스템으로 전환되어야 한다.
   ③ 전기철도 전력공급시스템은 회생제동이 상용제동으로 사용이 가능하고 다른 전기철도차량과 전력을 지속적으로 주고받을 수 있도록 설계한다.

Chapter 05 전기철도의 설비를 위한 보호

학습내용 : 설비보호의 일반사항

설비보호의 일반사항

11 보호협조

1) 사고 또는 고장의 파급을 방지하기 위하여 계통 내에서 발생한 사고전류를 검출하고 차단장치에 의해서 신속하고 순차적으로 차단할 수 있는 보호시스템을 구성하며 설비계통 전반의 보호협조가 되도록 한다.
2) 보호계전방식은 신뢰성, 선택성, 협조성, 적절한 동작, 양호한 감도, 취급 및 보수점검이 용이하도록 구성한다.
3) 급전선로는 안정도 향상, 자동복구, 정전시간 감소를 위하여 보호계전방식에 자동재폐로 기능을 구비한다.
4) 전차선로용 애자를 섬락사고로부터 보호하고 접지전위 상승을 억제하기 위하여 적정한 보호설비를 구비한다.
5) 가공 선로측에서 발생한 지락 및 사고전류의 파급을 방지하기 위하여 피뢰기를 설치한다.

12 절연협조

1) 변전소 등의 입, 출력 측에서 유입되는 뇌해, 이상전압과 변전소 등의 계통 내에서 발생하는 개폐서지의 크기 및 지속성, 이상전압 등을 고려하고 각각의 변전설비에 대한 절연협조는 [표5.1] 또는 [표5.2]를 적용한다.

[표5.1] 직류 1.5[kV] 방식의 절연협조 대조표

항목		변전소용	전차선로용
회로 전압	공칭[kV]	1.5	1.5
	최고[kV]	1.8	1.8
뇌 임펄스 내전압[kV]		12	50

[표5.2] 교류 25[kV] 방식의 절연협조 대조표

항목		변전소용	전차선로용
회로 전압	공칭[kV]	25	25
	최고[kV]	29	29
뇌 임펄스 내전압[kV]		200	200

Chapter 06 전기철도의 안전을 위한 보호

학습내용 : 전기안전의 일반사항

전기안전의 일반사항

13 감전에 대한 보호조치 ★★★

1) 공칭전압이 **교류 1[kV] 또는 직류 1.5[kV] 이하인 경우 이격거리 확보**
   ① 사람이 접근할 수 있는 보행표면의 경우 가공 전차선의 충전부
   ② 전기철도차량 외부의 충전부(집전장치, 지붕도체 등)
   ③ 제3궤조 방식에는 적용되지 않는다.

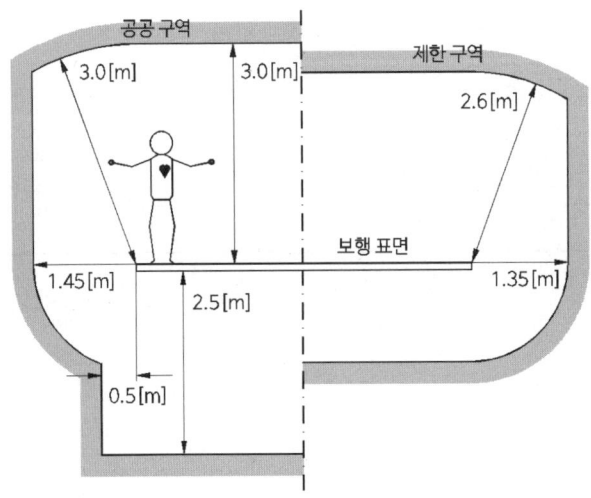

[그림] 공칭전압이 교류 1[kV] 또는 직류 1.5[kV] 이하인 경우
사람이 접근할 수 있는 보행표면의 공간거리

   ④ 공간거리를 유지할 수 없는 경우 충전부와의 직접 접촉에 대한 보호를 위해 장애물을 설치할 것
   ⑤ **충전부가 보행표면과 동일한 높이 또는 낮게 위치한 경우** 장애물 높이는 장애물 상단으로부터 **1.35[m]** 의 공간 거리를 유지하여야 하며, 장애물과 충전부 사이의 공간거리는 **최소한 0.3[m]로 할 것**

2) 공칭전압이 **교류 1[kV] 초과 25[kV] 이하인 경우** 또는
   직류 1.5[kV] 초과 25[kV] 이하인 경우 이격거리 확보
   ① 사람이 접근할 수 있는 보행표면의 경우 가공 전차선의 충전부
   ② 전기차량외부의 충전부(집전장치, 지붕도체 등)

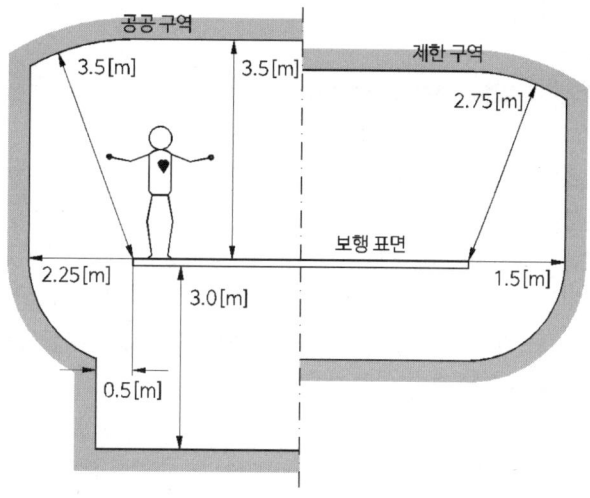

[그림] 공칭전압이 교류 1[kV] 초과 25[kV] 이하인 경우 또는
직류 1.5[kV] 초과 25[kV] 이하인 경우
사람이 접근할 수 있는 보행표면의 공간거리

③ 공간거리를 유지할 수 없는 경우 충전부와의 직접 접촉에 대한 보호를 위해 장애물을 설치할 것
④ **충전부가 보행표면과 동일한 높이 또는 낮게 위치한 경우** 장애물 높이는 장애물 상단으로부터 **1.5[m]**의 공간 거리를 유지하여야 하며,
   장애물과 충전부 사이의 공간거리는 **최소한 0.6[m]로 할 것**

14. 레일 전위의 접촉전압 감소 방법

1) **교류 전기철도 급전시스템**은 [표5.2]에 제시된 값을 초과하는 경우 다음 방법을 고려하여 접촉전압을 감소시켜야 한다.
   ① 접지극 추가 사용
   ② 등전위본딩
   ③ 전자기적 커플링을 고려한 귀선로의 강화
   ④ 전압제한소자 적용
   ⑤ 보행 표면의 절연
   ⑥ 단락전류를 중단시키는데 필요한 트래핑(지속) 시간의 감소

2) **직류 전기철도 급전시스템**은 [표5.1]에 제시된 값을 초과하는 경우 다음 방법을 고려하여 접촉전압을 감소시켜야 한다.
   ① 고장조건에서 레일 전위를 감소시키기 위해 전도성 구조물 접지의 보강
   ② 전압제한소자 적용
   ③ 귀선 도체의 보강
   ④ 보행 표면의 절연
   ⑤ 단락전류를 중단시키는데 필요한 트래핑(지속) 시간의 감소

15 전식방지대책

1) 주행레일을 귀선으로 이용하는 경우에는 누설전류에 의하여
   케이블, 금속제 지중관로 및 선로 구조물 등에 영향을 미치는 것을
   방지하기 위한 적절한 시설을 한다.
2) **전기철도측의 전식방식 또는 전식예방**을 위해서
   다음 방법을 고려한다.
   ① **변전소 간 간격 축소**
   ② **레일본드의 양호한 시공**
   ③ **장대레일채택**
   ④ **절연도상 및 레일과 침목사이에 절연층의 설치**
   ⑤ **기타**
3) 매설금속체측의 누설전류에 의한 전식의 피해가 예상되는 곳은
   다음 방법을 고려한다.
   ① **배류장치 설치**
   ② **절연코팅**
   ③ **매설금속체 접속부 절연**
   ④ **저준위 금속체를 접속**
   ⑤ **궤도와의 이격 거리 증대**
   ⑥ **금속판 등의 도체로 차폐**

16 누설전류 간섭에 대한 방지

1) 직류 전기철도 시스템의
    누설전류를 최소화하기 위해 귀선전류를 금속귀선로 내부로만 흐르도록 할 것
2) **심각한 누설전류의 영향이 예상되는 지역에서는**
    정상 운전 시 단위길이 당 컨덕턴스 값은 [표6.1]의 값 이하로 유지할 것

[표6.1] 단위길이당 컨덕턴스

견인시스템	옥외[S/km]	터널[S/km]
철도선로(레일)	0.5	0.5
개방 구성에서의 대량수송 시스템	0.5	0.1
폐쇄 구성에서의 대량수송 시스템	2.5	-

3) 귀선시스템의 종 방향 전기저항을 낮추기 위해서는 **레일 사이에 저저항 레일본드를 접합 또는 접속**하여 **전체 종 방향 저항이 5[%] 이상 증가하지 않도록 할 것**
4) 귀선시스템의 어떠한 부분도 대지와 절연되지 않은 설비, 부속물 또는 구조물과 접속되어서는 안 될 것
5) **직류 전기철도 시스템이 매설 배관 또는 케이블과 인접할 경우 누설전류를 피하기 위해 최대한 이격시켜야 하며, 주행레일과 최소 1[m] 이상의 거리를 유지할 것**

예제 01

전차선로의 급전선로의 설치 대한 규정 중 옳지 않은 것은?
① 급전선은 나전선을 적용하여 지중식으로 가설하는 것을 원칙으로 한다.
② 가공식은 전차선의 높이 이상으로 전차선로 지지물에 병가하며, 나전선의 접속은 직선접속을 원칙으로 한다.
③ 신설 터널 내 급전선을 가공으로 설계할 경우 지지물의 취부는 C찬넬 또는 매입전을 이용하여 고정하여야 한다.
④ 선상승강장, 인도교, 과선교 또는 교량 하부 등에 설치할 때에는 최소 절연이격거리 이상을 확보하여야 한다.

【해설】
전차선로의 급전선로의 설치 대한 규정
1) 급전선은 나전선을 적용하여 가공식으로 가설하는 것을 원칙으로 한다.
2) 가공식은 전차선의 높이 이상으로 전차선로 지지물에 병가하며,
   나전선의 접속은 직선접속을 원칙으로 한다.
3) 신설 터널 내 급전선을 가공으로 설계할 경우 지지물의 취부는 C찬넬 또는
   매입전을 이용하여 고정하여야 한다.
4) 선상승강장, 인도교, 과선교 또는 교량 하부 등에 설치할 때에는
   최소 절연이격거리 이상을 확보하여야 한다.

[답] ①

09장. 전기철도설비

적중실전문제

⭐⭐⭐⭐⭐

1. 발전소 또는 변전소로부터 다른 발전소 또는 변전소를 거치지 아니하고 전차선로에 이르는 전선을 무엇이라 하는가?
   ① 급전선
   ② 전기철도용 급전선
   ③ 급전선로
   ④ 전기철도용 급전선로

   해설 1
   전기 철도용 급전선
   : 전기 철도용 변전소로부터 다른 전기 철도용 변전소 또는 전차선에 이르는 전선을 말한다.
   [답] ②

⭐⭐⭐⭐⭐

2. 변전소 또는 이에 준하는 곳에는 전기량을 계측하는 장치를 시설하여야 한다. 전기철도용 변전소의 경우 생략 가능한 것은?
   ① 특고압용 변압기의 온도를 계측하는 장치
   ② 주요 변압기의 전류를 계측하는 장치
   ③ 주요 변압기의 전압을 계측하는 장치
   ④ 주요 변압기의 전력을 계측하는 장치

   해설 2
   계측장치
   1) 발전기, 연료전지 또는 태양전지 모듈의 전압 및 전류 또는 전력
   2) 발전기의 베어링 및 고정자의 온도
   3) 주요 변압기의 전압 및 전류 또는 전력
   4) 특고압용 변압기의 온도
   5) 전기철도용 변전소는 주요 변압기의 전압을 계측하는 장치를 시설하지 아니할 수 있다.
   [답] ③

3. 전철에서 직류귀선의 비절연부분이 금속제 지중관로와 접근하거나 교차하는 경우 상호 전식 방지를 위한 이격거리는?
   ① 0.5[m] 이상
   ② 1[m] 이상
   ③ 1.5[m] 이상
   ④ 2[m] 이상

   > **해설 3**
   > 전기 부식 방지를 위한 절연
   > : 직류 귀선은 궤도 근접 부분이 금속제 지중관로와 접근하거나 교차하는 경우에는 상호 간의 이격거리는 1[m] 이상일 것
   >
   > [답] ②

4. 전기철도측의 전식방식 또는 전식예방 조치에 해당하지 않는 것은 어떤 것인가?
   ① 변전소 간 간격 축소
   ② 장대레일 채택
   ③ 매설금속체 접속부 절연
   ④ 절연도상 및 레일과 침목 사이에 절연층의 설치

   > **해설 4**
   > 전기철도측 전식방식 또는 전식예방
   > 1) 변전소 간 간격 축소
   > 2) 레일본드의 양호한 시공
   > 3) 장대레일 채택
   > 4) 절연도상 및 레일과 침목 사이에 절연층의 설치
   >
   > [답] ③

5. 매설 금속체측의 누설전류에 의한 전식의 피해가 예상되는 곳에 전식방식 또는 전식예방 조치로 해당하지 않는 것은 어떤 것인가?
   ① 배류장치 설치
   ② 절연코팅
   ③ 절연도상 및 레일과 침목 사이에 절연층의 설치
   ④ 궤도와의 이격 거리 증대

   해설 5
   매설금속체측의 전식방시 또는 전식예방 조치
   1) 배류장치 설치
   2) 절연코팅
   3) 매설금속체 접속부 절연
   4) 저준위 금속체를 접속
   5) 궤도와의 이격 거리 증대
   6) 금속판 등의 도체로 차폐

   [답] ③

10장 분산형전원 설비

Chapter 01. 통칙
Chapter 02. 전기저장 장치
Chapter 03. 태양광발전설비
Chapter 04. 풍력발전설비
Chapter 05. 연료전지설비
적중실전문제

Chapter 01 통칙

학습내용 : 목적, 적용범위 및 안전원칙

일반사항

01 분산형전원 ★★★

1) 대규모 집중형 전원과는 달리
   소규모 전력소비지역 부근에 분산하여 배치가 가능한 전원으로서,
   다음 각 목의 하나에 해당하는 발전설비를 말한다.
   ① 발전사업자 또는 구역전기사업자의
      발전설비로서 **중앙급전발전기가 아닌 발전설비** 또는
      전력시장운영규칙을 적용 받지 않는 발전설비
   ② 일반용전기설비에 해당하는 저압 10[kW] 이하 발전기
2) **양방향 분산형전원**은 전기를 저장하거나 공급할 수 있는 시스템을 말한다.
   ① **전기저장장치(ESS : Energy Storage System)**
      : 전기를 저장하거나 공급할 수 있는 시스템
   ② **전기자동차 충·방전시스템(V2G : Vehicle to Grid)**
      : 전기자동차와 고정식 충·방전설비를 갖추어, 전기자동차에
        전기를 저장하거나 공급할 수 있는 시스템
3) 연계점
   ① **연계(interconnection)**
      : 분산형전원을 한전계통과 병렬운전하기 위하여 계통에 전기적으로 연결하는 것
   ② **분산형전원 연계 시점의 공용 한전계통에 연결되는 지점**
4) 분산형전원 운전
   ① **단순병렬**
      : 자가용 발전설비 또는 저압 소용량 일반용 발전설비를
        한전계통에 연계하여 운전, 생산한 전력의 전부를 구내계통 내에서
        자체적으로 소비하기 위한 것으로서
        생산한 전력이 한전계통으로 송전되지 않는 병렬 형태
   ② **역송병렬**
      : 분산형전원을 한전계통에 연계하여 운전하되
        생산한 전력의 전부 또는 일부가 한전계통으로 송전되는 병렬 형태

③ 단독운전(Islanding)
: 한전계통의 일부가 한전계통의 전원과 전기적으로 분리된 상태에서 **분산형전원에 의해서만 가압되는 상태**

02 분산형전원의 용어 정의 ★

1) **건물일체형 태양광발전시스템**
   (BIPV, Building Integrated Photo Voltaic(이하 BIPV))
   태양광 모듈을 건축물에 설치하여 건축 부자재의 역할 및 기능과 전력생산을 동시에 할 수 있는 시스템으로 창호, 스팬드럴, 커튼월, 이중파사드, 외벽, 지붕재 등 건축물을 완전히 둘러싸는 벽·창·지붕 형태로 한정한다.

2) **풍력터빈**
   바람의 운동에너지를 기계적 에너지로 변환하는 장치
   (가동부 베어링, 나셀, 블레이드 등의 부속물을 포함)

3) **풍력터빈을 지지하는 구조물**
   타워와 기초로 구성된 풍력터빈의 일부분

4) **풍력발전소**
   단일 또는 복수의 풍력터빈(풍력터빈을 지지하는 구조물을 포함)을
   원동기로 하는 발전기와 그 밖의 기계기구를 시설하여 전기를 발생시키는 곳

5) **자동정지**
   풍력터빈의 설비보호를 위한 보호 장치의 작동으로 인하여 자동적으로
   풍력터빈을 정지시키는 것

6) **MPPT**(Maximum Power Point Tracking)
   태양광발전이나 풍력발전 등이 현재 조건에서
   가능한 최대의 전력을 생산할 수 있도록 인버터 제어를 이용하여
   해당 발전원의 전압이나 회전속도를 조정하는 최대출력추종 기능

03 안전원칙 ★

1) 분산형전원설비 주위에는 위험표시를 하며 또한 취급자가 아닌 사람이 쉽게 접근할 수 없도록 발전기 등의 울타리·담 등의 시설한다.
2) 분산형전원 발전장치의 보호기준은 저압전로 중의 개폐기 및 과전류차단장치의 시설의 보호장치 규정을 적용한다.
3) 급경사지 붕괴위험구역 내에 시설하는 분산형전원설비는 해당구역 내의 급경사지의 붕괴를 조장하거나 또는 유발할 우려가 없도록 시설하여야 한다.
4) 분산형전원설비의 인체 감전보호 등 안전에 관한 사항은 안전을 의한 보호 규정에 따른다.
5) 분산형전원의 피뢰설비는 피뢰시스템 규정에 따른다.
6) 분산형전원설비 전로의 절연저항 및 절연내력은 전로의 절연 규정에 따른다.
7) 연료전지 및 태양전지 모듈의 절연내력은 전로의 절연 규정에 따른다.

04 분산형전원 계통 연계설비의 시설 ★★★

1) 전기 공급방식
   ① 분산형전원설비의 전기 공급방식은 전력계통과 연계되는 전기 공급방식과 동일할 것

[표1.1] 3상 수전 단상 인버터 설치조건

구분	인버터 용량
1상 또는 2상 설치 시	각 상에 4[kW] 이하로 설치
3상 설치 시	상별 동일 용량 설치

[표1.2] 연계구분에 따른 계통의 전기방식

구분	연계계통의 전기방식
저압 한전계통 연계	교류 단상 220[V] 또는 교류 삼상 380[V] 중 기술적으로 타당하다고 한전이 정한 한가지 전기방식
특고압 한전계통 연계	교류 삼상 22,900[V]

   ② **분산형전원설비의 접지**는 전력계통과 연계되는 설비의 정격전압을 초과하는 **과전압이 발생**하거나, 전력계통의 **보호협조를 방해하지 않도록 시설할 것**

③ 분산형전원설비 사업자의 한 사업장의
설비 **용량 합계가 250[kVA] 이상일 경우**에는 송·배전계통과
연계지점의 연결 상태를 감시 또는 **유효전력, 무효전력 및 전압을 측정할 수 있는 장치를 시설할 것**

2) 동기화

[표1.3] 계통 연계를 위한 동기화 변수 제한범위

분산형전원 정격용량 합계[kW]	주파수 차 (△f, [Hz])	전압 차 (△V, [%])	위상각 차 (△Φ, °)
0 ~ 500	0.3	10	20
500 초과 ~ 1,500 이하	0.2	5	15
1,500 초과 ~ 20,000 미만	0.1	5	10

3) 비 의도적인 한전계통 가압

분산형전원은 한전계통이 가압되어 있지 않을 때 한전계통을 가압해서는 안 된다.

4) 감시설비

① 역송병렬의 분산형전원이 하나의 공통 연결점에서 **단위 분산형전원의 용량** 또는 **분산형전원 용량의 총합이 250[kW] 이상일 경우** 분산형전원 설치자는 분산형전원 연결점에 **연계상태, 유·무효전력 출력, 운전 역률 및 전압 등의 전력품질을 감시하기 위한 설비를 갖출 것**

② 한전계통 운영상 필요할 경우 한전은 분산형전원 설치자에게 ①항에 의한 감시설비와 한전계통 운영시스템의 실시간 연계를 요구하거나 실시간 연계가 기술적으로 불가할 경우 감시기록 제출을 요구할 수 있으며, 분산형전원 설치자는 이에 응하여야 한다.

5) **저압계통 연계 시 직류유출방지 변압기의 시설**

① 직류발전원을 이용한 분산형전원 설치자는
인버터로부터 직류가 계통으로 유입되는 것을 방지하기 위하여
연계 시스템에 **상용주파 변압기를 설치할 것**

② 분산형전원 및 그 연계 시스템은 분산형전원 연결점에서
최대 정격 출력전류의 0.5[%]를 초과하는 직류 전류를 계통으로 유입시키지 말 것

③ 다음을 모두 충족하는 경우에는 **적용 예외**

㉮ 인버터의 직류 측 회로가 비접지인 경우 또는 고주파 변압기를 사용하는 경우

㉯ 인버터의 교류출력 측에 **직류 검출기를 구비**하고, 직류 검출 시에 교류출력을 정지하는 기능을 갖춘 경우

6) 단락전류 제한장치의 시설
   ① 분산형전원 연계에 의해 **계통의 단락용량**이 다른 분산형전원 설치자 또는
      전기사용자의 차단기 차단용량, 전선의 순시허용전류 등을 **상회할 우려**가 있을
      경우 **분산형전원 설치자**가 **한류리액터** 등 단락전류를 제한하는 설비를 설치할 것
   ② 이러한 장치로도 대응할 수 없는 경우, 그 밖에 단락전류를 제한하는 대책
      ㉮ 특고압 연계의 경우, 다른 배전용 변전소 뱅크의 계통에 연계
      ㉯ 저압 연계의 경우, 전용변압기를 통하여 연계
      ㉰ 상위전압의 계통에 연계
      ㉱ 기타 단락용량 대책 강구

7) **계통 연계용 보호장치의 시설**
   ① 분산형전원 설치자는 고장 발생 시 자동적으로 계통과의 연계를 분리할 수
      있도록 다음의 보호계전기 또는 동등 이상의 기능 및 성능을 가진 보호장치
      를 설치하여야 한다.
      ㉮ 계통 또는 분산형전원 측의 **단락·지락고장 시 보호**를 위한 보호장치를 **설치**한다.
      ㉯ 적정한 전압과 주파수를 벗어난 운전을 방지하기 위하여 **과·저전압 계전기,
         과·저주파수 계전기**를 **설치**
      ㉰ 단순병렬 분산형전원의 경우에는 **역전력 계전기를 설치**
   ② 신·재생에너지를 이용하여 동일 전기사용장소에서 전기를 생산하는
      용량50[kW] 이하의 **소규모 분산형전원으로서 단독운전 방지기능**을 가진 것을
      단순병렬로 연계하는 경우에는 **역전력계전기 설치**를 생략할 수 있다.

8) 특고압 송전계통 연계 시 분산형전원 운전제어장치의 시설
   : 분산형전원설비를 송전사업자의 특고압 전력계통에 연계하는 경우
     계통안정화 또는 조류억제 등의 이유로 운전제어가 필요할 때에는
     그 분산형전원설비에 필요한 운전제어장치를 시설할 것

9) 연계용 변압기 중성점의 접지
   : 분산형전원설비를 특고압 전력계통에 연계하는 경우
     연계용 변압기 중성점의 접지는 전력계통에 연결되어 있는
     다른 전기설비의 정격을 초과하는 과전압을 유발하거나 전력계통의 지락고장
     보호협조를 방해하지 않도록 시설할 것

Chapter 02 전기저장 장치

학습내용 : 설치장소, 설비의 안전, 옥내전로의 대지전압

전기저장 장치 일반사항

05 ESS 시설 일반사항 ★★★

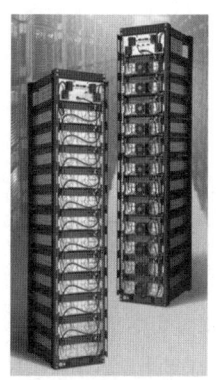 

[그림] ESS 설치 예시안([참고] 삼성SDI(리튬이온), LS산전)

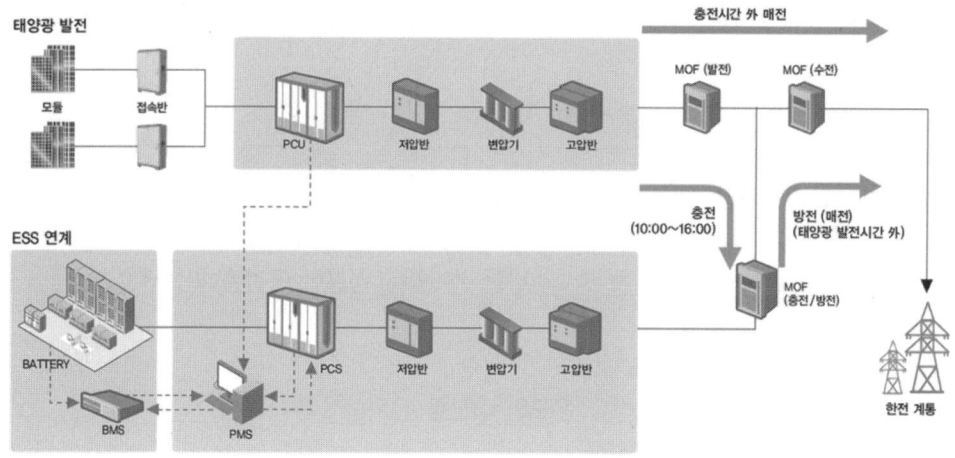

[그림] ESS 및 태양광발전 계통연계 계통도([참고] LS산전)

1) ESS 설비 구성
    ① PCS(Power Conditioner System)
        : 전지에 전력을 충전하거나 계통으로 전력을 공급하는 전력변환장치
    ② 배터리(Battery)
        : PCS에 의해 전력을 저장하고 저장된 전력을 공급하는 이차전지 장치
    ③ BMS(Battery Management System)
        : 전지의 상태와 전위차를 안정화하고, 과충전 또는 과방전시
          전지를 보호하는 등 전지를 관리하는 시스템
    ④ PMS(Power Management System)
        : PCS와 BMS를 직접 통신하여 충방전 전력량을 제어하고
          시스템과 연계된 보호계전기 등과 보호협조 기능을 수행하는
          전력관리시스템
    ⑤ EMS(Energy Management System)
        : 에너지를 효율적으로 관리하기 위해 다수의 PMS 또는 원격지에서 설비를
          제어하거나 상위제어기를 통해 다른 시스템과 상호 동작할 수 있는
          통합 에너지관리시스템
    ⑥ 전기설비
        : ESS 시스템을 계통에 연결하는
          변압기, 차단기, 보호계전기, 전력량계, 접지 및 통신 등의 기자재
    ⑦ 공조설비
        : 전기의 수명과 성능을 안정적으로 유지하기 위한 항온항습설비
    ⑧ 소방설비
        : ESS 설비의 사고를 대비한 CO_2 또는 하론 등의 설비

2) 설치장소 요구사항
    ① 전기저장장치의 축전지, 제어반, 배전반의 시설은
        기기 등을 조작 또는 보수·점검할 수 있는 **충분한 공간을 확보**하고
        조명설비를 시설할 것
    ② 폭발성 가스의 축적을 방지하기 위한
        환기시설을 갖추고 적정한 **온도와 습도를 유지**하도록 시설
    ③ **침수의 우려가 없도록 시설**

3) 설비안전 요구사항
   ① 충전부분은 노출되지 않도록 시설
   ② 고장이나 외부 환경요인으로 인하여 비상상황 발생 또는 출력에 문제가 있을 경우 전기저장장치의 비상정지 스위치 등 안전하게 작동하기 위한 안전시스템이 있을 것
   ③ 모든 부품은 충분한 내열성 확보

4) 옥내전로의 대지전압 제한
   ① 주택의 전기저장장치의 축전지에 접속하는 주택의 옥내전로의 **대지전압은 직류 600[V] 이하일 것**
   ② **전로에 지락이 생겼을 때 자동적으로 전로를 차단하는 장치**를 시설할 것
   ③ 사람이 접촉할 우려가 없는 은폐된 장소에 **합성수지관배선, 금속관배선 및 케이블배선**에 의하여 시설하거나, 사람이 접촉할 우려가 없도록 **케이블배선에 의하여 시설하고 전선에 적당한 방호장치를 시설**할 것

전기저장장치의 시설

06 ESS 시설 기준

1) **전기배선**
   ① 전선 : 공칭단면적 2.5[mm²] 이상의 연동선 또는 이와 동등 이상의 세기 및 굵기의 것일 것
   ② 배선설비 공사 : 합성수지관배선, 금속관배선, 가요전선관배선, 케이블배선

2) **단자와 접속**
   ① 단자의 접속은 기계적, 전기적 안전성을 확보할 것
   ② 단자를 체결 또는 잠글 때 너트나 나사는 풀림방지 기능이 있는 것을 사용할 것
   ③ 외부터미널과 접속하기 위해 필요한 접점의 압력이 사용기간 동안 유지할 것
   ④ 단자는 도체에 손상을 주지 않고 금속표면과 안전하게 체결할 것

3) **지지물의 시설**
   이차전지의 지지물은 부식성 가스 또는 용액에 의하여 부식되지 아니하도록 하고 적재하중 또는 지진 기타 진동과 충격에 대하여 안전한 구조일 것

07 ESS 시설 제어 및 보호장치 ★

1) 충·방전기능
   ① 전기저장장치는 배터리의 충전상태(SOC)특성에 따라 제조자가 제시한 정격으로 충·방전할 수 있을 것
   ② 충·방전할 때에는 전기저장장치의 충전상태 또는 배터리 상태를 시각화하여 정보를 제공할 것

2) 제어 및 보호장치
   ① 전기저장장치를 계통에 연계하는 경우 계통 연계용 보호장치 규정에 따라 시설할 것
   ② 전기저장장치가 **비상용 예비전원 용도를 겸하는 경우**
      ㉮ 상용전원이 정전되었을 때 비상용 부하에 전기를 안정적으로 공급할 수 있는 시설을 갖출 것
      ㉯ 관련 법령에서 정하는 전원유지시간 동안 비상용 부하에 전기를 공급할 수 있는 **충전용량을 상시 보존하도록 시설할 것**
   ③ 전기저장장치의 접속점에는 쉽게 개폐할 수 있는 곳에 개방상태를 육안으로 확인할 수 있는 전용의 개폐기를 시설할 것
   ④ 전기저장장치의 이차전지는
      다음에 경우 **자동**으로 전로로부터 **차단하는 장치를 시설할 것**
      ㉮ 과전압 또는 과전류가 발생한 경우
      ㉯ 제어장치에 이상이 발생한 경우
      ㉰ 이차전지 모듈의 내부 온도가 급격히 상승할 경우
   ⑤ 직류 전로에 과전류차단기를 설치하는 경우
      직류 단락전류를 차단하는 능력을 가지는 것이어야 하고 **"직류용"** 표시를 할 것
   ⑥ 직류전로에는 **지락이 생겼을 때에 자동적으로 전로를 차단하는 장치**를 시설할 것
   ⑦ 발전소 또는 변전소 혹은 이에 준하는 장소에 전기저장장치를 시설하는 경우 **전로가 차단되었을 때에 경보하는 장치를 시설할 것**

3) 전기저장장치를 시설하는 곳에는 다음의 사항을 계측하는 장치를 시설할 것
   ① 축전지 출력 단자의 전압, 전류, 전력 및 충방전 상태
   ② 주요변압기의 전압, 전류 및 전력

4) 금속제 외함 및 지지대 등은 접지시스템 규정에 따라 접지공사를 할 것

Chapter 03 태양광발전설비

학습내용 : 설치장소, 설비의 안전, 옥내전로의 대지전압

태양광발전설비 일반사항

08 태양광발전 시설 일반사항 ★★★

[그림] 태양광발전 설치 예시

1) **태양광발전 시설 구성**
   ① PCS(Power Conditioner System)
      : 태양전지 어레이에서 생산된 직류전력을 교류로 변환 계통으로 전력을 공급하는 전력변환장치, ESS와 연계시 배터리 충전
   ② 배터리(Battery)
      : PCS에 의해 전력을 저장하고 저장된 전력을 공급하는 이차전지 장치
   ③ 태양전지 어레이(PV Array)
      : 태양전지 모듈을 직·병렬로 연결한 설비로 일사량에 의존 직류전력을 발전

2) **시설장소 요구사항**
   ① 인버터, 제어반, 배전반 등의 시설은 기기 등을 조작 또는 보수점검할 수 있는 **충분한 공간을 확보**하고 필요한 **조명설비를 시설할 것**
   ② 인버터 등을 수납하는 공간에는 실내온도의 과열 상승을 방지하기 위한 **환기시설**을 갖추어야 하며 적정한 온도와 습도를 유지하도록 시설할 것
   ③ 배전반, 인버터, 접속장치 등을 옥외에 시설하는 경우 **침수의 우려가 없도록 시설**할 것

3) 설비안전 요구사항
   ① 태양전지 모듈, 전선, 개폐기 및 기타 기구는 충전부분이 노출되지 않도록 시설할 것
   ② 모든 접속함에는 내부의 충전부가 인버터로부터 분리된 후에도 여전히 충전 상태일수 있음을 나타내는 경고가 붙어 있을 것
   ③ 태양광설비의 고장이나 외부 환경요인으로 인하여 계통연계에 문제가 있을 경우 회로분리를 위한 안전시스템이 있을 것

4) 옥내전로의 대지전압 제한
   ① 주택의 태양전지모듈에 접속하는 부하측 옥내배선(복수의 태양전지모듈을 시설하는 경우에는 그 집합체에 접속하는 부하 측의 배선)의
   대지전압은 직류 600[V] 이하일 것
   ② 전로에 지락이 생겼을 때 자동적으로 전로를 차단하는 장치를 시설할 것
   ③ 사람이 접촉할 우려가 없는 은폐된 장소에 합성수지관배선, 금속관배선 및 케이블배선에 의하여 시설하거나, 사람이 접촉할 우려가 없도록 케이블배선에 의하여 시설하고 전선에 적당한 방호장치를 시설할 것

태양광발전설비의 시설

09 태양광발전 시설 기준 ★

1) 전기배선
   ① **전선 : 공칭단면적 2.5[mm²] 이상의 연동선** 또는 이와 동등 이상의 세기 및 굵기의 것일 것
   ② 모듈 및 기타 기구에 전선을 접속하는 경우는 나사로 조이고, 기타 이와 동등 이상의 효력이 있는 방법으로 기계적·전기적으로 안전하게 접속하고, 접속점에 장력이 가해지지 않도록 할 것
   ③ 배선시스템은 바람, 결빙, 온도, 태양방사와 같이 예상되는 외부 영향을 견디도록 시설할 것
   ④ 모듈의 출력배선은 극성별로 확인할 수 있도록 표시할 것

2) 단자와 접속은 전기저장장치 시설기준에 따른다.

3) 태양전지 모듈 시설
   ① 모듈은 자중, 적설, 풍압, 지진 및 기타의 진동과 충격에 대하여 탈락하지 아니하도록 **지지물에 의하여 견고하게 설치할 것**
   ② 모듈의 각 직렬군은 동일한 단락전류를 가진 모듈로 구성하여야 하며 1대의 인버터(멀티스트링 인버터의 경우 1대의 MPPT 제어기)에 연결된 모듈 직렬군이 2 병렬 이상일 경우에는 **각 직렬군의 출력전압 및 출력전류가 동일하게 형성되도록 배열할 것**

4) 전력변환장치의 시설
   ① 인버터는 실내·실외용을 구분할 것
   ② 각 직렬군의 태양전지 개방전압은 인버터 입력전압 범위 이내일 것
   ③ 옥외에 시설하는 경우 방수등급은 IPX4 이상일 것

5) 태양광설비에는 **전압, 전류 및 전력을 계측하는 장치를 시설할 것**

6) **모듈을 지지 구조물**
    ① 자중, 적재하중, 적설 또는 풍압, 지진 및 기타의 진동과 충격에 대하여 안전한 구조일 것
    ② 부식환경에 의하여 부식되지 아니하도록 다음의 재질로 제작할 것
        ㉮ 용융아연 또는 용융아연-알루미늄-마그네슘합금 도금된 형강
        ㉯ 스테인레스 스틸(STS)
        ㉰ 알루미늄합금
        ㉱ 상기와 동등이상의 성능(인장강도, 항복강도, 압축강도, 내구성 등)을 가지는 재질로서 KS제품 또는 동등이상의 성능의 제품일 것
    ③ 모듈 지지대와 그 연결부재의 경우 용융아연도금처리 또는 녹방지 처리를 하여야 하며, 절단가공 및 용접부위는 방식처리를 할 것

10 태양광발전 시설 제어 및 보호장치 ★

1) 중간단자함 및 어레이 출력 개폐기 시설
    ① 태양전지 모듈에 접속하는 부하측의 태양전지 어레이에서 전력변환장치에 이르는 전로에는 그 **접속점에 근접하여 개폐기 기타 이와 유사한 기구(부하전류를 개폐할 수 있는 것)**를 시설할 것
    ② 모듈을 병렬로 접속하는 전로에는 그 **주된 전로에 단락전류가 발생할 경우** 전로를 보호하는 **과전류차단기 또는 기타 기구**를 시설할 것
    ③ 어레이 출력개폐기는 점검이나 조작이 가능한 곳에 시설할 것

2) 역전류 방지기능은 다음과 같이 시설할 것
    ① 1대의 인버터에 연결된 태양전지 직렬 군이 2 병렬 이상일 경우 각 직렬 군에 역전류 방지기능이 있도록 설치할 것
    ② 역류방지 다이오드 용량은 모듈단락전류의 2배 이상이어야 하며 현장에서 확인할 수 있도록 표시할 것

3) 상주 감지를 하지 아니하는 발전소의 시설 규정에 따른다.

4) 접지설비
    ① 태양전지 모듈의 프레임은 지지물과 전기적으로 완전하게 접속할 것
    ② 기타 접지시설은 접지시스템 규정에 따른다.

5) 피뢰설비
    ① 태양광설비에는 외부피뢰시스템을 설치할 것
    ② 이 경우 적용기준은 피뢰시스템 규정에 따른다.

Chapter 04 풍력발전설비

학습내용 : 일반사항 및 풍력설비의 시설

풍력발전설비 일반사항

11. 풍력발전 시설 일반사항 ★

[그림] 풍력발절 설치 예시안([참고] 한국에너지기술인협회)

1) 나셀 등의 접근 시설
   : 나셀 등 풍력발전기 상부시설에 접근하기 위한 안전한 시설물을 강구할 것
2) 항공장애 표시등 시설
   : 발전용 풍력설비의 항공장애등 및 주간장애표지는
   「항공법」제83조(항공장애 표시등의 설치 등)의 규정에 따라 시설할 것
3) 화재방호설비 시설
   : 500[kW] 이상의 풍력터빈은 나셀 내부의 화재 발생 시,
   이를 자동으로 소화할 수 있는 화재방호설비를 시설할 것

풍력발전설비의 시설

12. 풍력발전 시설 기준 ★

1) 전기배선
   ① 전선 : CV선, TFR-CV선 또는 동등 이상의 성능을 가진 제품을 사용하며, 전선이 지면을 통과하는 경우에는 피복이 손상되지 않도록 별도의 조치를 취할 것
   ② 기타 사항은 전기저장장치 시설기준에 따른다.

2) 단자와 접속은 전기저장장치 시설기준에 따른다.

3) 풍력터빈의 구조
   ① 풍력터빈의 선정에 있어서는 시설장소의 풍황과 환경, 적용규모 및 적용형태 등을 고려하여 선정할 것
   ② 풍력터빈의 유지, 보수 및 점검 시 작업자의 안전을 위한 다음의 잠금장치를 시설할 것
      ㉮ 풍력터빈의 로터, 요 시스템 및 피치 시스템에는 각각 1개 이상의 잠금장치를 시설할 것
      ㉯ 잠금장치는 풍력터빈의 정지장치가 작동하지 않더라도 로터, 나셀, 블레이드의 회전을 막을 수 있을 것

4) 풍력터빈을 지지하는 구조물
   ① 풍력터빈을 지지하는 구조물은 자중, 적재하중, 적설, 풍압, 지진, 진동 및 충격을 고려하여야 한다.
      다만, 해상 및 해안가 설치시는 염해 및 파랑하중에 대해서도 고려할 것
   ② 동결, 착설 및 분진의 부착 등에 의한 비정상적인 부식 등이 발생하지 않도록 고려할 것
   ③ 풍속변동, 회전수변동 등에 의해 비정상적인 진동이 발생하지 않도록 고려할 것

13 풍력발전 시설 제어 및 보호장치 등 ★

1) 제어장치는 다음과 같은 기능 등을 보유할 것
   ① 풍속에 따른 출력 조절
   ② 출력제한
   ③ 회전속도제어
   ④ 계통과의 연계
   ⑤ 기동 및 정지
   ⑥ 계통 정전 또는 부하의 손실에 의한 정지
   ⑦ 요잉에 의한 케이블 꼬임 제한

2) 보호장치는 다음의 조건에서 풍력발전기를 보호할 것
   ① 과풍속
   ② 발전기의 과출력 또는 고장
   ③ 이상진동
   ④ 계통 정전 또는 사고
   ⑤ 케이블의 꼬임 한계

3) 풍력터빈은 작업자의 안전을 위하여 유지, 보수 및 점검 시 전원 차단을 위해 풍력터빈 타워의 기저부에 주전원 개폐장치를 시설할 것

4) 상주 감지를 하지 아니하는 발전소의 시설 규정에 따른다.

5) 접지설비
   ① 접지설비는 풍력발전설비 타워기초를 이용한 통합접지공사를 하여야 하며, 설비 사이의 전위차가 없도록 등전위본딩을 할 것
   ② 기타 접지시설은 접지시스템 규정에 따른다.

6) 풍력발전설비에는 피뢰설비를 시설할 것
   ① 피뢰설비는 KS C IEC 61400-24(풍력발전기 - 낙뢰보호)에서 정하고 있는 **피뢰구역(LPZ)에 적합**하여야 하며,
   다만, 별도의 언급이 없다면 **피뢰레벨(LPL)은 Ⅰ등급을 적용할 것**
   ② 풍력터빈의 피뢰설비는 다음에 따라 시설할 것
      ㉮ 수뢰부를 풍력터빈 선단부분 및 가장자리 부분에 배치하되 뇌격전류에 의한 발열에 용손되지 않도록 재질, 크기, 두께 및 형상 등을 고려할 것
      ㉯ 풍력터빈에 설치하는 인하도선은 쉽게 부식되지 않는 금속선으로서 뇌격전류를 안전하게 흘릴 수 있는 충분한 굵기여야 하며, 가능한 직선으로 시설할 것
      ㉰ 풍력터빈 내부의 계측 센서용 케이블은 금속관 또는 차폐케이블 등을 사용하여 뇌유도과전압으로부터 보호할 것
      ㉱ 풍력터빈에 설치한 피뢰설비(리셉터, 인하도선 등)의 기능저하로 인해 다른 기능에 영향을 미치지 않을 것
   ③ 풍향·풍속계가 보호범위에 들도록 나셀 상부에 피뢰침을 시설하고 피뢰도선은 나셀프레임에 접속할 것
   ④ 전력기기·제어기기 등의 피뢰설비는 다음에 따라 시설할 것
      ㉮ 전력기기는 금속시스케이블, 내뢰변압기 및 서지보호장치(SPD)를 적용할 것
      ㉯ 제어기기는 광케이블 및 포토커플러를 적용할 것
   ⑤ 기타 피뢰설비시설은 피뢰시스템 규정에 따른다.

7) 풍력터빈에는 설비의 손상을 방지하기 위하여 **운전 상태를 계측장치를 시설할 것**
   ① 회전속도계
   ② 나셀(nacelle) 내의 진동을 감시하기 위한 진동계
   ③ 풍속계
   ④ 압력계
   ⑤ 온도계

Chapter 05 연료전지설비

학습내용 : 일반사항 및 연료전지설비의 시설

연료전지설비 일반사항

14 연료전지 시설 일반사항

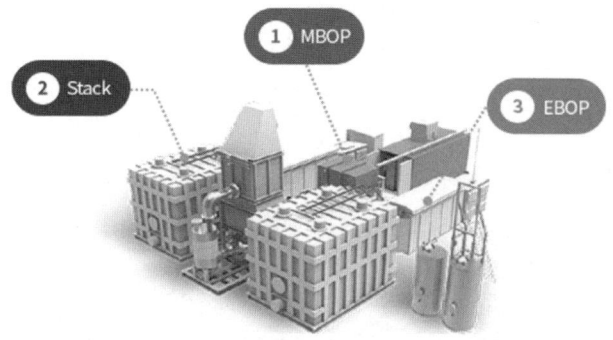

[그림] 연료전지 설치 예시안 〈참조, ㈜다음에너지〉

1) **연료전지 시설 구성**
   ① MBOP(연료공급기)
      : 연료와 산소를 스택에 공급하기 위한 기계적 장치
   ② Stack(스택)
      : 발전기인 스택은 셀(Cell)을 수 백장 층층이 쌓아 만들며,
        셀은 건전지와 유사하게 공기극(+), 전해질, 연료극(-)으로 구성
        전기화학반응을 반복하여 연속적으로 전기를 생산
   ③ EBOP(전력변환기)
      : PCS와 변압기로 구성,
        직류전력을 교류로 변환 계통으로 전력을 공급하는 전력변환장치

2) 설비안전 요구사항
   ① 연료전지를 설치할 주위의 벽 등은 화재에 안전하게 시설할 것
   ② 가연성물질과 안전거리를 충분히 확보할 것
   ③ 침수 등의 우려가 없는 곳에 시설할 것
   ④ 연료전지 발전실의 가스 누설 대책
      ㉮ 연료가스를 통하는 부분은 최고사용압력에 대하여 기밀성을 가지는 것일 것
      ㉯ 연료전지 설비를 설치하는 장소는 연료가스가 누설되었을 때 체류하지 않는 구조의 것일 것
      ㉰ 연료전지 설비로부터 누설되는 가스가 체류할 우려가 있는 장소에 해당 가스의 누설을 감지하고 경보하기 위한 설비를 설치할 것

연료전지설비의 시설

15 연료전지 시설 기준

1) **전기배선**
   ① 전기배선은 열적 영향이 적은 방법으로 시설할 것
   ② 기타사항은 전기저장장치의 시설 규정에 따른다.
   ③ 단자와 접속은 전기저장장치의 시설 규정에 따른다.

2) **연료전지설비의 구조**
   ① 연료전지 설비에 속하는 용기 및 관에는 내압 및 기밀과 관련되는 성능을 가지는 것
   ② 내압시험은 연료전지 설비의 내압 부분 중 최고 사용압력이 0.1[MPa] 이상의 부분은 최고 사용압력의 1.5배의 수압(수압으로 시험을 실시하는 것이 곤란한 경우는 최고 사용압력의 1.25배의 기압)까지 가압하여 압력이 안정된 후 최소 10분간 유지하는 시험을 실시하였을 때 이것에 견디고 누설이 없을 것
   ③ 기밀시험은 연료전지 설비의 내압 부분중 최고 사용압력이 0.1[MPa] 이상의 부분(액체 연료 또는 연료가스 혹은 이것을 포함한 가스를 통하는 부분에 한정)의 기밀시험은 최고 사용압력의 1.1배의 기압으로 시험을 실시하였을 때 누설이 없을 것

3) **안전밸브 분출압력 설정**
   ① 안전밸브가 1개인 경우는 그 배관의 최고사용압력 이하의 압력으로 한다. 다만, 배관의 최고사용압력 이하의 압력에서 자동적으로 가스의 유입을 정지하는 장치가 있는 경우에는 최고사용압력의 1.03배 이하의 압력일 것
   ② 안전밸브가 2개 이상인 경우에는 1개는 상기 1.에 준하는 압력으로 하고 그 이 외의 것은 그 배관의 최고사용압력의 1.03배 이하의 압력일 것

16 연료전지 시설 제어 및 보호장치 등

1) 연료전지설비에 보호장치 설치
   ① 연료전지는 다음의 경우에 자동적으로 이를 전로에서 차단하고 연료전지에 연료가스 공급을 자동적으로 차단하며 연료전지 내의 연료가스를 자동적으로 배제하는 장치를 시설할 것
   ② 연료전지에 과전류가 생긴 경우
   ③ 발전요소의 발전전압에 이상이 생겼을 경우
   ④ 연료가스 출구에서의 산소농도 또는 공기 출구에서의 연료가스 농도가 현저히 상승한 경우
   ⑤ 연료전지의 온도가 현저하게 상승한 경우

2) 연료전지설비에는 전압, 전류 및 전력을 계측하는 장치를 시설할 것

3) 연료전지설비의 비상정지장치
   ① 연료 계통 설비내의 연료가스의 압력 또는 온도가 현저하게 상승하는 경우
   ② 증기 계통 설비내의 증기의 압력 또는 온도가 현저하게 상승하는 경우
   ③ 실내에 설치되는 것에서는 연료가스가 누설 하는 경우

4) 상주 감지를 하지 아니하는 발전소의 시설 규정에 따른다.

5) 접지설비
   ① 접지극은 고장 시 그 근처의 대지 사이에 생기는 전위차에 의하여 사람이나 가축 또는 시설물에 위험을 줄 우려가 없도록 시설할 것
   ② 접지도체는 공칭단면적 $16[mm^2]$ 이상의 연동선 또는 이와 동등 이상의 세기 및 굵기의 쉽게 부식하지 아니하는 금속선(저압 전로의 중성점에 시설하는 것은 공칭단면적 $6[mm^2]$ 이상의 연동선 또는 이와 동등 이상의 세기 및 굵기의 쉽게 부식하지 않는 금속선)으로서 고장 시 흐르는 전류가 안전하게 통할 수 있는 것을 사용하고 또한 손상을 받을 우려가 없도록 시설할 것
   ③ 접지도체에 접속하는 저항기·리액터 등은 고장 시 흐르는 전류를 안전하게 통할 수 있는 것을 사용할 것
   ④ 접지도체·저항기·리액터 등은 취급자 이외의 자가 출입하지 아니하도록 설비한 곳에 시설하는 경우 이외에는 사람이 접촉할 우려가 없도록 시설할 것
   ⑤ 기타사항은 접지시스템 규정을 적용할 것

6) 연료전지설비의 피뢰설비는 피뢰시스템 규정을 적용할 것

예제 01

자가용 발전설비 또는 저압 소용량 일반용 발전설비를 배전계통에 연계하여 운전하되, 생산한 전력의 전부를 자체적으로 소비하기 위한 것으로서 생산한 전력이 연계계통으로 송전되지 않는 운전방식을 무엇이라 하는가?
① 단독운전
② 단순병렬운전
③ 계통연계운전
④ 하이브리드운전

【해설】
단순_병렬운전
: 자가용 발전설비 또는 저압 소용량 일반용 발전설비를 배전계통에 연계하여 운전하되, 생산한 전력의 전부를 자체적으로 소비하기 위한 것으로서 생산한 전력이 연계계통으로 송전되지 않는 병렬 형태

[답] ②

예제 02

분산형전원 및 그 연계 시스템은 분산형전원 연결점에서
최대 정격 출력전류의 몇 [%]를 초과하는 직류 전류를 계통으로 유입시키지 말아야 하는가?
① 0.5[%]
② 1.0[%]
③ 1.5[%]
④ 2.0[%]

【해설】
분산형전원 계통 연계 시 직류유출 방지
: 분산형전원 및 그 연계 시스템은 분산형전원 연결점에서 최대 정격 출력전류의 0.5[%]를 초과하는 직류 전류를 계통으로 유입시키지 말 것

[답] ①

예제 03

분산형전원 연계에 의해 계통의 단락용량이 다른 분산형전원 설치자 또는 전기사용자의 차단기 차단용량, 전선의 순시허용전류 등을 상회할 우려가 있을 경우 단락전류를 제한하는 대책이 아닌 것은?
① 한류리액터 설치
② 특고압 연계의 경우, 다른 배전용 변전소 뱅크의 계통에 연계
③ 저압 연계의 경우, 전용변압기를 통하여 연계
④ 하위전압의 계통에 연계

【해설】
분산형전원 계통 연계 시 단락전류 제한 방식
1) 한류리액터 설치
2) 특고압 연계의 경우, 다른 배전용 변전소 뱅크의 계통에 연계
3) 저압 연계의 경우, 전용변압기를 통하여 연계
4) 상위전압의 계통에 연계

[답] ④

예제 04

단위 분산형전원의 용량 또는 분산형전원 용량의 총합이 250[kW] 이상일 경우 분산형전원 설치자는 분산형전원 연결점에 갖추어야 할 감시 설비 중 해당하지 않는 것은?
① 유·무효전력 출력 감시
② 운전 역률 및 전압 감시
③ 전력품질 감시
④ 최대수요전력 감시

【해설】
분산형전원 연결점 감시장치
: 단위 분산형전원의 용량 또는 분산형전원 용량의 총합이 250[kW] 이상일 경우
  분산형전원 설치자는 분산형전원 연결점에 연계상태,
  유·무효전력 출력, 운전 역률 및 전압 등의 전력품질을 감시하기 위한 설비를 갖출 것

[답] ④

예제 05

전기저장 장치 ESS 설비의 구성요소가 아닌 것은?
① PCS(Power Conditioner System)
② Battery
③ BMS(Battery Management System)
④ PV Array

【해설】
ESS 설비의 구성요소
1) PCS(Power Conditioner System)
2) 배터리(Battery)
3) BMS(Battery Management System)
4) PMS(Power Management System)
5) EMS(Energy Management System)

[답] ④

예제 06

주택의 전기저장장치의 축전지에 접속하는
주택의 옥내전로의 대지전압은 직류 몇 [V] 이하이어야 하는가?
① 300[V]
② 400[V]
③ 600[V]
④ 1,000[V]

【해설】
ESS 시설 옥내전로의 대지전압 제한
: 주택의 전기저장장치의 축전지에 접속하는
  주택의 옥내전로의 대지전압은 직류 600[V] 이하일 것

[답] ③

예제 07

주택의 전기저장장치의 축전지에 접속하는 주택의 옥내전로가 사람이 접촉할 우려가 없는 은폐된 장소에 시설하는 경우 배선방식에 해당하지 않는 것은?

① 금속몰드배선
② 합성수지관배선
③ 금속관배선
④ 케이블배선

【해설】
ESS 시설 주택의 옥내전로 배선방식
: 사람이 접촉할 우려가 없는 은폐된 장소에 합성수지관배선, 금속관배선 및 케이블배선에 의하여 시설하거나, 사람이 접촉할 우려가 없도록 케이블배선에 의하여 시설하고 전선에 적당한 방호장치를 시설할 것

[답] ①

예제 08

태양광발전 설비의 구성요소가 아닌 것은?

① PCS(Power Conditioner System)
② Battery
③ nacelle
④ PV Array

【해설】
태양광발전 설비의 구성요소
1) PCS(Power Conditioner System)
2) 배터리(Battery)
3) PV Array

[답] ③

예제 09

주택의 태양전지모듈에 접속하는 주택의 옥내전로의 대지전압은 직류 몇 [V] 이하이어야 하는가?
① 300[V]
② 400[V]
③ 600[V]
④ 1,000[V]

【해설】
태양전지모듈 시설 옥내전로의 대지전압 제한
: 주택의 태양전지모듈에 접속하는 부하측 옥내배선의 대지전압은 직류 600[V] 이하일 것

[답] ③

예제 10

풍력발전설비에는
피뢰설비는 KS C IEC 61400-24(풍력발전기 - 낙뢰보호)에서 정하고 있는 피뢰구역(LPZ)에 적합하여야 하며, 별도의 언급이 없다면 피뢰레벨(LPL)은 몇 등급을 적용해야 하는가?
① I 등급
② II 등급
③ III 등급
④ IV 등급

【해설】
풍력발전설비의 피뢰설비
: 피뢰설비는 KS C IEC 61400-24(풍력발전기 - 낙뢰보호)에서 정하고 있는 피뢰구역
  (LPZ)에 적합하여야 하며, 별도의 언급이 없다면 피뢰레벨(LPL)은 I 등급을 적용할 것

[답] ①

10장. 분산형전원 설비
적중실전문제

⭐⭐☆☆☆

1. 계통연계하는 분산형전원을 설치하는 경우에 이상 또는 고장 발생 시 자동적으로 분산형전원을 전력계통으로부터 분리하기 위한 장치를 시설해야 하는 경우가 아닌 것은?
   ① 역률 저하 상태
   ② 단독운전 상태
   ③ 분산형전원의 이상 또는 고장
   ④ 연계한 전력계통의 이상 또는 고장

   해설 1
   계통연계용 보호 장치의 시설
   1) 분산형전원의 이상 또는 고장
   2) 연계한 전력계통의 이상 또는 고장
   3) 단독운전 상태

   [답] ①

⭐⭐⭐☆☆

2. 자가용 발전설비 또는 저압 소용량 일반용 발전설비를 배전계통에 연계하여 운전하되, 생산한 전력의 전부를 자체적으로 소비하기 위한 것으로서 생산한 전력이 연계계통으로 송전되지 않는 운전방식을 무엇이라 하는가?
   ① 단독운전
   ② 단순병렬운전
   ③ 계통연계운전
   ④ 하이브리드운전

   해설 2
   단순_병렬운전
   : 자가용 발전설비 또는 저압 소용량 일반용 발전설비를 배전계통에 연계하여 운전하되, 생산한 전력의 전부를 자체적으로 소비하기 위한 것으로서 생산한 전력이 연계계통으로 송전되지 않는 병렬 형태

   [답] ②

3. 분산형전원설비 사업자의 한 사업장의 설비 용량 합계가 몇 [kVA] 이상일 경우 송·배전계통과 연계지점의 연결 상태를 감시 또는 유효전력, 무효전력 및 전압을 측정할 수 있는 장치를 시설해야 하는가?
   ① 250[kVA] 이상
   ② 300[kVA] 이상
   ③ 500[kVA] 이상
   ④ 1,000[kVA] 이상

> **해설 3**
> 분산형전원설비 연계 감시장치
> : 분산형전원설비 사업자의 한 사업장의 설비 용량 합계가 250[kVA] 이상일 경우에는 송·배전계통과 연계지점의 연결 상태를 감시 또는 유효전력, 무효전력 및 전압을 측정할 수 있는 장치를 시설할 것
> [답] ①

4. 분산형전원는 저압계통 연계 시 직류유출방지 변압기를 시설해야 한다. 분산형전원 및 그 연계 시스템은 분산형전원 연결점에서 최대 정격 출력전류의 몇 [%]를 초과하는 직류 전류를 계통으로 유입시키지 말아야 하는가?
   ① 0.5[%]
   ② 1.0[%]
   ③ 2.0[%]
   ④ 3.0[%]

> **해설 4**
> 분산형전원 저압계통 연계 시 직류유출방지
> : 분산형전원 및 그 연계 시스템은 분산형전원 연결점에서 최대 정격 출력전류의 0.5[%]를 초과하는 직류 전류를 계통으로 유입시키지 말 것
> [답] ①

★★★★★

5. 분산형전원 연계에 의해 계통의 단락용량이 다른 분산형전원 설치자 또는 전기사용자의 차단기 차단용량, 전선의 순시허용전류 등을 상회할 우려가 있을 경우 단락전류를 제한하는 대책이 아닌 것은?
   ① 한류리액터 설치
   ② 특고압 연계의 경우, 다른 배전용 변전소 뱅크의 계통에 연계
   ③ 저압 연계의 경우, 전용변압기를 통하여 연계
   ④ 하위전압의 계통에 연계

   해설 5
   분산형전원 계통 연계 시 단락전류 제한 방식
   1) 한류리액터 설치
   2) 특고압 연계의 경우, 다른 배전용 변전소 뱅크의 계통에 연계
   3) 저압 연계의 경우, 전용변압기를 통하여 연계
   4) 상위전압의 계통에 연계

   [답] ④

★★★★★

6. 단위 분산형전원의 용량 또는 분산형전원 용량의 총합이 250[kW] 이상일 경우, 분산형전원 설치자는 분산형전원 연결점에 갖추어야 할 감시 설비 중 해당하지 않는 것은?
   ① 유·무효전력 출력 감시
   ② 운전 역률 및 전압 감시
   ③ 전력품질 감시
   ④ 최대수요전력 감시

   해설 6
   분산형전원 연결점 감시장치
   : 단위 분산형전원의 용량 또는 분산형전원 용량의 총합이 250[kW] 이상일 경우 분산형전원 설치자는 분산형전원 연결점에 연계상태, 유·무효전력 출력, 운전 역률 및 전압 등의 전력품질을 감시하기 위한 설비를 갖출 것

   [답] ④

7. 전기저장 장치 ESS 설비의 구성요소가 아닌 것은?

① PCS(Power Conditioner System)
② Battery
③ BMS(Battery Management System)
④ PV Array

해설 7

ESS 설비의 구성요소
1) PCS(Power Conditioner System)
2) 배터리(Battery)
3) BMS(Battery Management System)
4) PMS(Power Management System)
5) EMS(Energy Management System)

[답] ④

8. 주택의 전기저장장치의 축전지에 접속하는 주택의 옥내전로가 사람이 접촉할 우려가 없는 은폐된 장소에 시설하는 경우 배선방식에 해당하지 않는 것은?

① 금속몰드배선
② 합성수지관배선
③ 금속관배선
④ 케이블배선

해설 8

ESS 시설 주택의 옥내전로 배선방식
: 사람이 접촉할 우려가 없는 은폐된 장소에 합성수지관배선, 금속관배선 및 케이블배선에 의하여 시설하거나, 사람이 접촉할 우려가 없도록 케이블배선에 의하여 시설하고 전선에 적당한 방호장치를 시설할 것

[답] ①

9. 주택의 태양전지모듈에 접속하는
   주택의 옥내전로의 대지전압은 직류 몇 [V] 이하이어야 하는가?
   ① 300[V]
   ② 400[V]
   ③ 600[V]
   ④ 1,000[V]

   해설 9
   태양전지모듈 시설 옥내전로의 대지전압 제한
   : 주택의 태양전지모듈에 접속하는 부하측 옥내배선의 대지전압은 직류 600[V] 이하일 것
   [답] ③

10. 풍력발전설비에는 피뢰설비는 KS C IEC 61400-24(풍력발전기 - 낙뢰보호)에서 정하고 있는 피뢰구역(LPZ)에 적합하여야 하며,
    별도의 언급이 없다면 피뢰레벨(LPL)은 몇 등급을 적용해야 하는가?
    ① I 등급
    ② II 등급
    ③ III 등급
    ④ IV 등급

    해설 10
    풍력발전설비의 피뢰설비
    : 피뢰설비는 KS C IEC 61400-24(풍력발전기 - 낙뢰보호)에서 정하고 있는 피뢰구역(LPZ)에 적합하여야 하며, 별도의 언급이 없다면 피뢰레벨(LPL)은 I 등급을 적용할 것
    [답] ①

참고문헌

① 전기설비기술기준
② 한국전기설비규정
③ KS C IEC 60364
④ KS C IEC 62305
⑤ 감전 및 과전류 보호 설계방법에 관한 기술지침
⑥ 접지시스템 설계방법에 관한 기술지침
⑦ 등전위본딩에 관한 기술지침
⑧ 저압 전기설비의 SPD설치에 관한 기술지침
⑨ 피뢰시스템 가이드
⑩ 배울학 건축전기설비기술사 Level 0
⑪ 배울학 건축전기설비기술사 Level A
⑫ 배울학 건축전기설비기술사 Level B
⑬ 배울학 건축전기설비기술사 Level C

편저자	황민욱
	한양대학교 대학원 박사과정 전기공학과
	現 배울학 전기 교수
	現 배울학 건축전기설비기술사 교수
	現 일오삼엔지니어링 팀장
	現 동양미래대학교 겸임교수
	現 숭실대학교 외래교수
	現 한국신재생에너지협회 강사
	現 대한전기학원 대표강사
	現 한국전기공사협회 강사
	現 유한대학교 외래교수
	前 한국폴리텍대학교 외래교수
	前 모아전기학원 대표강사
	前 한국산업인력공단 & 한국취업지원센터 해외플랜트 현장 관리자 교육

건축전기설비기술사 / 직업능력개발훈련교사(전기 2급) /
전기기사 / 전기공사기사 / 소방설비기사(전기분야)

- 배울학 ③ 전기기기
- 2021 배울학 전기기사 필기 7개년 기출문제집
- 2021 배울학 전기산업기사 필기 7개년 기출문제집
- 2021 배울학 전기공사기사 필기 7개년 기출문제집
- 2021 배울학 전기공사산업기사 필기 7개년 기출문제집
- 배울학 건축전기설비기술사 Level 0
- 배울학 건축전기설비기술사 Level A
- 배울학 건축전기설비기술사 Level B
- 배울학 건축전기설비기술사 Level C
- 마스터건축전기설비기술사(엔트미디어)

배울학 전기설비기술기준

발행일	2021. 01. 01 1쇄 발행
	2021. 10. 01 2쇄 발행
발행처	배울학
주소	서울특별시 동대문구 왕산로 43 디그빌딩 2층
이메일	help@baeulhak.com
ISBN	979-11-89762-18-6
정가	15,000원

- 교재에 관한 문의나 의견, 시험 관련 정보는 배울학 홈페이지 http://electric.baeulhak.com을 이용해주시기 바랍니다.
- 이 책의 모든 부분은 배울학 발행인의 승인문서 없이 복사, 재생 등 무단복제를 금합니다.

※ 이 도서의 파본은 교환해드립니다.